CMP BOOKS
机工 IT

PROGRAMMER INTERVIEW AND
WRITTEN EXAMINATION

Java Web 程序员

面试笔试宝典

猿媛之家／组编

傅胜华 刘志全 楚秦／等编著

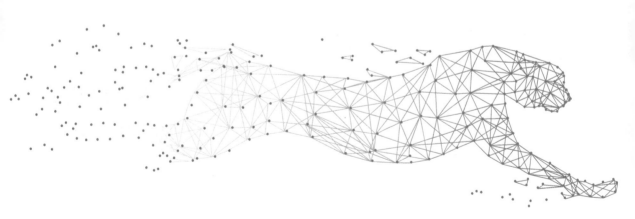

机械工业出版社
CHINA MACHINE PRESS

本书专门为 Java Web 程序员面试而编写，主要是对一些面试中常见的技术问题做出解答。本书所涉及的知识面较广，内容涵盖了 Java Web 基础、Web 服务器、常用 MVC 框架、Spring 框架体系及 Spring Boot 和 Spring Cloud、传统的关系型数据库、NoSQL 与缓存框架、常用消息队列、电商及互联网必备知识、互联网安全与分布式系统知识、Alibaba 开源生态体系、设计模式、软件开发人员常用 Linux 命令等与 Java Web 编程相关的技术知识，另外还包括其他一些常用的框架组件或容器工具，如 Docker、Elasticsearch、Nginx、Maven、ZooKeeper 等。

Java 知识体系庞大，本书不能面面俱到，但整体而言，本书涉及的知识点较为丰富，基本涵盖了 Java Web 编程的各个方面，且都来源于程序员的实际面试经历。

相信本书能增加读者的知识积累，有了更多的积累，必定会在面试时多一份从容和自信，也更容易获得面试官的青睐，找到一份理想的工作。对于一些知识面缺少广度的 Java 软件工程师，本书还能起到扩展知识面、丰富知识体系的作用。

为方便读者深入学习，本书还赠送百余道真实面试真题及程序员常用 Linux 命令或工具，读者可参考封底说明文字下载。

图书在版编目（CIP）数据

Java Web 程序员面试笔试宝典/猿媛之家组编；傅胜华等编著 . —北京：机械工业出版社，2023.1（2023.11 重印）
ISBN 978-7-111-72066-9

Ⅰ.①J… Ⅱ.①猿…②傅… Ⅲ.①JAVA 语言-程序设计 Ⅳ.①TP312.8

中国版本图书馆 CIP 数据核字（2022）第 217330 号

机械工业出版社（北京市百万庄大街 22 号 邮政编码 100037）
策划编辑：张淑谦 责任编辑：张淑谦 李培培
责任校对：徐红语 责任印制：单爱军
北京虎彩文化传播有限公司印刷
2023 年 11 月第 1 版第 2 次印刷
184mm×260mm · 20.75 印张 · 534 千字
标准书号：ISBN 978-7-111-72066-9
定价：99.00 元

电话服务   网络服务
客服电话：010-88361066   机 工 官 网：www.cmpbook.com
        010-88379833   机 工 官 博：weibo.com/cmp1952
        010-68326294   金 书 网：www.golden-book.com
封底无防伪标均为盗版   机工教育服务网：www.cmpedu.com

- 前言 -
PREFACE

软件技术的发展日新月异,新的技术不断涌现,作为软件开发者,需要不断地学习新的技术,不断地更新自己的知识体系,才能让自己不被这个时代所淘汰。

Java 语言是当前的主流编程语言之一,拥有非常多的用户群体,Java 技术体系发展到现在也十分庞大,Java Web 领域相关的知识对我们来说,实际能掌握的只是其中的一小部分。

这本书的内容主要侧重于 Java Web 面试方面的内容,共包括 10 章。

第 1 章介绍了 Web 方面的知识,包括 JSP、Servlet、JavaScript、AJAX、前端模板技术、HTML5、Tomcat 和 Weblogic 等相关的一些知识点。

第 2 章主要介绍了 Spring 技术生态的相关知识点,包括 Spring 框架和以 Spring 为基础发展起来的整个技术体系,如 Spring Boot、Spring Cloud 等。

第 3 章介绍了 MVC 框架的相关知识,主要讲解了 Java 领域流行的 Struts、Struts2 和 SpringMVC 这三大框架。

第 4 章介绍了 ORM 框架与 JDBC,都是与操作访问数据库相关的技术,主要讲解了最基础的 JDBC,主流的 Hibernate、JPA、Mybatis,以及小众的 Spring JDBC。

第 5 章介绍了关于消息队列方面的知识,着重讲解了 Kafka,其他的消息队列也有涉猎。

第 6 章介绍了关于 NoSQL 与缓存框架的知识,主要讲解了应用较为广泛的 Redis、MongoDB、Memcached 和 Ehcache。在缓存综合中介绍了缓存安全运行的一些高级知识。

第 7 章介绍了关系型数据库的相关知识。对常用的关系型数据库重点介绍了 MySQL 和 Oracle。国产数据库及其他的关系型数据库只做了简单介绍。也介绍了关系型数据库的很多基础知识和很多经典的 SQL 语法实际应用案例。

第 8 章介绍了阿里开源框架中最常使用的开源框架的知识。主要是著名的分布式服务框架 Dubbo 和现在日益流行的 spring-cloud-alibaba 各组件。

第 9 章的内容主要是 Web 开发知识的扩展,介绍了软件系统的一些基础知识、专有名词、核心算法、软件安全、软件建模、远程调用和设计模式等相关知识。

第 10 章主要介绍了现在开发或运维部署时常用的框架组件与容器。有的与开发并不直接相关,但确实是十分重要的辅助工具。包括 Docker、Swagger、Elasticsearch、Maven、ZooKeeper 和 Nginx 等。

在附录中主要介绍了常用的 Linux 命令或工具。

Java Web 领域知识十分博大,而本书的篇幅有限,不足之处在所难免,恳请读者批评指正!

- 目 录 -

第1章 Web编程

在软件开发中虽然现在前后端分离日益流行，出现了一些很优秀的前端框架，前端工程师只负责前端的工作，后端工程师只负责后端的开发。但在此之前、现在及以后很长的时间，仍然有很多公司、很多的项目会用传统的方式开发，需要前后端都能开发的全才。掌握必要的 Web 前端知识对 Java 程序员来说也非常重要。下面就从 Java Web 基础开始讲述相关知识。

1.1 Java Web 基础

本章主要介绍一些在面试中经常遇到的关于 JSP 和 Servlet 的问题。JSP 和 Servlet 是 Java 开发动态网页的技术基础，曾经应用广泛。不过在前后端分离开发盛行的今天，这两项技术确实没那么重要了，但也不是没有人在使用它，有很多的老项目仍在使用，有很多公司也在全部或部分使用。

JSP（全称 Java Server Pages）是基于 Java 建立在 Servlet 规范之上的动态网页技术标准。JSP 实质上是一个 Servlet，JSP 文件在运行时会被编译转换成 Servlet 代码。JSP 技术能够支持高度复杂的基于 Web 的应用。JSP 文件扩展名为.jsp，JSP 将 Java 代码嵌入到静态的 HTML 代码当中，其中，HTML 代码用于实现网页中静态内容的显示，Java 代码用于实现网页中动态内容的实现。作为 Java 平台的一部分，JSP 拥有 Java 编程语言"一次编写，四处运行"的优点。

Jsp 技术具有以下特点。

1）预编译：预编译指在用户第一次通过浏览器访问 JSP 页面时，服务器将对 JSP 页面代码进行编译，编译好的代码将被保存，在下一次对同一 JSP 页面进行请求访问时会直接执行已编译好的代码。这样既节约了服务器的 CPU 资源，还大幅度提升了客户端的访问速度。

2）业务代码相分离：在使用 JSP 技术开发 Web 应用时，也可以将前端界面的开发和应用程序的开发进行分离，来提高工作效率。当然，这里的分离开发和现在盛行的前后端分离开发的模式还是有很大不同的。

3）组件重用：JSP 可以使用 JavaBean 编写业务组件，也就是使用一个 JavaBean 类封装业务处理代码或者将其作为一个数据存储模型，在 JSP 页面甚至整个项目中，都可以重复使用这个 JavaBean，同时，JavaBean 也可以应用于其他 Java 应用程序中。并且，JSP 的标签库技术将很多常用的功能进行了封装，实现了功能代码的复用。JSP 不仅提供有通用的内置标签（JSTL），而且支持可扩展功能的自定义标签。

4）跨平台：由于 JSP 是基于 Java 语言的，所以它也是跨平台的，能够很方便地从一个平台移植到另外一个平台。

Servlet 的名称由 Server Applet 合并而来，Servlet 是一种服务器端的 Java 应用程序，具有独立于平台和协议的特性。Servlet 的主要功能是交互式地浏览和修改数据，生成动态 Web 内容。Servlet 担当客户请求（Web 浏览器或其他 HTTP 客户程序）与服务器响应（HTTP 服务器上的数据库或应用程序）的中间层。Servlet 是位于 Web 服务器内部的服务器端的 Java 应用程序，由 Web 服务器进行加载，该 Web 服务器必须包含支持 Servlet 的 Java 虚拟机。

一般来说，JSP 侧重视图，Servlet 主要用于控制逻辑。

下面是关于 Java Web 的一些常见面试题。

真题 1 **HTTP 请求的 GET 与 POST 方式有什么区别？**

【出现频率】★★☆☆☆ 【学习难度】★★☆☆☆

答案：一般来说，GET 是获取数据，POST 是修改数据，但实际上一种方式可以做所有事情。两者区别如下。

1）GET 在浏览器回退时是无害的，而 POST 会再次提交请求。

2）GET 请求会被浏览器主动缓存，而 POST 不会，除非手动设置。

3）GET 产生的 URL 地址可以被 Bookmark，而 POST 不可以。

4）GET 参数通过 URL 传递，POST 放在 Requestbody 中。

5）GET 请求参数会被完整保留在浏览器的历史记录里，而 POST 中的参数不会被保留。

6）GET 请求只能进行 URL 编码，而 POST 支持多种编码方式。

7）GET 只接受 ASCII 字符参数的数据类型，而 POST 没有限制。

8）GET 请求在 URL 中传送的参数是有长度限制的，而 POST 没有限制，不同浏览器和 Web 服务器限制的最大长度不一样。实际上 HTTP 协议并没有限制请求长度。IE 和 Safari 浏览器限制 2KB，Opera 限制 4KB，Firefox 限制 8KB（非常老的版本限制 256B），如果超出了最大长度，大部分的服务器直接截断，也有一些服务器会报错误。

9）GET 的效率较高。因为 GET 把请求的数据放在 URL 上，即 HTTP 协议头上，产生一个 TCP 数据包，浏览器会把 HTTP Header 和 data 一并发送出去，服务器响应 200（返回数据）；而 POST 把数据放在 HTTP 的包体内（Requestbody），产生两个 TCP 数据包，浏览器先发送 Header，服务器响应 100，浏览器再发送 data，服务器响应 200（返回数据）。所以 GET 的效率较高。

真题 2 **什么是 Servlet？**

【出现频率】★★☆☆☆ 【学习难度】★★☆☆☆

答案：Servlet 是由 Java 提供的用于开发 Web 服务器应用程序的一个组件，运行在服务端，由 Servlet 容器管理，用来生成动态内容。一个 Servlet 实例是实现了特殊接口 Servlet 的 Java 类，所有自定义的 Servlet 均必须实现 Servlet 接口。

真题 3 **如何理解 Servlet 的生命周期？**

【出现频率】★★★☆☆ 【学习难度】★★★☆☆

答案：Servlet 被服务器实例化后，容器运行其 init 方法，请求到达时运行其 service() 方法，service() 方法自动运行与请求对应的 doXXX 方法（doGet、doPost）等，服务器决定将实例销毁的时候调用 destroy() 方法，释放 Servlet 实例占用的所有资源，随后将被 Java 的垃圾回收器回收。这就是 Servlet 的完整生命周期，如图 1-1 所示。如果需要再次使用这个 Servlet，则需要重新创建这个实例，重复上面所讲的生命周期。

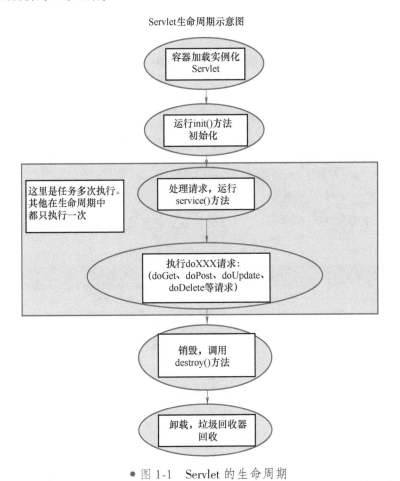

● 图 1-1　Servlet 的生命周期

在整个 Servlet 生命周期的过程中，创建 Servlet 实例、调用实例的 init( ) 和 destroy( ) 方法都只进行一次，当初始化完成后，Servlet 容器会将该实例保存在内存中，通过调用它的 service( ) 方法，为接收到的请求服务。接收请求是一个可以任意多次执行的过程。

真题 4 HTML 和 Servlet 有什么区别？

【出现频率】★★☆☆☆　【学习难度】★☆☆☆☆

答案：HTML 是静态的，Servlet 是动态的。HTML 页面由服务器直接返回，Servlet 用来处理客户请求，并返回 HTML 页面。Servlet 被访问首先需要要在 Web.xml 中配置 URL 路径，被请求时，Web 服务器调用 Servlet 方法生成动态 HTML 页面。单独一个 HTML 页面直接用浏览器就可以访问。

真题 5 Servlet API 的 forward 与 redirect 有什么区别？

【出现频率】★★★☆☆　【学习难度】★☆☆☆☆

答案：forward 是转发，用 Request 对象调用，控制权在当前容器，是服务器请求资源，服务器直接访问目标地址的 URL，把 URL 的响应内容读取过来，然后把这些内容再发送给浏览器，其实客户端浏览器只发送了一次请求，所以它的地址栏中还是原来的地址，Session、Request 参数是共享的，都可以获取。

redirect 是重定向，用 Response 对象调用，是完全的跳转、控制权的转移。就是服务端根据逻辑，发送一个状态码，告诉浏览器重新去请求那个地址，相当于客户端浏览器发送了两次请求，地址栏显示的是跳转后的地址，跳转前后的页面不能共享 Request 参数。

真题 6 什么情况下调用 doGet( ) 和 doPost( )？

【出现频率】★★☆☆☆ 【学习难度】★☆☆☆☆

答案：JSP 页面中的 form 标签里的 method 属性为 get 时调用 doGet( )，为 post 时调用 doPost( )。

真题 7 Request 对象有哪些主要方法？

【出现频率】★★☆☆☆ 【学习难度】★★☆☆☆

答案：Request 对象的方法非常多，表 1-1 是一些主要方法。

表 1-1　Request 对象的方法

方　　法	方 法 作 用
setAttribute（String name，Object）	设置名字为 name 的 Request 的参数值
getAttribute（String name）	返回由 name 指定的属性值
getAttributeNames( )	返回 Request 对象所有属性的名字集合，结果是一个枚举的实例
getCookies( )	返回客户端的所有 Cookie 对象，结果是一个 Cookie 数组
getCharacterEncoding( )	返回请求中的字符编码方式
getContentLength( )	返回请求的 Body 的长度
getHeader（String name）	获得 HTTP 协议定义的文件头信息
getHeaders（String name）	返回指定名字的 RequestHeader 的所有值，结果是一个枚举的实例
getHeaderNames( )	返回所有 RequestHeader 的名字，结果是一个枚举的实例
getInputStream( )	返回请求的输入流，用于获得请求中的数据
getMethod( )	获得客户端向服务器端传送数据的方法
getParameter（String name）	获得客户端传送给服务器端的由 name 指定的参数值
getParameterNames( )	获得客户端传送给服务器端的所有参数的名字，结果是一个枚举的实例
getParameterValues（String name）	获得由 name 指定的参数的所有值
getProtocol( )	获取客户端向服务器端传送数据所依据的协议名称
getQueryString( )	获得查询字符串
getRequestURI( )	获取发出请求字符串的客户端地址
getRemoteAddr( )	获取客户端的 IP 地址
getRemoteHost( )	获取客户端的名字
getSession（［Boolean create］）	返回和请求相关 Session
getServerName( )	获取服务器的名字
getServletPath( )	获取客户端所请求的脚本文件的路径

（续）

方　　法	方 法 作 用
getServerPort（ ）	获取服务器的端口号
removeAttribute（String name）	删除请求中的一个属性

真题 8　JSP 的四种作用域是什么？

【出现频率】★★★☆☆　【学习难度】★☆☆☆☆

答案：JSP 有四种作用域：Page、Request、Session、Application。

1）Page 是代表与一个页面相关的对象和属性。一个页面由一个编译好的 JavaServlet 表示。这既包括 Servlet 又包括被编译成 Servlet 的 JSP 页面。

2）Request 是代表与 Web 客户机发出的一个请求相关的对象和属性。一个请求可能跨越多个页面，涉及多个 Web 组件（由于 forward 指令和 include 动作的关系）。

3）Session 是代表与用于某个 Web 客户机的一个用户体验相关的对象和属性。一个 Web 会话经常会跨越多个客户机请求。

4）Application 是代表与整个 Web 应用程序相关的对象和属性。这实质上是跨越整个 Web 应用程序，包括多个页面、请求和会话的一个全局作用域。

真题 9　Request.getAttribute（ ）和 Request.getParameter（ ）有何区别？

【出现频率】★★★☆☆　【学习难度】★☆☆☆☆

答案：两者主要有三个区别。

1）Request.getParameter（ ）获取的类型是 String；Request.getAttribute（ ）获取的类型是 Object。

2）Request.getPrameter（ ）获取的是 POST/GET 传递的参数值和 URL 中的参数；Request.getAttribute（ ）获取的是对象容器中的数据值/对象。

3）Request.setAttribute（ ）和 Request.getAttribute（ ）可以发送、接收对象；Request.getParamter（ ）只能接收字符串，没有 Request.setParamter（ ）方法。

真题 10　JSP 有哪些内置对象？

【出现频率】★★★★☆　【学习难度】★★☆☆☆

答案：JSP 有以下 9 个内置对象，见表 1-2。

表 1-2　Jsp 内置对象

内 置 对 象	对 象 的 作 用
Request	客户端请求对象，此请求会包含来自 GET/POST 请求的参数，通过它才能了解客户端的需求，然后做出响应
Response	向客户端传递信息的响应对象
PageContext	用来管理网页属性，为 JSP 页面包装页面的上下文
Session	保存同一会话期的信息，从客户端连到服务器的一个 WebApplication 开始，直到客户端与服务器断开连接为止表示一次会话
Application	保存所有用户的全局共享信息

（续）

内 置 对 象	对象的作用
Out	JspWriter 类的实例，用于向客户端输出数据
Config	Servlet 的架构部件，包含 Servlet 的配置信息及初始化参数
Page	用来处理 JSP 网页，代表 JSP 网页本身
Exception	处理 JSP 文件执行时发生的错误和异常，只有在 JSP 页面的 page 指令中指定 isErrorPage ="true" 后，才可以在本页面使用 exception 对象

真题 11 JSP 和 Servlet 有哪些相同点和不同点，它们之间有什么联系？

【出现频率】★★★★☆ 【学习难度】★★☆☆☆

答案：JSP（Java Server Pages）是 Servlet 技术的扩展，本质上也是一个 Servlet，更强调应用的内容展现，JSP 编译后是一个 Servlet。

Servlet 和 JSP 最主要的不同点在于，Servlet 的应用逻辑是在 Java 文件中，并且完全从表示层中的 HTML 里分离开来。而 JSP 是 Java 和 HTML 组合成的一个扩展名为 ".jsp" 的文件。JSP 侧重于视图，Servlet 主要用于控制逻辑。

真题 12 JSP 有哪些基本动作？

【出现频率】★★★★☆ 【学习难度】★★☆☆☆

答案：JSP 共有以下 6 种基本动作，见表 1-3。

表 1-3　JSp 基本动作

动 作	作 用
jsp：include	在页面被请求时引入一个文件
jsp：useBean	寻找或者实例化一个 JavaBean
jsp：setProperty	设置 JavaBean 的属性
jsp：getProperty	输出某个 JavaBean 的属性
jsp：forward	把请求转到一个新的页面
jsp：plugin	表示根据浏览器类型为 Java 插件生成 OBJECT 或 EMBED 标记

真题 13 JSP 的常用指令有哪些？

【出现频率】★★★☆☆ 【学习难度】★☆☆☆☆

答案：JSP 的常用指令见表 1-4。

表 1-4　JSp 常用指令

指 令	作 用
Page	针对当前页面的指令，定义页面的一些属性
Include	用于指定如何包含另一个页面
Taglib	用于引入标签库和指定自定义标签
isErrorPage	是否能使用 Exception 对象
isELIgnored	是否忽略表达式

真题 14 JSP 中动态 Include 与静态 Include 有何区别?

【出现频率】★★★★☆　【学习难度】★★☆☆☆

答案：动态 Include 用 jsp:include 动作实现，示例如：<jsp:include page = " included.jsp" flush = " true"/>，它总是会检查所含文件中的内容变化，适合用于动态页面，并且可以带参数。

静态 Include 代码示例如：<%@include file = " included.html" %>，不会检查所含文件的内容变化，只是把文件的内容直接显示出来，适用于包态页面。

真题 15 JSP 的两种跳转方式分别是什么?　有什么区别?

【出现频率】★★★☆☆　【学习难度】★★☆☆☆

答案：两种跳转方式分别是：jsp:include 和 jsp:forward。调用方式如下。

前者使用形如：<jsp:include page = "included.jsp" flush = "true">，页面不会转向 include 所指的页面，只是显示该页的结果，主页面还是原来的页面。执行完后还会跳转回来，相当于函数调用，且可以带参数。

jsp:forward 使用形如：<jsp:forward page = " nextpage.jsp"/>，页面完全转向新页面，不会再跳转回来，也可以带参数。

真题 16 如何实现 Servlet 的单线程模式?

【出现频率】★★☆☆☆　【学习难度】★★☆☆☆

答案：让 Servlet 实现 SingleThreadModel 接口，就实现了 Servlet 的单线程模式，这样 Web 容器会让 Servlet 中的方法仅能被单线程串行访问。

默认 Servlet 支持多线程模式，即有多个客户端同时请求同一个 Servlet，服务器上的 Servlet 只会产生一个实例，但是会启动多个线程来响应客户请求，但是这样会导致线程安全问题，编程时建议不要在 Servlet 中定义成员属性来共享数据，以避免出现数据同步的问题。

真题 17 JSP 如何实现 Servlet 的单线程模式?

【出现频率】★★★☆☆　【学习难度】★☆☆☆☆

答案：在 JSP 页面通过 page 指令<%@page isThreadSafe = "false" %>可以实现单线程模式。

真题 18 什么是 JSTL?　它有哪些优点?

【出现频率】★★☆☆☆　【学习难度】★★☆☆☆

答案：JSTL（JSP Standard Tag Library，JSP 标准标签库）是一个不断完善的开放源代码的 JSP 标签库，由四个定制标记库（core、format、xml、sql）和一对通用标记库验证器（ScriptFreeTLV 和 PermittedTaglibsTLV）组成，优点有 4 个。

1）可以将一些业务封装到 JSTL，实现代码的重用增强了代码可移植性和维护性。

2）简化了 JSP 和 Web 应用程序的开发，并且使得 JSP 页面的编程风格统一、易于维护。

3）以一种统一的方式减少了 JSP 中 scriptlet 代码数据，可以达到 JSP 中没有任何 scriptlet 代码。

4）可以对其进行自定义扩展。

如果要使用 JSTL，则必须将 Jstl.jar 和 standard.jar 文件放到 classpath 中。

真题 19 JSP 页面是如何被执行的？ JSP 执行效率比 Servlet 高还是低？

【出现频率】★★★☆☆ 【学习难度】★★☆☆☆

答案：JSP 页面在执行时，Web 容器将它转化成 Servlet（只在第一次执行时需要转化），然后编译转化后的 Servlet 并加载到内存中执行，执行的结果 Response 到客户端。

JSP 只在第一次执行时需要转化为 Servlet，之后的所有执行都是直接执行编译后的 Servlet，所以 JSP 和 Servlet 相比，只有第一次执行时 JSP 会慢一点，以后的执行效率是一样的。

真题 20 JSP 如何处理运行时异常？

【出现频率】★★☆☆☆ 【学习难度】★★☆☆☆

答案：可使用 page 指令的 errorPage 属性捕捉没有处理的运行时异常，代码如下：

`<%@page errorPage="错误页面 URL"%>`

这样配置后，如果在页面请求时出现运行时异常，会转向错误页面，在错误页面中，可以通过以下代码定义这个页面是错误处理页面：

`<%@page isErrorPage="true"%>`

这样描述错误信息的 Throwable 对象就可以在错误页面中访问到。

真题 21 如何防止表单重复提交？

【出现频率】★★☆☆☆ 【学习难度】★★☆☆☆

答案：可以通过使用 Session 来实现。

1）在进入 JSP 页面时生成一个随机值并保存到 Session 中，同时将其设置为表单的一个隐藏域的值，随表单提交。

2）在处理表单提交请求时，获取 Session 中的值，获取提交表单对应隐藏域的参数值，比较两者是否相同，如果相同说明不是重复提交，则继续执行请求且删除 Session 中保存的值，如果不相同则是重复提交，返回提示不能重复提交。

(1.2) Java Web 前端

这里主要介绍一下与 Java 开发相关的 Web 前端技术。在现在的前端框架出现之前，这些技术应用相当广泛，现在也仍然使用得非常多。除了最基础的 JSP，其他如 Freemarker、Velocity、Thymeleaf、Beetl 等都是模板引擎，它们也都曾经广泛用于前后端分离开发。

模板引擎可以生成特定格式的文档，用于网站的模板引擎就会生成一个标准的 HTML 文档。它的作用是可以使用户界面与业务数据（内容）分离，因而可以实现前后端分离开发。模板引擎是可以跨领域、跨平台的，但不是所有模板引擎都可以跨平台。Freemarker、Velocity、Thymeleaf、Beetl 都是基于 Java 的模板引擎，只适用于 Java 开发。

真题 1 常用的 Java 展现层技术有哪些？

【出现频率】★★★☆☆　【学习难度】★★★★☆

答案：在 Java 领域，常用展现层技术主要有：JSP、Freemarker、Velocity、Thymeleaf、Beetl 等。下面分别介绍，见表 1-5。

表 1-5　Java 展现层技术

展现层技术		特　　点
JSP	优点	1）功能强大，可以写 Java 代码 2）支持 JSP 标签（JSTL） 3）支持表达式语言（el） 4）官方标准，用户群广，支持丰富的第三方 JSP 标签库 5）性能良好，JSP 编译成 class 文件执行，有很好的性能表现
	缺点	JSP 没有明显缺点，但由于其可以编写 Java 代码，如使用不当容易破坏 MVC 结构
Freemarker	介绍	Freemarker 是一个用 Java 语言编写的模板引擎，它基于模板来生成文本输出。Freemarker 与 Web 容器无关，即在 Web 运行时，它并不知道是 Servlet 还是 HTTP。它不仅可以用作表现层的实现技术，而且还可以用于生成 XML、JSP 或 Java 等。 　　目前企业中，主要用 Freemarker 做静态页面或页面展示。选择 Freemarker 的原因： 1）性能。Velocity 应该是最好的，其次是 JSP，普通的页面 Freemarker 性能最差（虽然只是几毫秒到十几毫秒的差距）。但是在复杂页面上（包含大量判断、日期金额格式化），Freemarker 的性能比使用 tag 和 el 的 JSP 好 2）宏定义比 JSP tag 方便 3）内置大量常用功能，如 HTML 过滤、日期金额格式化等，使用非常方便 4）支持 JSP 标签 5）可以实现严格的 MVC 分离
	优点	1）不能编写 Java 代码，但可以实现严格的 MVC 分离 2）性能非常不错 3）对 JSP 标签支持良好 4）内置大量常用功能，使用非常方便 5）宏定义（类似 JSP 标签）非常方便 6）使用表达式语言
	缺点	1）不是官方标准 2）用户群体和第三方标签库没有 JSP 多
Velocity	优点	1）不能编写 Java 代码，但可以实现严格的 MVC 分离 2）性能良好 3）使用表达式语言
	缺点	1）不是官方标准 2）用户群体和第三方标签库没有 JSP 多 3）对 JSP 标签支持不够好
Thymeleaf	介绍	Thymeleaf 是个 XML/XHTML/HTML5 模板引擎，可以用于 Web 与非 Web 应用。Thymeleaf 的主要目的在于提供一种可被浏览器正确显示、格式良好的模板创建方式，因此也可以用作静态建模。可以使用它创建经过验证的 XML 与 HTML 模板。相对于编写逻辑或代码，开发者只需将标签属性添加到模板中即可。接下来，这些标签属性就会在 DOM（文档对象模型）上执行预先制定的逻辑。Thymeleaf 的可扩展性也非常好。可以使用它定义自己的模板属性集合，这样就可以计算自定义表达式和使用自定义逻辑。这意味着 Thymeleaf 还可以作为模板引擎框架

（续）

展现层技术		特 点
Thymeleaf	优点	静态 HTML 嵌入标签属性，浏览器可以直接打开模板文件，便于前后端联调。它是 Springboot 官方推荐方案
	缺点	模板必须符合 XML 规范
Beetl	介绍	发音同 Beetle（Bee template language）相对于其他 Java 模板引擎，具有功能齐全、语法直观、性能超高及编写的模板容易维护等特点。使得开发和维护模板有很好的体验，是新一代的模板引擎
	优点	1）功能完备：作为主流模板引擎，Beetl 具有相当多的功能和其他模板引擎不具备的功能。适用于各种应用场景，从对响应速度有很高要求的大网站到功能繁多的 CMS 管理系统都适合。Beetl 本身还具有很多独特功能来完成模板编写和维护，这是其他模板引擎所不具有的 2）非常简单：类似 Javascript 语法和习俗，只要半小时就能通过自学完全掌握用法。拒绝其他模板引擎的语法和习俗。同时也能支持 HTML 标签，使得开发 CMS 系统比较容易 3）超高的性能：Beetl 远超过主流 Java 模板引擎性能（引擎性能是 Freemarker 的 5～6 倍，是 JSP 的两倍。参考附录），而且消耗较低的 CPU 4）易于整合：Beetl 能很容易地与各种 Web 框架整合，如 Spring MVC、JFinal、Struts、Nutz、Jodd、Servlet 等 5）扩展和个性化：Beetl 支持自定义方法、格式化函数、虚拟属性、标签和 HTML 标签。同时 Beetl 也支持自定义占位符、控制语句起始符号，还支持使用者打造适合自己的工具包 6）模板引擎可以个性化定制，可以扩展为脚本引擎、规则引擎，能定制引擎从而实现高级功能 7）内置支持主从数据库的开源工具，支持跨数据库平台，开发者所需工作减少到最小，目前跨数据库支持 MySQL、PostgreSQL、Oracle、SQLServer、H2、SQLite、DB2
	缺点	没有明显缺点

真题 2 目前使用较多的 Web 前端框架有哪些？

【出现频率】★★★☆☆ 【学习难度】★★☆☆☆

答案：当前使用较多的 Web 前端框架有 Vue、React、AngularJS，三种框架各有特点，见表 1-6。

表 1-6　Web 前端框架

Web 前端框架名称	特 点
Vue	1）轻量级的框架 2）双向数据绑定 3）指令 4）插件化 5）上手简单，官方文档很清晰，与 AngularJS 相比简单易学
AngularJS	1）良好的应用程序结构 2）双向数据绑定 3）指令 4）HTML 模板 5）可嵌入、注入和测试 6）模板功能强大、丰富，自带了极其丰富的 AngularJS 指令

（续）

Web 前端框架名称	特　　点
React	1）声明式设计：React 采用声明范式，可以轻松描述应用 2）高效：React 通过对 DOM 的模拟，最大限度地减少与 DOM 的交互 3）灵活 React：可以与已知的库或框架很好地配合 4）速度快：在 UI 渲染过程中，React 通过在虚拟 DOM 中的微操作来实现对实际 DOM 的局部更新 5）跨浏览器兼容：虚拟 DOM 解决了跨浏览器问题，提供了标准化的 API，甚至在 IE8 中都是没问题 6）模块化：可以为程序编写独立的模块化 UI 组件，这样当某个或某些组件出现问题时可以方便地进行隔离 7）单向数据流

真题 3 前后端分离架构有什么优点？

【出现频率】★★★★☆ 【学习难度】★★☆☆☆

答案：目前，越来越多的互联网项目开发都采用了前后端分离的架构。前后端分离为大型分布式架构、微服务架构、多端服务共用（安卓、iOS、PC 端等）提供了良好的基础。

前后端分离首先也是前后端架构的分离，真正实现了前后端解耦，动态资源和静态资源分离，提高了性能和扩展性。总结起来有如下好处。

1）前端静态化，前端有且仅有静态内容（HTML/JS/CSS），不需要任何后台技术进行动态化组装。前端内容的运行环境和引擎完全基于浏览器本身。

2）后端复用性大大增强，后端用统一 API 接口，只提供数据，后端可以用任何语言、技术和平台实现。接口与数据可用于任何其他的客户端。

3）前后端平行开发，提高工作效率。前端人员专注于前端，后端人员专注于后端的业务实现，有问题也可以快速定位。

4）在大并发情况下，可以同时水平扩展前后端服务器。

5）减少了后端服务器的并发压力，除了后端接口以外的其他所有 HTTP 请求全部转移到前端服务器上。

6）页面都是异步加载，局部刷新，减轻了前后端服务器压力，也提高了表现性能。页面第一次访问加载相对慢一些，但后续访问就会从本地缓存直接加载，仅有展示数据通过接口远程获取。

7）即使后端服务暂时宕机，前端页面也会正常访问，只不过没有数据显示。

8）安全性方面，前端静态以后，一些注入式攻击在分离模式下被很好地规避。可以主要集中考虑处理后端 Restful 接口安全。

真题 4 Java 模板引擎与 Web 前端框架有什么区别？

【出现频率】★★☆☆☆ 【学习难度】★★☆☆☆

答案：两者主要区别如下。

1）Web 前端框架大幅增加了爬虫的成本，可以更好地实现前后端分离。减少了服务端压力，提高页面性能，可跨平台（可以兼容不同后端技术），比较灵活改变页面数据（无刷新页面），但是有可能 JS 被用户禁用，数据安全性低。

2）后端模板引擎有利于 SEO，前端框架因为增加了爬虫的成本，特别是搜索引擎，因此不利于 SEO。后端模板引擎数据安全性高，无须担心 JS 被用户禁用。

真题 5 什么是静态文件生成的最佳时机？

【出现频率】★★☆☆☆ 【学习难度】★★☆☆☆

答案：一种方案是当用户第一次访问时生成静态文件。此方案当高并发时，会出现生成一半的页面显示，不推荐该方案。最好是提前生成好静态页面，当后台管理员维护商品时生成静态网页。

1.3 AJAX 与 JavaScript

AJAX 易于使用，最大的优点是实现了网页的无跳转刷新，极大地改善了用户体验，从而被广泛使用。

JavaScript 是基于原型编程、多范式的高级动态脚本语言，1995 年由网景公司设计实现。它可以被用到非浏览器环境，也可以用于服务器端开发，但它使用最广泛的还是作为开发 Web 页面的脚本语言。它具有跨平台特性，几乎获得了所有浏览器的支持。JavaScript 用来为网页添加各式各样的动态功能，为用户提供更流畅、美观的浏览效果。通常 JavaScript 脚本通过嵌入在 HTML 中来实现自身的功能。现在有很多优秀的 JavaScript 框架，极大简化了广大程序员对 JavaScript 的使用。

真题 1 什么是 AJAX？

【出现频率】★★★★☆ 【学习难度】★★☆☆☆

答案：AJAX 是 Asynchronous JavaScript and XML 的缩写。翻译成中文就是"异步 JavaScript 和 XML"，是一种创建交互式网页应用的网页开发技术。AJAX 可以使网页实现无跳转异步更新，就是在不重新加载整个网页的情况下，从服务器端获取数据并实现页面信息的全部或部分刷新。通过使用 AJAX，可以获得良好的用户体验。

AJAX 不是一门编程语言，它是一个使用已有标准的编程技术。

真题 2 AJAX 应用和传统 Web 应用有什么不同？

【出现频率】★★★★☆ 【学习难度】★★☆☆☆

答案：简单地说，AJAX 是无跳转刷新，即在网页不跳转的情况下刷新网页的显示内容，而传统的 Web 需要跳转刷新。

在传统的 Web 前端与后端的交互中，浏览器直接访问 Servlet 来获取数据。Servlet 通过转发把数据发送给浏览器。

使用 AJAX，浏览器是先把请求发送到 XmlHttpRequest 异步对象之中，异步对象对请求进行封装，然后再发送给服务器。服务器并不是以转发的方式响应，而是以流的方式把数据返回给浏览器。

XmlHttpRequest 异步对象会不停监听服务器状态的变化，得到服务器返回的数据，就会输出到浏览器。

真题 3 如何理解 XmlHttpRequest 对象?

【出现频率】★★☆☆☆ 【学习难度】★★☆☆☆

答案:XmlHttpRequest 是 AJAX 的核心对象,它是 AJAX 实现的关键——发送异步请求、接收响应及执行回调都是通过它来完成的。该对象在 Internet Explorer 5 中首次引入,所有现代的浏览器都支持 XmlHttpRequest 对象。它是一种支持异步请求的技术,JavaScript 通过 XmlHttpRequest 可以向服务器提出请求并处理响应,而不阻塞用户。通过 XmlHttpRequest 对象,Web 开发人员可以在页面加载后进行页面的局部更新.在网页的客户端和服务器端之间建立独立的连接通道。

从 XmlHttpRequest 调用返回的数据通常由后端数据库提供。除了 XML 之外,XmlHttpRequest 还可用于获取其他格式的数据,例如 JSON 甚至纯文本。

真题 4 XmlHttpRequest 对象有哪些常用方法和属性?

【出现频率】★★☆☆☆ 【学习难度】★★★☆☆

答案:常用方法与属性见表 1-7。

表 1-7　XmlHttpRequest 常用方法和属性

常用方法	方法说明
open( )	该方法创建 HTTP 请求
send( )	发送请求给服务器,如果是 GET 方式,并不需要填写参数,或填写 null。如果是 POST 方式,需要填写提交的参数
setRequestHeader( )	该方法在 open 方法后面调用,可以通过它设置 HTTP 头
常用属性	属性说明
onreadystatechange	请求状态改变的事件触发器
readyState	如请求状态 readyState 改变,回调函数被调用,它有 5 个状态
responseText	服务器返回的文本内容
responseXml	服务器返回的兼容 DOM 的 XML 内容
status	服务器返回的状态码
statusText	服务器返回状态码的文本信息

真题 5 AJAX 的实现流程是怎样的?

【出现频率】★★★★☆ 【学习难度】★★☆☆☆

答案:实现流程如下。

1) 创建 XmlHttpRequest 对象,也就是创建一个异步调用对象。

2) 创建一个新的 HTTP 请求,并指定该 HTTP 请求的方法、URL 及验证信息。

3) 设置响应 HTTP 请求状态变化的函数。

4) 发送 HTTP 请求。

5) 获取异步调用返回的数据。

6) 使用 JavaScript 和 DOM 实现局部刷新。

真题 6 AJAX 请求有几种 Callback 函数？

【出现频率】★★☆☆☆ 【学习难度】★★☆☆☆

答案：AJAX 一共有 8 种 Callback 函数，分别是：onSuccess、onFailure、onUninitialized、onLoading、onLoaded、onInteractive、onComplete 和 onException。

真题 7 XmlHttpRequest 对象在 IE 和 Firefox 中创建方式有没有不同？

【出现频率】★★☆☆☆ 【学习难度】★★☆☆☆

答案：有不同。用原生的 AJAX，在 IE 中通过 new ActiveXObject( ) 创建，Firefoxt 等通过 new XmlHttpRequest( ) 创建。如果用 JS 框架提供的 AJAX 方法，则已经封装好了，无须关注浏览器的不同，直接使用即可，如 jQuery 的 AJAX 方法。

真题 8 AJAX 有哪些优点和缺点？ 为什么使用它？

【出现频率】★★★★☆ 【学习难度】★★★☆☆

答案：之所以使用 AJAX，是因为它有如下优点。

1）页面无须重新加载就可实现内容的局部或全部刷新，带来良好的用户体验。

2）采用异步请求，不影响其他操作。

3）可以把服务端的工作分配一部分给客户端，减轻服务器压力，也可以最大程度减少冗余请求，改善站点性能。

4）是一门基于标准并被广泛支持的技术，不需要下载插件或者小程序。

5）非常适合现在流行的前后端分离架构，有利于界面与应用分离开发。

缺点如下。

1）使用 AJAX，则无法使用浏览器的 Back 和 History 功能，用户无法通过后退按钮来回到上一次操作页面。

2）原生的 AJAX 需要考虑浏览器的兼容性，当然现在的一些框架已经对此做了封装，开发者无须关注。

3）对搜索引擎的支持比较弱。

4）违背 URL 和资源定位的初衷。

5）对流媒体和移动设备的支持还不太完善。

真题 9 什么是 JavaScript 的同源策略？

答案：JavaScript 可以操作 Web 文档的内容，如果不对这一点加以限制，那么 JS 可以做的操作太多，危险性就很高，所以针对它可以操作的文档内容有一个限制，这个限制就是同源策略。

同源策略是一种安全协议，指一段脚本只能读取来自同一来源的窗口和文档的属性。同源策略是客户端脚本（尤其是 JavaScript）的重要的安全度量标准。它最早出自 Netscape Navigator2.0，其目的是防止某个文档或脚本从多个不同源装载。所谓同源指的是：协议域名或主机和端口三者都相同，有一点不同，就可以判定为不同源。

同源策略在什么情况下会起作用呢？当 Web 页面使用多个 <iframe> 元素加载文档或者打开新的浏览器窗口加载文档时，这一策略都会起作用。

真题 10 如何解决 AJAX 跨域问题?

【出现频率】★★★★☆ 【学习难度】★★★☆☆

答案:首先介绍一下什么是跨域,协议、域名、端口都相同才是同域,否则就是跨域。解决 AJAX 跨域问题有以下方式。

1) JSONP 方式,服务器不允许 AJAX 跨域获取数据,但是可以跨域获取文件内容。所以基于这一点,可以动态创建<script>标签,使用标签的 src 属性访问 JS 文件的形式获取 JS 脚本,并且这个 JS 脚本中的内容是函数调用,该函数调用的参数是服务器返回的数据,为了获取这里的参数数据,需要事先在页面中定义回调函数,在回调函数中处理服务器返回的数据。

2) CORS 方式,在服务端配置可跨域。需要后台设置参数,见表 1-8。

表 1-8 后台设置参数

参 数 名	参 数 值	作 用
Access-Cntrol-Allow-Origin	*	允许所有域名访问
	Http://a.com	只允许指定域名访问

3) 前端代理方式,AJAX 请求的是本地接口,本地接口接收到请求后向实际的接口请求数据,然后再将信息返回给前端。

真题 11 AJAX 请求如何处理浏览器缓存问题?

【出现频率】★★☆☆☆ 【学习难度】★★☆☆☆

答案:对于发送请求时,遇到的浏览器缓存问题,推荐以下 5 种方式。

1) 在 AJAX 发送请求前添加: `anyAjaxObj.setRequestHeader("If-Modified-Since","0")` 。

2) 在 AJAX 发送请求前添加: `anyAjaxObj.setRequestHeader("Cache-Control","no-cache")` 。

3) 在 URL 后面添加一个随机数: `"fresh=" + Math.random()` 。

4) 在 URL 后面添加时间戳: `"nowtime=" + new Date().getTime()` 。

5) 如果是使用 jQuery,直接进行全局缓存配置: `$.ajaxSetup({cache:false});`

这样所有的 AJAX 请求都不会保存缓存记录。

真题 12 为什么使用异步加载 JS 文件? 异步加载方式有哪些?

【出现频率】★★☆☆☆ 【学习难度】★★☆☆☆

答案:普通加载 JS 的方式,也就是将<script>标签放到<head>中的做法,这样的加载方式叫作同步加载,或者叫阻塞加载,因为在加载 JS 脚本文件时,会阻塞浏览器解析 HTML 文档,等到下载并执行完毕之后,才会接着解析 HTML 文档。文件加载时间过长就产生性能问题,用户体验也非常不好。所以异步加载 JS 也是一种常见的网页性能优化的方式。

下面介绍几种异步加载方式。

1) 通过给<script>标签设置 defer 属性,将脚本文件设置为延迟加载。

2) 通过动态地创建<script>标签来实现异步加载 JS 文件。

3）将<script>标签放到<body>底部，这不是异步加载，只是一种优化方式。

真题 13 外部 JS 文件出现中文字符，会出现什么问题，如何解决？

【出现频率】★★★☆☆ 【学习难度】★☆☆☆☆

答案：这时很可能会出现中文乱码。解决办法是在 JS 文件的前面添加一行代码。

```
charset="utf-8";
```

真题 14 JSON 和 JSONP 有什么区别？

【出现频率】★★★★☆ 【学习难度】★★☆☆☆

答案：JSON（JavaScript Object Notation）是一种轻量级的数据交换格式，ECMA 的一个子集。采用独立于编程语言的文本格式来存储和表示数据。层次结构简洁清晰，易于阅读和编写，便于机器解析和生成，支持复合数据类型（数组、对象、字符串、数字），网络传输效率很高。

JSONP（JSON with Padding）并不是一种数据格式，它是用来解决跨域获取数据的一种解决方案。JSONP 利用<script>元素的开放策略，通过动态添加标签来调用服务器提供的 JS 脚本。JSONP 动态创建<script>标签，然后通过标签的 src 属性获取 JS 文件中的 JS 脚本，该脚本的内容是一个函数调用，参数就是服务器返回的数据，为了处理这些返回的数据，需要事先在页面定义好回调函数。

真题 15 JSONP 是实现跨域访问的 AJAX 技术吗？

【出现频率】★★★☆☆ 【学习难度】★★☆☆☆

答案：JSONP 是用来解决跨域获取数据的一种解决方案，实际上并没有使用 AJAX 技术，其实际实现与 AJAX 无关，所以不是实现跨域访问的 AJAX 技术。JSONP 的核心是通过动态添加<script>标签来调用服务器提供的 JS 脚本，没有使用 XmlHttpRequest 对象，JSONP 本质是通过 URL 的方式进行请求的，所以它只支持 GET 请求方式。AJAX 的核心是通过 XmlHttpRequest 与服务器交换数据，获取非本页内容，支持 GET 和 POST 请求方式。

真题 16 eval( ) 函数是做什么的？

【出现频率】★★☆☆☆ 【学习难度】★★☆☆☆

答案：eval( )函数的功能是把对应的字符串进行解析计算，并执行其中的 JS 代码。使用 eval 不安全：因为它会执行任意传给它的代码。也比较耗性能：因为它包含两个步骤，一次解析成 JS 语句，一次执行。

解决它的安全问题可以通过 new Function（''，' return '+Json）( )来解决该问题。

真题 17 AJAX 技术体系的组成部分有哪些？

【出现频率】★★★☆☆ 【学习难度】★★☆☆☆

答案：简单来说，Ajax 技术体系有这些组成部分：HTML、CSS、DOM、JSON、XML、XmlHttpRequest 和 JavaScript。

真题 18 AJAX 和 JavaScript 有什么区别？

【出现频率】★★★☆☆　【学习难度】★★☆☆☆

答案：AJAX 是一种创建交互式网页应用的开发技术，JavaScript 是其中的关键技术。AJAX 可以实现网页的无跳转异步刷新，给用户带来良好的操作体验，在 Web 前端开发中被广泛使用。

JavaScript 是一种解释性脚本语言（代码不进行预编译），可以在浏览器端和服务端（Node.js）执行，是一种动态类型、弱类型、基于原型的语言，内置支持类型。它的解释器被称为 JavaScript 引擎，为浏览器的一部分。被广泛用于 Web 应用开发，常用来为网页添加各式各样的动态功能，为用户提供更流畅美观的浏览效果。

真题 19 AJAX 请求用 GET 和 POST 方式的区别是什么？

【出现频率】★★★☆☆　【学习难度】★★☆☆☆

答案：GET 一般用来进行查询操作，URL 地址有长度限制，请求的参数都暴露在 URL 地址当中，如果传递中文参数，需要自己进行编码操作，安全性较低。

POST 请求方式主要用来提交数据，没有数据长度的限制，提交的数据内容存在于 HTTP 请求体中，数据不会暴露在 URL 地址中。

事实上做什么操作是与提交方式无关的，GET 方式做的事情，POST 方式也都能做。

真题 20 什么是 XML？

【出现频率】★★☆☆☆　【学习难度】★★☆☆☆

XML 是可扩展标记语言，英文全称 Extensible Markup Language。能够用一系列简单的标记描述数据，可以用来标记数据和定义数据结构。XML 具有内容和结构分离、互操作性强、规范统一、支持多种编码格式等特点，正是由于这些优点，XML 被广泛应用于数据交换、WebService、电子商务、配置文件等多个领域。

真题 21 XML 有哪些常用解析方式？

【出现频率】★★☆☆☆　【学习难度】★★☆☆☆

答案：常用的有 DOM、SAX 和 STAX 解析。DOM 解析是一次性读取 XML 文件并将其构造为 DOM 对象供程序使用，优点是操作方便，但是比较耗内存。SAX 是按事件驱动的方式解析的，它顺序读取 XML 文件，不需要一次全部装载这个 XML 文件，占用内存少，但是编程复杂。STAX（Streaming API for XML）作为一种面向流的方法，无论从性能还是可用性上都优于前面两种方式。

开发者一般都使用解析工具来解析，如 jdom 和 dom4j 等。

真题 22 同步操作和异步操作有什么区别？

【出现频率】★★★☆☆　【学习难度】★★☆☆☆

答案：同步是阻塞的，异步是非阻塞的。同步操作一旦发起必须等待它执行完毕才能执行其他请求。异步操作浏览器在发起请求后，就可以继续执行其他事情。异步操作执行完返回数据时通知浏览器，浏览器把返回的数据再渲染到页面，进行局部更新。

真题 23 readyState 属性有什么用处？ 它分别有哪几个状态值？

【出现频率】★★★☆☆ 【学习难度】★★☆☆☆

答案：readyState 属性用来存放 XmlHttpRequest 的状态，监听从 0~4 发生不同的变化。

0：请求未初始化（此时还没有调用 open）。

1：服务器连接已建立，已经发送请求开始监听。

2：请求已接收，已经收到服务器返回的内容。

3：请求处理中，解析服务器响应内容。

4：请求已完成，且响应就绪。

真题 24 如何区分获取的数据是 AJAX 的返回值还是 JSONP 的数据？

【出现频率】★★★☆☆ 【学习难度】★★☆☆☆

答案：两者数据结构不同。

AJAX 的返回值形如：{}。

JSONP 数据形如：fn（{}）。

JSONP 只有 GET 请求方式，没有 POST 请求方式。AJAX 支持 GET 和 POST 方式。

AJAX 的数据 JSONP 不能使用，JSONP 的数据 AJAX 是可以使用的。

真题 25 在 JS 中有哪些会被隐式转换为 false？

【出现频率】★★★☆☆ 【学习难度】★☆☆☆☆

答案：会被隐式转换为 false 的包括：undefined、null、NaN、零、空字符串，当然也包括关键字 false 本身。

真题 26 jQuery 的 AJAX 是如何实现的？ 有什么不足之处？

【出现频率】★★☆☆☆ 【学习难度】★★★☆☆

答案：jQuery 封装 AJAX 的方法形式如下，方法参数与事件说明见表 1-9。

```
$.ajax({
    url: http://myip/ajax.json,
    data: {id:'myid'},
    type: 'get',
    dataType:'json',
    async: true,
    cache: false,
    success:function(){},
    error: function(){}
})
```

表 1-9　AJAX 方法参数与事件说明

参数或事件	参数作用及意义
url	发送 AJAX 请求的地址
data	发送到服务器的数据
type	请求方式，默认是 GET 请求

（续）

参数或事件	参数作用及意义
dataType	服务器返回的数据类型
async	是否异步，默认是 true
cache	设置为 false 将不会从浏览器缓存中加载请求信息
success: function( ) {}	请求成功后的回调函数
error: function( ) {}	请求失败时调用此函数

它的不足之处有两点。

1）jQuery 的 AJAX 是针对 MVC 的编程，不适合现在前端的 MVVM 模式。

2）基于原生的 XHR（XmlHttpRequest）开发，XHR 本身的架构不清晰，已经有了 fetch 的替代方案。

真题 27 **jQuery 中的 ID 选择器和 class 选择器有什么区别？**

【出现频率】★★★☆☆　【学习难度】★★☆☆☆

答案：ID 选择器使用 ID 来选择元素，而 class 选择器使用 CSS 样式的 class 名来选择元素。当只需要选择一个元素时，可以使用 ID 选择器；而如果想要选择一组具有相同 CSS 样式的元素，就要使用 class 选择器。从语法角度来说，ID 选择器和 class 选择器的另一个不同之处是，ID 选择器使用字符"#"+元素 ID 来获取元素，如 $("#eleID")。而 class 选择器使用字符"." +样式 class 名来获取元素，如 $(".classname")。

真题 28 **jQuery 库中的 $( ) 是什么？**

【出现频率】★☆☆☆☆　【学习难度】★★☆☆☆

答案：$( ) 函数是 jQuery( ) 函数的别称。$( ) 函数用于将任何对象包裹成 jQuery 对象，通过它就能调用定义在 jQuery 对象上的多个不同方法。甚至可以将一个选择器字符串传入 $( ) 函数，它会返回一个包含所有匹配的 DOM 元素数组的 jQuery 对象。

真题 29 **$(document).ready( ) 函数的作用是什么？**

【出现频率】★★★☆☆　【学习难度】★★☆☆☆

答案：ready( )函数仅能用于当前文档，它规定当 ready 事件发生时执行的代码。当 DOM（文档对象模型）已经加载，并且页面（包括图像）已经完全呈现时，会发生 ready 事件。由于该事件在文档就绪后发生，因此把所有其他的 jQuery 事件和函数置于该事件中是非常好的做法。ready( )函数有三种语法。

- $(document).ready(function)。

- $ ().ready(function)。

- $(function)。

真题 30 **Window.onload 事件和 $(document).ready( ) 函数有什么区别？**

【出现频率】★★★☆☆　【学习难度】★★☆☆☆

答案：两者的区别主要是：Window.onload 除了要等待 DOM 被创建，还要等到包括大型图片、音频、视频在内的所有资源都加载完成后才会执行。加载图片和视频通常会占用较多的时间，所以 Window.onload 事件上的代码在执行时可能会有明显的延迟。

$(document).ready()函数只需 DOM 元素加载完成就会执行，无须等待图像等其他资源的加载，所以执行起来更快。使用 $(document).ready()的另一个优势是可以在网页中多次使用，浏览器会按它们在 HTML 页面中出现的顺序执行它们。而 onload 只能使用单一函数。所以，通常都会使用 $(document).ready()函数而极少使用 Window.onload 事件。

真题 31 使用 CDN 加载 jQuery 库有什么优势？
【出现频率】★★☆☆☆ 【学习难度】★★☆☆☆

答案：优势是可以节省服务器带宽及更快的下载速度，更重要的是，如果浏览器已经从同一个 CDN 下载类相同的 jQuery 版本，那么它就不会再去下载一次．现在很多网站前端开发都会用到 jQuery，如果浏览器已经有了下载好的 jQuery 库，会一定程度提高访问速度，从而提供更好的用户体验。

真题 32 $(this) 和 this 关键字在 jQuery 中有何不同？
【出现频率】★★☆☆☆ 【学习难度】★★☆☆☆

答案：$(this) 返回一个 jQuery 对象，可以对它调用多个 jQuery 方法，如使用 text()获取文本，使用 val()获取值等。而 this 代表当前元素，它是 JavaScript 关键词中的一个，表示上下文中的当前 DOM 元素。不能对它调用 jQuery 方法，直到它被 $()函数包裹，如 $(this)。

真题 33 如何使用 jQuery 来提取一个 HTML 标记的属性？
【出现频率】★★☆☆☆ 【学习难度】★☆☆☆☆

答案：先用 jQuery 选择器获取这个元素，然后使用 attr()方法就可以提取任意一个 HTML 元素的属性值。形如 attr(attrname)，假定有<img/>元素，id 为 imgid，则示例代码为：$('#imgid').attr('src')，可以取得<img/>的 src 属性值。

真题 34 如何使用 jQuery 设置一个属性值？
【出现频率】★★☆☆☆ 【学习难度】★☆☆☆☆

答案：jQuery 设置一个属性值也是用 attr()方法。形如 attr（name，value），它得有两个参数，前面为属性名，后面是属性值。假定有<img/>元素，id 为 imgid，示例代码为 $('#imgid').attr（'src'，'/img/test.jpg'），这样就给<img/>的 src 属性进行了赋值。

真题 35 如何利用 jQuery 来向一个元素中添加和移除 CSS 类？
【出现频率】★★★☆☆ 【学习难度】★★☆☆☆

答案：通过利用 jQuery 提供的 addClass()和 removeClass()这两个方法。给某元素添加一个样式类 active，代码如：$('#imgid').addClass('active')。

addClass()方法向被选元素添加一个或多个类，不会移除已存在的 class 属性，仅仅添加一个或多个 class 属性。如需添加多个类，使用空格分隔类名便可。

removeClass()正好相反，可以删除一个或多个类，多个类之间以空格分开。

真题 36 当 CDN 上的 jQuery 文件不可用时，该如何处理？

【出现频率】★★☆☆☆　【学习难度】★★★☆☆

答案：为了节省带宽和脚本引用的稳定性，应当尽可能使用 CDN 上的 jQuery 文件。但是如果这些 CDN 上的 jQuery 服务不可用，可以通过以下代码来引用本地服务器上的 jQuery 文件：

```
<script src="Https://ajax.aspnetcdn.com/ajax/jQuery/jQuery-1.min.js"></script>
<script type='text/Javascript'>
    //<! [CDATA[
        if (typeof jQuery == 'undefined'){
        document.write("<script src='/js/jQuery-1.min.js'</script>");
        }//]]>
</script>
```

如需要转义，则写法如：

```
document.write(unescape("%3Cscript src='/js/jQuery-1.min.js'% 3E% 3C/script% 3E"));
```

真题 37 JavaScript 编码和解码 URL 的方法是什么？

【出现频率】★★☆☆☆　【学习难度】★★★☆☆

JavaScript 提供有实现 URL 的编码和解码的方法。

编码：encodeURIComponent(URL)。

解码：decodeURIComponent(URL)。

真题 38 jQuery 中有哪些方法可以遍历节点？

【出现频率】★★☆☆☆　【学习难度】★★☆☆☆

答案：jQuery 遍历节点有如下几个方法，见表 1-10。

表 1-10　jQuery 遍历节点方法

方　法　名	方法作用说明
children( )	获取匹配元素的子元素集合，不考虑后代元素
next( )	获取匹配元素后面紧邻的同级元素
prev( )	获取匹配元素前紧邻的同级元素
siblings( )	获取匹配元素前后的所有同辈元素

真题 39 jQuery 有哪些优点？

【出现频率】★★☆☆☆　【学习难度】★★☆☆☆

答案：jQuery 有如下优点。

1）jQuery 是个轻量级的框架，文件很小，只有几十 KB。

2）它有强大的选择器，提供了强大的 DOM 操作 API。

3）有可靠的事件处理机制。

4）完善优雅的 AJAX 封装，无须考虑浏览器的兼容性与 XmlHttpRequest 对象的使用。

5）所有 API 都有良好的浏览器兼容性。

6）支持链式操作，隐式迭代。

7）支持丰富的插件。

8）提供了对 DOM 的批处理操作。

9）jQuery 的文档非常丰富完善。

总之，jQuery 大大降低了使用 JavaScript 的难度。

真题 40 **JavaScript 如何创建通用对象？**

【出现频率】★★☆☆☆ 【学习难度】★☆☆☆☆

答案：通用对象创建方式如：

```
var obj = new object();
```

真题 41 **如何在 JavaScript 中将 base 字符串转换为整数？**

【出现频率】★★★☆☆ 【学习难度】★★★☆☆

答案：parseInt（string，radix）函数解析一个字符串参数，并返回整数。参数 string 是要转换的字符串，参数 radix 可以省略，表示以什么进制来解读第一个参数。例如，将 4F 按 16 进制转换为整数，示例代码为：parseInt（"4F"，16）。

在 radix 参数缺省的情况下，string 参数以 0x 开头，默认为 16 进制；若以 0 开头，默认为 8 进制；其他情况则默认为 10 进制。但并不是所有浏览器都支持以 0 开头默认为 8 进制，有的浏览器（如谷歌）直接忽略开头的 0，以 10 进制来解读。

真题 42 **null 和 undefined 的区别？**

【出现频率】★★★☆☆ 【学习难度】★★★☆☆

答案：null 是一个表示"无"的对象，转为数值时为 0；undefined 是一个表示"无"的原始值，转为数值时为 NaN。

当声明的变量还未被初始化时，变量的默认值为 undefined。null 用来表示尚未存在的对象。

undefined 表示"缺少值"，就是此处应该有一个值，但是还没有定义。典型用法如下。

1）变量被声明了，但没有赋值时，就等于 undefined。

2）调用函数时，应该提供的参数没有提供，该参数等于 undefined。

3）对象没有赋值的属性，该属性的值为 undefined。

4）函数没有返回值时，默认返回 undefined。

null 表示"没有对象"，即该处不应该有值。典型用法如下。

1）作为函数的参数，表示该函数的参数不是对象。

2）作为对象原型链的终点。

真题 43 **正则表达式构造函数 var reg=newRegExp（"xxx"）与正则表达字面量 var reg=//有什么不同？**

【出现频率】★★★★☆ 【学习难度】★★☆☆☆

答案：当使用 RegExp（）构造函数时，不仅需要转义引号（即 \ "表示"），还需要双反斜杠

（即\\表示一个\）。使用正则表达字面量的效率更高。

真题 44 什么是三元运算？"三元" 表示什么意思？

【出现频率】★★☆☆☆　【学习难度】★★☆☆☆

答案：三元运算的符号是" ?："，叫三元是因为运算符会涉及三个元素。用法如下。

"Y=X==3？10：12"。右边就是三元运算。意思是如果 x==3，那么 Y=10，否则 Y=12。三元运算能简化判断操作，省去写一堆 if 与 else 的麻烦，让代码更简洁。

真题 45 Window 对象有哪几种弹出对话框的方式？

【出现频率】★★☆☆☆　【学习难度】★★☆☆☆

答案：Window 对象有三种弹出对话框的方式：alert、confirm 和 prompt。

alert 会直接弹出提示，只有"确定"按钮。

confirm 是一个确认的弹窗，关闭它会返回一个布尔值，有"确定"与"取消"两个按钮，单击"确定"按钮返回 true，单击"取消"按钮返回 false。

prompt 会弹出一个可提示用户进行输入的对话框。单击提示框的"取消"按钮，则返回 null。如果用户单击"确认"按钮，则返回输入字段当前显示的文本。

1.4　HTML5 与 Web 编程综合

HTML 的英文全称是 Hyper Text Markup Language，即超文本标记语言，是一种标识性的语言。它包括一系列标签．通过这些标签可以将网络上的文档格式统一，使分散的 Internet 资源连接为一个逻辑整体，它是 Web 编程的基础。HTML 产生于 1990 年，1997 年 HTML4 成为互联网标准，HTML5 是互联网的新一代标准，在 2008 年正式发布，现已相当成熟，在互联网应用中使用日益广泛。HTML5 是构建及呈现互联网内容的一种语言方式，被认为是互联网的核心技术之一，作为软件开发人员，对 HTML 及 HTML5 都应当有所了解。

真题 1 HTTP 的通信机制是什么？ HTTP2.0 有何优点？

【出现频率】★★★☆☆　【学习难度】★★★★☆

答案：HTTP（Hypertext Transfer Protocol）即超文本传输协议，属于 OSI 七层模型的应用层，是建立在 TCP 协议之上的一种应用协议，由请求和响应构成。

HTTP 是无状态的，也就是说同一个客户端的这次请求和上次请求没有对应关系。

HTTP 的工作流程：当发送一个 HTTP 请求时，首先客户机和服务器会建立连接，之后发送请求到服务器，请求中包含了要访问的 URL 地址、请求的方式（Get/Post），以及要传递的参数和头信息，服务器接到请求后会进行响应，包括状态行、状态码、响应头及要响应的主体内容。客户端接收到请求后将其展示到浏览器上然后保持连接或断开和服务器端的连接。

简单说就是：建立连接→发送请求→响应→保持连接或断开连接。

HTTP1.1 协议支持长连接，在 HTTP1.1 中默认开启 Connection：keep-alive，是目前使用最广泛的 HTTP 协议。HTTP1.0 是短连接，每次请求都要创建连接。目前最新的协议是 HTTP2.0，表 1-11

比较了 HTTP2.0 与 HTTP1.1 的区别。

表 1-11　HTTP2.0 与 HTTP1.1 的区别

主 要 区 别	HTTP1.1	HTTP2.0
多路复用	HTTP1.1 也可以多建立几个 TCP 连接，来支持处理更多并发的请求，但是创建 TCP 连接本身也是有开销的。但这不是多路复用	HTTP2.0 使用了多路复用的技术，做到同一个连接并发处理多个请求，而且并发请求的数量比 HTTP1.1 大了好几个数量级
头部数据压缩	HTTP1.1 不支持 header 数据的压缩。在 HTTP1.1 中，HTTP 请求和响应都是由状态行、请求/响应头部、消息主体三部分组成。一般而言，消息主体都会经过 gzip 压缩，或者本身传输的就是压缩过后的二进制文件，但状态行和头部却没有经过任何压缩，直接以纯文本传输。随着 Web 功能越来越复杂，每个页面产生的请求数也越来越多，导致消耗在头部的流量越来越多，尤其是每次都要传输 UserAgent、Cookie 这类不会频繁变动的内容，完全是浪费资源	HTTP2.0 使用 HPACK 算法对 header 的数据进行压缩，这样数据体积小了，在网络上传输就会更快
服务端推送	服务端推送是一种在客户端请求之前发送数据的机制。网页使用了许多资源：HTML、样式表、脚本、图片等。在 HTTP1.1 中这些资源每一个都必须明确地请求。这是一个很慢的过程。浏览器从获取 HTML 开始，在它解析和评估页面时，增量地获取更多的资源。因为服务器必须等待浏览器做每一个请求，网络经常是空闲和未充分使用的	为了改善延迟，HTTP2.0 引入了服务端推送，它允许服务端在浏览器明确地请求之前推送资源给浏览器，免得客户端再次创建连接发送请求到服务器端获取。这样客户端可以直接从本地加载这些资源，不用再通过网络发送请求来加载

真题 2 什么是 WebSocket？

【出现频率】★★★☆☆　【学习难度】★★☆☆☆

答案：WebSocket 是一种计算机通信协议，是 HTML5 提供的一种在单个 TCP 连接上进行全双工通信的协议。WebSocket 是双向的——使用 WebSocket 客户端或服务器可以发起消息发送。WebSocket 是全双工的——客户端和服务器通信是相互独立的。WebSocket 初始连接使用 HTTP，然后将此连接升级到基于套接字的连接，此单一连接用于所有未来的通信，与 HTTP 相比，WebSocket 消息数据交换要轻松得多。

WebSocket 使得客户端和服务器之间的数据交换变得更加简单，允许服务端主动向客户端推送数据。在 WebSocket API 中，浏览器和服务器只需要完成一次握手，两者之间就直接可以创建持久性的连接，并进行双向数据传输。

真题 3 WebSocket 与 Socket 有什么区别？

【出现频率】★★★☆☆　【学习难度】★★☆☆☆

答案：软件通信有七层结构，下三层结构偏向于数据通信，上三层更偏向于数据处理，中间的传输层则是连接上三层与下三层的桥梁，每一层都做不同的工作，上层协议依赖于下层协议。基于这个通信结构的概念，Socket 其实并不是一个协议，是应用层与 TCP/IP 协议族通信的中间软件抽象层，它是一组独立于协议的网络编程接口。完成两个应用程序之间的数据传输，当两台主机通信时，让 Socket 去组织数据，以满足指定的协议。TCP 连接则更依靠于底层的 IP 协议，IP 协议的连接则依赖于链路层等更低层次。

WebSocket 则是一个典型的应用层协议。

真题 4 如何实现浏览器内多个标签页之间的通信？

【出现频率】★★★☆☆　【学习难度】★★☆☆☆

答案：使用 LocalStorage、Cookies 等存储方式，以及 WebSocket、SharedWorker 等。

LocalStorage 在另一个浏览上下文中被添加、修改或删除时，都会触发一个事件，通过监听该事件来进行页面之间的通信。

注意，在 Safari 浏览器无痕模式使用 LocalStorage 会出现 QuotaExceededError 异常。

真题 5 常用的前端优化策略有哪些？

【出现频率】★★★★☆　【学习难度】★★☆☆☆

答案：这里提供一些前端开发的优化策略给大家参考。

1）请减少 HTTP 请求。

2）请正确理解 Repaint 和 Reflow。

3）减少对 DOM 的操作。

4）使用 JSON 格式来进行数据交换。

5）高效使用 HTML 标签和 CSS 样式。

6）使用 CDN 加速（内容分发网络）。

7）将 CSS 和 JS 放到外部文件中引用，CSS 放到文件头部，JS 放到文件尾部。

8）精简 CSS 和 JS 文件（压缩）。

9）压缩图片和使用 CSS Sprite（CSS 图片精灵）技术整合图片。

10）注意控制 Cookie 大小。

真题 6 DOCTYPE 的作用是什么？ 严格模式与混杂模式各有什么区别？

【出现频率】★★☆☆☆　【学习难度】★★★☆☆

答案：<!Doctype>声明位于文档中的最前面，处于<Html>标签之前，它不是 HTML 标签。作用是告知浏览器的解析器，用什么文档类型规范来解析这个文档。DOCTYPE 不存在或格式不正确会导致文档以混杂模式呈现。

严格模式也称标准模式，浏览器会按照 W3C 的标准来解析代码。

混杂模式也称为怪异模式或者兼容模式。在混杂模式中，页面不严格按照标准执行，浏览器会按照自己的方式去解析执行代码，用此种模式会影响 HTML 的排版。混杂模式主要用来兼容旧的浏览器，此时页面以宽松的向后兼容的方式显示，模拟老式浏览器的行为以防止站点无法工作。

真题 7 什么是 SGML？ HTML5 为什么只需要写<! Doctype Html>？

【出现频率】★★★☆☆　【学习难度】★★★☆☆

答案：SGML 是标准通用标记语言（Standard Generalized Markup Language），HTML 是 SGML 的一个子集，SGML 规定了在文档中嵌入描述标记的标准格式，指定了描述文档结构的标准方法。

HTML5 不基于 SGML，因此不需要对 DTD 进行引用，但是需要 Doctype 来规范浏览器的行为（让浏览器按照它们应该的方式来运行）。

而 HTML4.01 基于 SGML，所以需要对 DTD 进行引用，才能告知浏览器文档所使用的文档类型。

真题 8 页面导入样式时，使用 link 和 @import 有什么区别？

【出现频率】★☆☆☆☆ 【学习难度】★★★☆☆

答案：两者主要有以下四点区别。

1）link 是 XHtml 标签，除了加载 CSS 外，还可以定义 RSS 等其他事务，@import 属于 CSS 范畴，只能加载 CSS。

2）link 引用 CSS 时，在页面载入时同时加载，@import 需要页面网页完全载入以后加载。

3）link 是 XHtml 标签，无兼容问题；@import 是在 CSS2.1 提出的，低版本的浏览器不支持。

4）link 支持使用 JavaScript 控制 DOM 去改变样式，而@import 不支持。

真题 9 HTML5 有哪些新特性？ 移除了哪些元素？

【出现频率】★★★☆☆ 【学习难度】★★★★☆

答案：HTML5 新特性总结如下。

1）拖拽释放（Drag and drop）API。

2）语义化更好的内容标签（Header、nav、footer、aside、article、section）。

3）音频、视频 API（audio、video）。

4）画布（Canvas）API。

5）地理（Geolocation）API。

6）本地离线存储 localStorage 长期存储数据，浏览器关闭后数据不丢失。

7）sessionStorage 的数据在浏览器关闭后自动删除。

8）表单控件：calendar、date、time、email、URL、search。

9）新的技术 Web Worker、WebSocket、Geolocation。

HTML5 移除的元素如下。

1）纯表现的元素：basefont、big、center、font、s、strike、tt、u。

2）对可用性产生负面影响的元素：frame、frameset、noframes。

真题 10 什么是 HTML？ 如何区分 HTML4.01 和 HTML5？

【出现频率】★★★☆☆ 【学习难度】★★★★☆

答案：HTML 即超文本标记语言（Hyper Text Markup Language）。HTML 是构成 Web 页面的基本元素，是一种规范、一种标准。HTML 不是一种编程语言，而是一种标记语言。HTML 通过标识符来标识网页中内容的显示方式，如图片的显示尺寸、文字的大小、颜色、字体等。浏览器能够对这些标记进行解释，按照要求显示出文字、图像、动画、媒体等网页内容。（超文本就是指页面内可以包含图片、链接，甚至音乐、程序等非文字元素。）

HTML5 是 HTML 的新一代标准。以前版本的 HTML 标准 4.01 发布于 1999 年，HTML4.01 及以前的版本都是基于 SGML，但 HTML5 不基于 SGML。

可以从两个方面来区分 HTML 和 HTML5，以表 1-12 说明如下。

表 1-12　HTML 和 HTML5 的区别

区 别 点	HTML	HTML5
文档类型声明 （文档类型声明必须是 HTML 文档的第一行，位于 <html> 标签之前。文档类型声明不是 HTML 标签，它是指示 Web 浏览器关于页面使用哪个 HTML 版本进行编写的指令）	HTML4.01 有三种文档类型声明，下面是一种方式： <!Doctype html PUBLIC "-//W3C//DTD Xhtml 1.0 Transitional//EN" Http：//www.w3.org/TR/XHtml1/DTD/Xhtml1-transitional.dtd"> HTML4.01 的文档声明太长，难于记忆。在 HTML4.01 中，<!DOCTYPE> 声明引用 DTD，因为 HTML4.01 基于 SGML。DTD 规定了标记语言的规则，这样浏览器才能正确地呈现内容	HTML5 只有一种文档声明：<!Doctype html>。 很明显，HTML5 的文档声明十分简洁，HTML5 不基于 SGML，所以也不需要引用 DTD
结构语义	HTML 没有体现结构语义化的标签，通常都是这样来命名：< div id = " Header"></div>表示网站的头部	HTML5 在语义上有很大的优势，提供了一些新的 HTML5 标签，如 article、footer、Header、nav、section，这些名称都通俗易懂

真题 11 如何处理 HTML5 新标签的浏览器兼容问题？

【出现频率】★★★☆☆　【学习难度】★★☆☆☆

答案：为了支持 HTML5 新标签，IE8/IE7/IE6 支持通过 document.createElement 方法产生的标签，可以利用这一特性让这些浏览器支持 HTML5 新标签，浏览器支持新标签后，还需要添加标签默认的样式。

当然最好的方式是直接使用成熟的框架，使用最多的是 Html5shim 框架，引用方式如下：

```
<! --[if lt IE 9]>
<script> src="Http://Html5shim.googlecode.com/svn/trunk/Html5.js"</script>
<! [endif] -->
```

真题 12 浏览器是如何对 HTML5 的离线储存资源进行管理和加载的？

【出现频率】★★★☆☆　【学习难度】★★★☆☆

答案：HTML5 的离线存储是基于一个新建的.appcache 文件的缓存机制（不是存储技术），通过这个文件上的清单解析离线存储资源，这些资源会像 Cookie 一样被存储下来。之后当网络在处于离线状态下时，浏览器会通过被离线存储的数据进行页面展示。在用户没有与因特网连接时，可以正常访问站点或应用，在用户与因特网连接时，更新用户机器上的缓存文件。

下面介绍一些具体操作。

1）页面头部像下面一样加入一个 manifest 的属性。

2）在 cache.manifest 文件编写离线存储的资源。

3）在离线状态时，操作 Window.applicationCache 进行需求实现。

真题 13 Cookie、sessionStorage 和 localStorage 有什么区别？

【出现频率】★★★★☆　【学习难度】★★☆☆☆

答案：sessionStorage 与 localStorage 都是 Web Storage，是 HTML5 引入的一个非常重要的功能。

sessionStorage 中的数据只有在同一个会话中的页面才能访问，并且当会话结束后数据也随之销毁。因此 sessionStorage 不是一种持久化的本地存储，仅仅是会话级别的存储。而 localStorage 用于持久化的本地存储，除非主动删除数据，否则数据是永远不会过期的。

Web Storage 和 Cookie 的区别如下。

Web Storage 的概念和 Cookie 相似，区别在于它是为了更大容量存储设计的。Cookie 的大小是被限制在 4KB，并且每次请求一个新的页面时，Cookie 都会被发送过去，这样无形中浪费了带宽，另外 Cookie 还需要指定作用域，不可以跨域调用。

除此之外，WebStorage 拥有 setItem、getItem、removeItem、clear 等方法，不像 Cookie 需要前端开发者自己封装 setCookie、getCookie。但是 Cookie 也是不可或缺的：Cookie 的作用是与服务器进行交互，作为 HTTP 规范的一部分而存在。而 Web Storage 仅仅是为了在本地存储数据而存在。

真题 14 每个 HTML 文件的开头有个 DOCTYPE 标签，这个起什么作用？

【出现频率】★★★★☆ 【学习难度】★★☆☆☆

答案：<!Doctype>声明位于 HTML 文件的最前面的位置，处于<Html>标签之前。此标签用于告知浏览器文件使用的是哪种 HTML 或 XHTML 规范，浏览器按照所告知的规范解析页面。它是指示 Web 浏览器关于页面使用哪个 HTML 版本进行编写的指令。

真题 15 iframe 有什么优缺点？

【出现频率】★★☆☆☆ 【学习难度】★★☆☆☆

答案：iframe 的优点如下。

1）程序调入静态页面比较方便。

2）iframe 能够原封不动地把嵌入的网页展现出来。

3）如果有多个网页引用 iframe，那么只需要修改 iframe 的内容，就可以实现调用的每一个页面内容的更改，方便快捷。

4）网页如果为了统一风格，头部和版本都是一样的，就可以写成一个页面，用 iframe 来嵌套，可以增加代码的可重用。

5）如果遇到加载缓慢的第三方内容（如图标和广告），可以由 iframe 来解决。

6）重载页面时不需要重载整个页面，只需要重载页面中的一个框架页（减少了数据的传输，增加了网页下载速度）。

iframe 的缺点如下。

1）样式/脚本需要额外链入，会增加请求。

2）性能差，iframe 的创建比其他包括 scripts 和 CSS 的 DOM 元素的创建慢了 1-2 个数量级。

3）浏览器的后退按钮失效。

4）过多会增加服务器的 HTTP 请求。

5）小型的移动设备无法完全显示框架。

6）产生多个页面，不易管理。

7）不容易打印。

8）代码复杂，无法被一些搜索引擎解读。

真题 16 如何关闭输入框的自动完成功能？

【出现频率】★★☆☆☆　【学习难度】★★☆☆☆

答案：以下三种方法可以关闭输入框的自动完成功能。

1）在 IE 的 Internet 选项菜单中的自动完成中设置。

2）设置 Form 的 autocomplete 为"on"或者"off"来开启或者关闭整个表单（form）所有输入框的自动完成功能。

3）设置输入框（input）的 autocomplete 为"on"或者"off"来开启或者关闭该输入框的自动完成功能。

真题 17 Cookie 与 Session 有什么区别？

【出现频率】★★★★☆　【学习难度】★★☆☆☆

答案：Cookie 与 Session 有如下几点区别。

1）Cookie 数据保存在客户端，Session 数据保存在服务端。

2）Cookie 不是很安全，别人可以分析存放在本地的 Cookie 并进行 Cookie 欺骗，相当重要的数据应该使用 Session 保存到服务端。

3）Session 会在一定时间内保持在服务器上，但是会占用内存资源，当访问的用户过多，会加重服务器的负载，考虑到减轻服务器的压力，可以将不重要的数据放在 Cookie 中持久保存。

4）单个 Cookie 保存的数据不能超过 4KB，很多浏览器都限制站点最多保存 20 个 Cookie。

真题 18 网站自动登录功能的实现原理是什么？

【出现频率】★★★☆☆　【学习难度】★★☆☆☆

答案：自动登录功能可以通过 Cookie 来实现，就是在登录时将用户的信息保存为持久 Cookie，可以设置有效期。下次访问时，读取请求中如果有有效的用户信息的 Cookie，就从 Cookie 中获取用户信息来帮助用户自动登录，将用户信息写入 Session。

真题 19 为什么用多个域名来存储网站资源会更有效？

【出现频率】★★☆☆☆　【学习难度】★★☆☆☆

答案：因为用域名来存储网站资源有如下几点好处。

1）CDN 缓存更方便。

2）突破浏览器并发限制。

3）节约 Cookie 带宽。

4）节约主域名的连接数，优化页面响应速度。

5）防止不必要的安全问题。

真题 20 HTTP 以 1~5 开头的状态码意义是什么？ 常见状态码有哪些？

【出现频率】★★★☆☆　【学习难度】★★☆☆☆

答案：HTTP 以 1~5 开头的状态码的意义见表 1-13。

表 1-13　HTTP 状态码

开头数字状态码	状态码意义
1xx	临时响应：表示临时响应并需要请求者继续执行操作的状态码
2xx	成功：表示成功处理了请求的状态代码
3xx	重定向：表示要完成请求，需要进一步操作。通常这些状态代码用来重定向
4xx	请求错误：这些状态代码表示请求可能出错，妨碍了服务器的处理
5xx	服务器错误：这些状态代码表示服务器在尝试处理请求时发生内部错误。这些错误可能是服务器本身的错误，而不是请求出错

下面是 HTTP 常见状态码。

状　态　码	状态码意义
200	请求成功
400	（错误请求）服务器不理解请求的语法
401	（未授权）请求要求身份验证
403	（禁止）服务器拒绝请求
404	请求的资源无效
405	（方法禁用）禁用请求中指定的方法
500	（服务器内部错误）服务器遇到错误，无法完成请求
501	（尚未实施）服务器不具备完成请求的功能
502	（错误网关）服务器作为网关或代理，从上游服务器收到无效响应
503	（服务不可用）服务器目前无法使用。通常，这只是暂时状态
504	（网关超时）服务器作为网关或代理，但是没有及时从上游服务器收到请求
505	（HTTP 版本不受支持）服务器不支持请求中所用的 HTTP 协议版本

真题 21 如何获取浏览器与操作系统等信息？

【出现频率】★★★☆☆　【学习难度】★★☆☆☆

答案：HttpServletRequest 提供了 getHeader（"User-Agent"）来获取浏览器的完整信息，想知道简明的信息，仍然需要自己去处理。这里推荐一个好的工具类 UserAgentUtils，能够更容易地获取更多更全面的信息。首先要引入依赖：

```
<dependency>
    <groupId>eu.bitwalker</groupId>
    <artifactId>UserAgentUtils</artifactId>
    <version>1.21</version>
</dependency>
```

引入依赖后，就可以使用 UserAgentUtils 这个工具类了，它提供了很多方法来获取信息。当然也可以通过 UserAgent 来获取很多信息。如：

```
UserAgent userAgent=UserAgent.parseUserAgentString(request.getHeader("User-Agent"));
Browser browser=userAgent.getBrowser();
Version version= browser.getVersion(request.getHeader("User-Agent"));
```

这样就获取了浏览器信息与浏览器的版本信息。更多方法，读者可以自行了解。这里主要是抛砖引玉。

真题 22　什么是 MVVM 模式？ 与 MVC 模式有什么区别？

【出现频率】★★★☆☆　【学习难度】★★☆☆☆

答案：MVVM 是现在很流行的前端架构模式，前端框架 Vue 是 MVVM 的最佳实践。MVVM 是 Model-View-ViewModel 的简写，即模型-视图-视图模型。Model 指的是后端传递的数据。View 指的是所看到的页面。ViewModel 是 MVVM 模式的核心，它是连接 View 和 Model 的桥梁。ViewModel 通过双向数据绑定，把 View 层和 Model 层连接了起来，而 View 和 Model 之间的同步工作完全是自动的，无须人为干涉，因此开发者只需关注业务逻辑，不需要手动操作 DOM，不需要关注数据状态的同步问题，复杂的数据状态维护完全由 MVVM 来统一管理。

MVC 和 MVVM 的区别首先是 Controller 演变成 MVVM 中的 ViewMode。ViewModel 存在目的在于抽离 Controller 中展示的业务逻辑，而不是替代 Controller，其他视图操作业务等还是应该放在 Controller 中实现，也就是说 MVVM 实现的是业务逻辑组件的重用。

另外 MVVM 通过数据来显示视图层而不是节点操作。

MVVM 的优点是解决了 MVC 中大量的 DOM 操作使页面渲染性能降低，加载速度变慢，影响用户体验的问题。

真题 23　减少页面加载时间的方法有哪些？

【出现频率】★★★★☆　【学习难度】★★☆☆☆

答案：推荐以下几种方法。

1）减少 DOM 操作，尽可能用变量替代不必要的 DOM 操作。

2）合并 JS、CSS 文件，减少 HTTP 请求。

3）外部 JS、CSS 文件放在页面最底下。

4）压缩 CSS、JS 文件。

1.5　Web 服务器

Web 服务器非常多，最流行、最受欢迎的当然是 Apache 基金会的开源项目 Tomcat。

真题 1　Tomcat 的缺省 HTTP 端口是多少，如何修改？

【出现频率】★★☆☆☆　【学习难度】★★☆☆☆

答案：缺省 HTTP 端口是 8080，在 Tomcat 安装目录下 conf/server.xml 文件中修改。在 server.xml 文件里面找到下列信息：

```
<ConnectorconnectionTimeout="20000" port="8080" protocol="Http/1.1" redirectPort="8443"
uriEncoding="utf-8"/>
```

在这里修改 port 属性值便可。

真题2 Tomcat 有几种部署 Web 项目的方式？

【出现频率】★★★☆☆ 【学习难度】★★★☆☆

答案： 传统上有四种部署方式。

1）直接把 Web 项目放在 Tomcat 目录的 Webapps 文件夹下，Tomcat 会自动将其部署。

2）静态部署，修改 Tomcat 目录 conf/server.xml 文件配置。

打开 server.xml 在<Host>标签中添加项目配置。

```
<Host name="localhost"appBase="Webapps"
      unpackWARs="true" autoDeploy="true">
  <Context path="/myWeb" docBase="E:\myWeb\WebContent"  reloadable="true" />
</Host>
```

说明如下。

path 是定义为访问项目的路径名字。

docBase 配置的是指向项目的文件夹。

reloadable 设置为 true，表示项目有所改变时 Tomcat 会自动部署最新的项目上去。

3）静态部署，添加项目的 XML 文件到 Catalina 文件夹下。

进入到 conf \ Catalina \ localhost 文件下，创建一个 XML 文件，该 XML 文件名应与发布的项目的名字一致。访问地址的路径是根据 XML 的文件名确定的。

假定项目名为 myWeb，则文件名为 myWeb.xml，假定访问地址为 Http：//ip：8080/test。

在 XML 文件中添加配置：

```
<Context path="/test"docBase="E:\myWebprj\WebContent"  reloadable="true" />
```

4）将项目打成 war 包，将 war 包放在 Tomcat 目录 Webapps 文件夹下，运行 Tomcat。

真题3 关于 **Tomcat** 的一些优化技巧。

【出现频率】★★★☆☆ 【学习难度】★★★☆☆

答案： 1）提高 JVM 栈内存。

遇到 Tomcat 的内存溢出问题，通常情况下，产生这种问题的原因是 Tomcat 分配较少的内存给进程，通过修改配置参数 Java_OPTS 可以解决这个问题，配置参数在（Windows 下的）bin/catalina.bat 或（Linux 下的）bin/catalina.sh 文件中，具体参数配置示例如下：

```
setJava_OPTS=%Java_OPTS% -server -Xms1024m -Xmx1024m -XX:NewSize=512m -XX:MaxNewSize=512m -
XX:PermSize=512m -XX:MaxPermSize=512m -XX:+DisableExplicitGC
```

-Xms -指定初始化时的内存。

-Xmx -指定最大内存。

增大这两个配置参数值后，重启 Tomcat 服务器便可生效。一般建议参数值为 128M 的倍数。

2）连接器最大线程数设置。

最大线程数指定 Web 请求负载的数量，Tomcat 的默认值为 150，在 server.xml 文件中配置。如果系统访问量大，Tomcat 可能没有足够的线程来处理所有的请求，这时其他请求将进入等待状态，只有其他处理线程释放后才能被处理。在默认值不能满足系统要求时，可以通过调整连接器属性

"maxThreads" 完成设置。maxThreads 的值，设置太大可能超出 Tomcat 的负载能力。不同的系统设置的最大值可以不同，可以根据实际情况来设置。如果超出负载能力，则需要部署集群。

3）开启浏览器的缓存。

开启浏览器的缓存，这样读取存放在 Webapps 文件夹里的静态内容会更快，提升访问性能。一般情况下 HTTPs 请求会比 HTTP 请求慢。但如果要求安全性，还是应该选择HTTPs。

4）利用缓存和压缩。

对于静态页面最好是能够缓存起来，这样就不必每次从磁盘上读取。可以采用 Nginx 作为缓存服务器，将图片、CSS、JS 文件都进行缓存，可有效地减少对后端 Tomcat 的访问。

另外，为了能加快网络传输速度，开启 gzip 压缩也是必不可少的。但考虑到 Tomcat 已经需要处理很多东西了，所以把这个压缩的工作就交给前端的 Nginx 来完成。除了文本可以用 gzip 压缩，很多图片也可以用图像处理工具预先进行压缩，找到一个平衡点可以让画质损失很小而文件可以减小很多。

真题 4 如何给 Tomcat 内存调优？

【出现频率】★★☆☆☆　【学习难度】★★★★☆

答案：Tomcat 的内存参数 Java_OPTS 设置是在 bin/catalina.sh（Windows 系统是 bin/catalina.bat）文件中，配置好后 Tomcat 会把 Java_OPTS 作为 JVM 的启动参数来处理。在 catalina.sh 或 catalina.bat 文件中部找到" rem ----- Execute The Requested Command -----"，在它后面添加如下内容即可：

```
set Java_OPTS ="% Java_OPTS% -server -Xms2048m -Xmx2048m -Xmn512m -XX: PermSize = 128m -XX: Max-PermSize=256m -Xmn2g -Xss2m"
```

设置各参数值的大小，应根据服务器本身的内存大小来灵活设置。

各项参数说明如下。

- -Xmm：设置 JVM 最大可用内存，为物理内存的 1/4。
- -Xms：设置 JVM 初始内存。此值可以设置得与-Xmx 相同，以避免每次垃圾回收完成后 JVM 重新分配内存，默认是物理内存的 1/64。
- 空余堆内存小于 40% 时，JVM 就会增大堆直到-Xmx 的最大限制；空余堆内存大于 70% 时，JVM 会减少堆直到 -Xms 的最小限制。因此服务器一般设置-Xms、-Xmx 相等，生产环境建议设为 1024M 以上。这两个参数值均建议为 128 的倍数。
- -Xmn：设置年轻代大小。整个堆大小 = 年轻代大小 + 年老代大小 + 持久代大小。持久代一般固定大小为 64MB，所以增大年轻代后，将会减小年老代大小。此值对系统性能影响较大，官方推荐配置为整个堆的 3/8。
- -Xss：设置每个线程的堆栈大小。JDK5.0 以后每个线程堆栈大小默认为 1MB，以前每个线程堆栈大小为 256KB。减小这个值能允许系统生成更多的线程，但应根据应用的线程实际所需内存大小进行调整。
- -XX：NewSize：设置年轻代大小。

    -XX：MaxNewSize：年轻代最大值。
- -XX：NewRatio = 4：设置年轻代（包括 Eden 和两个 Survivor 区）与年老代的比值（除去持

久代）。设置为 4，则年轻代与年老代所占比值为 1∶4，年轻代占整个堆栈的 1/5。

- -XX：SurvivorRatio＝4：设置年轻代中 Eden 区与 Survivor 区的大小比值。设置为 4，则两个 Survivor 区与一个 Eden 区的比值为 2∶4，一个 Survivor 区占整个年轻代的 1/6。
- -XX：MaxPermSize＝16m：设置持久代大小为 16MB，JDK8 已无须设置。
- -XX：MaxTenuringThreshold＝0：设置垃圾最大年龄。如果设置为 0 的话，则年轻代对象不经过 Survivor 区，直接进入年老代。对于年老代比较多的应用，可以提高效率。如果将此值设置为一个较大值，则年轻代对象会在 Survivor 区进行多次复制，这样可以增加对象在年轻代的存活时间，增加在年轻代立即被回收的概率。

真题5 如何设置 Tomcat 管理员用户名密码？

【出现频率】★★☆☆☆ 【学习难度】★★☆☆☆

答案：为增强安全性，需要在 Tomcat 管理界面通过用户名和密码登录才能进行管理操作。这个用户名和密码可以在 Tomcat 的 conf 文件夹下的 Tomcat-users.xml 文件中配置。示例配置代码：

```
<user username="admin" password="admin1234" roles="manager-gui"/>
```

将这行代码添加到文件中保存便可。重启 Tomcat 后，就可以用 admin/admin1234 登录进入 Tomcat 管理界面了。

真题6 Tomcat 部署项目实现 Session 共享有哪几种方式？

【出现频率】★★☆☆☆ 【学习难度】★★☆☆☆

答案：可以用如下几种方式。

1）使用 Tomcat 本身的 Session 复制功能，这里不详细介绍。方案的优点是配置简单，在 server.xml 添加相当配置便可。缺点是当集群数量较多时，Session 复制的时间会比较长，影响响应的效率，因为它的 Session 复制是 all to all 的。

2）使用 Memcached 来管理共享 Session，借助于 Memcached-sesson-manager 来进行 Tomcat 的 Session 管理。只支持 Tomcat7，不支持 Tomcat8 及以上版本。

3）使用 Redis 来管理共享 Session，原理与 Memcached 一样。只是存储介质变成了 Redis。借助于 Tomcat-Redis-Session-manager 来实现。缺点也是只支持 Tomcat7，不支持 Tomcat8 及以上版本。

4）使用 Spring Session 基于 Redis 存储实现 Session 共享。不依赖于特定容器，还有官方支持。这是本人推荐的最佳方案。Spring Session 共享将在后面的 Spring 体系中做介绍，这里不详述。

真题7 工作中用什么工具查看或监视 Tomcat 的内存？

【出现频率】★★★☆☆ 【学习难度】★★☆☆☆

答案：使用 JDK 自带的 jconsole 可以比较清楚地看到内存的使用情况，线程的状态，当前加载的类的总量等。

JDK 自带的 jvisualvm 可以查看更丰富的信息。如果是分析本地的 Tomcat，还可以进行内存抽样等，检查每个类的使用情况。

在 Windows 上使用 putty+xming 也可以远程查看 Linux 服务器上部署的 Tomcat 的运行情况。

真题 8 Tomcat 类加载机制是怎样的？

【出现频率】★☆☆☆☆　【学习难度】★★★☆☆

答案：Tomcat 的类加载机制违反双亲委托原则，对于一些未加载的非基础类（Object，String 等），各个 Web 应用自己的类加载器（WebAppClassLoader）会优先加载，加载不了时再交给 commonClassLoader 进行双亲委托。因此，如果同样在 classpath 指定的目录中和自己工作目录中存放相同的 class，Tomcat 会优先加载 classpath 目录中的文件。

双亲委派模型要求除了顶层的启动类加载器之外，其余的类加载器都应当由自己的父类加载器加载。Tomcat 为了实现隔离性，没有遵守这个约定，每个 WebappClassLoader 加载自己的目录下的 class 文件，不会传递给父类加载器。

真题 9 Tomcat7/8 如何开启远程调试模式（JPDA）？

【出现频率】★★★☆☆　【学习难度】★★★☆☆

答案：JPDA 英文全称为 Java Platform Debugger Architecture。Tomcat6 需要手动添加设置参数。Tomcat7 开始，Tomcat 把已经在 catalina.sh/catalina.bat 中把 JPDA 配置好了，直接可以启用，默认远程调试的端口是 8000。需要注意的是，在 Tomcat8 里需要手动添加一条配置（在 catalina.sh/catalina.bat 文件）：export JPDA_ADDRESS = 8000。

因为 Tomcat8 默认该设置为 localhost：8000，如果没有修改则不能进行远程调试，只能在本机进行调试。

开启 JPDA 模式很简单，在 Linux 下用命令：catalina.sh jpda start。在 Window 系统用命令：catalina.bat jpda start。成功启动后，就可以在 idea/ecilpse 中进行远程调试了。

真题 10 Eclipse 与 idea 中如何远程调试 Tomcat？

【出现频率】★★★☆☆　【学习难度】★★★☆☆

答案：首先，要成功以 JPDA 模式启动 Tomcat 服务。

然后，在 idea 中，依次单击 run→edit configurations，单击左上角 "+" 号，选择 Remote。进入配置界面，为配置命名，然后选择调试模式 Attach to remote JVM，Transprot 方式为 Socket。配置好 Host 和 Port，Use module classpath 中选择要远程调试的工程，然后单击 "Ok" 或 "Apply" 按钮就可以了。

Eclipse 中界面有所不同，依次单击 run→debug configurations→remote Java application→apply→debug，进入配置界面，Project 选择要调试的工程，Connection Type 选择默认项 standard（Socket Attach），配置好 Host 和 Port，单击 "apply" 按钮就可以了。

真题 11 在 Java 领域常用的 HTTP 及 Web 服务器有哪些？

【出现频率】★★☆☆☆　【学习难度】★★★☆☆

答案：1）Tomcat 是 Apache 基金会的顶级项目，是当今最流行的开源 Java Web 应用服务器，最新的 Servlet 和 JSP 规范总是能在 Tomcat 中得到体现。它是一款轻量级、性能强大、稳定性高且有良好集群性能的 Web 服务器，十分受开发者和公司的欢迎。并且拥有丰富的文档资料。但它有一点不足，它不支持 EJB。

2）Apache 曾经是全球应用最广泛的 Web 服务器，开源免费，也是 Apache 基金会的顶级项目。可以在大多数计算机操作系统中运行，由于其多平台和安全性被广泛使用。它的不足是，它本身仅提供 HTML 静态页面的功能，不能支持 JSP、Java Servlet、ASP 等功能，但可以通过同其他应用服务器一起工作或添加插件来支持。不过在 Nginx 流行之后，Apache 的使用者已经显著减少。

3）JBoss 作为 Java EE 应用服务器，它是 Servlet 容器，也是 EJB 容器，从而弥补了 Tomcat 只是一个 Servlet 容器的不足。JBoss 代码遵循 LGPL 许可，可以在任何商业应用中免费使用。

4）WebLogic 是世界上第一个成功商业化的 Java EE 应用服务器，WebLogic 是用于开发、集成、部署和管理大型分布式 Web 应用、网络应用和数据库应用的 Java 应用服务器。将 Java 的动态功能和 Java Enterprise 标准的安全性引入大型网络应用的开发、集成、部署和管理之中。但是 WebLogic 不是一款开源的软件，虽然存在免费试用等，但它主要的应用目标为大型商业应用，而这种应用需要高额的 license 费用。

5）Resin 是 Caucho 公司的产品。Resin 性能非常高效。支持 Servlet/JSP、EJB。虽然 Resin 是开源的，不过有两种 lisence：GPL 和商用 lisence。它可在 GPL 下免费使用，但注意商用是要收费的。

6）WebSphere 是 IBM 的一款商业应用服务器软件。稳定、高效，支持多种应用。使用费用很高，适于大型商业应用。有 Community Edition 版本，是开源的。

7）Jetty 更多的是一个被广泛使用的嵌入式的 Web 服务器。由纯 Java 语言实现，运行速度较快，比 Tomcat 更为轻量级。在大规模企业级应用方面不如 Tomcat 强大。作为一个独立的 Servlet 引擎，也可以与其他 Web 应用服务器集成，所以它可以基于两种协议工作，一个是 HTTP，一个是 AJP 协议。如果将 Jetty 集成到 JBoss 或者 Apache，那么就可以让 Jetty 基于 AJP 模式工作。如果作为 Web 服务器，则基于 HTTP 模式工作.

8）Nginx 是一个轻量级、高性能的 HTTP 和反向代理 Web 服务器，在 BSD-like 协议下发行。其特点是占有内存少，并发能力强，现在已得到十分广泛的使用，是负载均衡服务器的首选。Nginx 代码完全用 C 语言，支持多种操作系统。

真题 12 如何使 Tomcat 创建的 Cookie 的 secure 属性和 httpOnly 属性为 true？
【出现频率】★★★☆☆ 【学习难度】★★☆☆☆

答案：与会话相关的 Cookie（如 JSESSIONID）是 Tomcat 内部自己生成的，现在对安全性越来越重视，所以也经常会要求 Tomcat 内部自己生成的 Cookie 的 secure 属性和 httpOnly 属性也都设置为 true。

这里介绍一下 Tomcat7.X 及以上版本的处理方法。非常简单，只要在 Tomcat 的 Home 目录中的 conf/web.xml 中的<session-config/>元素下如下配置便可。

```
<session-config>
    <session-timeout>30</session-timeout>
    <cookie-config>
        <http-only>true</http-only>
        <secure>true</secure>
    </cookie-config>
</session-config>
```

配置后，重启 Tomcat 即可。

第2章　Spring技术生态体系

　　Spring 是一个轻量级的开源框架，它的出现大大降低了企业级应用程序开发的复杂性，大大提高了企业应用程序的开发效率。Spring 框架自诞生以来备受开发者青睐，从而迅速地流行开来。时至今日，Spring 已经发展成为一个庞大的生态系统，可以说 Spring 是 Java 后端开发事实上的行业标准，以 Java 为开发语言的几乎都会选择 Spring 作为基础的开发框架。当然，随着 Spring Boot 和 Spring Cloud 的出现，开发者直接采用 Spring 原生框架的在减少，采用 Spring Boot 和 Spring Cloud 进行快速开发的越来越多。

2.1　Spring 基础

　　首先，我们来了解一下 Spring 的结构体系。Spring 发展至今总共有 20 多个模块，将来应该还会有更多的模块出现。在最新的 Spring5 中，这些组件又整合在核心容器（Core Container）、AOP（Aspect Oriented Programming）和设备支持（Instrmentation）、数据访问及集成（Data Access/Integeration）、Web、报文发送（Messaging）、Test 等 6 个模块集合中。图 2-1 是 Spring5 的体系结构图。

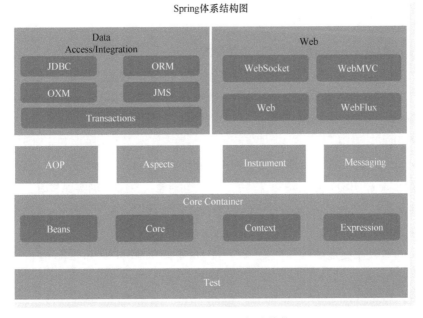

● 图 2-1　Spring5 体系结构图

　　每个模块集合或者模块可以单独存在，也可以任意组合存在。下面简单介绍。

1）核心容器：由 Spring-beans、Spring-core、Spring-context 和 Spring-expression 共 4 个模块组成。

- Spring-beans 和 Spring-core 模块是 Spring 框架的核心模块，包含了控制反转（Inversion of Control，IoC）和依赖注入（Dependency Injection，DI）。BeanFactory 接口是 Spring IoC 容器的核心接口，它是工厂模式的具体实现。BeanFactory 容器实例化后并不会自动实例化 Bean，只有当 Bean 被使用时 BeanFactory 容器才会对该 Bean 进行实例化与依赖关系的装配。

- Spring-context 模块基于核心模块，扩展了 BeanFactory，添加了对 Bean 生命周期的控制、框架事件体系及资源加载透明化等功能。此外该模块还提供了许多企业级支持：如邮件访问、远程访问、任务调度等，ApplicationContext 是该模块的核心接口，它是 BeanFactory 的超类，与 BeanFactory 不同，ApplicationContext 容器实例化后会自动对所有的单实例 Bean 进行实例化及依赖关系的装配，使之处于可用待用状态。

- Spring-expression 模块是统一表达式语言（EL）的扩展模块，可以查询、管理运行中的对象，同时也可以地方便调用对象方法、操作数组、集合等。它的语法类似于传统 EL，但提供了额外的功能，最出色的要数函数调用和简单字符串的模板函数。这种语言的特性是基于 Spring 产品的需求而设计的，它可以非常方便地同 Spring IoC 进行交互。

2）AOP 和设备支持：由 Spring-aop、Spring-aspects 和 Spring-instrument 共 3 个模块组成。

- Spring-aop 是 Spring 的另一个核心模块，是 AOP 主要的实现模块，是继 OOP 后，对程序员影响最大的编程思想之一，AOP 极大地开拓了人们的编程思路。

- Spring-aspects 模块集成自 AspectJ 框架，主要是为 Spring AOP 提供多种 AOP 实现方法。

- Spring-instrument 模块提供了类植入（instrumentation）支持和类加载器的实现，可以应用在特定的应用服务器中。该 spring-instrument-tomcat 模块包含了支持 Tomcat 的植入代理。

3）数据访问及集成：由 Spring-jdbc、Spring-tx、Spring-orm、Spring-jms 和 Spring-oxm 共 5 个模块组成。

- Spring-jdbc 模块是 Spring 提供的 JDBC 抽象框架的主要实现模块，用于简化 Spring JDBC。主要是提供 JDBC 模板方式、关系数据库对象化方式、SimpleJdbc 方式、事务管理来简化 JDBC 编程，主要实现类是 JdbcTemplate、SimpleJdbcTemplate 及 NamedParameterJdbcTemplate。

- Spring-tx 模块是 Spring JDBC 事务控制实现模块，负责在 Spring 框架中实现事务管理功能。以 AOP 切面的方式将事务注入到业务代码中，并实现不同类型的事务管理器。

- Spring-orm 模块是 ORM 框架支持模块，主要集成 Hibernate，Java Persistence API（JPA）和 Java Data Objects（JDO）用于资源管理、数据访问对象（DAO）的实现和事务策略。

- Spring-jms 模块（Java Messaging Service）能够发送和接受信息，自 Spring4.1 以后，还提供了对 Spring-messaging 模块的支撑。

- Spring-oxm 模块主要提供一个抽象层以支撑 OXM（Object-to-XML-Mapping 的缩写，即对象/XML 映射），例如，JAXB、XMLBeans 和 XStream 等。

4）Web：由 Spring-web、Spring-webmvc、Spring-websocket 和 Spring-webflux 4 个模块组成。

- Spring-web 模块为 Spring 提供了最基础的 Web 支持，主要建立于核心容器之上，通过 Servlet 或者 Listeners 来初始化 IoC 容器，也包含一些与 Web 相关的支持。

- Spring-webmvc 模块是一个 Web-Servlet 模块，实现了 SpringMVC 的 Web 应用。

- Spring-websocket 模块主要实现了 Spring 对 WebSocket 的支持。WebSocket 是一种基于 TCP 的网络协议，是一种全双工通信的协议，既允许客户端向服务器主动发送消息，也允许服务器主动向客户发送消息。在 WebSocket 中，浏览器和服务器只需要完成一次握手，两者之间就可以建立持久性的连接，进行双向数据传输。
- Spring-webflux 是一个新的非堵塞函数式 Reactive Web 框架，可以用来建立异步的、非阻塞、事件驱动的服务，并且扩展性非常好。

5）报文发送：即 Spring-messaging 模块。Spring-messaging 是从 Spring4 开始新加入的一个模块，主要职责是为 Spring 框架集成一些基础的报文传送应用。

6）Test：即 Spring-test 模块。pring-test 模块主要为测试提供支持，它能在不需要发布（程序）到应用服务器或者连接到其他企业设施的情况下执行一些集成测试或者其他测试，这对于任何企业都是非常重要的。

真题 1 **什么是 Spring？　有什么优点？**

【出现频率】★★★★★【学习难度】★★★☆☆

答案：Spring 是一个轻量级、非侵入性的开源框架，通过基于 POJO（Plain Ordinary Java Object）对象的编程模型，提供了以前 EJB 才能提供的企业级服务。为 Java 应用程序的开发提供了综合、广泛的基础性支持，帮助开发者解决了开发中基础性的问题，使得开发人员可以专注于应用程序的开发，大大降低了 Java 企业应用开发的复杂性。Spring 的核心是 IoC（控制反转，Inversion of Control）和 AOP（面向切面编程，Aspect Oriented Programming），Spring 框架的核心功能可用于开发任何 Java 应用程序。

Spring 的优点。

1）Spring 通过控制反转，实现了面向接口的编程，降低了系统的耦合性。

2）Spring 容器可以管理所有托管对象的生命周期和维护它们的依赖关系。开发人员可以无须关心对象的创建和维护它们的依赖，专注于程序的开发。

3）Spring 提供面向切面的编程，便于将程序的主要逻辑与次要逻辑分开，将通用业务功能从业务系统中分离出来（如安全、事务、日志等），提高了代码的复用性、程序的可移植性和可维护性。

4）提供了声明式的事务管理支持，只需简单配置或注解声明就可以完成对数据库事务的管理。

5）Spring 不重复发明轮子，而是提供对各种优秀框架的封装支持，能无缝集成各种框架，大大降低了开发者使用这些框架的复杂度。如对 ORM 的支持简化了对数据库的访问；对 Junit 的支持可以很方便地测试 Spring 程序。

6）对 JavaEE 开发中非常难用的一些 API（JDBC、JavaMail、远程调用等）都提供了封装，使这些 API 应用难度大大降低。

7）Spring 采用模块化设计，模块之间相互解耦，除核心模块外，开发者可以根据需要选用其他任意模块，Spring 不强制用户使用任何组件。

8）Spring 框架轻量级，非侵入性，也具有高度开放性，并不要求应用完全依赖于 Spring，开发者可以部分或全部依赖 Spring 框架。

9）Spring 的 DAO 模块提供了一致的异常处理结构层，简化了对数据库的操作。

真题 2 **Spring 的两大核心是什么？ 设计原则是什么？**

【出现频率】★★★★★ 【学习难度】★★☆☆☆

Spring 的两大核心是 IoC 和 AOP。IoC（Inversion of Control）意为控制反转。AOP（Aspect-Oriented Programming）意为面向切面编程。

Spring 所有功能设计与实现基于以下四大设计原则。

1）使用 POJO 进行轻量级和最小侵入式开发。

2）通过依赖注入和面向接口编程实现松耦合。

3）通过 AOP 和习惯大于约定进行声明式编程。

4）使用 AOP 和模板（template）减少模块化的代码。

真题 3 **如何理解 Spring IoC？**

【出现频率】★★★★★ 【学习难度】★★★★☆

答案：IoC 即控制反转（Inversion of Control）。以前在程序中，是由操作类自己通过 new 方法来创建所要调用的其他类，耦合性很强，现在这些事情都由 Spring 的 IoC 容器来做，这时创建对象的控制权发生了反转，不再由调用类自己控制，所以叫控制反转。Spring IoC 容器通过依赖注入实现控制反转，采用的原理是反射机制。

IoC 的好处是程序员无须关心对象的创建和维护它们之间的依赖关系。只要做好相关配置，Spring IoC 容器就会负责管理，程序员只需要关心业务逻辑的实现，它不只是帮我们创建了对象，还负责了对象的整个生命周期：创建、装配、销毁。

通过 IoC，能实现面向接口的编程。在调用类（这个类必须是 Spring IoC 容器维护）只需要声明一个接口变量，IoC 容器将注入调用类所需要的实例，业务层或业务系统之间只通过接口来向外暴露功能，降低了程序内部或系统之间的耦合性。

创建 IoC 容器，同时需要一种描述来让容器知道需要创建的对象与对象的关系。这个描述最具体表现就是可配置的文件，配置文件通常是 XML、Properties 等语义化配置文件。当然现在最流行的是结合注解或完全用注解来减少烦琐的 XML 配置。

同时，我们也来简单了解一下 Spring IoC 的结构体系。Spring IoC 容器的两大核心接口是 BeanFactory 和 ApplicationContext。

Spring IoC 容器对 Bean 的创建采用的是典型的工厂模式，Spring 提供了很多的 Bean 工厂（也就是 IoC 容器）来为开发者管理对象间的依赖关系和基础服务，图 2-2 是 Bean 工厂的关系图。

Spring IoC 之所以定义这么多层次的接口，是为了满足不同的使用场合，主要是为了区分 Spring 内部在操作对象时的传递和转化过程中，对对象的数据访问所做的限制。ListableBeanFactory 接口提供容器内 Bean 的列表或迭代功能，例如，它可以枚举所有的 bean 实例，而不是客户端通过名称一个一个查询得出所有的实例。也可能通过该接口访问容器中 Bean 的基本信息，如查看 Bean 的个数、获取某一类型 Bean 的配置名、查看容器中是否包括某一 Bean 等。而 HierarchicalBeanFactory 表示的是这些 Bean 是有继承关系的，也就是每个 Bean 有可能有父 Bean。AutowireCapableBeanFactory 接口定义 Bean 的自动装配规则。这四个接口共同定义了 Bean 的集合、Bean 之间的关系、以及 Bean

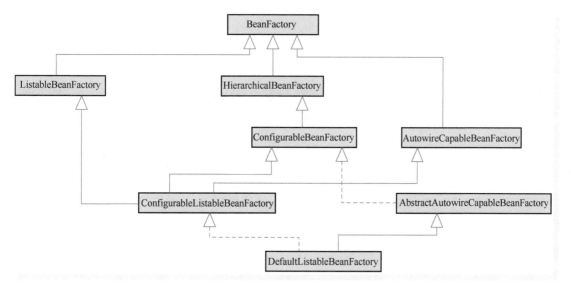

●图 2-2　Bean 工厂关系图

行为。DefaultListableBeanFactory 继承实现了上述所有 Bean 工厂的所有功能，它是真正可以作为一个独立使用的 IoC 容器。

从上面的结构图可以看到，最基本的 IoC 容器接口是 BeanFactory，也就是最顶层的接口，从下面 BeanFactory 的源码可以看到，BeanFactory 接口定义了 Spring IoC 容器的基本功能规范，是 Spring IoC 容器所应遵守的最底层和最基本的编程规范。

```
public interface BeanFactory {
    //对 FactoryBean 的转义定义,因为如果使用 bean 的名字检索 FactoryBean,得到的对象是工厂生成的对象,
    //如果需要得到工厂本身,需要转义
    String FACTORY_BEAN_PREFIX = "&";
    //根据 bean 的名字, 获取在 IoC 容器中得到的 bean 实例
    ObjectgetBean ( String name ) throws BeansException;
    //根据 bean 的名字和 Class 类型来得到 bean 实例, 增加了类型安全验证机制。
    ObjectgetBean ( String name, Class requiredType ) throws BeansException;
    //提供对 bean 的检索, 看看是否在 IoC 容器有这个名字的 bean
    booleancontainsBean ( String name );
    //根据 bean 名字得到 bean 实例, 并同时判断这个 bean 是不是单例
    booleanisSingleton ( String name ) throws NoSuchBeanDefinitionException;
    //得到 bean 实例的 Class 类型
    ClassgetType ( String name ) throws NoSuchBeanDefinitionException;
    //得到 bean 的别名, 如果根据别名检索, 那么其原名也会被检索出来
    String [] getAliases ( String name );
}
```

而另一个核心容器接口 ApplicationContext 是 BeanFactory 派生出的子接口，也被称为 Spring 上下文，下面是 ApplicationContext 的源代码。

```
public interface ApplicationContext extends EnvironmentCapable, ListableBeanFactory, Hierar-
chicalBeanFactory, MessageSource, ApplicationEventPublisher, ResourcePatternResolver {
    String getId();
    String getApplicationName();
    String getDisplayName();
```

```
      long getStartupDate();
      ApplicationContext getParent();
      AutowireCapableBeanFactory getAutowireCapableBeanFactory() throws IllegalStateException;
}
```

ApplicationContext 是 Spring 提供的一个高级的 IoC 容器，从源代码可以看出，它除了能够提供 IoC 容器的基本功能外，还有一些扩展功能，包括国际化支持、资源访问（如 URL 和文件）、事件传播等。

BeanFactory 对 IoC 容器的基本行为作了定义，而具体如何产生对象，则由很多具体的 IoC 容器来实现，Spring 提供了许多 IoC 容器实现，XmlBeanFactory 就是最基本的 IoC 容器的实现，这个 IoC 容器可以读取 XML 文件定义的 BeanDefinition（XML 文件中对 Bean 的描述），只是它已不推荐使用。常用的是 ClasspathXmlApplicationContext、FileSystemApplicationContext、AnnotationConfigApplicationContext、AnnotationConfigWebApplicationContext、XmlWebApplicationContext，它们都是 ApplicationContext 的常用实现类见表 2-1。

表 2-1　ApplicationContext 的常用实现类

ApplicationContext 常用实现类	作　　用
AnnotationConfigApplicationContext	从一个或多个基于 Java 的配置类中加载上下文定义，适用于 Java 注解的方式
ClassPathXmlApplicationContext	从类路径下的一个或多个 XML 配置文件中加载上下文定义，适用于 XML 配置的方式
FileSystemXmlApplicationContext	从文件系统下的一个或多个 XML 配置文件中加载上下文定义，也就是说系统盘符中加载 XML 配置文件
AnnotationConfigWebApplicationContext	专门为 Web 应用准备的，适用于注解方式
XmlWebApplicationContext	从 Web 应用下的一个或多个 XML 配置文件加载上下文定义，适用于 XML 配置方式

ApplicationContext 和 BeanFactory 有一个重大的区别：BeanFactory 在初始化容器时，并未实例化 Bean，直到第一次访问某个 Bean 时才实例化目标 Bean；而 ApplicationContext 则在初始化应用上下文时就实例化所有单实例的 Bean。

说到 Spring IoC 容器对 Bean 的管理，还有一个重要的接口 BeanDefinition（Spring Bean 的建模对象），Spring 项目中所定义的各种 Bean 对象及其相互的关系，都是通过 BeanDefinition 来描述的，BeanDefintion 可以描述 Spring Bean 中的 Scope、Lazy，以及属性和方法等其他信息。

接下来介绍一下 Spring IoC 容器的初始化。

IoC 容器的初始化包括 BeanDefinition 的 Resource 定位、载入和注册这三个基本的过程。Bean 载入的过程中有一个非常重要的函数 refresh( )，refresh( ) 方法是 AbstractApplicationContext 的一个方法，它主要为 IoC 容器 Bean 的生命周期管理提供条件，Spring IoC 容器载入 Bean 定义资源文件从其子类容器的 refreshBeanFactory( ) 方法启动，refresh( ) 方法的作用是：在创建 IoC 容器前，如果已经有容器存在，则需要把已有的容器销毁和关闭，以保证在 refresh 之后使用的是新建立起来的 IoC 容器。refresh 的作用类似于对 IoC 容器的重启，在新建立好的容器中对容器进行初始化，对 Bean 定义资源进行载入。

当 Spring IoC 容器完成了 Bean 定义资源的定位、载入和解析注册以后，IoC 容器中已经管理类 Bean 定义的相关数据，但是此时 IoC 容器还没有对所管理的 Bean 进行依赖注入，依赖注入在以下两种情况发生。

1）用户第一次通过 getBean（）方法向 IoC 容器索要 Bean 时，IoC 容器触发依赖注入。

2）当用户在 Bean 定义资源中为<Bean/>元素配置了 lazy-init 属性时，即让容器在解析注册 Bean 定义时进行预实例化，触发依赖注入。

在 Spring 中，如果 Bean 定义的是单例模式（Singleton），则容器在创建之前先从缓存中查找，以确保整个容器中只存在一个实例对象。如果 Bean 定义的是原型模式（Prototype），则容器每次都会创建一个新的实例对象。除此之外，Bean 定义还可以扩展为指定其生命周期范围。

具体的 Bean 实例对象的创建过程由实现了 ObejctFactory 接口的匿名内部类的 createBean（）方法完成，ObejctFactory 使用委派模式，具体的 Bean 实例创建过程交由其实现类 AbstractAutowireCa-pableBeanFactory 完成。

Spring IoC 容器还有一些高级特性，如使用 lazy-init 属性对 Bean 预初始化、FactoryBean 产生或者修饰 Bean 对象的生成、IoC 容器初始化 Bean 过程中使用 BeanPostProcessor 后置处理器对 Bean 声明周期事件管理和 IoC 容器的 autowiring 自动装配功能等，这里就不详细介绍。

真题 4　什么是依赖注入？　Spring 依赖注入有哪三种方式？
【出现频率】★★★★★　【学习难度】★★★★☆

答案：依赖注入（Dependency Injection，DI）是指在程序运行过程中，一个对象如果需要调用另一个对象时，无须在代码中创建被调用者，而是依赖于外部的注入，在 Spring 框架中，就是 Spring 的 IoC 容器为调用者提供注入。

Spring 常用的依赖注入方式主要有三种：构造器注入、setter 方法注入和接口注入。要实现这三种注入方式现在最广泛的做法是通过基于注解@Autowired 的自动装配来实现，它默认是根据类型注入。在注解注入流行前是通过 XML 文件的配置来实现的。下面介绍基于注解@Autowired 的具体实现步骤。

1）接口注入：在属性上加注解@Autowired。这是最常用的配置方式。示例如下。

```
@Autowired
private AppconModuleMapper appconModuleMapper;
```

2）构造器注入：通过将@Autowired 注解放在构造器上来完成构造器注入。示例如下。

```
@Service("appService")
public class AppServiceImpl {
    private AppSerMapper appSerMapper;
    private PlugMapper plugMapper;
    @Autowired(required = false)
    public AppServiceImpl(final AppSerMapper appSerMapper, final PlugMapperplugMapper) {
        this.appSerMapper= appSerMapper;
        this.plugMapper= plugMapper;
    }
}
```

在 idea 中，如果在 mybatis 的 Mapper 接口上用的@Mapper 注解，这时可能报错，需要加上

"required=false" 注解。默认 required 为 true，表示须有一个 Bean 候选者可以注入。

3）setter 方法注入：在属性的 setter 方法上加@Autowired 注解来实现注入。示例如下。

```
private AppconModuleMapper appconModuleMapper;
@Autowired
public void setAppconModuleMapper(AppconModuleMapper appconModuleMapper){
    This.appconModuleMapper=appconModuleMapper;
}
```

除注解@Autowired 外，注解@Resource 也可以用来实现接口注入和 setter 方法注入，它可以标注在字段或属性的 setter 方法上，但它默认按属性名称装配。

真题 5 **什么是 AOP？ 有什么优点？ Spring AOP 的动态代理实现方式有哪些？**
【出现频率】★★★★★ 【学习难度】★★★☆☆

答案：AOP（Aspect Oriented Programming），即面向切面编程 AOP 是通过动态代理来实现的，动态代理指 AOP 框架不会去修改字节码，而是在内存中临时生成一个 AOP 对象，这个 AOP 对象包含了目标对象的全部方法，并在特定的切点做了增强处理，回调原对象的方法。

AOP 的优点是能够实现通用业务与系统业务的分离，特定业务逻辑与主要业务逻辑的分离，也就是说 AOP 把一些与具体业务无关，但是被各业务模块共同调用的通用逻辑或特定功能从核心业务中分离出来作为切面独立封装，然后把切面功能和核心业务功能编织在一起，减少系统的重复代码，降低了模块间的耦合度，提高了代码的复用性、可移植性，也降低了系统的复杂度，提高了系统的可维护性。Spring 的声明式事务、权限控制、日志管理、缓存、异常处理等都是 AOP 的经典实现。

SpringAOP 是基于动态代理实现的，它的动态代理有两种实现方式。

1）JDK 动态代理：就是 Java 代理模式的体现，通过反射机制来实现，在内存中构建出接口的实现类，要求被代理的类必须实现一个接口。JDK 动态代理的核心是 InvocationHandler 接口和 Proxy 类。

InvocationHandler 接口的核心方法 invoke，共有三个参数：第一个参数是生成的代理类实例，第二个参数是目标对象的方法，第三个参数是方法的参数值数组。

ProxyUtil 类简单封装了一下 Proxy.newProxyInstance()方法。该方法也有三个参数：第一个参数产生代理对象的类加载器，第二个参数是目标对象的接口数组，第三个参数就是实现 Invocation-Handler 接口的类实例。

那么，为什么 JDK 动态代理必须基于接口实现呢？

因为动态生成的代理类已经继承了 Proxy 类（由于 Java 是单继承），就不能再继承其他的类了，但要生成代理，就需要和被代理的类建立联系，所以只能通过实现被代理类的接口的形式来实现。这也是 Java 多态性的一种体现。

2）CGLIB（Code Generator Library）动态代理：CGLIB 是一个强大的、高性能的代码生成库。CGLIB 动态代理通过继承的方式来实现，可以在没有接口的情况下创建代理，采用底层的字节码技术，为被代理对象生成一个子类，覆盖其中的方法，因为是继承，所以该类或里面的方法最好不要声明成 final，否则该方法无法代理增强。CGLIB 的两个核心接口（类）分别是 MethodInterceptor 和

Enhancer，Enhancer 类是 CGLIB 中的字节码增强器。

MethodInterceptor 的核心方法 intercept 有四个参数：第一个参数是生成的代理类实例，第二个参数是被代理对象的方法引用，第三个参数是方法参数值数组，第四个参数是代理类对方法的代理引用。

简单总结一下，Spring 提供了两种方式来动态生成代理对象，具体使用哪种方式生成，由 Aop-ProxyFactory 根据 AdvisedSupport 对象的配置来决定。默认策略是：如果被代理的对象是一个接口的实现类，那么 Spring AOP 使用 JDK 动态代理来完成操作，如果被代理的对象没有实现接口，那么 Spring AOP 会选择使用 CGLIB 来实现动态代理。需要说明的是，如果被代理的对象是一个接口的实现类，是可以强制使用 CGLIB 来实现动态代理的，只不过采用 JDK 动态代理是 Spring AOP 的默认策略。两者都是在运行期生成字节码，JDK 动态代理是直接写 Class 字节码，CGLIB 使用 ASM 框架写 Class 字节码。由于 JDK 动态代理是通过反射机制实现，所以相对来讲，JDK 动态代理在类的生成上效率高一点，而 CGLIB 的执行效率会高一点。

真题 6 AOP 有哪些基本名词术语？

【出现频率】★★★☆☆ 【学习难度】★★★☆☆

答案：1）通知（Advice）：Advice 定义了在 Pointcut 中定义的程序点具体要做的操作，它通过 before、after 和 around 来区别是在每个 Join Point 之前、之后还是代替执行的增强功能。

2）切面（Aspect）：切面简单地说就相当于切入点加通知，也就是：在什么时机，什么位置，做什么增强功能。

3）连接点（Join Point）：定义业务流程在运行过程中需要插入切面的具体位置。

4）切入点（Pointcut）：表示一组 Join Point，定义了相应的 Advice 将要发生的位置。也就是在哪些类，哪些方法上切入。

5）织入（Weaving）：把切面加入对象，并创建出代理对象的过程。

6）目标对象（Target）：织入 Advice 的目标对象。

真题 7 代理的优点有哪些？ 代理有哪些实现方式？ 两者有何不同？

【出现频率】★★★★☆ 【学习难度】★★☆☆☆

答案：代理分为静态代理和动态代理。

静态代理就是代理类在程序运行前就已经存在的代理方式，在运行前要编写好代码。静态代理中的代理类和委托类会实现同一接口或是派生自相同的父类。

动态代理是代理类在程序运行时创建的代理方式。也就是说，代理类并不是在 Java 代码中事先定义的，而是在运行时动态生成的。

静态代理性能相对会略高一些，但是缺点也很明显，要事先编写好代码，为不同的对象与不同的方法添加相同的通用处理时，会产生大量冗余代码。

如果使用动态代理，代码是在运行时动态生成的，可以对所有代理类的方法进行统一处理，而不用逐一修改每个方法，有高度的灵活性，有逻辑需要修改时，可以一次进行统一修改。效率很高，纠错也容易。因此动态代理获得了广泛的使用。

真题8 AOP 有哪些实现方式？ Spring AOP 和 AspectJ AOP 有什么区别？

【出现频率】★★★★☆ 【学习难度】★★☆☆☆

答案：AOP 的实现原理是代理模式，代理模式又分为静态代理和动态代理，再强调一下，Spring AOP 是基于动态代理实现的，而 AspectJ AOP 基于静态代理模式实现。

Spring AOP 仅支持方法级别的 PointCut，它运行时在内存中动态生成 AOP 代理类（也称为运行时增强），包括 JDK 动态代理和 CGLIB 动态字节码技术。

AspectJ AOP 功能更强大，提供了完全的 AOP 支持，它还支持属性级别的 PointCut，但也更复杂。它的静态代理使用框架提供的命令进行编译，从而在编译阶段就可生成 AOP 代理类（也称为编译时增强）。

真题9 Spring 支持哪些事务管理方式？ 实现原理是什么？

【出现频率】★★☆☆☆ 【学习难度】★★☆☆☆

答案：Spring 的事务管理方式有编程式事务管理和声明式事务管理两种。编程式事务管理使用 TransactionTemplate 或者直接使用底层的 PlatformTransactionManager。对于编程式事务管理，Spring 推荐使用 TransactionTemplate 管理事务。

Spring 声明式事务管理建立在 AOP 之上的。其本质是对方法前后进行拦截，然后在目标方法开始之前创建或者加入一个事务，在执行完目标方法之后根据执行情况提交或者回滚事务。声明式事务最大的优点就是不需要通过编程的方式管理事务，程序员只需要专注于业务逻辑的实现，只需在配置文件中做相关的事务规则声明（或通过基于注解的方式），便可以将事务规则应用到业务逻辑中。

Spring 实现声明式事务管理主要有两种方式。

1）基于 XML 方式的声明式事务管理。

2）通过 Annotation 注解方式的事务管理。注解方式管理事务时所用的注解为 @Transactional。注解可用在类上和方法上。

注解标注在类前，标示类中所有方法都进行事务处理。

注解标注在接口、实现类的方法前，标示方法进行事务处理。

真题10 Spring 事务传播机制有哪些？

【出现频率】★★★☆☆ 【学习难度】★★☆☆☆

答案：Spring 的事务传播机制就是指多个具有事务控制的 Service 方法相互调用时的事务控制方式。Spring 有如下 7 种事务传播机制。

1）Propagation.REQUIRED：如果当前存在事务，就加入当前事务。如果当前没有事务，就新建一个事务。这是最常见的也是默认的事务管理方式。

2）Propagation.NOT_SUPPORTED：以非事务方式执行操作，如果当前存在事务，就把当前事务挂起，执行当前逻辑结束后，恢复上下文的事务。

3）Propagation.REQUIRES_NEW：总是创建一个新的事务，如果当前存在事务，就把当前事务挂起，新建事务执行完成以后，继续执行原有事务。

4）Propagation.MANDATORY：支持当前事务，如果当前没有事务，就抛出异常。

5）Propagation.NEVER：只能以非事务方式执行，如果当前存在事务，则抛出异常。

6）Propagation.SUPPORTS：支持当前事务，如果当前没有事务，就以非事务方式执行。

7）Propagation.NESTED：如果上下文中存在事务，则嵌套事务（作为子事务嵌套在原有事务中）执行，如果不存在事务，则新建事务。嵌套事务时，事务由父事务统一提交，子事务只影响自己，不影响父事务，但父事务回滚，子事务也会回滚。

注解方式声明事务传播行为示例如下。

```
@Transactional(propagation=Propagation.REQUIRED)
```

真题 11　BeanFactory 和 ApplicationContext 都有什么作用？　两者有什么联系与区别？

【出现频率】★★★★☆　【学习难度】★★☆☆☆

答案：BeanFactory 是 Spring 框架最底层的接口，提供了最基本的容器的功能：实例化对象和获取对象的功能。BeanFactory 有很多的实现，在 Spring 3.2 之前的版本中，最常用的是 XmlBeanFactory，现已被废弃。建议使用 XmlBeanDefinitionReader 与 DefaultListableBeanFactory。

ApplicationContext（应用上下文），建立在 BeanFactory 基础之上，是 BeanFactory 的一个子接口，是一种更高级、更复杂容器，具备高级功能。提供了更多面向应用的功能，它提供了国际化支持和框架事件体系，更易于创建实际应用。

两者的区别如下。

1）BeanFactory 采用的是延迟加载，第一次 getBean 时才会初始化 Bean。

2）ApplicationContext 在启动时就把所有的 Bean 实例化了。它还可以为 Bean 配置 lazy-init = true 来让 Bean 延迟实例化。并且 ApplicationContext 是对 BeanFactory 的扩展，提供了更多的功能。

- Bean 自动装配。
- 各种不同应用层的 Context 实现。
- 继承 MessageSource，支持国际化。
- 发布与监听事件。
- 统一的资源文件访问方式。
- 以声明式方式启动并创建 Spring 容器。
- 同时加载多个配置文件。

真题 12　Spring 中 Bean 有哪几种作用域？

【出现频率】★★★☆☆　【学习难度】★★☆☆☆

答案：Spring 支持 5 种作用域。singleton 与 prototype 是基本作用域，适用于所有 Bean，singleton 是 Spring 默认的作用域；Request、Session 和 globalSession 是 Web 作用域，只有在 Web 应用中使用 Spring 时，这三个作用域才有效。现分别介绍如下。

1）singleton：单例模式，在 Spring IoC 容器中，使用 singleton 作用域的 Bean 将只有一个实例。

2）prototype：原型模式，每次注入，Spring IoC 容器都将创建一个新的 Bean 实例。

3）request：对于每次 HTTP 请求，使用 request 作用域的 Bean 都会创建一个新实例，即每次 HTTP 请求将会产生不同的 Bean 实例。

4）session：对于每次 HTTP Session，使用 session 作用域的 Bean 都会创建一个新实例。

5）globalSession：同一个全局的 HTTP Session，只会创建一个新实例。典型情况下，仅在使用 portlet context 时有效。

比较常用的是 singleton 和 prototype 两种作用域。Spring 默认使用 singleton 作用域，容器会管理 Bean 的整个生命周期。而使用 prototype 作用域时，容器创建实例交给调用组件后，将不再管理维护该实例。使用 singleton 作为作用域的好处是可以节省频繁创建与销毁实例的开销。但要注意，在单例模式下，Bean 是线程不安全的。

真题 13 Spring 框架中的 Bean 是线程安全的吗？

【出现频率】★★☆☆☆ 【学习难度】★☆☆☆☆

答案：Bean 是否线程安全，取决于 Bean 所配置的作用域。单例模式存在线程安全问题，如果其作用域是默认的 singleton（单例模式），则是线程不安全的。如果是 prototype（原型模式），则是线程安全的。

真题 14 Spring 如何处理线程并发问题？

【出现频率】★★☆☆☆ 【学习难度】★★☆☆☆

答案：同步机制与 ThreadLocal 都是解决线程并发问题的方法，但是同步机制并发量越大，对系统性能的影响越大。Spring 使用 ThreadLocal 来解决线程安全问题。ThreadLocal 能为每一个线程提供一个独立的变量副本，可以把多线程环境下不安全的变量封装到 ThreadLocal，从而隔离了多线程对数据的访问冲突，保证了线程内部的变量安全。

一般情况下，无状态的 Bean 在多线程环境下共享才是安全的。在 Spring 中，绝大部分 Bean 都可以声明为 singleton 作用域，是因为 Spring 对一些 Bean（如 RequestContextHolder、TransactionSynchronizationManager、LocaleContextHolder 等）的非线程安全状态采用 ThreadLocal 进行处理，让它们也成为线程安全的状态，因此有状态的 Bean 就可以在多线程中使用了。

真题 15 什么是面向接口编程？ 有哪些优点？

【出现频率】★★★★☆ 【学习难度】★★★☆☆

答案：面向接口编程就是程序与具体实现依赖于抽象，而不是程序与抽象依赖于具体实现。只需要向外暴露经过的抽象的功能接口，就可实现不同业务层或业务系统之间的功能开发。它的优点如下。

1）降低程序的耦合性能够最大限度地实现解耦。

2）增加了程序的扩展性和可维护性，面向接口编程将具体实现与调用分开，减少了各个类之间的相互依赖，当业务需求变化时，不需要对已经调用的系统或业务层进行改动，只需在当前业务层添加新的实现类就可以了，不再担心新改动的类对系统的其他模块造成影响。这也是开闭原则的体现。

3）有助于系统业务分层，使系统业务更清晰，有更好的可移植性。

真题 16 Spring 框架的事务隔离级别有哪些？

【出现频率】★★★☆☆　【学习难度】★★★★☆

答案：Spring 有五种事务隔离级别。

- Isolation.DEFAULT：这是 Spring 的默认配置，是 PlatfromTransactionManager 默认的隔离级别，使用数据库默认的事务隔离级别。

- Isolation.READ_UNCOMMITTED：未提交读。最低事务隔离级别，可以读取其他事务未提交数据（会出现脏读，不可重复读），基本不使用。

- Isolation.READ_COMMITTED：提交读。只能读取其他事务已提交数据（会出现不可重复读和幻读）

- Isolation.REPEATABLE_READ：可重复读。可以防止脏读，不可重复读。但是可能出现幻像读。它的意思是多次读取同一个数据时，其值都和事务开始时的内容一致。它除了保证一个事务不能读取另一个事务未提交的数据。

- Isolation.SERIALIZABLE：串行化。最高事务级别，事务被处理为顺序执行。除了防止脏读，不可重复读外，还避免了幻像读。

在事务注解中做个性化的事务隔离级别配置示例如下：

@Transactional（isolation = Isolation.READ_UNCOMMITTED）

下面是一些与事务隔离级别相关的名词解释。

- 脏读：一个事务读取到另一事务未提交的更新数据。

- 不可重复读：在同一事务中，多次读取同一数据返回的结果有所不同，换句话说，后续读取可以读到另一事务已提交的更新数据。

- 幻像读：也叫幻读，一个事务读到另一个事务已提交的 insert 数据。

不可重复读重点在于 update 和 delete，而幻读的重点在于 insert。

真题 17 Spring 框架中有哪些不同类型的事件？

【出现频率】★★★☆☆　【学习难度】★★★☆☆

答案：Spring 的 ApplicationContext 提供了支持发布及监听事件的功能。提供了以下 5 种标准事件。

1）上下文更新事件（ContextRefreshedEvent）：该事件会在 ApplicationContext 被初始化或者更新时发布，也可以在调用 ConfigurableApplicationContext 接口的 refresh() 方法时触发。

2）上下文开始事件（ContextStartedEvent）：当容器调用 ConfigurableApplicationContext 的 Start() 方法开始或重新开始容器时触发该事件。

3）上下文停止事件（ContextStoppedEvent）：当容器调用 ConfigurableApplicationContext 的 Stop() 方法停止容器时触发该事件。

4）上下文关闭事件（ContextClosedEvent）：当 ApplicationContext 被关闭时触发该事件。

5）请求处理事件（RequestHandledEvent）：在 Web 应用中，当一个 HTTP 请求（Request）结束时触发该事件。

当然，还可以通过继承 ApplicationEvent 类来自定义事件。

当一个 ApplicationEvent 被发布以后，可以创建 Bean 来监听在 ApplicationContext 中发布的事件，用一个 bean 实现 ApplicationListener 接口，当事件发布后，Bean 就会自动被通知。

真题 18 Spring 通知有哪些类型？

【出现频率】★★☆☆☆ 【学习难度】★★☆☆☆

答案：Spring 通知（Advice）分成五类。

1）前置通知（Before Advice）：在连接点前面执行，前置通知不会影响连接点的执行，除非此处抛出异常。

2）正常返回通知（After Returning Advice）：只在连接点正常执行完成后才会执行。如果连接点抛出异常，此时后置通知不会执行。

3）异常返回通知（After Throwing Advice）：在连接点抛出异常后执行。

4）返回通知（After Advice）：在连接点执行完成后执行，不管是正常执行完成，还是抛出异常，都会执行返回通知中的内容。

5）环绕通知（Around Advice）：环绕通知围绕在连接点前后，能在连接点前后自定义一些操作，通常也是一个方法调用的前后，这是最强大的通知类型。另外，环绕通知还会负责决定是继续处理 Join Point（调用 ProceedingJoinPoint 的 proceed 方法）还是中断执行。

真题 19 Spring 加载 ApplicationContext 的 XML 配置文件的几种方式是什么？

【出现频率】★★★☆☆ 【学习难度】★★☆☆☆

答案：以下是三种较常见的 ApplicationContext 的实现方式。

1）ClassPathXmlApplicationContext：从 classpath 的 XML 配置文件中读取上下文，并生成上下文定义。应用程序上下文从程序环境变量中取得。代码如下：

```
ApplicationContext context = new ClassPathXmlApplicationContext("bean.xml");
```

2）FileSystemXmlApplicationContext：由文件系统中的 XML 配置文件读取上下文。代码如下：

```
ApplicationContext context = new FileSystemXmlApplicationContext("bean.xml");
```

3）XmlWebApplicationContext：由 Web 应用的 XML 文件读取上下文，是专为 Web 工程定制的。代码如下：

```
ServletContext sct = Request.getSession().getServletContext();
ApplicationContext ctx=WebApplicationContextUtils.getWebApplicationContext(sct);
```

真题 20 Spring 常用注解有哪些？

【出现频率】★★★☆☆ 【学习难度】★★★☆☆

答案：下面是 Spring 中最为常用的注解。

1）@Controller：用于标注控制器层组件。

2）@Service：用于标注业务层组件。

3）@Repository：用于标注数据访问组件，即 DAO 组件。

4）@Component：用于标注一个普通的 Spring Bean 组件，在对组件定位不确定的情况下，可以使用这个注解来标注。@Component 可以代替@Repository、@Service、@Controller，因为这三个注解自身是被@Component 标注的，能明确组件类型就用明确的组件类型注解标注，不能明确的就用@Component来标注。

5）@Bean：方法级别的注解，主要用在@Configuration 和@Component 注解的类中，@Bean 注解的方法会产生一个 Bean 对象，该对象由 Spring IoC 容器管理。引用名称是方法名，也可以用@Bean（name = "beanID"）指定组件名。

6）@Scope：设置组件的作用域。是指这个对象相对于其他 Bean 对象的请求可见范围。在 Spring IoC 容器中具有以下几种作用域：基本作用域（singleton、prototype）和 Web 作用域（reqeust、session、globalSession）。

7）@Autowired：默认按类型进行自动装配。在容器查找匹配的 Bean，当有且仅有一个匹配的 Bean 时，Spring 将其注入@Autowired 标注的变量中。

8）@Resource：默认按名称进行自动装配，当找不到与名称匹配的 Bean 时会按类型装配。

简单总结一下，@Controller、@Service、@Component、@Repository 都是类级别的注解，实质上它们是同一类组件，用法相同，功能相同。它们的区别在于用来标识不同的组件类型。如果一个方法也想动态装配，就用@Bean。

想按类型进行自动装配时，就用@Autowired；按名称（beanId）进行自动装配时，就用@Resource；需要根据配置信息等来动态装配不同的组件时，可以用 getBean（"beanId"）。

真题 21　Spring 为容器配置元数据有哪几种方式？

【出现频率】★★☆☆☆　【学习难度】★★★☆☆

答案：简单说来有三种。

1）基于 XML 配置文件：这是以前流行的配置方式。

2）基于注解配置：现在最流行的方式是利用 XML 进行配置，一般和第三种结合使用。注解配置首先要结合注解@ComponentScan（配置扫描包路径）使用，最常用到的其他相关注解是@Service、@Component、@Repository、@Controller、@Autowired 等。如果是 Spring Boot，扫描组件的默认的路径为与 Application 类同级的包。

3）基于 Java 的配置，默认情况下，方法名就是 Bean 的名称。一个 Java 类有@Confirguration 注解时，它就相当于 Spring 的一个 XML 配置文件。然后将@Bean 用到方法上，表示当前方法的返回值是一个 Bean。

真题 22　Spring Bean 生命周期中有哪些重要方法？可以覆盖吗？

【出现频率】★★☆☆☆　【学习难度】★★★☆☆

答案：在前面介绍 Spring Bean 生命周期时已经介绍了相关方法。Spring 框架具有优良的扩展性，这些方法通常是可以覆盖的，开发者可以自行定制。

真题 23　Spring 的 Inner Bean 是什么？

【出现频率】★★☆☆☆　【学习难度】★★☆☆☆

答案：当一个 Bean 仅被用作另一个 Bean 的属性时，就可以被声明为一个 Inner Bean，为了定义 Inner Bean，在 Spring 基于 XML 的配置中，可以在<property/>或元素内使用元素来配置 Inner Bean。它的 Scope 一般是 prototype。

真题 24 谈谈 Spring 中 InitializingBean、DisposableBean 这两个接口的作用。
【出现频率】★★★☆☆ 【学习难度】★★★☆☆

答案：InitialingBean 接口只有一个方法 afterPropertiesSet()，该方法在 Bean 属性都设置完毕后被调用。如果一个 Bean 希望在被 Spring 容器初始化完成时做一些执行自定义初始化工作，那么可以实现 InitialingBean 接口，并在 afterPropertiesSet()方法中执行初始化工作。

DisposableBean 接口也只有一个方法 destory()，该方法在 Bean 生命周期结束前调用。如果一个 Bean 想在被 Spring 容器销毁前做一些必要的（如数据清理或某些组件连接的关闭等）工作，可以实现 DisposableBean 接口，并在 destory()方法中实现功能。

一个 Bean 可以同时实现这两个接口，它们可以和 init-method、destory-method 配合使用，但记住接口执行顺序优先于配置。即 Spring 会先执行 afterPropertiesSet()方法再执行 init-method，先执行destory()方法再执行 destory-method。

真题 25 为什么@Transactional 只能用于 public 方法？
【出现频率】★★★☆☆ 【学习难度】★★★☆☆

答案：基于接口的 JDK 动态代理的 AOP 事务增强，由于接口的方法是 public 的，所以实现类的实现方法必须是 public 的（不能是 protected、private 等），同时不能使用 static 的修饰符。

而基于 CGLIB 字节码动态代理是通过扩展被增强类，动态创建子类的方式进行 AOP 增强的。由于使用 final、static、private 修饰符的方法都不能被子类覆盖，相应的，这些方法将不能被实施的AOP 增强。

所以，基于上述两方面原因，在使用@Transactional 时，需要注意方法的修饰符的使用，@Transactional 注解只被应用到 public 可见度的方法上。否则，虽然不会报错，但是事务配置也不会起作用。

真题 26 事务注解@Transactional 有哪些属性？
【出现频率】★★☆☆☆ 【学习难度】★★★★☆

答案：共有九个属性。

1）name：在配置有多个 TransactionManager 时，该属性指定使用哪个事务管理器。

2）propagation：配置事务的传播行为，默认值为 REQUIRED。

3）isolation：事务的隔离度，默认值为 DEFAULT。

4）timeout：事务的超时时间，默认跟数据库的事务控制系统相同。如果超过该时间限制但事务还没有完成，则自动回滚事务。

5）read-only：指定事务是否为只读事务，默认值为 false，对不需要事务的方法（如查询），可以设置为 true。

6）rollback-for：指定能够触发事务回滚的异常类型，如果有多个异常类型需要指定，各类型之间可以通过逗号分隔。

7）rollbackForClassName：与上面作用相同。

8）no-rollback-for：表示如果抛出指定的异常类型，则不回滚事务。

9）noRollbackForClassName：与上面作用相同。

真题 27 @Transactional 如何配置回滚或不回滚异常？

【出现频率】★★★☆☆ 【学习难度】★★☆☆☆

答案：方法上加@Transactiona 注解后，默认遇到运行期异常（RuntimeException）会回滚，即遇到不受检查（unchecked）的异常时回滚；而遇到需要捕获的异常（Exception）不会回滚。如果受检查的异常（非运行时抛出的异常，编译器会检查到的异常叫受检查异常）需要回滚，需要如下配置（如需指定多个异常，用数组表示）：

```
@Transactional( rollbackFor={Exception.class,其他异常})
```

如果让 RuntimeException 异常不回滚，需要如下配置（如需指定多个异常，用数组表示）：

```
@Transactional(notRollbackFor=RunTimeException.class)
```

真题 28 什么是 Spring Bean？

【出现频率】★★★☆☆ 【学习难度】★★☆☆☆

答案：Spring Bean 是构成用户应用程序主干的 Java 对象。由 Spring IoC 容器管理，Spring Bean 是基于用户提供给 IoC 容器的配置元数据创建、配置、装配和管理的，一个 Spring Bean 的定义包含容器所必需的所有配置元数据，包括如何创建一个 Bean、Bean 的生命周期详情及它的依赖。

真题 29 DAO 模块的作用是什么？

【出现频率】★★★☆☆ 【学习难度】★★☆☆☆

答案：DAO（Data Access Object）抽象层提供了有意义的异常层次结构，可用该结构来管理异常处理和不同数据供应商抛出的异常错误信息。异常层次结构简化了错误处理，使程序员能够以一致的方式轻松使用 JDBC、ORM 框架等数据访问技术。这使我们可以非常轻松地在持久性技术和代码之间切换，而无须担心捕获某种特定技术的异常。此外，它还利用 Spring 的 AOP 模块提供事务管理服务。Spring 的 JDBC 抽象和对 ORM 的集成支持，都遵循通用的 DAO 异常层次结构。

真题 30 使用 Spring 访问 Hibernate 有哪些方法？

【出现频率】★★☆☆☆ 【学习难度】★☆☆☆☆

答案：有两种方法。

1）使用 HibernateTemplate。

2）继承 HibernateDAOSupport。

真题 31 什么是注解配置？ 如何开启注解装配？

【出现频率】★★★☆☆ 【学习难度】★★☆☆☆

答案：开发者通过在相应的类、方法或属性上使用注解的方式，直接在组件类中进行配置，而不是使用 XML 表述 Bean 的装配关系。这就是注解配置。要结合注解@ComponentScan（配置扫描包路径）使用。

在 Spring 基础配置文件是 XML 时，注解装配在默认情况下是不开启的，开启注解装配，需要在 Spring 配置文件中配置<context：annotation-config/>元素。

真题 32 @Qualifier 注解的作用是什么？

【出现频率】★★☆☆☆ 【学习难度】★★☆☆☆

答案：在 Spring 容器中配置有多个相同类型的 Bean 却只有一个需要自动装配时，将@Qualifier 注解和@Autowire 注解同时使用可以消除这种混淆不清的情况。增加@Qualifier 注解，在其参数名中指定需要装配的确切的 Bean 名。

真题 33 Spring 自动装配有哪些方式？

【出现频率】★★★☆☆ 【学习难度】★★☆☆☆

答案：Spring 容器可以自动装配 Bean。自动装配的有以下方式。

1）No：这是 XML 配置时的默认设置，表示没有自动装配。应使用显式 Bean 引用进行装配。

2）byName：它根据 Bean 的名称注入对象依赖项，它匹配并装配其属性与 XML 文件中由相同名称定义的 Bean。

3）byType：它根据类型注入对象依赖项。如果属性的类型与 XML 文件中的一个 Bean 名称匹配，则匹配并装配属性。

4）构造函数：它通过调用类的构造函数来注入依赖项。它有大量的参数。

5）autodetect：首先容器尝试通过构造函数使用 autowire 装配，如果不能，则尝试通过 byType 自动装配。

真题 34 Spring 自动装配有什么局限性？

【出现频率】★☆☆☆☆ 【学习难度】★★☆☆☆

答案：局限性主要有两点。

1）无法对原始类型（如 int，long，boolean 等）、字符串和类做自动装配。

2）如果使用<constructor-arg>和<property>设置指定依赖项，就会覆盖自动装配。

真题 35 Spring 注解@Resource 和@Authwired 有什么区别？

【出现频率】★★★☆☆ 【学习难度】★★☆☆☆

答案：@Resource 和@Autowired 都可以标注在字段或属性的 setter 方法上，都是 Spring 标识为自动注入对象的注解，两者最主要区别是：@Autowired 默认按 byType 自动注入，而@Resource 默认按 byName 自动注入。

@Autowired（自动装配）注解是按类型装配依赖对象，默认情况下它要求依赖对象必须存在，如果允许 null 值，可以设置它 required 属性为 false。@Autowired 可以结合@Qualifier 注解一起使用，进行精确装配。

@Resource 默认按名称自动装配，按名称找不到则会按类型自动装配。@Resourc 有两个重要属性 name 和 type。如果配置了 name 属性，则按指定的 name 名称进行装配，如果没有则抛出异常。

如果配置了 type 属性，则按类型进行装配，找不到或发现多个 Bean 都会抛出异常。但如果同时配置了 name 和 type 属性，则从 Spring 上下文中查找唯一匹配的 Bean 进行装配，找不到则抛出异常。

真题 36 什么叫循环依赖？ **Spring** 如何检测初始化的循环依赖？ **Spring** 如何解决循环依赖？

【出现频率】★★★☆☆ 【学习难度】★★★☆☆

答案：循环依赖是对象之间的一种依赖关系，当两个或两个以上的 bean 对象互相持有对方的引用，最终形成一个相互依赖的闭环时，就叫循环依赖。

Spring 容器会将每一个正在创建的 Bean 标识符放在一个"当前创建 Bean 池"中，在创建过程中 Bean 标识符将一直在池中存在。因此如果在创建 Bean 的过程中发现自己已经在"当前创建 Bean 池"中时，说明发生循环依赖，Spring 容器将抛出 BeanCurrentlyInCreationException 异常。当 Bean 创建完成后，Bean 标识符将从"当前创建 Bean 池"中清除掉。

Spring 的构造注入无法解决循环依赖，因为依赖的对象始终在创建过程中。

Spring 的 Scope 为 singleton 的 setter 注入在有循环依赖时不会发生问题，Spring 通过三级缓存机制来解决这个问题。简单地说就是在 Spring 容器创建 Bean 时，当调用 Bean 的构造器完成对象初始化时，（但没有属性注入的 bean 实例对象，即没有完全实例化的对象，放到缓存中），通过缓存来提前暴露。这样就可以在进行属性注入时获得依赖对象的引用。@Autowired 注解自动装配同此原理。

Spring 的 Scope 为 prototype 的 setter 注入也无法解决循环依赖，因为设置为 prototype 作用域的 Bean，Spring 容器不进行缓存，因此无法提前暴露一个创建中的 Bean。

真题 37 什么是 Spring 的 Java 配置？ 有什么优点？ 请简述其用法。

【出现频率】★★★☆☆ 【学习难度】★★★☆☆

答案：Spring 的 Java 配置即 JavaConfig，是 Spring 社区的产品，它提供了配置 Spring IoC 容器的纯 Java 方法。有助于避免使用 XML 配置。使用 JavaConfig 的优点如下。

1）面向对象的配置。由于配置被定义为 JavaConfig 中的类，因此用户可以充分利用 Java 中的面向对象功能。一个配置类可以继承另一个，重写其 @Bean 方法等。

2）减少或消除 XML 配置。JavaConfig 为开发人员提供了一种纯 Java 方法来配置与 XML 配置概念相似的 Spring 容器。

3）类型安全和重构友好。JavaConfig 提供了一种类型安全的方法来配置 Spring 容器。由于 Java 5.0 对泛型的支持，现在可以按类型而不是按名称检索 Bean，不需要任何强制转换或基于字符串的查找。

它的用法很简单，如下所述。

1）在类上加 @Configuration 注解，这个类就是 JavaConfig 类。

2）通过 ComponentScan 扫描装载自定义 Bean（这些 Bean 上应该配置有 @Component 等注解）。@ComponentScan 不是必需的，只在需要时使用。

3）在 JavaConfig 类中用每个方法来表示 Bean 并在方法上使用 @Bean 注解，每个方法名代表 XML 配置文件中的 name。下面是一个 JavaConfig 类示例。

```
@ComponentScan(basePackages = {"com.myit.model"})
@Configuration
public class MyConfig {
    @Bean
    public User user(){
        return new User(); //User 类应该在系统中存在
    }
}
```

真题 38 如何理解 Spring Bean 的生命周期？

【出现频率】★★★☆☆ 【学习难度】★★★★☆

答案：一旦把一个 Bean 纳入 Spring IoC 容器之中，这个 Bean 的生命周期就会交由容器进行管理，一般担当管理角色的是 BeanFactory 或者 ApplicationContext，配置在 Spring 中的 Bean 从加载到销毁会经历大致如下过程。

1）调用 Bean 的构造函数（或者工厂方法）实例化 Bean。

2）对 Bean 的成员变量赋值。

3）如果 Bean 实现了 BeanNameAware，调用 Bean 的 setBeanName 方法。

4）如果 Bean 实现了 BeanFactoryAware，调用 Bean 的 setBeanFactory 方法。

5）如果 Bean 实现了 ApplicationContextAware，调用 Bean 的 setApplicationContext 方法。

6）如果容器中配置了 BeanPostProcessor，调用 BeanPostProcessor 的 PostProcessBeforeInitialization 方法（如果有多个 BeanPostProcessor，调用每一个 BeanPostProcessor 的 PostProcessBeforeInitialization 方法）。

7）如果 Bean 实现了 InitializingBean，调用 Bean 的 afterPropertiesSet 方法。

8）如果 Bean 配置了 init-method 方法，调用 init-method 配置的 Bean 方法。

9）BeanPostProcessors 的 processAfterInitialization( )如果有关联的 processor，则在 Bean 初始化之前都会执行这个实例的 processAfterInitialization( )方法。

10）Bean 处于可以使用的状态。

11）Spring 容器关闭时，如果 Bean 实现了 DisposableBean，调用 Bean 的 destroy 方法。

12）如果 Bean 配置了 destroy-method 方法，调用 destroy-method 配置的 Bean 的方法。

如果使用 ApplicationContext 来维护一个 Bean 的生命周期，则基本上与上边的流程相同，只不过在执行 BeanNameAware 的 setBeanName( )后，若有 Bean 类实现了 org.springframework.context.ApplicationContextAware 接口，则执行其 setApplicationContext( )方法，然后再进行 BeanPostProcessors 的 processBeforeInitialization( )。

真题 39 Spring 框架用到了哪些设计模式？

【出现频率】★★★☆☆ 【学习难度】★★★☆☆

答案：Spring 框架中常用的设计模式有如下几种（如读者发现更多，欢迎指正）。

1）工厂模式（Factory）：Spring 通过 BeanFactory、ApplicationContext 创建 Bean 对象时使用的是工厂模式。

2）单例模式（Singleton）：Spring 容器中管理的 Bean 默认都是单例，但可以通过 singleton =

"true | false" 或者 scope = "singleton" 来指定是否单例或其他形式。

3）代理模式（Proxy）：Spring 的 AOP 功能的实现原理就是动态代理模式（JDK 动态代理）。

4）装饰模式（Decorator）：Spring 中用到装饰模式在类名上有两种表现，一种是类名中含有 Wrapper，另一种是类名中含有 Decorator。基本上都是动态地给一个对象添加一些额外的职责。

5）适配器模式（Adapter）：Spring AOP 的实现是基于代理模式，但是使用的 Advice（通知）来增强被代理类的功能所使用的是适配器模式，与之相关的接口是 AdvisorAdapter。

6）观察者模式（Observer）：Spring 事件驱动模型就是观察者模式实现的。Spring 中观察者模式常用在 listener 的实现上，如 ApplicationListener。

7）策略模式（Strategy）：Spring 中在实例化对象时用到 Strategy 模式。

8）模板方法（Template Method）：Spring 的 JdbcTemplate、HibernateTemplate 等以 Template 结尾的对数据库操作的类，它们使用的都是模板方法。

真题 40 Spring 生态（不含以 Spring Boot 与 Spring Cloud 为基础的）中主要有哪些项目？

【出现频率】★★★☆☆ 【学习难度】★★★☆☆

答案：Spring 发展至今，以 Spring 框架为基础提供了很多基于 Spring 的项目，可以更好地降低开发难度，提高开发效率。表 2-2 列举了一些常用的项目

表 2-2　Spring 常用的项目

Spring 项目	项目功能与作用
Spring Boot	使用默认开发配置来实现快速开发
Spring Cloud	为分布式系统开发提供工具集
Spring Data	对主流的关系型数据库和 NoSQL 数据库的支持
Spring Integration	通过消息机制对企业集成模式（EIP）的支持
Spring Batch	简化及优化大量数据的批处理操作
Spring Security	通过认证和授权保护应用
Spring HATEOAS	基于 HATEOAS 简化 REST 服务的实现
Spring Social	支持与社交应用（如 Facebook、新浪微博）的交互集成
Spring AMQP	对基于 AMQP 的消息的支持
Spring Mobile	简化移动 Web 应用程序的开发
Spring for Android	Spring 框架在移动领域的扩展，目标是简化原生 Android 应用程序的开发
Spring Web Flow	基于 Spring MVC 框架，支持开发基于页面流程的 Web 应用
Spring Web Services	提供了基于契约优先的 SOAP/Web 服务
Spring LDAP	简化使用 LDAP 协议
Spring XD	简化大数据应用开发
Spring Session	提供了一套创建和管理 HttpSession 的方案，默认采用 Redis 来解决 Session 共享问题

2.2 Spring Data

真题 1 什么是 Spring Data？

【出现频率】★☆☆☆☆ 【学习难度】★★☆☆☆

答案：Spring Data 是持久层通用解决方案，在保证底层数据存储特殊性的前提下，为数据访问提供一个熟悉的、一致性的、基于 Spring 的编程模型。它使得数据访问技术、关系型数据库和非关系型数据库、map-reduce 框架、基于云的数据服务、搜索服务等变得简单易用。

为了让操作更简单一些，Spring Data 提供了不受底层数据源限制的 Abstractions 接口。用户可以定义一简单的库，用来插入、更新、删除和检索代办事项，而不需要编写大量的代码。

真题 2 Spring Data 有哪些子项目？

【出现频率】★☆☆☆☆ 【学习难度】★★☆☆☆

答案：表 2-3 列出了 Spring Data 主要子项目。

表 2-3 Spring Data 主要子项目

子项目名称	项目的作用说明
Commons	提供共享的基础框架，适合各个子项目使用，支持跨数据库持久化
JDBC	简化 JDBC 操作
JDBC Extensions	支持 Oracle RAD、高级队列和高级数据类型
JPA	简化创建 JPA 数据访问层和跨存储的持久层功能
Redis	集成 Redis，提供多个常用场景下的简单封装
Mongodb	集成 MongoDB 并提供基本的配置映射和资料库支持
Hadoop	基于 Spring 的 Hadoop 作业配置和一个 POJO 编程模型的 MapReduce 作业
Couchbase	集成 Couchbase，并提供基本的配置映射和资料库支持
Rest	基于 Spring Data 的 repository 之上，可以把 repository 自动输出为 REST 资源，目前支持 Spring Data JPA、Spring Data MongoDB、Spring Data Neo4j、Spring Data GemFire、Spring Data Cassandra 的 repository 自动转换成 REST 服务

读者朋友如需要全面了解可见链接 Https：//spring.io/projects/spring-data。

真题 3 Spring Data JPA 与 JPA 的区别？

【出现频率】★★☆☆☆ 【学习难度】★★☆☆☆

答案：JPA（Java Persistence API）是一种持久层规范，也是 EJB3 规范的一部分，并不是一个 ORM 框架，只是定义了一些 API，但没提供具体实现，它的作用是使得应用程序以统一的方式访问持久层。

Spring Data JPA 是在 JPA 规范的基础上提供了一个 JPA 数据访问抽象，同时也大大简化了持久层的 CRUD 操作。但它并不是一个 JPA 的实现，Hibernate 才是 JPA 的一个实现。

2.3　Spring Boot

需要注意的是，这里所讲的 Spring Boot 有关一些属性配置或依赖，均以 2.0 以上版本为基础。不同版本之间是有区别的，读者朋友应当注意。2.X.X 版本与真题 X 版本在参数设置上（参数名称和一些参数属性）有较大调整。

Spring Boot 框架有两个非常重要的策略：开箱即用和约定优于配置。

开箱即用是指在开发过程中，通过在 Maven 项目的 POM 文件中添加相关依赖包，然后使用对应注解来代替烦琐的 XML 配置文件以管理对象的生命周期。这个特点使得开发人员摆脱了复杂的配置工作及依赖的管理工作，更加专注于业务逻辑。

约定优于配置是一种由 Spring Boot 本身来配置目标结构，由开发者在结构中添加信息的软件设计范式。这一特点虽降低了部分灵活性，增加了 Bug 定位的复杂性，但减少了开发人员需要做出决定的数量，同时减少了大量的 XML 配置，并且可以将代码编译、测试和打包等工作自动化。

【真题 1】什么是 Spring Boot？

【出现频率】★★★★★　【学习难度】★☆☆☆☆

答案：Spring Boot 是由 Pivotal 团队提供的全新框架，以"约定优于配置"与"开箱即用"为理念，简化了 Spring 应用的环境配置和依赖管理。是 Spring 组件的一站式处理方案，使开发者能在没有或只有很少配置的情况下，快速创建 Spring 项目，快速上手开发。

【真题 2】Spring Boot 有哪些优点？

【出现频率】★★★★★　【学习难度】★★★☆☆

答案：个人总结 Spring Boot 的优点如下。

1）快速构建项目。

2）可以提供默认值让程序员快速开始开发。

3）使用 JavaConfig 和注解配置结合，无须 XML 就可实现所有 Spring 的配置。

4）提供 Starter，简化了 Maven 配置，避免大量的 Maven 导入和各种版本冲突。

5）对主流框架的无缝集成。

6）提供基于 HTTP，SSH，Telnet 的运行时应用监控。

7）项目可独立运行，可不依赖外部的 Web 服务器，提高了开发部署效率。

8）基于环境的配置使用这些属性，可以将用户正在使用的环境传递到应用程序。Dspring.profiles.active = ｛enviornment｝。在加载主应用程序属性文件后，Spring 将在（application ｛environment｝.properties）中加载后续的应用程序属性文件。

【真题 3】注解 @SpringBootApplication 有什么作用？

【出现频率】★★★★★　【学习难度】★★★☆☆

答案：@SpringBootApplication 这个注解告诉了 Spring Boot 这是一个 Spring Boot 应用程序，这个类是应用程序的启动类。@SpringBootApplication 实际上是一个复合注解，它的作用等价于同时组合使用了@EnableAutoConfiguration、@ComponentScan 和@SpringBootConfiguration 三个注解的默认配置，见表 2-4。

表 2-4　Spring BootConfiguration 三个注解

注　解	作　用
@ComponentScan	开启自动扫描被@Service、@Repository、@Component、@Controller 等注解标识的类，可以指定扫描包范围
@SpringBootConfiguration	与@Configuration 作用相同，都是用来声明当前类是一个配置类。可以通过@Bean注解生成 IoC 容器管理的 Bean
@EnableAutoConfiguration	是 Spring Boot 实现自动化配置的核心注解，通过这个注解把 Spring 应用所需的 Bean 注入容器中

真题 4 如何重新加载 Spring Boot 上的更改，而无须重新启动服务器？

【出现频率】★★★☆☆　【学习难度】★★☆☆☆

答案：Spring Boot 有一个开发工具（DevTools）模块，只需在工程的 pom.xml 添加这个依赖，所在项目就可以重新加载 Spring Boot 上的更改，而无须重新启动服务器。依赖如下。

```
<dependency>
    <groupId>org.springframework.boot</groupId>
    <artifactId>spring-boot-devtools</artifactId>
    <scope>runtime</scope>
</dependency>
```

重启应用程序即可。

真题 5 如何处理错误"Full authentication is required to access this resource"？

【出现频率】★☆☆☆☆　【学习难度】★★☆☆☆

答案：如果出现此错误消息，可用如下两种方法处理。

1）关闭安全验证，在 application.properties 增加如下配置：

```
management.security.enabled=false
```

2）将实际使用的密码传递至请求标头中。

真题 6 如何在 Spring Boot 中禁用 Actuator 端点安全性？

【出现频率】★★☆☆☆　【学习难度】★★☆☆☆

答案：默认情况下，所有敏感的 HTTP 端点都是安全的，只有具有 Actuator 角色的用户才能访问它们。安全性是使用标准的 HttpServletRequest.isUserInRole 方法实施的。可以使用 management.security.enabled = false 来禁用安全性。

真题 7 如何在自定义端口上运行 Spring Boot 应用程序？

【出现频率】★★★☆☆　【学习难度】★★☆☆☆

答案：为了在自定义端口上运行 Spring Boot 应用程序，可以在 application.properties 中指定端口：server.port = 8090。也可以在启动命令中通过参数指定。命令示例如下：

```
java -jar * .jar --server.port=8090
```

当 server.port = 0 时，将随机分配任何可用的端口。

真题 8　什么是 Yaml？.yml 和.properties 配置文件在内容格式和加载顺序上有何区别？

【出现频率】★★★☆☆　【学习难度】★★★☆☆

答案：Yaml 是一种人类可读的数据序列化语言，它通常用于配置文件。

与属性文件相比，如果想要在配置文件中添加复杂的属性，Yaml 文件就更加结构化，而且更少混淆。可以看出 Yaml 具有分层配置数据。它的配置文件一般以.yml 为后缀。

.yml 文件是一种树状层级结构。以"："进行分隔。层级之间以一个 Tab 键位缩进。以"："赋值，"："与参数值之间要有一个空格位。同一层级在一个文件中只能出现一次。一个层级下面可以有多个不同的子层级。参数值如果是字符串，两端要加"'"表示是字符串。

- properties 文件的 Key 是以"."和"="赋值，参数值为字符串时两端不需要"'"。
- properties 文件的 Key 每个都要把名称写全，参数可以在任意位置。而.yml 文件中，共用相同的父层级。相同的参数会自觉放在一起，看上去更清楚。

Spring Boot 同时支持这两种配置文件，如果有两个同名的文件.yml 和.properties 存在，Spring Boot 会优先加载.properties 文件的参数。在.propertie 中找不到对应的参数值，才会去.yml 文件中查找。

真题 9　如何实现 Spring Boot 应用程序的安全性？

【出现频率】★★★☆☆　【学习难度】★★☆☆☆

答案：为了实现 Spring Boot 的安全性，可以使用 spring-boot-starter-security 依赖项，并且必须添加安全配置。它只需要很少的代码，配置类将必须扩展 WebSecurityConfigurerAdapter 并覆盖其方法。

真题 10　如何集成 Spring Boot 和 ActiveMQ？

【出现频率】★★☆☆☆　【学习难度】★★☆☆☆

答案：这里假定已安装好 ActiveMQ，在一个可运行的 Spring Boot 工程中进行集成，这里用到了连接池。

1）添加依赖 spring-boot-starter-ActiveMQ。

```xml
<dependency>
    <groupId>org.springframework.boot</groupId>
    <artifactId>spring-boot-starter-activemq</artifactId>
</dependency>
<dependency>
    <groupId>org.apache.activemq</groupId>
    <artifactId>activemq-pool</artifactId>
</dependency>
```

2）在配置文件（application.yml）配置服务端口等参数信息。

```
Spring:
    activemq:
        broker-url: tcp://127.0.0.1:61616
        user: admin
        password: admin
        # 默认代理 URL 是否应该在内存中。如果指定了显式代理,则忽略此值
        in-memory: true
        # 等待消息发送响应的时间。设置为 0(等待永远)
        send-timeout: 0
        # 是否在回滚消息之前停止消息传递。这意味着当启用此命令时,消息顺序不会被保留
        non-blocking-redelivery: false
        # 是否用 Pooledconnectionfactory 代替普通的 ConnectionFactory
        pool:
            enabled: true
        packages:
            trust-all: true   # 如果使用 ObjectMessage 传输对象,必须要加上这个信任包,否则会报 Class-
NotFound 异常
        jms:
            #默认情况下 activemq 提供的是 queue 模式,若要使用 topic 模式需要如下配置
            pub-sub-domain: true
```

真题 11 如何使用 Spring Boot 实现 JPA 分页和排序?

【出现频率】★☆☆☆☆ 【学习难度】★☆☆☆☆

答案：使用 Spring Boot 实现分页非常简单。使用 Spring Data Jpa 可以实现，将可分页的 org.springframework.data.domain.Pageable 传递给存储库方法即可。

真题 12 Spring Boot 所需要的最低 Java 版本是什么?

【出现频率】★☆☆☆☆ 【学习难度】★☆☆☆☆

答案：Spring Boot 2.0 需要 Java8 或者更新的版本。Java6 和 Java7 已经不再支持。

真题 13 Spring Profiles 的作用是什么?

【出现频率】★★★★☆ 【学习难度】★★★☆☆

答案：Spring Profiles 允许用户根据不同的配置文件来注册 bean。指定不同的 spring.profiles.active 值就可以加载不同的配置文件，例如，在测试环境中启动服务，在工程的 application.properties 中或在启动参数中指定 spring.profiles.active 值为 test，就会加载 application-test.properties 中的配置参数，同理，在生产环境启动时，只需要指定 spring.profiles.active 为 prod，就会加载 application-prod.properties 文件的配置参数。这样就可以预先在不同的配置文件中配置好相应参数，在启动时根据不同环境指定 spring.profiles.active 的值来启动，就可以加载需要的配置文件。让服务在不同环境中使用不同的配置文件变得更简单。

真题 14 如何使用 Spring Boot 实现全局异常处理?

【出现频率】★★★★☆ 【学习难度】★★☆☆☆

答案：Spring 提供了一种使用 ControllerAdvice 处理异常的非常有用的方法。可以通过实现一个 ControlerAdvice 类，来处理控制器类抛出的所有异常。

真题 15 什么是 Spring Boot Starter？

【出现频率】★★★★☆ 【学习难度】★★★★☆

答案：Starter（启动器）是一套方便的依赖，它可以很方便地引入自己的程序中，它简化了很多烦琐的配置，并且实现了开箱即用。通过在 pom.xml 中添加 Starter 依赖，用户可以一站式的获取所需要的 Spring 依赖和相关配置，它主要完成两件事情。

1）引入模块所需的相关 jar 包。

2）自动配置各自模块所需的一些初始化参数。

Spring Boot 致力于快速产品就绪应用程序，Starter 就是实现这一目标的利器，使用一个 Starter 只需要两个条件——maven 依赖和配置文件。例如，当要操作 MongoDB 时，只需要在工程的 pom.xml 中添加 spring-boot-starter-data-Mongodb 依赖，然后在配置文件 application. yml（或 application.properties）中配置 MongoDB 的链接信息 spring.data.mongodb.uri = mongodb：//localhost/testdb，就可以愉快地使用 MongoTemplate 来访问 MongoDB 操作数据了，MongoTemplate 的初始化工作由 spring-boot-starter-data-mongodb 自动完成。有点类似 Javascript 与 Eclipse 及 Idea 的插件。有的甚至无须配置，或者只需要加一个注解，直接启动项目就可以了。

如何区别一个 Starter 是官方提供的还是第三方自己开发的呢？只需要看这个 Starter 的名称即可，Spring 提供的 Starter 命名规范为 spring-boot-starter-xxx.jar，第三方提供的 Starter 命名规范为 xxx-spring-boot-starter.jar。例如：mybatis-spring-boot-starter 这是 MyBatis 团队提供的，而 spring-boot-starter-data-jpa 就是官方提供的。

真题 16 如何监视所有 Spring Boot 服务？

【出现频率】★★★★☆ 【学习难度】★★★★☆

答案：spring-boot-starter-actuator 是监控系统健康情况的工具。但是如果服务较多，去浏览每个服务是很麻烦的事情，这时可以使用 Admin。这是一个开源社区项目，用于管理和监控 Spring Boot 应用程序，它提供了一个 Web UI 来可视化管理多个应用程序。同时它也是建立在 spring-boot-starter-actuator 之上，展示 Admin Client 的 Actuator 端点上的一些监控信息。

Admin 的使用也很简单，把应用程序作为 Admin Client 即可。向 Admin Server 端注册即可。

服务端依赖如下：

```
<dependency>
    <groupId>de.codecentric</groupId>
    <artifactId>spring-boot-admin-starter-server</artifactId>
    <version>2.1.0</version>
</dependency>
<dependency>
    <groupId>org.springframework.boot</groupId>
    <artifactId>spring-boot-starter-web</artifactId>
</dependency>
```

在工程的启动类 AdminServerApplication 加上 @EnableAdminServer 注解，开启 AdminServer 的功能即可。

向应用程序添加客户端依赖：

```
<dependency>
    <groupId>de.codecentric</groupId>
    <artifactId>spring-boot-admin-starter-client</artifactId>
    <version>2.1.0</version>
</dependency>
<dependency>
    <groupId>org.springframework.boot</groupId>
    <artifactId>spring-boot-starter-web</artifactId>
</dependency>
```

同时 spring-boot-starter-actuator 依赖也必不可少。版本应与工程的实际版本匹配。

然后在客户端程序的配置文件中添加如下配置：

```
spring.application.name=admin-client
#下面配置的是 Admin Server 端的 URL,这里是示例地址
spring.boot.admin.client.URL=Http://localhost:8769
## 配置 actuator 监控
management.endpoints.Web.exposure.include=*  #在 YML 文件中要用'*'
Management.endpoint.health.show-details=always
```

到这里，只要分别启动服务端与客户端，访问服务端地址，就可以进入管理界面看到监控信息了。

真题 17 **Spring Boot 提供了哪些 Starter？**
【出现频率】★★★★☆ 【学习难度】★★★☆☆

答案：Spring Boot 致力于快速产品就绪应用程序。为此，它提供了一些开箱即用的 Starter（如高速缓存、日志记录、监控和嵌入式服务器等），也提供了其他的启动器项目，包括用于开发特定类型应用程序的典型依赖项。下面是常用的 Starter，见表 2-5。

表 2-5　常用的 Starter

Starter Project	作　　用
spring-boot-starter	添加核心依赖，包括 auto-configuration、logging 和 YAML
spring-boot-starter-activemq	支持 ApacheActiveMQ 启动 JMS 消息
spring-boot-starter-amqp	支持 Spring AMQP 与 Rabbit MQ 组件
spring-boot-starter-aop	支持 Spring AOP、AspectJ 组件
spring-boot-starter-cloud-connectors	实现在云平台上简单而便利地连接微服务时的 Spring Cloud 连接器
spring-boot-starter-actuator	使用一些如监控和跟踪应用的高级功能
spring-boot-starter-undertow	使用高性能 Web 服务器 Undertow
spring-boot-starter-jetty	使用 Jetty 作为嵌入式 servlet 容器
spring-boot-starter-tomcat	使用 Theomcat 作为嵌入式 servlet 容器
spring-boot-starter-cache	启用 Spring Framework 的缓存支持
spring-boot-starter-artemis	支持基于 Apache Artemis 来实现 JMS 消息系统
spring-boot-starter-web-services	支持实现基于 SOAP 的 Web Services
spring-boot-starter-web	支持 Web 和 Restful 应用程序
spring-boot-starter-test	支持单元测试和集成测试

（续）

Starter Project	作　用
spring-boot-starter-jdbc	支持传统的 JDBC 访问数据库
spring-boot-starter-hateoas	使用 Spring MVC 和 Spring HATEOAS 构建基于超媒体的 Restful Web 应用程序时依赖的 starter
spring-boot-starter-security	使用 SpringSecurity 进行身份验证和授权
spring-boot-starter-data-jpa	支持带有 Hibernate 的 Spring Data JPA
mybatis-spring-boot-starter	支持 MyBatis 访问数据库，这不是 Spring Boot 官方提供的，是 MyBatis 团队提供的。使用者非常多，所以也一并列举在这
spring-boot-starter-data-rest	使用 Spring Data REST 发布简单的 REST 服务
spring-boot-starter-batch	支持 Spring Batch，一款面向 Spring 的批处理框架
spring-boot-starter-data-cassandra	使用 Cassandra 分布式数据库或者 Spring Data Cassandra 依赖
spring-boot-starter-data-couchbase	使用 Couchbase 面向文档的数据库和 Spring Data Couchbase 时依赖
spring-boot-starter-data-elasticsearch	使用 Elasticsearch 搜索、分析引擎和 Spring Data Elasticsearch 时依赖
spring-boot-starter-data-ldap	支持使用 LDAP
spring-boot-starter-data-mongodb	支持使用 MongoDB 面向文档的数据库的 Spring Data MongoDB
spring-boot-starter-data-neo4j	使用 Neo4j 图数据库和 Spring Data Neo4j 时依赖
spring-boot-starter-data-redis	支持使用 Redis 缓存
spring-boot-starter-data-solr	支持使用搜索引擎 Solr
spring-boot-starter-freemarker	支持使用模板引擎 Freemarker
spring-boot-starter-integration	支持系统集成框架 Spring Integration。主要解决不同系统之间交互的问题，通过异步消息驱动来达到系统交互时系统之间的松耦合
spring-boot-starter-jersey	使用 JAX-RS 和 Jersey 构建 Restful Web 应用程序的入门框架
spring-boot-starter-json	支持 JSON 数据的读写操作
spring-boot-starter-jta-atomikos	支持使用 Atomikos 的分布式事务管理
spring-boot-starter-oauth2-resource-server	支持 Oauth2 的 Server 端开发
spring-boot-starter-oauth2-client	支持 Oauth2 的 Client 端开发
spring-boot-starter-quartz	支持 Quartz 定时调度任务开发
spring-boot-starter-thymeleaf	支持 Thymeleaf 模板引擎
spring-boot-starter-validation	提供一个后台参数校验的框架
spring-boot-starter-webflux	支持 WebFlux 流式响应 API
spring-boot-starter-websocket	支持 WebSocket 开发
spring-boot-starter-log4j	使用 Log4j 作为应用日志框架
spring-boot-starter-reactor-netty	使用 Reactor Netty 作为嵌入式反应性 HTTP 服务器
spring-boot-starter-logging	使用 Logback 作为应用日志框架

真题 18 Spring Boot Starter 的工作原理是什么？　它的实现原理是什么？

【出现频率】★★★★☆ 【学习难度】★★☆☆☆

答案：Spring Boot 提供了很多开箱即用的 Starter 依赖，为用户开发业务代码提供了很多方便，不需要过多关注框架的配置，也不需要过多关注项目的 jar 依赖，而只需要关注具体的逻辑实现。

下面简单介绍 Spring Boot Starter 的工作原理。

1）Spring Boot 在启动时会去 Starter 的 jar 包中寻找/META-INF/spring.factories 文件。

2）SpringFactoriesLoader 根据 spring.factories 中的配置加载 AutoConfigure。

3）根据@Conditional 注解的条件，进行自动配置并将 Bean 注入 Spring Context。

真题 19 如何开发一个自定义的 **Spring Boot Starter**?

答案：在需要时，用户也可以开发一个自己的 Starter。下面来简单造一个可以即插即用的轮子，这个轮子是一个普通的 Spring Boot Web 工程，该工程有一个 Service 类，提供一个 sayMsg 方法，方法返回一条消息，消息内容可以通过配置文件进行配置。

按照命名规范，命名自己的 Starter 为 hello-spring-boot-starter，当然，这不是必须的，不过还是应当尽量遵守。

首先，使用 Spring Boot 新建一个 Web 工程，命名为 hello-spring-boot-starter，它的 pom.xml 依赖如下：

```
<dependency>
    <groupId>org.springframework.boot</groupId>
    <artifactId>spring-boot-starter-web</artifactId>
</dependency>
<dependency>
    <groupId>org.springframework.boot</groupId>
    <artifactId>spring-boot-starter</artifactId>
</dependency>
<dependency>
    <groupId>org.springframework.boot</groupId>
    <artifactId>spring-boot-configuration-processor</artifactId>
</dependency>
```

之所以引入依赖 spring-boot-configuration-processor，是用它来在 META-INF 目录创建 Starter 的配置的元数据文件 spring-configuration-metadata.json，开发者通过这个文件，可以熟练地在 application.yml 中进行参数配置。

引入了依赖，然后创建工程包路径：com.mystarter.springbootstarter。在包路径下创建一个参数配置类 HelloProperties.java，声明一个配置消息内容的参数 mystart.hello.msg，参数前缀为 mystart.hello。

```
@ConfigurationProperties(prefix = "mystarter.hello")
public class HelloProperties {
    //消息内容,默认为"Hello World!"
    private String msg = "Hello World!";
    public String getMsg() {
        return msg;
    }
    public void setMsg(String msg) {
        this.msg = msg;
    }
}
```

新建一个 Service 类 MyHelloService.java，有输出消息的 sayMsg 方法。

```
@Service
public class MyHelloService {
```

```
//暂时会有错误提示,可暂时忽略,继续按说明操作即可
@Autowired
private HelloProperties helloProperties;
public String sayHello(String username) {
    return "Dear " + username+ " " + helloProperties.getMsg();
}
}
```

然后给 Starter 写一个自动配置类 MyHelloAutoConfiguration.java，通过这个类实现自动配置功能。

```
//声明这是一个配置类
@Configuration
//在 Web 工程条件下成立
@ConditionalOnWebApplication
//启用 HelloProperties 的配置功能,并加入到 IoC 容器中
@EnableConfigurationProperties({HelloProperties.class})
//导入 Service 组件
@Import(MyHelloService.class)
//指定扫描的包路径,这里没有其他组件加载,就可以不指定了
//@ComponentScan(basePackages = "com.mystarter.springbootstarter")
public class MyHelloAutoConfiguration{
}
```

创建好 MyHelloAutoConfiguration 类，前面两个类的错误提示就自动消失了。然后在 resources 目录下新建 META-INF 目录，在 META-INF 下新建一个 spring.factories 文件，将 Starter 的自动配置入口 MyHelloAutoConfiguration 写入这个文件，具体如下：

```
org.springframework.boot.autoconfigure.EnableAutoConfiguration=\
  com.mystarter.springbootstarter.MyHelloAutoConfiguration
```

Spring Boot 在启动时 SpringFactoriesLoader 会找到 META-IN 目录下的 spring.factories 文件，并根据这个文件中的配置参数值找到自动配置入口，根据配置信息来自动加载相应的文件与参数。然后执行 mvn 命令：

```
mvn clean install -Dmaven.test.skip=true
```

加上参数 maven.test.skip，这样可以跳过 test 进行打包，打完包后，可以进行清理工作。

1）删除自动生成的 Spring Boot 启动类。

2）删除 resources 下的除 META-INF 目录之外的所有文件目录，这些文件也可以打包前删除。

到此，轮子造好了，可以投入使用了。

真题 20 创建一个 Spring Boot Project 的最简单的方法是什么？

【出现频率】★★★☆☆ 【学习难度】★★★★☆

答案：Spring Initializr 是创建 Project 的一个很好的工具。访问地址为 Https：//start.spring.io 或者在开发工具 Idea 中通过 File→new project→Spring Initializr 快速创建 Spring Project，也可以很轻松地开启 Spring Boot 之旅。

真题 21 创建 **Spring Boot Project** 有哪些方式?

【出现频率】★★☆☆☆ 【学习难度】★★★☆☆

答案:大体有四种方式。

1)Spring Initiatlizr 是最方便快捷创建项目的方式。直接通过浏览器进入 Https://start.spring.io 即可。在 Idea 中,已经集成了 Spring Initiatlizr,直接在 Idea 中创建也可以。

2)Spring tool suite 中也可以方便地创建。依次如下操作:File→new→Spring Starter Project,就可以开始创建 Project 了。

3)使用提供的命令行工具 Spring Boot CLI(在 Spring 官网可以下载此工具)也可以做到。

4)可以通过设置一个 Maven 项目并添加正确的依赖项来开始一个 Spring Boot 项目。创建过程如下。

首先新建一个 Maven 项目,然后修改 pom.xml 文件。添加 Spring Boot 的父依赖:

```
<parent>
    <groupId>org.springframework.boot</groupId>
    <artifactId>spring-boot-starter-parent</artifactId>
    <version>2.1.3.RELEASE</version>
    <relativePath/>
</parent>
```

在 dependencies 中添加 spring-boot-starter-web 依赖。组件版本与 spring-boot-starter-parent 的版本一致,这样配置后,工程就可以支持 Web 了。其他需要的依赖可按此方法添加。

最后添加编译插件 spring-boot-maven-plugin。这样就简单创建了 Spring Boot 工程。

真题 22 为什么需要 **spring-boot-maven-plugin**?

【出现频率】★★★☆☆ 【学习难度】★★☆☆☆

答案:spring-boot-maven-plugin 提供了一些像 jar 一样打包或者运行应用程序的命令,见表 2-6。

表 2-6　spring-boot-maven-plugin 命令

命　　令	作　　用
spring-boot:run	运行 Spring Boot 应用程序
spring-boot:repackage	重新打包 jar 包或 War 包使其可执行
spring-boot:start spring-boot:stop	管理应用程序的生命周期(也可以说是为了集成测试)
spring-boot:build-info	生成执行器可以使用的构造信息

真题 23 在 **Spring Boot** 项目中如何访问静态资源文件? 如何配置自定义资源文件目录?

【出现频率】★★★☆☆ 【学习难度】★★☆☆☆

答案:Spring Boot 遵循约定优于配置这一基本原则,src/main/resources 是默认的资源文件目录,src/main/resources/static 是默认的静态资源文件目录,如果 src/main/resources 下没有 static 目录,可以自己创建一个 static 目录,然后将静态的内容放在里面。

例如，有 JS 脚本文件 my.js 的路径是 src/main/resources/static/js/my.js，那么它在 JSP 页面中的引用代码如下：

```
<script src="/js/my.js"></script>
```

而/static/＊＊被 Spring Boot 映射到了 classpath：/static 下。所以也可以不带起始的"/"，直接如下表述：

```
<script src="js/my.js"></script>
```

Spring Boot 允许自定义静态资源文件目录，自定义了目录并不会影响默认目录的使用，实际是等于增加了一个静态资源文件的目录。自定义资源文件目录，需要继承配置类 WebMvcConfigurerAdapter。

```
@Configuration
public class MyWebAppConfig extends WebMvcConfigurerAdapter {
    @Override
    public void addResourceHandlers(ResourceHandlerRegistry registry) {
registry.addResourceHandler("/myRes/＊＊").addResourceLocations("classpath:/myRes/");
        super.addResourceHandlers(registry);
    }
}
```

然后在 src/main/resources 下新建一个 myRes 目录，如图片文件 my.jpg 的存放路径为 src/main/resources/images/my.jpg，那么在 JSP 文件中访问该图片的代码如下：

```
<img src="images/my.jpg">
```

真题 24 当 **Spring Boot 应用程序作为 Java 应用程序运行时，后台会发生什么？**

答案：如果使用 Eclipse IDE，Eclipse Maven 插件确保依赖项或者类文件的改变一经添加，就会被编译并在目标文件中准备好。在这之后，就和其他的 Java 应用程序一样了。

当启动 Java 应用程序时，自动配置文件就会启用。

当 Spring Boot 应用程序检测到用户正在开发一个 Web 应用程序时，它就会启动 Tomcat。

真题 25 如何在 **spring-boot-starter-web 中用 Jetty 代替 Tomcat？**

【出现频率】★☆☆☆☆ 【学习难度】★★☆☆☆

答案：在 spring-boot-starter-web 的配置中排除 Tomcat 依赖项，然后再单独添加 Jetty 依赖即可，配置示例如下：

```
<dependency>
<groupId>org.springframework.boot</groupId>
    <artifactId>spring-boot-starter-web</artifactId>
    <exclusions>
        <exclusion>
            <groupId>org.springframework.boot</groupId>
            <artifactId>spring-boot-starter-Tomcat</artifactId>
        </exclusion>
    </exclusions>
```

```
</dependency>
<dependency>
    <groupId>org.springframework.boot</groupId>
    <artifactId>spring-boot-starter-jetty</artifactId>
</dependency>
```

真题 26 如何通过配置参数实现特定环境的配置？

【出现频率】★☆☆☆☆ 【学习难度】★★☆☆☆

答案：使用 spring.profiles.active 参数可以实现在特定环境中使用特定的配置。

比如，在应用程序中有如下参数配置：

```
project.title= my project
```

但是在开发环境与生产环境需要使用不同的配置。这时可以分别创建名为 application-dev.properties 与 application-prod.properties 这两个文件，并且重写想要自定义的属性。

在 application-dev.properties 中配置：

```
project.title= good project
```

在 application-prod.properties 中配置：

```
project.title= product project
```

创建好配置文件并配置好对应参数后，在生产和开发环境使用不同的 spring.profiles.active 参数值就可以做到各环境使用各自需要的配置。

有多种方法可以做到。

1) 在 JVM 参数中使用参数：`spring.profiles.active=prod`。

2) 在 application.properties 中配置：`spring.profiles.active=prod`。

这样在生产环境中就会使用 application-prod.properties 的配置。同时在开发环境只要将参数值设为 dev 就可以使用 application-dev.properties 的配置。如果有更多的环境需要不同的参数值，都可以照此方式来实现。

真题 27 发布自定义参数配置的最好方式是什么？

【出现频率】★★☆☆☆ 【学习难度】★★★☆☆

答案：@Value 是一种实现方式。不过推荐的操作是通过 @ConfigurationProperties 把同类的配置信息自动封装到实体类。下面举例说明。

假定在 application.properties 中存在一些基础配置参数，如下：

```
basic.value= true
basic.message=Dynamic Message
basic.number= 100
```

这时可以定义一个实体类装载配置文件信息，@Data 是 lomok 注解。

```
@Component
@ConfigurationProperties(prefix="basic")
@Data
```

```
public classBaseSetting {
    private String value;
    private String message;
    private Integer number;
}
```

然后在 JavaConfig 类（即类上有@Configuration 注解的类）上加上注解@EnableConfigurationProperties（BaseSetting .class）来明确指定需要用哪个实体类来装载配置信息。如：

```
@Configuration
@EnableConfigurationProperties(BaseSetting .class)
publicclass AppConfig {
...
}
```

就可以通过配置类来使用自定义参数配置了。如：

```
@RestController
public classMyController {
    @Autowired
    privateBaseInfo baseInfo;
    @GetMapping("/getInfo")
    publicBaseInfo getBaseinfo(){
        returnbaseInfo;
    }
}
```

当然，也可以在配置类上不用@Component 和@ConfigurationProperties 注解配置，这时要通过@Bean将这个实体类注册到 Spring，如下在 JavaConfig 类中配置，效果是一样：

```
@Configuration
@EnableConfigurationProperties(BaseSetting.class)
publicclass AppConfig{
    @Bean
    @ConfigurationProperties(prefix = "basic")
    publicBaseSetting baseSetting(){
        return newBaseSetting();
    }
}
```

真题 28 被称为 Spring Boot 开发的四大神器都是什么？

【出现频率】★★☆☆☆【学习难度】★★☆☆☆

答案：Spring Boot 的四大神器，也可以说四大特性。分别如下。

1）auto-configuration：针对很多 Spring 应用程序和常见的应用功能，Spring Boot 能自动提供相关配置。

2）starter：将所需的常见依赖按组聚集在一起，形成单条依赖，简化了配置。

3）cli（Command-line interface）：充分利用了 Spring Boot Starter 和自动配置的魔力，并添加了一些 Groovy 的功能，它简化了 Spring 的开发流程。

4）actuator：提供对 Spring Boot 应用系统的监控和管理功能，如健康检查、审计、统计、HTTP追踪，以及创建了什么样的 Bean、控制器中的映射、CPU 使用情况等。

真题 29 如何禁用某个自动配置类？

【出现频率】★★★☆☆ 【学习难度】★★☆☆☆

答案：使用注解@EnableAutoConfiguration 的 exclude 属性，可以禁用一个或多个特定的自动配置类。例如：

```
@EnableAutoConfiguration(exclude={MyAutoConfig.class})
```

如果类不在类路径上，开发者可以使用注解的 excludeName 属性并指定完全限定名称。例如：

```
@EnableAutoConfiguration(excludeName={Cat.class})
```

另外，在 Spring Boot 中使用 spring.autoconfigure.exclude 属性可以配置要排除的自动配置类列表。在 application.properties 中如下配置（如多个用逗号分隔）：

```
spring.autoconfigure.exclude=org.springframework.boot.autoconfigure.jdbc.DataSourceAuto-
Configuration
```

真题 30 在 **Spring Boot** 中如何使用其他嵌入式 **Web** 服务器？

【出现频率】★★★☆☆ 【学习难度】★★☆☆☆

答案：如果项目中 Web 服务器的 Starter 依赖项为 spring-boot-starter-tomcat，只要将这个依赖项替换成其他 Web 服务器依赖项（如 spring-boot-starter-jetty 或 spring-boot-start-undertow）便可。

真题 31 如何在 **Spring Boot** 应用程序中禁用默认 **Web** 服务器？

【出现频率】★★★☆☆ 【学习难度】★★☆☆☆

答案：Spring Boot 提供了在快速配置中禁用 Web 服务器的功能。在 application.properties 来配置 Web 应用程序类型为 none 便可以实现，即：`spring.main.Web-application-type=none`。

真题 32 在 **Spring Boot** 中有哪些条件注解？

【出现频率】★★☆☆☆ 【学习难度】★★★☆☆

答案：在 spring-boot-autoconfigure 中有如下条件注解，见表 2-7。

表 2-7　spring-boot-autoconfigure 条件注解

条件注解	注解的作用
@ConditionalOnClass	classpath 中存在该类时生效
@ConditionalOnMissingClass	classpath 中不存在该类时生效
@ConditionalOnBean	IoC 容器中存在该类型 Bean 时生效
@ConditionalOnMissingBean	IoC 容器中不存在该类型 Bean 时生效
@ConditionalOnSingleCandidate	IoC 容器中该类型 Bean 只有一个或@Primary 的只有一个时生效
@ConditionalOnExpression	SpEL 表达式结果为 true 时生效
@ConditionalOnProperty	参数设置或者值一致时生效
@ConditionalOnResource	指定的文件存在时生效
@ConditionalOnJndi	指定的 JNDI 存在时生效

（续）

条 件 注 解	注解的作用
@ConditionalOnJava	指定的 Java 版本存在时生效
@ConditionalOnWebApplication	Web 应用环境下生效
@ConditionalOnNotWebApplication	非 Web 应用环境下生效

真题 33 项目中已添加 **Spring Boot Actuator** 依赖，如何在不去掉依赖的情况下关闭它？

【出现频率】★★☆☆☆　【学习难度】★☆☆☆☆

答案：Spring Boot Actuator 依赖项只要添加到项目中，则默认所有端点（除 shutdown 外）是开启的，想在已添加依赖的情况下关闭，可以在 application.properties 文件中做如下配置：

```
management.endpoint.shutdown.enabled=true
```

另外也可以设置所有端点关闭：

```
management.endpoints.enabled-by-default=false
```

真题 34 **Spring Boot Actuator** 的一些常用功能与属性介绍。

【出现频率】★★★☆☆　【学习难度】★★☆☆☆

答案：Actuator 的常用功能很多，这里选择常用的进行介绍。

1）开启和禁用单个端点。默认除 shutdown 外都是开启的，禁用所有端点前文已经介绍，禁用单个端点可以如此配置：

```
management.endpoint.health.enabled=false  #关闭 health 端点
```

2）开放所有端点的 Web 访问。2.0 以上版本默认只有 health 和 info 这两个端点是对外暴露的。开放所有端点的访问配置：

```
management.endpoints.Web.exposure.include='*'  #yml 中为'*'
```

3）开放其他单个或多个端点的 Web 访问配置：

```
management.endpoints.Web.exposure.include=["health"]  #多个逗号分隔
```

需要注意的是，如果这里配置了单个或多个端点，则默认被替换，只有配置的端点才对外暴露。如果没有 health，访问 Actuator 根目录时，Actuator 后台会抛出异常，提示 health 是必须暴露的。

4）项目启动后 Actuator 默认访问地址是 Http：//localhost：8080/actuator。如需要修改，可如下设置：

```
management.endpoints.Web.base-path=/myactuator  #/myactuator 为自定义地址
```

5）修改端点的默认访问地址。这里以 health 为例：

```
management.endpoints.Web.path-mapping.health=myhealth
```

就可以用 /actuator/myhealth 查看 health 信息了，这时默认地址/actuator/health 失效，不能访问。

6）Spring Boot Actuator 内置了很多端点，是支持扩展的，可以自定义端点。

真题 35 ApplicationRunner 和 CommandLineRunnerr 的作用与区别是什么？

【出现频率】★★☆☆☆ 【学习难度】★★☆☆☆

答案： 这两个接口都是 Spring Boot 提供的，都有一个 run( )方法，都能从命令行接收参数，实现这两个接口的 Bean 都会在 Spring Boot 服务启动之后自动地被调用执行 run( )方法。如果想在服务启动完成后做一些初始化工作（如加载缓存等），可以写一 Bean 实现这两个接口中的一个。在 run( )方法中执行想做的工作。

如果有多个实现了这两个接口的类，可以在类上加注解@Order 来指定执行顺序。

这两个接口不同的是 run 方法可接收的参数明显不同。

CommandLineRunner 的 run( )方法参数是 String…args（即 run（String… args）），能从命令行接收一个不定长的字符串数组为参数。可以在命令行启动的 jar 中传入命令行参数让 CommandLine-Runner 接收。这也适用于一些特定场景，可以在启动时输入参数来动态执行一些操作，同时又不对外暴露入口。

ApplicationRunner 方法的具体形式是：run（ApplicationArguments args）。ApplicationArguments 是一个参数对象，可以接收更丰富的参数并自动封装命令行参数到 ApplicationArguments 对象。如果不需要参数或者只需要简单的字符串数组为参数，建议实现 CommandLineRunner 接口即可，如果要传递复杂的参数，则建议实现 ApplicationRunner 接口。

真题 36 Spring Boot 自动配置原理是什么？

【出现频率】★★★★★ 【学习难度】★★★☆☆

答案： Spring Boot 的核心就是自动配置，自动配置又是基于条件判断来配置 Bean。而自动配置的源码在 spring-boot-autoconfigure-＊.jar 中。

1）开启自动配置的注解是@EnableAutoConfiguration，已包含在启动类的注解@SpringBootApplication 中，所以 Spring Boot 默认已开启自动配置功能。

2）只要用户已经添加了相关 jar 依赖项，@EnableAutoConfiguration 这个注解会"猜"用户将如何配置 Spring。如果 spring-boot-starter-web 已经添加 Tomcat 和 SpringMVC，这个注释就会自动假设用户在开发一个 Web 应用程序并添加相应的 Spring 配置，会自动去 Maven 依赖中读取每个 starter 中的 spring.factories 文件，该文件中配置了所有需要被创建的 Spring 容器中的 Bean。

真题 37 什么是 Spring Boot Batch？

【出现频率】★★★★★ 【学习难度】★★★☆☆

答案： Spring Boot Batch 提供可重用的函数，这些函数在处理大量记录时非常重要，包括日志/跟踪、事务管理、作业处理统计信息、作业重新启动、跳过和资源管理。它还提供了更先进的技术服务和功能，通过优化和分区技术，可以实现极高批量和高性能批处理作业。简单及复杂的大批量批处理作业可以高度可扩展的方式利用框架处理重要大量的信息。

真题 38　**Spring Boot 加密组件 jasypt 如何使用?**

【出现频率】★★★☆☆　【学习难度】★★★★☆

答案:加密组件 jasypt 的使用方法如下:

1)在 Spring Boot 项目中使用 jasypt 组件对敏感信息加密,使用 jasypt 组件首先添加依赖项 jasypt-spring-boot-starter,不同 JDK 版本也要选择不同版本的 Starter(JDK6 对应版本为 1.5-Java6,JDK7 对应版本为 1.5-Java7,JDK8 可使用 1.8 或以上版本)。

2)然后在配置文件中配置加密密钥:

```
jasypt.encryptor.password=yourjasypt
```

当然,在配置文件中配置加密密钥是不太安全的,可以在启动参数传入:

```
-Djasypt.encryptor.password=yourjasypt-jar xxx.jar
```

也可以写在启动类中,在启动类的 main 函数中增加一行代码如下:

```
System.setProperty("jasypt.encryptor.password", "yourjasypt");
```

另外,如果是在 Tomcat 中启动,也可以在 Tomcat 的启动文件中的 JAVA_OPTS 中设置加密参数,在 Windows 环境下,在 catalina.bat 文件头部加入:

```
set "JAVA_OPTS=%JAVA_OPTS% -Djasypt.encryptor.password=yourjasypt"
```

在 Linux 环境下,在 Tomcat 启动文件 catalina.sh 文件头部加入:

```
JAVA_OPTS=" $JAVA_OPTS -Djasypt.encryptor.password=yourjasypt"
```

3)使用组件提供的工具类 PooledPBEStringEncryptor 可生成加密串:

```
/* *
 * 这个方法是直接使用加密密钥生成加密串
 * @param password 加密密钥
 * @param value 加密值
 * /
public static String encyptPwd(String password,String value){
    PooledPBEStringEncryptor encryptor = new PooledPBEStringEncryptor();
    encryptor.setConfig(cryptor(password));
    return encryptor.encrypt(value);
}
```

如果不想通过工具类来获取加密后的字符串,也可以在项目中编写测试类来获取:

```
@RestController
public class IndexController {
    @Autowired
    private StringEncryptor encryptor;
    @GetMapping("/myJasypt")
    public void testMyJasypt() {
        String password = "111111";
        String encryptPwd = encryptor.encrypt(password);
        System.out.println("加密后:" + encryptPwd);
```

```
            System.out.println("解密后:" + encryptor.decrypt(encryptPwd));
        }
    }
```

启动后通过浏览器访问该地址，就会在控制台输出字符串 "111111" 进行加密后和解密后的值。

生成加密字符串的方式很多，也可以用命令行生成，读者可自行了解。

4）然后将生成的加密字符串配置到配置文件对应的参数即可，要加上约定的关键字 ENC，格式如：

```
password=ENC(ln6hgzpDZItgjjojAntHqsYPFjkkkTew==)
```

只要带上约定关键字的属性，都会被用加密密钥去解密。假定之前生成的是数据库密码，并将加密字符串配置到配置文件的参数 spring.mysql.datasource.password 中，这时可以通过测试类来验证加密字符串的正确性：

```
@RestController
public class IndexController {
    @Value("${spring.mysql.datasource.password}")
    private String dbPassword;
    @GetMapping("/password")
    public String password() {
        return dbPassword;
    }
}
```

启动项目后，访问该地址，返回的结果就是数据库密码的明文"111111"。

真题 39 Spring Boot 项目的启动流程是怎样的？

【出现频率】★★★★☆ 【学习难度】★★☆☆☆

答案：Spring Boot 启动流程主要分为四个步骤。

1）进行 SpringApplication 对象的初始化，配置一些基本的环境变量、资源、构造器、监听器。

2）开始执行 run 方法的逻辑，执行具体的启动过程，包括启动流程的监听模块、加载配置环境模块及创建核心的上下文环境（ApplicationContext）。

3）应用自动化配置模块。将之前通过@EnableAutoConfiguration 获取的所有配置及其他形式的 Spring 容器配置加载到已经准备完毕的 ApplicationContext，调用 ApplicationContext 的 refresh（）方法进行刷新，完成 Spring 容器可用前的最后一道工序。

4）从 Spring 容器中找出 ApplicationRunner 和 CommandLineRunner 接口的实现类并排序后依次执行。

2.4 Spring Cloud 与微服务架构

几年前服务导向架构（Service Oriented Architecture，SOA）模式是架构方面的热门话题，但随着 Spring Cloud 的兴起，迅速过渡到了微服务架构。可以说微服务是在 SOA 上做的升华，SOA 首先是将系统集成，并实现系统的服务化和业务的服务化。

　　微服务架构则通过服务实现组件化，原有的单个业务系统会拆分为多个可以独立开发、设计、运行的较小的系统（即微服务）。这些微服务之间通过某种通信机制完成交互和集成。

　　每个微服务可以针对不同业务特征选择不同技术平台，去中心统一化，发挥各种技术平台的特长。

　　同时微服务架构也实现了基础设施自动化（Devops、自动化部署），微服务架构意味着开发、调试、集成、监控和发布的复杂度更大，所以需要有合适的自动化基础设施来支持。否则，开发、运维成本也是很高的。

　　Spring Cloud 简单来说是微服务架构技术落地实现的集合体，是微服务架构的一站式解决方案

真题 1　什么是微服务？　什么是微服务架构？

【出现频率】★★★★★　【学习难度】★★★☆☆

　　答案：微服务就是将单体项目根据业务拆分成多个独立的服务，彻底去耦合，每个微服务只提供单一的功能服务，服务之间可以使用约定的协议或中间件进行通信。

　　微服务架构是一种架构模式或者说是一种架构风格，它提倡将单一应用程序划分为一组小的服务，每个服务运行在其独立的进程中，服务之间相互协调、互相配合，为用户提供最终价值。服务之间采用轻量级的通信机制互相沟通（通常是基于 HTTP 的 Restful API），每个服务都围绕着具体的业务进行构建，并且能够被独立构建在生产环境、类生产环境等。另外，应避免统一、集中式的服务管理机制，对具体的一个服务而言，应根据业务上下文，选择合适的语言、工具对其进行构建，可以有一个非常轻量级的集中式管理来协调这些服务，可以使用不同的语言来编写服务，也可以使用不同的数据存储。

真题 2　微服务架构的优缺点分别是什么？

【出现频率】★★★★★　【学习难度】★★★☆☆

　　答案：缺点：微服务会较大幅度增加服务的数量，随着服务数量的增加，管理的复杂性也增加，系统测试部署和生产部署的复杂度也增加，跟踪监控也会变麻烦，运维的工作量相应增加。微服务增多，服务之间的访问有可能非常多，这可能会引发网络问题。过多的服务增加了测试的难度。微服务作为分布式应用系统，还有分布式应用系统固有的问题，如 CAP 原则、网络延时、分布式事务、异步消息等问题。

　　优点：微服务架构能解决单体式应用带来的问题，单体式应用随着业务发展功能增加会变得很庞大，代码会变得复杂难以维护。越往后功能越难以扩展，难以升级。微服务将大的系统按业务分成很多小的服务系统，服务内部高内聚，服务之间松耦合。单个的微服务可以独立维护升级重构而不影响其他系统的运行使用。每个微服务可以按照实际需要独立扩展或撤销部署，这样可以更为合理地利用服务器资源。

真题 3　微服务技术栈有哪些？

【出现频率】★★★★★　【学习难度】★★★☆☆

　　答案：微服务技术栈非常庞大，这里列举比较常见的几种，见表 2-8。

表 2-8　微服务技术栈

微服务核心功能	技术支撑组件
服务开发	Spring Boot、Spring、SpringMVC
服务配置管理	Spring Cloud Config、Nacos
服务注册与发现	Eureka、Consul、ZooKeeper、Nacos
服务调用	RPC、Rest、gRPC、Dubbo、Feign
服务熔断器	Hystrix、Envoy
负载均衡	Nginx、Ribbon
消息队列	Kafka、RabbitMQ、ActiveMQ
服务路由（API网关）	Zuul、Gateway
服务监控	Zabbix、Naggios、Metrics、Spectator
全链路追踪	Zipkin、Brave、Dapper
服务部署	Docker、OpenStack、Kubernetes
数据流操作开发包	Spring Cloud Stream
事件消息总线	Spring Cloud Bus

真题 4 Rest 和 RPC 各有什么优缺点？

【出现频率】★★★☆☆　【学习难度】★★★☆☆

答案：RPC 最大的缺点是服务提供方和调用方之间存在强依赖，需要为每一个服务进行接口的定义，需要严格的版本控制才能防止因为版本不一致而在服务提供方和调用方之间产生冲突。RPC 的优点是可以使请求报文体积更小，一般以二进制传输，性能比较高。

而 Rest 是轻量级的解耦合的接口，服务的提供方和调用方不存在代码之间的依赖问题，双方可以通过约定好的规则进行独立开发，但是要避免出现文档和接口不一致而导致的服务集成问题。Rest 相对也更容易上手。

Rest 接口一般是用 JSON 格式的文本传递报文，体积相对较大，性能相对较低。

真题 5 什么是 Spring Cloud？ 使用 Spring Cloud 有什么优势？

【出现频率】★★★★★　【学习难度】★★☆☆☆

答案：Spring Cloud 基于 Spring Boot 实现，整合并管理各个微服务，为各个微服务之间提供协调与配置管理、服务注册与发现、熔断限流、路由、事件消息总线、消息队列、负载均衡、监控、链路追踪等集成服务，是微服务架构的完整解决方案。它整合了诸多被广泛实践和证明过的框架作为实施的基础部件，并且自身也提供了很多优秀的功能组件，从而形成一个完整的微服务架构体系。

真题 6 Spring Cloud 和 Dubbo 有什么区别？

【出现频率】★★☆☆☆　【学习难度】★★☆☆☆

答案：Spring Cloud 是 Spring 体系下完整的微服务治理方案。Dubbo 是一个分布式服务治理框架。所以从技术维度上讲 Spring Cloud 远超 Dubbo，Dubbo 只相当于 Spring Cloud 架构下的一个服务治理组件。两者本身没有可比性，区别有如下几点。

1）服务注册：Dubbo 通常以第三方 ZooKeeper 为 Dubbo 提供服务注册与发现功能。Spring Cloud 本身有 Eureka，也可以是 ZooKeeper、Consul，当然现在都可以使用 Nacos。

2）服务调用方式：Dubbo 使用的是 RPC 远程调用，而 Spring Cloud 使用的是 Rest API。

3）服务网关：Dubbo 没有实现，而 Spring Cloud 有 Zuul、Gateway 等网关。

此外，Spring Cloud 还有限流熔断、消息总线、配置中心、链路追踪等许多其他 Dubbo 没有的功能。

真题 7 **Spring Boot 和 Spring Cloud 有什么区别与联系？**

【出现频率】★★★★★　【学习难度】★★☆☆☆

答案：Spring Boot 是 Spring 推出的用于解决传统框架配置文件冗余、装配组件烦杂的基于 Maven 的解决方案，旨在快速搭建单个微服务。Spring Cloud 是基于 Spring Boot 实现的微服务架构的完整解决方案。

Spring Boot 专注于快速、方便地开发单个微服务，Spring Cloud 关注全局的服务治理框架。Spring Cloud 是建立在 Spring Boot 的基础上的，依赖于 Spring Boot。

真题 8 **微服务之间是如何独立通信的？**

【出现频率】★★★★☆　【学习难度】★★☆☆☆

答案：有两种方式。

1）直接通过远程过程调用（Remote Procedure Invocation）来访问其他服务。

2）使用异步消息来做服务间通信，服务间通过消息管道来交换消息。

两者各有优点，远程过程调用简单直接，不需要中间件。消息需要中间件支持，增加了复杂性。远程过程调用只支持请求/响应模式，并且客户端与服务端在请求时必须都可用，增加了耦合性。而消息通过中间件缓存，在服务端和客户端之间实现了解耦。支持的通信机制更多。如通知、请求/异步响应、发布/订阅、发布/异步响应等。

真题 9 **Ribbon 和 OpenFeign、 RestTemplate 的关系与区别？**

【出现频率】★★★★☆　【学习难度】★★★☆☆

答案：Ribbon 是 Spring Cloud 的一个基于 HTTP 和 TCP 的客户端负载均衡组件，它基于 Netflix Ribbon 实现。Ribbon 不需要独立部署，但它几乎存在于每一个 Spring Cloud 构建的微服务和基础设施中。通过 RestTemplate 与 OpenFeign 的微服务调用及 API 网关的请求转发都是基于 Ribbon 实现的。

OpenFeign 之前叫 Feign。整合了 Ribbon 和 Hystrix 组件的功能，它是一个声明式的伪 RPC 的 Rest 客户端，基于接口的注解方式实现，支持 JAX-RS 标准的注解，也支持 SpringMVC 标准注解和 HttpMessageConverters。简单来说，声明一个接口，加上@FeignClient 及一些属性配置，这个类就是 OpenFeign 客户端。在启动类上添加@EnableFeignClients 注解就开启了 OpenFeign 支持。默认已实现负载均衡。

RestTemplate 是 Spring 提供的用于访问 Rest 服务的客户端。在 Spring Cloud 中也是一种基础的微服务调用方式。只要在 RestTemplate 属性上加@LoadBalanced 注解，就可以实现负载均衡调用。

真题 10 **什么是 Eureka？ 服务注册与发现原理是什么？**

【出现频率】★★★☆☆　【学习难度】★★★☆☆

答案：Eureka 是一个服务注册和发现模块。由两个组件组成：Eureka Server 端和 Eureka Client 端。Eureka Server 端是服务注册中心，Eureka Client 端用于与 EurekaServer 交互，向服务端注册服务，并从服务端发现服务。Eureka 遵循的是 AP 原则，强调可用性与分区容错性。

Eureka Client 端各个节点启动后，会在 Eureka Server 端中进行注册，Server 端会存储所有可用服务节点的信息，服务节点的信息可以在 dashboard 界面中直观地看到。Eureka Server 之间通过复制的方式完成数据的同步，Eureka 还提供了 Client 端缓存机制，即使所有的 Eureka Server 都挂掉，Client 端依然可以利用缓存中的信息消费其他服务的 API。Eureka 通过心跳检查、Client 端缓存等机制，确保了系统的高可用性、灵活性和可伸缩性。

Eureka Client 端有一个内置的、使用轮询（round-robin）算法的负载均衡器。在应用启动后，将会向 Eureka Server 端发送心跳（默认周期为 30s）。如果 Eureka Server 端在多个心跳周期内没有接收到某个节点的心跳，Eureka Server 端将会从服务注册表中把这个服务节点移除（默认 90s），这就是失效剔除，另一个机制是自我保护。

真题 11 **什么是 Eureka 自我保护机制？**

【出现频率】★★☆☆☆　【学习难度】★★☆☆☆

答案：Eureka Server 端在运行期间会去统计心跳失败比例在 15min 之内是否低于 85%，如果低于 85%，Eureka Server 端会将这些实例保护起来，让这些实例不会过期。这就是 Eureka 的自我保护机制。

真题 12 **Eureka 和 ZooKeeper、Consul 的区别是什么？**

【出现频率】★★★☆☆　【学习难度】★★☆☆☆

答案：三者的区别主要在于如下 3 点。

1）在 CAP（即一致性、可用性、分区容错性）理论中，ZooKeeper 和 Consul 保证的是 CP，Eureka 保证的是 AP。

2）ZooKeeper 和 Consul 有 Leader 和 Follower 角色，在选举期间注册服务是不可用的，直到选举完成才可用。Eureka 各个节点是平等关系，Eureka 的客户端向某个 Eureka 注册或发现时发生连接失败，则会自动切换到其他节点，只要有一台 Eureka 就可以保证服务可用。

3）ZooKeeper 和 Consul 都采用过半数存活原则，要求必须过半数的节点都写入成功才认为注册成功。Eureka 采用自我保护机制解决分区问题。

Etcd 也是不错的服务注册与发现组件。

真题 13 **什么是服务雪崩？ 雪崩的原因有哪些？ Spring Cloud 应对雪崩的策略是什么？**

【出现频率】★★★☆☆　【学习难度】★★★☆☆

答案：服务雪崩效应是指分布式服务系统中因"服务提供者的不可用"导致"服务调用者不可用"，并将不可用逐渐放大的现象。

造成雪崩的原因一般有：硬件故障、程序 Bug、缓存击穿、用户大量请求、用户重试、代码逻辑重试、同步等待造成的资源耗尽等。

Hystrix 断路器是 Spring Cloud 防雪崩的利器。Hystrix 通过服务隔离、熔断（也称断路）、降级等手段来防止服务雪崩，其使用也不复杂。

在启动类上加@EnableCircuitBreaker 注解开启 Hystrix 支持。

在 Feign 中启用 Hystrix 需要添加配置：

```
feign.hystrix.enabled = true
```

在 Feign 接口上加注解：

```
@FeignClient(name = "microservice-Spring Cloud",fallback = UserHystrixClientFallback.class)
```

其中的 UserHystrixClientFallback.class 是实现服务降级的类。

真题 14 如何理解服务熔断与服务降级？

【出现频率】★★★★★　【学习难度】★★★☆☆

答案：熔断机制是应对雪崩效应的一种微服务链路保护机制。当某个微服务不可用或者响应时间太长时，会进行服务降级，进而熔断该节点微服务的调用，快速返回"错误"的响应信息。当检测到该节点微服务调用响应正常后恢复调用链路。在 Spring Cloud 框架中熔断机制通过 Hystrix 实现，Hystrix 会监控微服务间调用的状况，默认是 10s 内调用 20 次，如果失败比率达到设定的百分比阈值（默认值 50%），就会启动熔断机制，熔断后超过设定的服务休眠时间（默认 5000ms），就会再次试探服务是否恢复，如果恢复，则开始正常流量访问；如果没恢复，则继续熔断，到下一次休眠时间过去后再次试探访问该服务。

服务降级，一般是从整体负荷考虑。就是当某个服务熔断之后，服务器将不再被调用，此时客户端可以自己准备一个本地的 fallback 回调，返回一个缺省值。这样处理后，虽然服务运行质量下降，但服务仍能保持在可用状态，比服务整体不可用要强。

Hystrix 相关注解如下。

@EnableCircuitBreaker：开启熔断器，@EnableHystrix 是 2.0 版本之前的注解。

@HystrixCommand（fallbackMethod = "XXX"）：声明一个失败服务降级处理函数 XXX，当被注解的方法执行超时（默认是 1000ms），就会执行 fallback 方法，并返回其结果。

真题 15 Feign 实现熔断或降级功能，都要做些什么？

【出现频率】★★★★☆　【学习难度】★★★☆☆

答案：前面提到 Feign 整合了 Hystrix，不需要添加额外的依赖，但需要有相应的配置。

1）开启 Hystrix 支持：

```
feign.hystrix.enabled = true        #默认为 false
```

2）设置熔断超时时间（ms）：

```
hystrix.command.default.execution.isolation.thread.timeoutInMilliseconds=5000
```

因为这个时间默认是 1000ms，时间太短，采用默认设置极易发生熔断。如果想关闭熔断功能可如此配置：

```
hystrix.command.default.execution.timeout.enable=false
```

下面的代码演示了具体实现服务降级的一种方式：

```
@FeignClient(name = "micro-provider", fallback = UserFallback.class)
public interface UserFeignHystrixClient {
    @GetMapping("/provider/users/{id}")      //这里一定要注意接口服务中是否配置了 server.Servlet.
context-path,没有配置该参数则要加上
```

```
    User findById(@PathVariable("id") Long id);
}
@Component("UserFallback")
class UserFallback implements UserFeignHystrixClient {
  @Override
  public User findById(Long id) {
    return new User(id, "默认 feign 用户", "默认 feign 用户");
  }
}
```

以上是在 Feign 接口上的@FeignClient 中添加 fallback 配置，配置的是实现服务降级的类，这个类继承了当前接口，并覆盖接口类中相应的方法，方法中实现 fallback 处理。

需要注意的是，上面只是介绍了基本的全局配置和基本的服务降级实现方式。

真题 16 Spring Cloud 微服务在通常情况下，如何通过 Hystrix 实现服务熔断与降级？

【出现频率】★★★★★ 【学习难度】★★★☆☆

答案：首先要引入依赖 spring-cloud-starter-netflix-hystrix，然后在启动类上添加注解@EnableCircuitBreaker 开启 Hystrix 支持。与 Feign 一样，通过超时参数配置熔断超时时间，完整参数如下：

```
hystrix.command.default.execution.isolation.thread.timeoutInMilliseconds
```

可以在 controller 类上如此配置：

```
@DefaultProperties(defaultFallback ="defaultFallback")
```

这样可指定这个类共用的服务降级方法，同时在需要服务降级处理的方法上添加注解@HystrixCommand。如果在此方法中添加如下注解：

```
@HystrixCommand(fallbackMethod = "timeoutFallback")
```

则该方法会用自己的服务降级方法，因为在这里指定了自己的降级方法，就不会采用默认的降级方法。

各方法也可以配置自己的超时时间。如下：

```
@HystrixCommand(fallbackMethod = "findByIdFallback",commandProperties = {
@HystrixProperty(name = "execution.isolation.thread.timeoutInMilliseconds",value = "3000")
})
```

真题 17 注解@EnableDiscoveryClient 与@EnableEurekaClient 有何区别？

【出现频率】★★☆☆☆ 【学习难度】★☆☆☆☆

答案：两者都用于开启客户端的服务发现功能。@EnableEurekaClient 只能用于发现注册中心为 Eureka 的服务。而@EnableDiscoveryClient 可以发现 Nacos、Eureka、ZooKeeper、Consul 等其他注册中心的服务。

真题 18 Spring Cloud 微服务的启动流程是怎样的？

【出现频率】★★★☆☆ 【学习难度】★★☆☆☆

答案：在基础服务设施，如依赖的数据库、常用的缓存框架 Redis、消息队列中间件等都已启动的情况下，依次启动注册中心、配置中心、服务提供方服务、服务调用方服务、网关服务、监控服务，即可启动 Spring Cloud 微服务。

真题 19 Spring Cloud 微服务架构中哪些是必备组件？

【出现频率】★★★★☆【学习难度】★★☆☆☆

答案：在微服务架构中，需要几个基础的服务治理组件，包括服务注册与发现、服务消费、负载均衡、网关路由、断路器、配置中心、消息总线、服务监控、链路跟踪、授权认证、数据库访问、缓存管理等，由这些基础组件相互协作，便能组建一个功能相对比较完善的微服务系统。

在 Spring Cloud 微服务系统中，一种常见的负载均衡方式是，客户端的请求首先经过负载均衡（Nginx），再到达服务网关（Gateway 或 Zuul 集群），然后再到具体的服务。服务统一注册到高可用的服务注册中心集群，服务的所有的配置文件由配置服务管理，配置服务的配置文件放在 Git 仓库，方便开发人员随时修改配置。

真题 20 什么是 Spring Cloud Bus？ 与 Spring Cloud Stream 有何关系？

【出现频率】★★☆☆☆【学习难度】★★★☆☆

答案：Spring Cloud Bus 是 Spring Cloud 的消息总线组件，它将分布式的各节点用轻量的消息代理连接起来，它可以用于广播配置文件的更改、服务之间的通信及监控，是微服务系统重要的基础组件。目前只支持 RabbitMQ 和 Kafka。

Spring Cloud Stream 是一个构建消息驱动微服务的框架，是一个基于 Spring Boot 创建的独立生产级并使用 Spring Integration 连接到消息代理的 Spring 应用。它引入了发布-订阅、消费组、分区这三个核心概念，极大简化了开发人员对消息中间件的使用，让开发人员能更多地关注于核心业务逻辑的实现。目前 Spring Cloud Stream 只支持 RabbitMQ 和 Kafka 的自动化配置。

两者的关系是：Spring Cloud Bus 是基于 Spring Cloud Stream 实现的。

真题 21 注解@SpringCloudApplication 有什么作用？

答案：注解@SpringCloudApplication 用于启动类，它相当于@Spring BootApplication、@EnableDiscoveryClient、@EnableCircuitBreaker 这三个注解同时使用。分别是 Spring Boot 注解、服务发现注解、断路器注解。

真题 22 核心配置文件 bootstrap 与 application 的区别有哪些？

【出现频率】★★★☆☆【学习难度】★★★★☆

在 Spring Cloud 项目中总会见到两种配置文件：bootstrap（.yml 或者 .properties）和 application（.yml 或者 .properties）。

Spring Cloud 启动时，会先创建一个 BootstrapContext，然后创建一个 ApplicationContext，BootstrapContext 是 ApplicationContext 的父上下文，bootstrap 属性会在 BootstrapContext 中加载，application 中的属性会在 ApplicationContext 启动时加载，所以 bootstrap 中的属性会优先于 application 加载。BootstrapContext 负责从外部源加载配置并解析，还可以在本地外部配置文件中解密属性。这两个上下文共用一个环境，是任何 Spring 应用程序的外部属性的来源。bootstrap 属于引导配置，application 属于应用配置。它们不能被本地相同配置覆盖。

它们的应用场景有所不同，application 主要用于基于 Spring Boot 的项目的自动化配置。bootstrap 配置文件有以下应用场景。

1）使用 Spring Cloud Config 配置中心时，需要在 bootstrap 配置文件中配置连接到配置中心的相关属性。

2）一些固定的不能被覆盖的属性。

3）一些加密/解密的配置。

真题 23 谈谈对 **Spring Cloud Config** 的理解。

答案：Spring Cloud Config 是分布式配置中心组件，是一个解决分布式系统的配置管理方案。它包含了 Client 和 Server 两个部分，Server 提供配置文件的存储，以接口的形式将配置文件的内容提供出去，client 通过接口获取数据并依据此数据初始化自己的应用。默认支持 Git 存储配置信息，也支持 SVN 和本地化文件系统。

无论在 Config 的 Server 端还是 Client 端，与配置相关的信息一定要配置在 bootstrap 中。包括 Spring.application.name 及 spring.cloud.config 开头的相关配置参数。

服务端依赖为 spring-cloud-config-server，客户端依赖为 spring-cloud-starter-config。服务端需要在启动类添加注解@EnableConfigServer。

真题 24 **Spring Cloud Config** 如何实现自动刷新？

【出现频率】★★★☆☆ 【学习难度】★★★☆☆

答案：Spring Cloud Config 客户端结合消息总线 Spring Cloud Bus 可以实现自动刷新。以 RabbitMQ 为例，首先添加依赖 spring-cloud-starter-bus-amqp，spring-boot-starter-actuator 也必不可少，并在配置文件中配置好 RabbitMQ 相关属性参数。暴露 bus-refresh 端点（1.＊版是/bus/refresh），即配置 Management.endpoints.Web.exposure.include 的属性值要包含 bus-refresh，或者是'＊'。也可以只刷新指定应用如/bus-refresh？destination＝micro-provider：＊＊，这样只会刷新 Spring.application.name 为 micro-provider 的所有实例。

配置好后，需要刷新配置信息，在类上添加注解@RefreshScope，修改 config 服务端配置后，使用 curl（或其他方式）执行 Post 请求。

```
curl -X Post http://localhost:8080/actuator/bus-refresh
```

注意：localhost：8000 是某一 Config 客户端的服务地址。

真题 25 **Spring Cloud Config** 配置加密有哪两种方式？如何实现？

【出现频率】★★★☆☆ 【学习难度】★★★☆☆

答案：为了保证安全性，通常需要对敏感信息（如密码）进行加密。Spring Cloud Config 提供了对称加密和非对称加密两种方式。

对称加密的实现步骤如下。

1）首先下载与 JDK 版本对应的 JCE 增强版，即无限制权限策略版本，解压覆盖到 Java-home/jre/lib/security 目录。

2）在 bootstrap 中配置对称密钥 encrypt.Key＝mycloud（mycloud 就是密钥）。启动 config server

（假定端口 8090），通过地址 http：//127.0.0.1：8090/encrypt/status 可以查看其状态，如果状态是 ok 说明是可用的。

3）通过命令 curl http：//localhsot：8090/enrypt -d mysercet。将字符串' mysercet '用密钥加密生成加密串。每次生成的字符串都不一样。但解密结果都会一样。执行解密命令 curl http：// localhost：8080/decrypt -d　加密串，则会得到字符串' mysercet '。

4）加密串前有 {cipher} 标识的是对称加密串。

5）为方便测试，最好关闭安全管理：

```
management.security.enabled= false
```

非对称加密复杂一些，安全性相对也高一些。下面介绍 RSA 算法非对称加密的实现。当然首先也要安装 JCE。然后用 JDK 中自带的 Keytool 工具生成密钥文件，操作步骤如下（CMD 中执行）：

```
Keytool -genKeypair -alias myrsaKey -Keyalg RSA -dname "CN=Web Server,OU=Unit,O=Organization,
L=City,S=State,C=US" -Keypass dongfang -Keystroe server.jks -storepass estpwd
```

在 CMD 的当前位置会获得一个文件 server.jks。默认有效期 90 天，将这个文件复制到 config 服务端的 resource 目录下，然后在配置文件中做如下配置：

```
encrypt.KeyStore.location=classpath:/server.jks        #jks 文件的路径
encrypt.KeyStore.password=testpwd                      # storepass
encrypt.KeyStore.alias=myrsaKey                        # alias
encrypt.KeyStore.secret=dongfang                       # Keypass
```

参数要与生成密钥文件时的参数一致，否则肯定出错。后面的步骤与对称加密的步骤一样。

真题 26　Hystrix 的两种隔离策略有什么区别？

【出现频率】★★★☆☆　【学习难度】★★★☆☆

答案：Hystrix 有两种隔离策略：THREAD（线程池隔离）及 SEMAPHORE（信号量隔离）。THREAD 为官方推荐策略，适合大多数场景。策略设置参数为：

```
hystrix.command.default.execution.isolation.strategy= THREAD |SEMAPHORE
```

信号量的隔离每次调用线程，当前请求通过计算信号量进行限制，当信号多于最大请求数（maxConcurrentRequests）时，进行限制，调用 fallback 接口快速返回。信号量的调用是同步的，也就是说，每次调用都会阻塞调用方的线程，直到结果返回。这样就导致了无法对访问做超时（只能依靠调用协议超时，无法主动释放）。

线程池隔离方式，每次都开启一个单独线程运行。它的隔离是通过线程池，即每个隔离粒度都是个线程池，互相不干扰。等于多了一层的保护措施，可以通过 Hystrix 直接设置超时，超时后直接返回。

hystrix.command.default.execution.isolation.thread.timeoutInMilliseconds 参数用来设置 THREAD 策略的超时时间，默认 1000ms。

第3章 MVC框架

MVC是一种架构模式，增强了代码的复用性、可移植性和可维护性，MVC框架已经是现代Web程序开发中的一个很重要的组成部分。在软件开发技术的发展过程中，出现过很多经典的MVC框架，如Struts、Struts2、SpringMVC等，下面一起来了解一些相关的知识。

 3.1 综合

真题1 什么是MVC模式?

【出现频率】★★★★☆ 【学习难度】★★☆☆☆

答案：MVC即模型（Model）-视图（View）-控制器（Controller），MVC模式将一个应用分成三个层即模型层、视图层、控制层。视图（View）层是与用户交互界面，负责数据展现。业务流程的处理由模型层处理。控制层负责视图层与模型层的交互（一般是一个Servlet）。MVC模式有助于管理复杂的应用程序，可以在一个时间内专门关注于程序实现的一个方面。例如，开发人员可以在不依赖业务逻辑的情况下专注于视图设计。同时也让应用程序的测试更加容易。MVC模式实现了数据展现与业务逻辑的分离，提高了系统的可移植性、维护性。

最典型的MVC模式就是JSP+Servlet+JavaBean的模式。

MVC框架处理请求的过程：首先控制器接受用户的请求，调用相应的模型来进行业务处理，并返回数据给控制器。控制器调用相应的视图来显示处理的结果，并通过视图呈现给用户。

真题2 MVC的各个部分可用哪些技术来实现?

答案：在Java领域，MVC各部分相关的技术众多，这里介绍的是比较常用的技术。

- 模型层：Hibernate、MyBatis、JPA、Spirng JDBC，JavaBean或EJB等。
- 控制器：Servlet、Struts的Action、SpringMVC的Controller等。
- 视图层：JSP、FreeMarker、Velocity、HTML等。

真题3 SpringMVC和Struts2、Struts1三个MVC框架有什么不同?

【出现频率】★★★☆☆ 【学习难度】★★★☆☆

答案：三者都是优秀的MVC框架。也有不同特点。

1）Struts1要求Action类继承一个抽象基类，而不是接口；Struts2继承ActionSupport类或者实现Action接口；SpringMVC则是一个JavaBean，只要用注解@Controller或@RestController标注便可。

2）Struts1是单例模式的，Action资源必须是线程安全的或同步的，会有线程安全问题；Struts2

是原型模式，不存在线程安全问题；SpringMVC 默认是单例模式，但可以指定为原型模式。

3）Struts1 的 Action 与 Servlet 的 API 是耦合；而 Struts2 与 SpringMVC 的则不用依赖 Servlet。

4）Struts1 依赖 ServletAPI，所以测试要依赖 Web 容器，测试难；Struts2 与 SpringMVC 不依赖于容器，允许脱离容器单独被测试。

5）Struts1 必须创建大量的 ActionForm 类封装用户请求参数；Struts 2 直接使用 Action 或单独的 Model 对象来封装用户请求参数；SpringMVC 可用 POJO 对象封装。

6）Struts1 支持 JSP 作为表现层技术；Struts2 与 SpringMVC 支持 Velocity、FreeMarker 等更多表现层技术。

7）SpringMVC 是基于方法的设计；而 sturts 是基于类的。

8）SpringMVC 处理 Ajax 的请求更方便，只需在方法上添加一个注解@ResponseBody。如果这个类都是 Ajax 请求，则只要在类上添加@RestController 即可。

SpringMVC 与 Spring 无缝集成，使用非常方便。

真题 4 **SpringMVC 的核心入口类是什么，Struts1、Struts2 的核心入口类分别是什么？**

【出现频率】★★☆☆☆　【学习难度】★☆☆☆☆

答案：SpringMVC 的核心入口类是 DispatchServlet，Struts1 的核心入口类是 ActionServlet，Struts2 的核心入口类是 StrutsPrepareAndExecuteFilter。

真题 5 **什么是 Struts1 框架？**

【出现频率】★☆☆☆☆　【学习难度】★★★☆☆

答案：通常说的 Struts 默认是指 Struts1，它是最早的 MVC 框架之一，曾经也是最流行的一款 MVC 框架。

Struts 是较早的 MVC 框架，它的优点包含前面所说的 MVC 模式的优点，在它出现之前，Java 项目是以纯 JSP 或 JSP+Servlet+JavaBean 的方式开发，代码层次不分明，比较难维护，移植性也比较差。所以 Struts 便应运而生并广泛流行。它的缺点是相对于后来出现的 MVC 框架来说，如 Struts2、SpringMVC。二者有后发优势，尤其是 SpringMVC，依托 Spring 的无缝集成，现在占据优势地位。

Struts 的优点如下。

1）提供了五个标签库，Struts 提供的标签库能大大提高开发效率。

2）Validator 验证框架。

3）提供 Exception 处理机制。

4）支持 I18N。

下面介绍一下 Struts1 框架的工作流程。

Web 应用程序启动时会加载并初始化 ActionServlet。前端提交表单时，相应的 ActionForm 对象被创建，并被填入表单相应的数据。ActionServlet 根据 Struts-config.xml 中的配置参数决定是否表单验证，如果需要就调用 ActionForm 的 Validate( )验证，然后将请求发送到对应的 Action，如果 Action 不存在，ActionServlet 会先创建这个对象，然后调用 Action 的 execute（ ）方法。execute（ ）从 ActionForm 对象中获取数据，完成业务逻辑，返回一个 ActionForward 对象，ActionServlet 再把客户请求转发给 ActionForward 对象指定的 JSP 页面，JSP 页面将数据渲染呈现。

真题6 什么是 Struts2 框架?

【出现频率】★☆☆☆☆ 【学习难度】★★★☆☆

答案：Struts2 框架是一个非常优秀的 MVC 框架，它来自于早期著名的 WebWork 框架，于 2007 年初正式更名为 Struts2 并推出第一个全发布版本。

Struts2 框架是通过核心过滤器 StrutsPrepareAndExecuteFilter 来启动的。它的 init( ) 方法中将会读取类路径下默认的配置文件 struts.xml 完成初始化操作。

Struts2 的核心组件包括：Action 类、Interceptors 拦截器、结果页面（FreeMarker 等模板引擎和 JSP）、ValueStack 及 OGNL 和 Tag 库。

Struts2 框架的核心控制器是 FilterDispatcher，它是 Struts2 框架的基础，包含框架内部的控制流程和处理机制。业务控制器 Action 和业务逻辑组件由开发者实现，供核心控制器 FilterDispatcher 来调用。

StrutsPrepareAndExecuteFilter 是前端控制器，Struts2 的每次请求处理都从这里开始。

Struts2 的请求处理流程大致如下。

1）客户端初始化一个指向 Servlet 容器的请求。

2）请求经过一系列的过滤器（ActionContextCleanUp、SiteMesh）。

3）FilterDispatcher 被调用，并询问 ActionMapper 来决定这个请求是否需要调用某个 Action。

4）ActionMapper 决定要调用那一个 Action，然后 FilterDispatcher 将请求交给 ActionProxy。

5）ActionProxy 通过 Configurate Manager 查找配置文件，找到目标 Action 类。

6）ActionProxy 创建一个 ActionInvocation 实例。

7）ActionInvocation 实例使用命令模式来调用，回调 Action 的 exeute 方法。

8）Action 执行完毕后，ActionInvocation 实例根据配置返回结果。

这里也来了解一下 Struts2 配置文件的加载顺序，但请记住，后加载文件中的配置会将先加载文件中的配置覆盖。具体加载顺序如下。

1）default.properties，定义了 Struts2 框架中所有常量，位置：org/apache/Struts2。

2）Struts-default.xml，它配置了 Bean、Interceptor、Result 等，位置在 Struts 的 core 核心 jar 包。

3）Struts-plugin.xml，它是 Struts2 框架中所使用的插件的配置文件。

4）struts.xml，开发者定义的配置文件。

5）struts.properties，开发者可以在这里自定义常量。当然也可以声明在 struts.xml 中。

6）Web.xml，加载完上面的文件后再加载 Web.xml。

最后总结一下 Struts2 框架的优点。

1）有丰富的标签库，大大提高了开发的效率。

2）有众多的功能强大的拦截器，并可自定义拦截器来扩展框架功能。

3）可以实现 Action 的模块化配置。

4）只需在配置文件中配置异常的映射，就可以对异常做相应的处理。

5）Struts2 的 Action 与 ServletAPI 解耦合，方便测试。

6）它的 Action 最顶层是一个接口，是面向接口的编程。

7）支持多种表现层技术，如 JSP、FreeMarker、Velocity 等。

3.2　SpringMVC

Spring MVC 是一种基于 Java 的，实现了 Web MVC 设计模式的请求驱动类型的轻量级 Web 框架，是 Spring 团队提供的基于 Spring 构建 Web 应用程序的全功能 MVC 模块，它的优势之一是和 Spring 无缝集成，是较为优秀的 MVC 框架。

真题 1 SpringMVC 的执行请求流程是怎样的？

【出现频率】★★★☆☆　【学习难度】★★★☆☆

答案：前端发起请求→DispatcherServlet 接收请求→交由 HandlerMapping 处理→HandlerMapping 返回 Handler 给 DispatcherServlet→DispatcherServlet 再将结果交给 HandlerAdapter 处理→HandlerAdapter 返回 ModelAndView 交给 DispatcherServlet→DispatcherServlet 将 View 交给视图解析器解析→视图解析器将解析后的视图返回给 DispatcherServlet→DispatcherServlet 在返回的视图上渲染数据→DispatcherServlet 将数据返回给前端。

真题 2 什么是 SpringMVC？

【出现频率】★★☆☆☆　【学习难度】★★☆☆☆

答案：SpringMVC 是 Spring 框架提供的构建 Web 应用程序的全功能 MVC 模块。通过把 Model、View、Controller 分离，将 Web 层进行职责解耦，把复杂的 Web 应用分成逻辑清晰的几部分。它能与 Spring 无缝集成，是以请求为驱动类型的 Web 框架，在使用 Spring 集成开发时，可以选择使用 SpringMVC 框架或集成其他 MVC 框架。

真题 3 Spring MVC 框架有什么优点？

【出现频率】★★★☆☆　【学习难度】★★☆☆☆

答案：SpringMVC 对比其他 MVC 框架的优点在前文已有介绍，下面补充几点。

1）SpringMVC 在设计上有清晰的角色划分：控制器（Controller）、验证器（Validator）、Servlet 分发器（DispatcherServlet）、处理器映射（Handlermapping）、视图解析器（Viewresolver）等。每一个角色都由一个专门的对象来负责。

2）具有强大的扩展性。它的很多组件是可以自行扩展定制的，如消息转换器、视图解析器等。

3）提供了非常灵活的数据验证、格式化和数据绑定机制。

4）对 Restful 风格的支持。

5）它是 Spring 推出的，可与 Spring 无缝集成，这也是与其他 Web 框架相比的一个优势。

真题 4 SpringMVC 的控制器是不是单例模式？　会有什么问题？　如何解决？

【出现频率】★★★☆☆　【学习难度】★☆☆☆☆

答案：SpringMVC 的控制器默认是单例模式，这样可以提高程序的性能。但如果在 Controller 定义了属性，在多线程访问时就会有线程安全问题。定义属性多了，对以后程序的维护也是个负担。解决办法是尽量不要在 Controller 里面定义属性，特殊情况下如果需要定义属性，可以就给类添加注解@Scope（"prototype"），设为原型模式即可。

真题 5 标注 SpringMVC 中的控制器的注解是哪些？ 有何不同？

【出现频率】★★★☆☆ 【学习难度】★★☆☆☆

答案：控制器的注解可用@Controller 和@RestController。两者区别如下。

1）@RestController 注解相当于@ResponseBody 与@Controller 合在一起的作用。如果只是使用@RestController 注解 Controller，则 Controller 中的方法无法返回 JSP 页面或者 HTML，配置的视图解析器 InternalResourceViewResolver 不起作用，返回的内容就是 return 中的内容。

2）如果需要返回到指定页面，则需要用 @Controller 配合视图解析器才行。如果需要返回 JSON、XML 或自定义 MediaType 内容到页面，则需要在对应的方法上添加@ResponseBody 注解。

真题 6 SpringMVC 常用注解有哪些？

【出现频率】★★☆☆☆ 【学习难度】★★☆☆☆

答案：SpringMVC 常用注解见表 3-1。

表 3-1 SpringMVC 常用注解

注 解	注解的作用
@Controller	类注解，表明是控制器类
@RestController	类注解，相当于@Controller 和@ResponseBody 组合使用
@ResponseBody	方法注解，将方法的返回值以特定的格式（一般是 Json 格式）写入 Response 的 body 中
@PathVariable	参数注解，表明从路径获取该参数值
@RequestParam	参数注解，用于将指定的请求参数绑定到控制器的方法中的形参
@RequestMapping	可用于方法或类上，标明 URL 到 Controller 或具体方法的映射
@GetMapping	方法注解，相当于@RequestMapping（method = RequestMethod.GET）
@PostMapping	方法注解，相当于@RequestMapping（method = RequestMethod.POST）
@ControllerAdvice	类注解，表明是对异常进行统一处理的类
@ExceptionHandler	异常处理类的方法注解，表示遇到这个异常就执行以下方法

真题 7 @RequestMapping 注解用在类上面有什么作用？

【出现频率】★★☆☆☆ 【学习难度】★★☆☆☆

答案：该注解用于类上时，表示类中所有方法的响应请求的映射地址都是以该地址作为父路径。

真题 8 如何把某个请求映射到特定的方法上面？

【出现频率】★★★☆☆ 【学习难度】★★☆☆☆

答案：在方法上面添加 @RequestMapping、@ GetMapping、@ PostMapping（当然还有

@PutMapping、@DeleteMapping 等，只不过它们极少被使用）注解中的一个，其中写明映射的路径即可，如@GetMapping（"/getPwd"）。

真题 9 如果只想接收 GET 方式请求，如何配置？

【出现频率】★★★☆☆　【学习难度】★☆☆☆☆

答案：可以在@RequestMapping 注解或@GetMapping 注解中添加 method = RequestMethod. GET 属性。如果要求 POST 方式，则配置成 method = RequestMethod.POST，或使用@PostMapping 注解进行同样的配置。@RequestMapping 不配置 method 属性，则同时支持 POST、GET、PUT、DELETE 等方式。

真题 10 如何处理可以让某个方法请求的参数中始终包含特定字符串如"my=dev"？

【出现频率】★★★☆☆　【学习难度】★☆☆☆☆

答案：可以通过在方法的@RequestMapping 注解中进行参数属性配置来实现，示例如下：

```
@RequestMapping(params="my=dev")
```

真题 11 如何在请求方法中得到从前台传入的参数？

【出现频率】★★★★☆　【学习难度】★★☆☆☆

答案：在方法的形参中声明这个参数即可，只要参数名和传过来的参数名一样即可。另外，可以用@RequestParam 注解来修饰参数，@RequestParam 注解用于将指定的请求参数绑定到控制器方法的形参，是 springMVC 中接收普通参数的注解。其语法为：

```
@RequestParam(value="参数名",required="true/false",defaultValue="")
```

这样就会把请求参数中与 value 名相同的参数绑定到该参数。配置了 value 则以配置的参数值为准，没有配置 value 则默认绑定与实际的参数名一样的请求参数。

真题 12 如果请求传入的很多参数都是一个对象的，如何接收这些参数最好？

【出现频率】★★☆☆☆　【学习难度】★★☆☆☆

答案：直接在请求方法中使用这个对象做参数最好，这样 SpringMVC 就自动会把各参数值赋值给这个对象的属性。

真题 13 SpringMVC 是如何进行重定向和转发的？

【出现频率】★★☆☆☆　【学习难度】★★☆☆☆

答案：1）转发：在返回值前面加"forward："，例如：return "forward：test.do"。

forward 方法只能将请求转发给同一个 Web 应用中的组件，对于 forward 如果传递的 URL 以"/"开头，它是相对于当前 Web 应用程序的根目录。

2）重定向：在返回值前面加"redirect："，例如，return "redirect：/index.do"。

redirect 不仅可以重定向到当前应用程序的其他资源，还可以重定向到同一个站点上的其他应用程序的资源，甚至是使用绝对 URL 重定向到其他站点的资源。对于 sendRedirect，如果传递的 URL 以"/"开头，则是相对于整个 Web 站点的根目录。

真题 14 如何在方法中直接得到 Request 或 Session？

【出现频率】★★★☆☆ 【学习难度】★☆☆☆☆

答案：通过声明相应参数可以直接得到，直接在方法的形参中声明 HttpServletRequest 或 Http-Session 对象参数，SpringMVC 就会自动传入 Request 或者 Session 对象。

真题 15 SpringMVC 是如何处理返回值的？

【出现频率】★★★☆☆ 【学习难度】★☆☆☆☆

答案：SpringMVC 根据配置文件中 InternalResourceViewResolver 的前缀和后缀，用前缀+返回值+后缀组成完整的返回值。

真题 16 注解@RequestBody 与@ResponseBody 有什么不同？

【出现频率】★★★☆☆ 【学习难度】★★☆☆☆

答案：简单来说，@RequestBody 用于绑定请求对象。@ResponseBody 用于解析返回结果。

方法在使用@RequestMapping 注解后，返回值通常解析为跳转路径，添加@ResponseBody 后，返回结果不会被解析为跳转路径，而是通过适当的 HttpMessageConverter 转换为指定格式（如 JSON、XML 等）后，写到 ResponseBody 中，一般在 AJAX 异步获取数据时使用。

@RequestBody 注解是加在 Controller 方法的对象参数前面，用于读取 Request 请求的 body 部分的数据，使用系统配置的 HttpMessageConverter 进行解析，然后把相应的数据绑定到 Controller 方法的对象参数上。@RequestBody 注解可以很方便地接受 JSON 格式或 XML 格式的数据，并将其转换成对应的数据类型。

真题 17 SpringMVC 中把视图和数据组合到一起的组件是什么？

【出现频率】★★☆☆☆ 【学习难度】★★☆☆☆

答案：这个组件是 ModelAndView。有几个重要方法：添加模型数据用 addObject 和 addAllObjects，设置视图使用 setViewName 和 setView。

ModelAndView 对象有两个作用。

1）设置跳转地址，设置方式如 ModelAndView view = new ModelAndView（"path：user"）。或者通过 setViewName 方法设置。

2）将控制器方法中处理的结果数据传递到结果页面。只要把数据放到 ModelAndView 对象中，使用 addObject 和 addAllObjects 方法可添加数据。在 JSP 中便可获取到相应数据，可以通过 el 表达式语言 $attributeName 或者是 C 标签库下的方法来获取并展示 ModelAndView 中的数据。

真题 18 SpringMVC 中 ModelMap 的作用是什么？ **ModelMap、Model 与 ModelAndView**
的区别是什么？

【出现频率】★★★☆☆ 【学习难度】★★☆☆☆

答案：ModelMap 对象的主要作用是在一个请求过程传递处理数据到结果页面。将结果页面上需要的数据放到 ModelMap 对象中即可，ModelMap 通过 addAttribute 方法添加向页面传递的参数。然后在 JSP 页面上可以通过 el 表达式语言 $attributeName 或者是 C 标签库下的方法来获取并展示 ModelMap 中的数据。

Model 是一个接口，其实现类为 ExtendedModelMap，继承了 ModelMap 类，可以用 Model 来接收各种类型的数据。

它们与 ModelAndView 最大不同是 ModelMap 和 Model 只能传递数据，不能设置跳转地址。另一点是 ModelAndView 需要在程序中自行创建。而 ModelMap、Model 的实例都是 SpringMVC 框架自动创建并作为控制器方法参数传入，用户无须自己创建。

真题 19 如何将 ModelMap 中的数据放入 Session 中？
【出现频率】★★☆☆☆　【学习难度】★☆☆☆☆

答案：在 Controller 类上使用注解@SessionAttributes 可以把 ModelMap 中的数据放入 Session 中。例如，类上添加注解@SessionAttributes（"loginName"），会将方法返回的 ModelMap 中 Key 为 "loginName" 的属性放到 Session 属性列表中，这个属性就可以跨请求在 Session 中访问。

真题 20 SpringMVC 如何与 AJAX 交互？
【出现频率】★★★☆☆　【学习难度】★★☆☆☆

答案：如果 Controller 类中都是与 AJAX 交互的方法，在类上添加@RestController 注解，或者在类中与 AJAX 交互的方法上添加@ResponseBody 注解，则方法会将返回的对象直接转换成要求格式的字符串，一般是 JSON 格式或 XML 格式字符串。并将该结果直接写到 ResponseBody 中，前端就能从响应信息中接收到数据信息。

当然首先要引入 Jackson 框架，在依赖中加入 jackson.jar。就可以和 AJAX 交互了。

真题 21 当一个方法向 AJAX 返回特殊对象，如 Object、List 等，需要做什么处理？
【出现频率】★★★☆☆　【学习难度】★☆☆☆☆

答案：在方法上加上@ResponseBody 注解，这样就会将返回的对象解析成相应的 JSON 格式的字符串，并将该结果直接写到 ResponseBody 中，前端就能从响应信息中接收到数据信息。

真题 22 SpringMVC 中拦截器该如何编写？
【出现频率】★★★★☆　【学习难度】★☆☆☆☆

答案：有两种写法，一种是实现接口，另外一种是继承适配器类，然后在 SpringMVC 的配置文件中配置拦截器即可。

```
<! -- 只针对部分请求拦截 -->
<mvc:interceptor>
<mvc:mapping path="/modelMap.do" />
<bean class="com.et.action.MyHandlerInterceptorAdapter" />
</mvc:interceptor>
```

真题 23 SpringMVC 如何解决中文乱码问题？
【出现频率】★★★★☆　【学习难度】★★☆☆☆

答案：在 Web.xml 中配置一个 CharacterEncodingFilter 过滤器，设置成 UTF-8，可解决 POST 请求的中文乱码问题。另外如果是 Tomcat 服务器，在 Tomcat 的 Server.xml 中修改<Connector/>的参数

URIEncoding 与工程编码一致，一般是 UTF-8。这对 POST 与 GET 方式都适用，另外可能对参数用 UTF-8 先编码，后台接收参数再转码。

真题 24 SpringMVC 的异常处理有哪些方式？

【出现频率】★★★★☆ 【学习难度】★★☆☆☆

答案：SpringMVC 可以有三种方式来进行统一异常处理，如下所述。

1）使用 @ExceptionHandler 注解。使用该注解时，进行异常处理的方法必须与出错的方法在同一个 Controller 中，不能全局控制异常。每个类都要编写一遍。不推荐此方法。

2）实现 HandlerExceptionResolver 接口。这种方式可以进行全局的异常控制。

3）使用@ControllerAdvice 和@ExceptionHandler 组合注解。@ControllerAdvice 是 SpringMVC 3.2 开始的新特性，是类注解。@ExceptionHandler 是方法注解，二者结合，可实现全局异常控制。

真题 25 RequestMapping 和 GetMapping 的不同之处在哪里？

【出现频率】★★☆☆☆ 【学习难度】★☆☆☆☆

答案：RequestMapping 具有类属性，可以进行 GET、POST、PUT 或者其他的注解中具有的请求方法。

GetMapping 是请求方法中的一个特例，它只是 ResquestMapping 的一个延伸，表明该方法只支持 GET 请求，相当于@RequestMapping（method = RequestMethod.GET）。

第4章 ORM框架与JDBC

JDBC 在程序开发中占有重要的地位，尤其是以前，应用程序的所有数据都保存在关系型数据库中，而 JDBC 就是 Java 服务端访问数据库的桥梁。通过 JDBC，Java 程序实现与数据库的交互，从而对数据库中数据进行增、删、改、查操作。

而对象关系映射（Object Relational Mapping，ORM）框架通过元数据建立对象与数据库表的映射，实现了以面向对象的方式来操作数据库，它对外提供 API 来访问数据库，向下封装了 JDBC 访问数据库的实现细节。开发者不再需要直接通过 JDBC 来操作访问数据库，对于程序员而言好处良多，把程序员从烦琐的数据库访问细节中解放出来，从而只需要专注于业务逻辑的实现。尤其是在 Spring 框架对 ORM 框架做了整合后，连接数据库的代码和控制事务都由 Spring 统一接管，并且在 ORM 框架的基础做了进一步的封装，极大地提高了开发效率，使代码更为简洁，降低了程序的复杂度，增加了程序的可移植性和可维护性。所以 ORM 框架一经推出，就迅速流行开来，获得了几乎所有程序开发人员的追捧。

服务端代码有了功能明确的分层，正是从 ORM 框架的产生开始的。有了 ORM 框架后，业务逻辑层的代码分为 Service 层、Dao 层、持久化层三层模式，这已成为 Java 服务端程序事实上的开发规范。

ORM 框架，也就是通常所说的持久化框架，就是提供数据进行持久化技术的框架。持久数据就是将数据保存到数据库，数据持久化就是将内存中的数据模型转换为存储模型，以及将存储模型转换为内存中的数据模型的统称；数据模型可以是任何数据结构或对象模型，存储模型可以是关系模型、XML、二进制流等。只不过对象模型和关系模型应用广泛，所以通常认为数据持久化就是对象模型到关系型数据库的转换。

 ## 4.1 JDBC 相关

JDBC 即 Java 数据库连接（Java Database Connectivity），是 Java 语言中用来规范客户端程序如何访问数据库的应用程序接口，提供了诸如查询和更新数据库中数据的方法。通常说的 JDBC 是面向关系型数据库的。JDBC 为程序员指定了一组在编写 SQL 请求时使用的面向对象的类。还有一组附加的类描述了 JDBC 驱动 API。能映射成 Java 数据类型的最普通的 SQL 数据类型都是支持的。主要用途有：与数据库建立连接，发送 SQL 语句，处理返回的结果。JDBC 提供了一种与平台无关的用于执行 SQL 语句的标准 Java API，可以方便实现多种关系型数据库的统一操作。下面来介绍 JDBC 的几个重要的对象。

- DriverManager：驱动管理器，负责加载各种不同驱动程序（Driver），并根据不同的请求，向调用者返回相应的数据库连接（Connection）。

- Driver：驱动程序，会将自身加载到 DriverManager 中去，处理相应的请求并返回相应的数据库连接（Connection）。
- Connection：数据库连接，与数据库间的通信、SQL 执行及事务处理都是在某个特定 Connection 环境中进行的。它可以创建用来执行 SQL 的 Statement。
- Statement：可以执行 SQL 查询和更新（针对静态 SQL 语句和单次执行），提供了执行语句和获取结果的基本方法。
- PreparedStatement：Statement 继承而来，增加了处理 IN 参数的方法，用来执行包含动态参数的 SQL 查询和更新（在服务器端编译，允许重复执行以提高效率）。
- CallableStatement：从 PreparedStatement 继承而来，添加了处理 OUT 参数的方法，用于调用数据库中的存储过程。
- SQLException：代表在数据库连接的建立、关闭及 SQL 语句的执行过程中发生了例外情况（即错误）。
- ResultSet：它的主要功能是用来存储查询语句返回的结果集，注意：它存储的不是结果集内容，所以不会因数据量过大而引发内存溢出。它存储的只是查询数据的部分资料，而具体的数据信息会在调用 next( )时取出来。

真题 1 什么是 JDBC，在什么时候使用它？

【出现频率】★★☆☆☆ 【学习难度】★★☆☆☆

答案：JDBC（Java DataBase Connectivity）即 Java 数据库连接，是一种用 Java 语言编写的 API，用于执行 SQL 语句。JDBC 提供了一系列类和接口，提供了对多种数据库的统一访问，可以遵循它的规范构建更高级的工具和接口，使开发者能方便地以统一的方式访问各种类型的数据库。

在操作关系型数据库时就需要用到 JDBC。JDBC 接口及相关类在 java.sql 包和 javax.sql 包中，其中 java.sql 属于 JavaSE，javax.sql 属于 JavaEE。可以用 JDBC 来连接数据库、执行 SQL 查询、存储过程并处理返回的结果。

JDBC 规范采用接口和实现分离的思想设计了 Java 数据库编程的框架。为了使客户端程序独立于特定的数据库驱动程序，JDBC 规范建议开发者使用基于接口的编程方式，即尽量使应用仅依赖 java.sql 及 javax.sql 中的接口和类。

真题 2 用 JDBC 如何调用存储过程？

【出现频率】★★☆☆☆ 【学习难度】★★★☆☆

答案：这里以 Oracle 存储过程为例，示例代码如下（只是关键代码，而非完整代码）。

1）无返回值存储过程调用。假定有存储过程 proc_adduser，输入参数为 username，无返回值。核心代码如下：

```
CallableStatement cs = connection .prepareCall("{call proc_adduser(?)}"); //调用格式 {call
存储过程名(参数)}
    cs.setObject(1, "liqiang");
    cs.execute();
    cs.close();
    connection .close();
```

2）有返回值存储过程调用。假定有存储过程 proc_addUser，参数为 username，有返回值。核心代码如下：

```
CallableStatement cs = connection .prepareCall("{call proc_adduser(?)}");     //调用格式 {call
存储过程名(参数)}
    cs.setObject(1, "liqiang");
cs.registerOutParameter(2, java.sql.Types.VARCHAR);     //注册返回类型(SQL 类型)
    cs.execute();
    cs.close();
    connection.close();
```

注意：connection 为数据库连接，假定已在应用程序中获取。

真题 3 **JDBC 中的 PreparedStatement 相比 Statement 的优点是什么？**
【出现频率】★★☆☆☆　【学习难度】★★★☆☆

答案：PreparedStatement 和 Statement 都是 JDBC 执行 SQL 语句的 API。一个 SQL 命令发给服务器去执行的步骤为：语法检查、语义分析、编译成内部指令、缓存指令、执行指令等过程。PreparedStatement 相比 Statement 的优点是性能提高，可以防止 SQL 注入，可以写动态参数化的 SQL。

用 PreparedStatement 时，SQL 语句会在数据库系统中预编译。执行计划同样会被缓存起来，它允许数据库做参数化查询。数据库对 SQL 语句的分析、编译、优化已经在第一次查询前完成了，所以性能更好。

真题 4 **Class.forName 的作用是什么？ 为什么用到它？**
【出现频率】★★★☆☆　【学习难度】★★★☆☆

答案：Class.forName 的作用是按参数中的字符串形式的类名去搜索并加载相应的类，如果该类字节码已经被加载过，则返回它的 Class 实例对象，否则，按类加载器的委托机制去搜索和加载该类，如果所有的类加载器都无法加载到该类，则抛出 ClassNotFoundException。加载完这个 Class 字节码后，接着就可以使用 Class 字节码的 newInstance 方法去创建该类的实例对象了。

Class.forName 的好处是可以动态加载需要的类而不用修改程序。如果我们程序中所有使用的具体类名在开发时无法确定，只有到运行时才能确定，这时可以将这个类名配置在配置文件中，用 Class.forName 去动态加载该类即可。其实，Spring 的 IoC 容器中每次依赖注入的具体类就是这样配置的，JDBC 的驱动类名通常也是通过配置文件来配置的，这样就可以实现在产品交付使用后不用修改源程序就可以更换驱动类名。

真题 5 **JDBC 编程有哪些步骤？**
【出现频率】★★★☆☆　【学习难度】★★☆☆☆

答案：使用 JDBC 访问关系型数据库，有以下几个步骤。

1）注册驱动（Class.forName）。

2）建立并获取数据库连接（DriverManager.getConnection()）。

3）通过连接获得执行者对象（Statement 或 PrepareStatement）。

4）设置 SQL 语句的传入参数，执行 SQL 操作，获得结果集（excuseUpdate 或者 excuseQuery 方法后获取 ResultSet 结果集）。

5）对结果集进行业务处理并返回。

6）释放资源（依次关闭各对象 ResultSet、Statement、Connection），先建立的后关闭。

真题 6 常用的 JDBC 组件有哪些？

【出现频率】★★★☆☆ 【学习难度】★★★☆☆

答案：常用的有如下组件。

1）DriverManager：管理数据库驱动程序。使用通信子协议将来自 Java 应用程序的连接请求与适当的数据库驱动程序进行匹配。在 JDBC 下识别某个子协议的第一个驱动程序将用于建立数据库连接。

2）Driver：数据库驱动。此接口处理与数据库服务器的通信。程序一般不直接与 Driver 对象交互，是通过 DriverManager 对象来管理 Driver 及相关信息。

3）Connection：数据库连接。此接口具有用于联系数据库的所有方法，与数据库的所有通信只能通过该连接对象。

4）Statement（包括 PreparedStatement、CallableStatement）：执行 SQL 的组件。它们负责将 SQL 语句提交到数据库，并返回结果集。

5）ResultSet：结果集。在使用 Statement 对象执行 SQL 后，这些对象保存从数据库检索的数据。它作为一个迭代器并可移动 ResultSet 对象查询的数据。

6）SQLException：此类处理数据库应用程序中发生的任何错误。

真题 7 JDBC 中的 Statement、PreparedStatement 和 CallableStatement 有何区别？

【出现频率】★★★☆☆ 【学习难度】★★☆☆☆

答案：三者都是 JDBC 执行 SQL 语句的 API，都是接口。

Statement 继承 Wrapper，提供了执行 SQL 语句和获取结果的基本方法；Statement 每次执行 SQL 语句，数据库都要执行 SQL 语句的编译，如果用于仅执行一次查询并返回结果的情形，效率高于 PreparedStatement。

PreparedStatement 继承了 Statement，增加了设置 IN 参数的方法；支持预编译、参数化查询，编译一次、执行多次，效率高，安全性好，有效防止 SQL 注入等问题，支持批量更新、批量删除。

CallableStatement 继承了 PreparedStatement。增加了设置和返回 OUT 参数的方法，支持调用存储过程，提供了对输入、输出参数的支持。

真题 8 execute、executeQuery 和 executeUpdate 这三个方法有何区别？

【出现频率】★★☆☆☆ 【学习难度】★★☆☆☆

答案：这三个方法的区别在于它们的用法与返回值不同，下面简单介绍。

1）方法 execute 可执行任何 SQL 语句，返回一个 boolean 值，表明执行该 SQL 语句是否返回了 ResultSet。如果为 true，则表示执行后第一个结果是 ResultSet，否则返回值为 false。在不明确 SQL 语句要做什么操作的情况下，可采用该方法。一般不建议用此方法。

2）方法 executeQuery 只能用于执行查询语句，产生单个结果集（ResultSet）。

3）方法 executeUpdate 可执行 insert、update 或 delete 语句，以及 DDL（数据定义语言）语句，

如 create table 和 drop table 等。执行 insert、update 或 delete 语句，该方法的返回值是一个 int，表明受影响的行数。对于 DDL 等不操作数据行的语句，该方法的返回值为零。

真题 9 PreparedStatement 的缺点是什么？ 怎么解决这个问题？

【出现频率】★★☆☆☆　【学习难度】★★☆☆☆

答案：PreparedStatement 的缺点是对 SQL 语句的第一次执行很消耗性能，因为它在第一次执行时都要去预编译，制定执行计划，而这是很消耗性能的。所以对于只执行一次的语句，要使用 Statement。PreparedStatement 的性能体现在对相似 SQL 语句的后续重复执行上。

真题 10 JDBC 是如何操作事务的？

【出现频率】★★☆☆☆　【学习难度】★★☆☆☆

答案：JDBC 通过 Connection 组件提供了事务处理的相关方法。默认为自动提交事务，通过调用 Connection 组件的 setAutoCommit（false）方法可以设置事务手动提交，当事务完成后用 commit() 显式提交事务。如果在事务处理过程中发生异常则通过 rollback() 进行事务回滚。从 JDBC3.0 开始还引入了 Savepoint（保存点）的概念，允许通过代码设置保存点并让事务回滚到指定的保存点。

真题 11 JDBC 的 ResultSet 有哪几种类型？

【出现频率】★★☆☆☆　【学习难度】★★★☆☆

答案：有以下四种类型。

1）普通 ResultSet：它只是完成了查询结果的存储功能，只能用 next() 方法逐个读取，也只能读取一次，不能来回滚动读取数据。

2）可滚动的 ResultSet：这种类型支持前后滚动读取结果集记录。可使用的滚动读取的相关方法有 next()、previous()、first()、绝对定位的 absolute（int n）、相对移动的 relative（int n）等。

3）可更新的 ResultSet：这种类型的 ResultSet 可以完成对数据库中表数据的修改，它有点象数据库的视图，并不是所有设置成可更新 ResultSet 就能更新数据库中的数据，它的 SQL 语句必须具备三个条件：第一是只引用了单个表。第二是不含有 join 或者 Group by 子句。第三是那些列中要包含主关键字。

4）可保持的 ResultSet：通常如果执行完一个查询，又去执行另一个查询时，前一个查询的结果集就会被关闭。可保持性就是指当 ResultSet 被提交时，可选择是被关闭还是不被关闭。这是 JDBC3.0 开始才提供的新特性。

真题 12 JDBC 中的 CLOB 和 BLOB 数据类型分别代表什么？

答案：BLOB 和 CLOB 都是大字段类型，BLOB 是以二进制来存储的，CLOB 可以直接存储文字。

真题 13 java.util.Date 和 java.sql.Date 有什么区别？

【出现频率】★☆☆☆☆　【学习难度】★★☆☆☆

答案：java.sql.Date 是 java.util.Date 的子类。java.util.Date 类型写到数据库后存储的值可以到

秒，java.sql.Date 类型的写入后只能到日期。

java.util.Date 可以通过和 Calendar 类结合使用，操作日期和时间（时分秒）。

java.sql.Date 可以通过和 Calendar 类结合使用，操作日期，但不能操作时间（时分秒），因为里面的方法很多都废弃了。

真题 14 **什么是 RowSet？ 有哪些不同的 RowSet？**
【出现频率】★★☆☆☆ 【学习难度】★★☆☆☆

答案：RowSet 扩展了 ResultSet 接口，功能更强大，可以将 ResultSet 的结果集封装成 RowSet 对象，存储在内存中进行离线数据操作，而 Connection 则可以断开。直到数据操作完成之后，重新再连接数据库，进行数据同步即可。RowSet 对表数据的遍历更加灵活，可前后滚动，支持新的连接方式，不需要 Connection 即可连接数据库，还支持读取 XML 数据源。RowSet 支持 filter（过滤数据），也支持表的 join 操作。

RowSet 有五种不同类型：CachedRowSet、FilteredRowSet、JdbcRowSet、JoinRowSet、WebRowSet。

真题 15 **JDBC 的最佳实践有哪些？**
【出现频率】★★★☆☆ 【学习难度】★★★★☆

答案：个人总结了如下经验，以供大家参考。

1）使用完 Connection、Statement、ResultSet 等 JDBC 对象应该尽快关闭或释放回连接池。

2）要在 finally 块中关闭资源，保证任何情况下都能正常关闭资源。

3）能批处理的操作不要单个执行。

4）尽量使用 PreparedStatement 而不是 Statement，但对只执行一次的操作，应当使用 Statement。

5）大量提取数据到 ResultSet 时，需要合理设置 fetchSize 以达到最优性能。

6）合理设置数据库隔离级别，因为隔离级别越高，数据库访问性能越差。

7）尽量使用数据库连接池来建立和管理连接。

8）如果需要长时间对 ResultSet 进行操作，那么尽量使用离线的 RowSet。

真题 16 **在 Java 中如何创建一个 JDBC 数据库连接？**
【出现频率】★★☆☆☆ 【学习难度】★★☆☆☆

答案：创建连接，首先要注册目标数据库的驱动（Class.forName），然后通过 DriverManager 来创建并管理连接。DriverManager 类是 JDBC 的管理类，该类负责加载、注册 JDBC 驱动程序，创建和管理数据库连接。获取连接方法：DriverManager. getConnection（String URL，String user，String password），有三个参数，后面是数据库的用户名和密码，URL 是数据库连接字符串。

真题 17 **什么是 JDBC 的数据库连接字符串？**
【出现频率】★★☆☆☆ 【学习难度】★★☆☆☆

答案：数据库连接字符串提供了一种标识数据库位置的方法，可以使相应的驱动程序能够识别该数据库并与它建立连接。格式一般如 jdbc：mysql：//serverName：port/instance。第二部分 MySQL 是子协议，子协议名一般就是目标数据库的类型名，如 MySQL 数据库就是 "mysql"，Oracle 数据库就是 "oracle"。//serverName：port/instance 是第三部分，因子协议不同可能有所不同。

真题 18 在 **Java** 开发中如何获取数据库的元信息?

【出现频率】★★☆☆☆　【学习难度】★★☆☆☆

　　答案:数据库连接的 getMetaData( ) 方法可以取得数据库的元信息对象 DatabaseMetaData,DatabaseMetaData 中有很多方法,通过它们可以获取到数据库的产品名称、版本号、配置信息等。

真题 19 **PreparedStatement** 中如何传入为 **null** 值的参数?

【出现频率】★★☆☆☆　【学习难度】★★☆☆☆

　　答案:PreparedStatement 提供有 setNull 方法来把 null 赋值给指定的参数。setNull 方法有两个参数,第 1 个参数是设置该参数的索引,第 2 个参数设置该参数对应的 SQL 字段类型,用法如下:

```
preparedStatement.setNull(2, java.sql.Types.DOUBLE)
```

　　事实上 PreparedStatement 提供了为各种数据类型传参的方法。

真题 20 **Statement** 中的 **getGeneratedKeys** 方法有何作用?

【出现频率】★★☆☆☆　【学习难度】★★☆☆☆

　　答案:获取自动生成的主键并创建此 Statement 对象执行的结果。如果没有指定的列自动生成的键,JDBC 驱动程序实现将确定最能代表自动生成的主键列。如果此 Statement 对象没有产生任何键,则返回空的 ResultSet 对象。如果创建了自动生成的键值,则会返回一个包含了自动生成键值的 ResultSet 对象。

真题 21 **Statement** 中的 **setFetchSize** 和 **setMaxRows** 方法有什么用处?

【出现频率】★★☆☆☆　【学习难度】★★☆☆☆

　　答案:这两个方法主要用在提取大数据集时,如果一次提取的数据量过大,可能导致异常 java.lang.OutOfMemoryError。setMaxRows 是设置一次能提取最大的数据量,setFetchSize 是设置分批次提取数据量。

真题 22 什么是 **JDBC** 的批处理? 有什么好处?

【出现频率】★★★☆☆　【学习难度】★★☆☆☆

　　答案:批处理就是对数据的批量操作,或者说一次执行多条 SQL 语句,这样做的好处就是提高了执行效率。想要执行效率更高,应该使用 PrepareStatemnt 执行 SQL 语句。

4.2　Hibernate 与 JPA

　　Hibernate 是一个功能强大、优秀的开源 ORM 框架,它对 JDBC 进行了非常轻量级的封装,将 POJO 与数据库表建立映射关系,Hibernate 可以依据定义好的 POJO 到数据库表的映射关系和定制好的各种逻辑,自动生成 SQL 语句并自动执行。与 Spring 进行整合后,它的使用更为简单,代码也更为简洁。Hibernate 具有很好的可移植性,有一个最大的优点是跨数据库,即支持多数据库。Hibernate 诞生于 2001 年,于 2004 年开始进入 Java 开发社区。

　　Hibernate 是如此优秀,下面简单介绍一下它的工作原理,如图 4-1 所示。

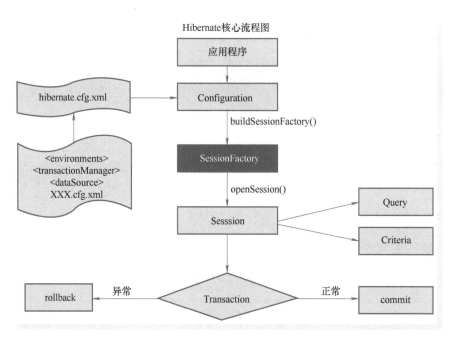

● 图 4-1　Hibernate 工作原理

从图 4-1 可以看到 Hibernate 的六大核心接口，两类主要配置文件，以及它们的关系。下面进行简单的说明。

1）应用程序启动时，通过 Configuration config = new Configuration( ).configure( ) 进行 Hibernate 初始化，读取并解析 hibernate.cfg.xml 配置文件。

2）通过解析 hibernate.cfg.xml 读取并加载映射信息。

3）通过 Configuration 对象的 buildSessionFactory( ) 方法创建 Hibernate 全局唯一的 SessionFactory。

4）应用程序进行一次数据库操作时，通过 SessionFactory 的 openSession( ) 方法打开 Sesssion。

5）通过 Transaction 的 beginTransaction( ) 方法创建并启动事务。

6）进行增、删、改、查操作，并返回结果信息。

7）操作完成时，调用 Transaction 的 commit( ) 方法提交事务。

8）当前会话结束时关闭 Session。

9）全局退出时关闭 SesstionFactory。

下面来介绍 JPA 和 Hibernate 的相关知识。

真题 1 **什么是 JPA？ JPA 和 Hibernate 的联系与区别是什么？**

【出现频率】★★★★☆ 【学习难度】★★★☆☆

答案：JPA（Java Persistence API）是 EJB3 规范的一部分（也是 JSR-220 实现的一部分），是 JCP 组织发布的 Java EE 标准之一，是 JavaEE5 中负责对象持久化的应用程序编程接口（ORM 接口）。JPA 的宗旨是为 POJO 提供持久化标准规范，只是定义了一些 API，但没提供具体实现，它的作用是使得应用程序以统一的方式访问持久层，保证了基于 JPA 开发的企业应用能够经过少量的修改，就能够在不同的 JPA 框架下运行。JPA 框架中支持大数据集、事务、并发等容器级事务，这使得 JPA 超越了简单持久化框架的局限，在企业应用发挥更大的作用。

JPA 定义一系列的注解。这些注解大体可分为：类级别注解、方法级别注解、字段级别注解。给实体类添加适当的注解可以在程序运行时告诉 Hibernate（或其他实现 JPA 的框架）如何将一个实体类保存到数据库中，以及如何将数据以对象的形式从数据库中读取出来。

Hibernate 是当今流行的 ORM 框架，从 3.2 版本开始，Hibernate 兼容 JPA，可以说它是 JPA 的一个实现，但是其功能是 JPA 的超集。

Hibernate 主要通过三个组件来实现 JPA 的，三个组件为 Hibernate-annotation、Hibernate-entity-manager 和 Hibernate-core。

- Hibernate-annotation 是 Hibernate 支持 annotation 方式配置的基础，它包括了标准的 JPA anno-tation，以及 Hibernate 自身特殊功能的 annotation。
- Hibernate-core 是 Hibernate 的核心实现，提供了 Hibernate 所有的核心功能。
- Hibernate-entitymanager 实现了标准的 JPA，可以把它理解为 Hibernate-core 和 JPA 之间的适配器，它并不直接提供 ORM 的功能，而是对 Hibernate-core 进行封装，使得 Hibernate 符合 JPA 的规范。

只要熟悉 Hibernate，使用 JPA 时会非常容易上手。例如，实体对象的状态，在 Hibernate 有临时、持久、游离三种，JPA 中有 New、Managed、Detached、Removed 等，这些状态都是对应的。再如，flush 方法也是对应的，而其他的 Query query = manager.createQuery（sql），它在 Hibernate 中的写法是 Session，而在 JPA 中变成了 Manager，所以从 Hibernate 到 JPA 是非常容易的。

真题 2 什么是 ORM？
【出现频率】★★★★☆ 【学习难度】★★★☆☆

答案：ORM（Object Relation Mapping）是对象关系映射，ORM 框架以中间件的形式存在，在关系型数据库的表与 POJO 对象之间建立映射关系。建立映射关系可通过 XML 配置或者注解配置来实现。ORM 框架能像操作对象一样来操作一个表，对内封装了访问数据库的实现细节，对外提供访问数据库的标准 API。简化了对数据库的访问，提高了开发效率，大大增强了代码的可移植性与可维护性。

真题 3 JPA 由哪些技术组成？
【出现频率】★★☆☆☆ 【学习难度】★★★☆☆

答案：JPA 包括以下几方面的技术。

1）ORM 映射元数据：JPA 支持 XML 和 JDK5.0 注解（注解在 javax.persistence 包下）两种元数据的形式，元数据描述对象和表之间的映射关系，框架据此将实体对象持久化到数据库表中。

2）API：用来操作实体对象，执行 CRUD 操作，框架在后台代替我们完成所有的事情，开发者从烦琐的 JDBC 和 SQL 代码中解脱出来。

3）查询语言：这是持久化操作中很重要的一个方面，通过面向对象而非面向数据库的查询语言查询数据，避免程序的 SQL 语句紧密耦合。JPA 定义了专有的查询语言 JPQL（Java Persistence Query Language），即 Java 持久化查询语言，与 Hibernate 的 HQL 相似。

真题 4 Hibernate 的延迟加载机制是什么？

【出现频率】★★☆☆☆ 【学习难度】★★☆☆☆

答案：Hibernate 设置延迟加载后，返回的对象（要延迟加载的对象）是一个动态代理对象，该对象没有真实对象的数据，只有真正需要用到对象数据（调用 getter 等方法时）时，才会触发 Hibernate 去数据库查取对应数据，查到的数据不存储在代理对象中，这些数据在调试窗口不能查看。它的好处是减少不必要的查询，不好之处是需要保持连接，占用资源。

真题 5 Hibernate 的 LOAD 和 GET 方法有何区别？

【出现频率】★★☆☆☆ 【学习难度】★★☆☆☆

答案：都是用来获取对象，get( )方法是立即获取，先到缓存（Session 缓存/二级缓存）中去查找，如果没有就到数据库去查找，如果查不到数据则返回 null，查找到则直接返回实体对象。

load( )方法是先到缓存中查找，如果没有返回一个代理对象，到这个代理对象被调用时，才到数据库中查询，如果数据不存在，则抛出异常 ObjectNotFoundException。

真题 6 Hibernate 有哪些核心接口？

【出现频率】★★★☆☆ 【学习难度】★★☆☆☆

答案：Hibernate 提供了 6 个（也有的说 5 个，Query、Criteria 算成同一个）核心接口，下面分别介绍。

1）Configuration 接口：配置并启动 Hibernate。Hibernate 应用通过 Configuration 执行关系-映射文件的位置或者动态配置 Hibernate 属性，最后创建 SessionFactory 实例对象。

2）SessionFactory 接口：初始化 Hibernate，一个 SessionFactory 对应一个实例数据源，创建 Session 接口对象。

3）Session 接口：负责数据的保存、更新、删除、加载和查询对象。

4）Transaction 接口：负责 Hibernate 事务的管理。

5）Query、Criteria：负责数据查询的接口。Query 封装 HQL（Hibernate Query Language）查询语句，Criteria 封装基于字符串形式的查询语句。

真题 7 Hibernate 常用优化策略有哪些？

【出现频率】★★★☆☆ 【学习难度】★★★☆☆

答案：下面从个人的经验中谈谈 Hibernate 的优化策略。

1）对于一级缓存，连续的大批量数据操作需要考虑内存占用问题。

2）开启二级缓存，并选择适合的数据进行二级缓存，一般是字典表数据、只读数据、很少被修改、很少被并发访问的数据。

3）为提高效率节省不必要的查询可以合理选择延迟加载，但建议尽量避免在前端页面进行延迟加载。

4）关联查询在获取关联对象时，根据业务需要设置合适的抓取策略。但记住，如果使用了连接抓取，延迟加载就失去作用。

5）根据实际情况，设定合理的批处理参数，批处理参数不是固定不变的，因数据大小、字段、数据库等的不同而可能不同，应当通过实际测试来确认。

6）如果可以，选用基于版本号的乐观锁替代悲观锁。

7）在开发及测试环境，应当开启 hibernate.show_sql 选项查看生成的 SQL，便于调优及 Bug 处理。

真题 8 JPA 的基本注解有哪些？ 关联类映射注解有哪些？

【出现频率】★★★★☆ 【学习难度】★★★★☆

答案：JPA 的注解都在 javax.persistence 包下，它的基本注解有以下 8 个。

1）@Entity 是类注解，表明该 Java 类为实体类，将映射到指定的数据库表。

2）@Table 类注解，当实体类与其映射的数据库表名不同名时需要使用@Table 注解来说明，常用选项是 name，用于指明数据库的表名如：@Table（name＝"T_USER"）。

3）@Id 注解用于声明一个实体类的属性映射为数据库的主键列，@Id 也可置于属性的 getter 方法上。

4）@GeneratedValue 注解用于标注主键的生成策略，通过 strategy 属性指定。

5）@Basic 注解表示一个简单的属性字段到数据库表字段的映射，对于没有任何标注的 getter 方法，默认即为@Basic，fetch 属性是表明该字段的读取策略，有 EAGER 和 LAZY 两种，默认为 EAGER。optional 属性表明该字段是否允许为 null，默认为 true。

6）@Column 当实体的属性与其映射的数据库表的列不同名时需要使用@Column 标注说明。

7）@Transient 字段注解，表示该属性不是一个到数据库表字段的映射，ORM 框架将忽略该属性。

8）@Temporal 是字段注解，可用来定义 Date 类型字段的精度。

JPA 的关联类映射注解有以下 5 个。

1）@ManyToOne 注解表示一个多对一的映射，该注解标注的属性通常是数据库表的外键。

2）@JoinColumn 注解和@Column 类似，但是它描述的不是一个简单字段，而是一个关联字段，如描述一个@ManyToOne 的字段。

3）@OneToMany 描述一个一对多的关联，该属性应该为集体类型，在数据库中并没有实际字段。

4）@OneToOne 描述一个一对一的关联。

5）@ManyToMany 描述一个多对多的关联，多对多关联上是两个一对多关联，但是在 ManyToMany 描述中，中间表是由 ORM 框架自动处理。

关联类映射注解中有一些常见属性，这里也简单介绍一下。

1）fetch 表示抓取策略，抓取策略有两种：FetchType.LAZY（延迟加载）和 FetchType.EAGER（立即加载）。

2）targetEntity 表示该属性关联的实体类型，该属性通常不必指定，ORM 框架根据属性类型自动判断 targetEntity。

3）cascade 表示级联操作策略，对于 OneToMany、OneToOne 类型的关联非常重要，级联操作策略可根据需要选取，需要时也可组合选取，有如下几种策略。

- CascadeType.ALL：包含所有级联操作。
- CascadeType.PERSIST：级联持久化（保存）操作。
- CascadeType.DETACH：级联脱管（游离）操作。
- CascadeType.MERGE：级联更新（合并）操作。
- CascadeType.REFRESH：级联刷新操作。
- CascadeType.REMOVE：级联删除操作。

4）optional 表示是否允许该字段为 null，该属性应该根据数据库表的外键约束来确定，默认为 true。

5）mappedBy 表示@ManyToMany 关联的另一个实体类的对应集合属性名称。

真题 9 **JPA 的主键生成策略有哪些？**

【出现频率】★★★★☆ 【学习难度】★★★★☆

答案：JPA 的@GeneratedValue 注解用于主键字段来标注主键生成策略，它有两个属性，分别是 strategy 和 generator。具体策略通过 strategy 属性指定，JPA 默认会自动选择一个最适合底层数据库的主键生成策略：SQLServer 采用 identity，MySQL 采用 auto increment。在 javax.persistence.GenerationType 中定义了以下四种可供选择的策略。

- identity 策略：采用数据库 ID 自增长的方式来自增主键字段，Oracle 不支持该方式。
- auto 策略：这是默认策略，表明由 JPA 自动选择合适的主键策略。
- sequence 策略：表明通过序列产生主键，通过@SequenceGenerator 注解指定序列名，MySQL 不支持这种方式。
- table 策略：表明通过表产生主键，框架借由表模拟序列产生主键，使用该策略可以使应用更易于数据库移植。

如果使用 Hibernate 对 JPA 的实现，可以使用 Hibernate 对主键生成策略的扩展，通过 Hibernate 的@GenericGenerator 实现。

generator 属性默认为空字符串，它定义了主键生成器的名称，对应的生成器有两个：对应于同名的主键生成器@SequenceGenerator 和@TableGenerator。就是说当 strategy 属性为 GenerationType.TABLE 时，会从@TableGenerator 注解所指定生成主键的表来生成主键，如果没指定，也会默认生成一个表，表中的列名也是自动生成。类似的理由，当 strategy 属性为 GenerationType.SEQUENCE 时，会从@SequenceGenerator 注解所指定生成主键的序列来生成主键，如果没指定，也会自动生成一个序列 SEQ_GEN_SEQUENCE。

真题 10 **Hibernate 有哪三种实体状态？三种状态是如何转换的？**

【出现频率】★★☆☆☆ 【学习难度】★★★☆☆

答案：Hibernate 实体有三种状态：临时态（Transiant）、持久态（Persistent）和游离态（Detached）。

1）临时状态（Transiant）。

临时状态的特征如下。

- 不处于 Session 缓存中。

- 数据库中没有对象记录，没有 ID 值。

实体如何进入临时状态。

- 通过 new 语句刚创建一个对象时可进入临时状态。
- 当调用 Session 的 delete( )方法从 Session 缓存中删除一个对象时可进入临时状态。

2）持久化状态（Persisted）。

持久化状态的特征如下。

- 处于 Session 缓存中。
- 持久化状态时对象在数据库中可能存有对象记录。
- Session 在特定时刻会保持二者同步。

实体如何进入持久化状态。

- Session 的 save( )把临时状态转为持久化状态。
- Session 的 load( )、get( )方法返回的对象进入持久化状态。
- Session 的 find( )返回的 list 集合中存放的对象是持久化状态。
- Session 的 update( )、saveOrupdate( )使实体对象从游离状态转化为持久状态。

3）游离状态（Detached）。

游离状态的特征如下。

- 不再位于 Session 缓存中。
- 游离对象由持久化状态转变而来，数据库中可能还有对应记录。

实体如何从持久化状态进入游离状态。

- Session 执行 close( )方法后，实体对象从持久化状态变成游离状态?

Session 的 evict( )方法，从缓存中删除一个对象。可提高性能，但应当少用。

真题 11 什么是 JPA 的二级缓存？

【出现频率】★★★☆☆ 【学习难度】★★☆☆☆

答案： JPA2.0 增加了对二级缓存的支持，二级缓存是全局缓存，需要显式配置。如果二级缓存激活，JPA 会先从一级缓存寻找实体，未找到再从二级缓存中寻找，当二级缓存有效时，就不能依靠事务来保护并发的数据，而是依靠锁策略，如在确认修改后，需要手工处理乐观锁失败等。可以在 EntityManagerFactory 中使用 JPA2.0 提供的新 API。

二级缓存适用于经常被读但很少被修改或不修改的数据，使用二级缓存能提高性能，但使用二级缓存也可能会导致提取到"陈旧"数据，也会出现并发写的问题。

同时需要注意的是，二级缓存只能缓存通过 EntityManager 的 find 或 getReference 查询到的实体，以及通过实体的 getter 方法获取到的关联实体；而通过 JPQL 查询获得的数据缓存需要配置。

真题 12 什么是 JPQL？

【出现频率】★★★☆☆ 【学习难度】★☆☆☆☆

答案： JPQL 即 Java 持久化查询语言（Java Persistence Query Language），它是一种和 SQL 非常类似的中性和对象化查询语言，它最终会被解析成针对不同底层数据库的 SQL 语句来执行，从而屏蔽数据库的差异，具有良好的跨数据库的可移植性。JPQL 语言的语句可以是 select 语句、update 语句或 delete 语句，它们都通过 Query 接口封装执行。

真题 13 什么是 HQL 语言？

【出现频率】★★★☆☆ 【学习难度】★☆☆☆☆

答案：HQL 即 Hibernate 查询语言（Hibernate Query Language），是一种面向对象的查询语言，类似于 SQL，但不对表和列进行操作，而是面向对象和它们的属性。在执行时，HQL 被 Hibernate 解析成底层数据库的 SQL 语句。与 JPQL 一样，都是独立于数据库的。

真题 14 JPA 有哪些映射关联关系？

【出现频率】★★★☆☆ 【学习难度】★★☆☆☆

答案：1）双向一对多及多对一映射：双向一对多关系中，必须存在一个关系维护端，在 JPA 规范中，要求 many 的一方作为关系的维护端（owner side），one 的一方作为被维护端（inverse side）。可以在 one 方指定@OneToMany 注释并设置 mappedBy 属性，以指定它是这一关联中的被维护端，many 为维护端。在 many 方指定 @ManyToOne 注释，并使用@JoinColumn 指定外键名称。

2）双向一对一映射关系：需要在关系被维护端（inverse side）中的 @OneToOne 注释中指定 mappedBy，以指定是这一关联中的被维护端。同时需要在关系维护端（owner side）建立外键列指向关系被维护端的主键列。

3）双向多对多关联关系：这时必须指定一个关系维护端（owner side），可以通过@ManyToMany 注释中指定 mappedBy 属性来标识其为关系维护端。

真题 15 JPA 如何进行事务管理？

【出现频率】★★★☆☆ 【学习难度】★★☆☆☆

答案：JPA 及其实现（如 Hibernate）都不提供声明式事务管理，事务管理只能以编程式实现，EntityManager 为 JPA 提供事务管理的接口。在 Spring 环境中使用 JPA 就可以使用 Spring 提供的声明式事务管理，在类或方法上添加 Spring 的事务注解@Transactional 就能轻松管理事务了。

真题 16 Spring 框架如何整合 JPA？

【出现频率】★★★☆☆ 【学习难度】★★☆☆☆

答案：Spring 框架整合 JPA，首先要引入 JPA 实现的相关依赖，以 Hibernate 为例，要引入 Hibernate的主体依赖 hibernate-core 和 hibernate--entitymanager 这两个 jar 包。

然后配置实体管理器工厂，基于 JPA 的应用程序需要使用 EntityManagerFactory 的实现来获取 EntityManager 实例，再配置 JPA 的实体适配器（Hibernate 采用 HibernateJpaVendorAdapter 来设定 dialect）配置好数据源。然后配置好 JPA 使用的事务管理器（用 JpaTransactionManager 便可）。或用注解@EnableTransactionManagement 来开启 Spring 的事务管理。

配置好之后，通过 JPA 的注解建立持久化实体对象，在 Dao 中通过注入 EntityManager 对象（要用@PersistenceContext 注解来标记该成员变量）就可通过 EntityManager 来进行数据库操作了。

注意，Spring 在 3.1 之后开始完全支持 JPA2 标准，不再建议使用之前的 JpaDaoSupport 和 JpaTemplate来访问数据库了。

真题 17 MyBatis 与 Hibernate 有什么不同？

【出现频率】★★★★★　【学习难度】★★★☆☆

答案：Hibernate 是一个完全封装的 ORM 框架。使用者可以不用写一行 SQL 语句，通过操作实体对象，就可实现对数据库的操作，它的数据库无关性很好，可移植性也更强一些。它自动生成 SQL，所以性能上会低一点。由于封装性好，有时也会多出一些冗余查询操作。

MyBatis 是个半封装的 ORM 框架，MyBatis 需要程序员自己编写 SQL 语句。MyBatis 可以通过 XML 或注解方式灵活配置要运行的 SQL 语句，并将 Java 对象和 SQL 语句映射生成最终执行的 SQL，最后将 SQL 执行的结果再映射生成 Java 对象。数据库移植性差一些，不同的数据库要写不同的 SQL。但是相对来说，效率也要高些。

 4.3　MyBatis

MyBatis 也是一个优秀的 ORM 框架，拥有非常多的用户群体。与 Hibernate 不同，MyBatis 是一个半透明的持久化框架，因为它需要开发者自己定制 SQL，它支持定制化 SQL、存储过程及高级映射。MyBatis 避免了几乎所有的 JDBC 代码、手动设置参数及获取结果集。MyBatis 可以使用简单的 XML 或注解来配置和映射原生信息，将 POJO 对象映射成数据库中的记录。MyBatis 动态 SQL 语句功能是它最显著的优点之一，也是它最强大的特性之一。

和 Hibernate 一样，MyBatis 的底层实现原理也是反射机制，通过反射机制进行 Java 类与数据库表字段映射，实现 Java 类与 SQL 语句之间的相互转换。

下面简单介绍 MyBatis 的一些主要对象。

1）Configuration：MyBatis 所有的配置信息都保存在 Configuration 对象之中，配置文件的大部分配置都会存储到该类中。

2）SqlSessionFactor：是 MyBatis 的核心类，每一个 MyBatis 应用都以一个 SqlSessionFactory 实例为核心，同时 SqlSessionFactory 也是线程安全的，是单例模式。主要功能是提供用于操作数据库的 SqlSession。SqlSessionFactory 实例可以通过 SqlSessionFactoryBuilder 获得。SqlSessionFactoryBuilder 可以从一个 XML 配置文件（mybatis-config.xml 文件）或从已定制好的 Configuration 实例中构建出 SqlSessionFactory。

3）SqlSession：作为 MyBatis 工作的主要顶层 API，表示和数据库交互时的会话，完成对数据库的增、删、改、查功能。SqlSession 的实例从 SqlSessionFactory 中获取，它是应用程序与持久层之间执行交互操作的一个单线程对象。SqlSession 是一个接口，默认实现是 DefaultSqlSession，SqlSession 对象包含全部的以数据库为背景的 SQL 操作方法（如 select、selectOne、selectList、insert、update、delete、commit、rollback 等），底层封装 JDBC 连接，可以用 SqlSession 实例来直接执行被映射的 SQL 语句。SqlSession 还有一个 getMapper 方法，用于获取 Mapper 接口的代理实现，在 MyBatis 中建议使用 Mapper 接口操作数据库，Mapper 是通过 JDK 动态代理实现的，在 MapperProxyFactory 中创建 MapperProxy 并进行接口代理封装。对 Mapper 接口的调用实际上是由 MapperProxy 实现的。

4）Executor：MyBatis 执行器，是 MyBatis 调度的核心，负责 SQL 语句的生成和查询缓存的维护。

5）StatementHandler：封装了 JDBC Statement 操作，负责对 JDBC Statement 的操作，如设置参数等。

6）ParameterHandler：负责对用户传递的参数转换成 JDBC Statement 所对应的数据类型。

7）ResultSetHandler：负责将 JDBC 返回的 ResultSet 结果集对象转换成 List 类型的集合。

8）TypeHandler：负责 Java 数据类型和 JDBC 数据类型（也可以说是数据表列类型）之间的映射和转换。

9）MappedStatement：负责维护<select｜update｜delete｜insert>各节点的封装。

10）SqlSource：负责根据用户传递的 parameterObject，动态地生成 SQL 语句，将信息封装到 BoundSql 对象中，并返回。

11）BoundSql：表示动态生成的 SQL 语句，以及相应的参数信息。

MyBatis 的工作原理图如图 4-2 所示。

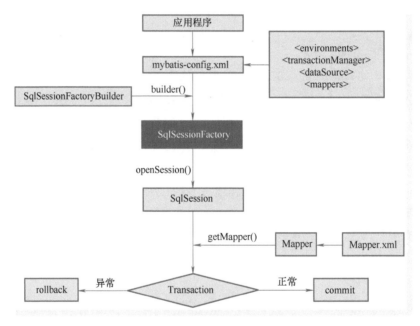

• 图 4-2　MyBatis 工作原理图

详细说明如下。

1）MyBatis 应用程序通过解析全局配置文件 mybatis-config.xml（也可以用 Java 文件来配置，需要给 Java 文件添加注解@Configuration，表明它是个配置类），加载配置信息（数据源、Mapper 映射文件等），生成 Configuration 和各个 MappedStatement（包括了参数映射配置、动态 SQL 语句、结果映射配置）等。

2）SqlSessionFactoryBuilder 根据 Configuration 信息构建 SqlSessionFactory，SqlSessionFactory 在应用程序进行一次数据库操作时开启一个 SqlSession。

3）SqlSession 实例获得 Mapper 对象并运行 Mapper 映射的 SQL 语句，完成对数据库的 CRUD 操作并提交事务，然后 SqlSessionFactory 会关闭 SqlSession。通过 SqlSession 对象完成和数据库的交互过程如下。

• 当程序调用 MyBatis 接口层 API（即 Mapper 接口中的方法）时，SqlSession 通过调用 API 的

Statement ID 找到对应的 MappedStatement 对象。

- 然后通过 Executor（负责动态 SQL 的生成和查询缓存的维护）将 MappedStatement 对象进行解析，完成 SQL 参数转化、动态 SQL 拼接，生成可执行 SQL。然后生成 JDBC 的 Statement 对象，通过 JDBC 执行 SQL。
- 最后借助 MappedStatement 中的结果映射关系，将返回结果转化成 HashMap、JavaBean 等存储结构并返回。

需要了解的是，SqlSession 是单线程对象，它是非线程安全的，是持久化操作的独享对象，类似 JDBC 中的 Connection，底层就封装了 JDBC 连接。

MyBatis 框架的功能架构整体上可以分为三层。

1）接口层：提供给外部使用的接口 API，开发人员通过这些本地 API 来操纵数据库。接口层一接收到调用请求就会调用数据处理层来完成具体的数据处理。

2）数据处理层：负责具体的 SQL 查找、SQL 解析、SQL 执行和执行结果映射处理等。它主要的目的是根据调用的请求完成一次数据库操作。

3）基础支撑层：负责最基础的功能支撑，包括连接管理、事务管理、配置加载和缓存处理，这些都可共用，将它们抽取出来作为最基础的组件。为上层的数据处理层提供最基础的支撑。

MyBatis 框架的功能整体架构图如图 4-3 所示。

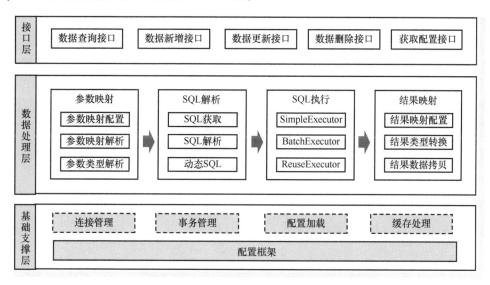

- 图 4-3 MyBatis 框架的功能整体架构图

真题 1 MyBatis 如何获取自增长主键？

【出现频率】★★★★☆ 【学习难度】★★☆☆☆

答案：MyBatis 的 insert 方法默认是返回一个代表插入行数的 int 值，自动生成的键值在方法执行完后可以被赋值到传入的参数对象中。但默认是不传入的，需要配置。如果是 XML 映射文件，则如下配置。

```
<insert id="insert" useGeneratedKeys="true" keyProperty="id">
```

如果是注解，则如下配置。

```
@Options(useGeneratedKeys =true, keyProperty ="id")
int insert();
```

两种方式其实是一样的，useGeneratedKeys 指定是否获取自增长主键，keyProperty 指定主键列。

真题2 **MyBatis 映射文件中#{}和 ${}的区别是什么？**

【出现频率】★★★★☆ 【学习难度】★★☆☆☆

答案：二者都是占位符，主要有以下4点区别。

1) ${}是字符串替换，MyBatis 在处理 ${}时，直接把 ${}替换成变量的值。

2) #{}是预编译处理占位符，MyBatis 在处理#{}时，会将 SQL 中的#{}替换为 "?" 号，调用 PreparedStatement 的 SET 方法来赋值，使用 PreparedStatement 能够有效防止 SQL 注入。

3) 使用#{}可以有效的防止 SQL 注入，提高系统安全性。

4) ${}能为开发者提供强大的灵活性，适用于一些特殊有时也十分重要的场景。例如，想动态的用参数来传入（完整或部分）字段名、表名或 Schema 等。

真题3 **当实体类中的属性名和表中的字段名不一样， 如何处理？**

【出现频率】★★☆☆☆ 【学习难度】★★☆☆☆

答案：如果类的属性名与表的字段名不一样，有两种处理方式。

1) 使用<resultMap>标签将对象的属性与表的字段名一一对应起来，否则查询时会出现异常。如果属性名与字段名完全一样，是可以不进行配置的，默认会依据字段名去查找属性并赋值。

2) 使用 SQL 列的别名功能，在查询的 SOL 语句中定义字段名的别名为对应的实体类属性名，让字段名的别名和实体类的属性名一致。如 select id as userId, name as userName from t_user。假定此时对应实体类的相关属性为 userId、userName，这样就不需要配置与之对应的建立属性与字段名映射的<resultMap>，可以直接用实体对象作为 resultType。

真题4 **MyBatis 框架的执行过程是怎样的？**

【出现频率】★★☆☆☆ 【学习难度】★★★☆☆

答案：MyBatis 框架的执行过程大体如下。

1) 通过 MyBatis 配置文件，加载运行环境，创建全局共用的 SqlSessionFactory 会话工厂。

2) 执行会话时，先通过 SqlSessionFactory 创建 SqlSession。SqlSession 接口对象用于执行持久化操作，可以通过这个接口来执行数据库操作命令，获取映射器和管理事务。

3) 通过 SqlSession 执行数据库操作。

4) 如果需要提交事务，执行 SqlSession 的 commit() 方法。

5) 调用 Session.close() 关闭 SqlSession，释放资源。

真题5 **MyBatis 在使用 XML 映射文件而非注解时，对 Mapper 接口调用有哪些要求？**

【出现频率】★★★☆☆ 【学习难度】★★★☆☆

答案：总结起来，有以下四点要求。

1）Mapper 接口中每个方法名都必须在对应的 Mapper.xml 中定义有一个以方法名为 id 的 SQL。

2）Mapper 接口方法的输入参数类型和对应的 Mapper.xml 中定义的对应 id 的 SQL 的 parameterType 相同。

3）Mapper 接口方法的输出参数类型和对应的 Mapper.xml 中定义的每个 SQL 的 resultType 的类型相同

4）每个 Mapper.xml 中的 namespace 是对应 Mapper 接口的完整路径。

真题 6　MyBatis 如何分页？　分页插件的实现原理是什么？

【出现频率】★★★☆☆　【学习难度】★★★☆☆

答案：MyBatis 使用 RowBounds 对象进行分页，可以直接编写 SQL 实现分页，也可以使用 MyBatis 的分页插件来统一实现分页。分页插件的实现原理如下所述。

实现 MyBatis 提供的插件接口，定义好要拦截的方法与参数，在插件的拦截方法内拦截待执行的 SQL 并重写 SQL，加入分页查询参数。具体可参见后面的插件运行原理。这里推荐一个著名的开源 MyBatis 分页插件 pagehelper。

真题 7　MyBatis 是如何将执行结果封装为实体对象的？

【出现频率】★★☆☆☆　【学习难度】★★★☆☆

答案：MyBatis 是通过反射机制来将执行结果封装为实体对象的。如果结果的字段名与目标实体对象的属性名完全一致，则只要将 resultType 设置为对应的实体对象即可。如果不一致，则有两种方式（就是前面真题 3 所介绍的两种方式：<resultMap>标签与 SQL 列的别名）来建立字段名与实体对象的映射关系，这样 MyBatis 就将执行结果封装为实体对象了。字段名不区分大小写，MyBatis 会忽略列名大小写，智能找到与之对应对象属性名。

真题 8　MyBatis 映射文件中模糊查询有哪几种写法？

【出现频率】★★★☆☆　【学习难度】★★☆☆☆

答案：如果是用 like 来执行模糊查询，有四种写法。

1）like '% ${question}%'，这种方式从防 SQL 注入角度来看，不推荐使用。

2）like "%"#｛question｝"%"，不推荐使用。

3）likeconcat（"%"，#｛question｝,"%"），推荐使用。

4）使用 bind 标签，最烦琐。需先绑定，再使用。使用方式如下。

```
<bind name="pattern" value="'%' + _parameter.username +'%'" />
Select * from t_user where username like #{pattern}
```

这里推荐一种比 like 性能稍好一点的方式，用 postion 函数：postion（#｛question｝in 字段名）。

真题 9　在 Mapper 接口方法中如何才能传递多个参数？

【出现频率】★★★★☆　【学习难度】★★☆☆☆

答案：传递多个参数，有两种方式。

1）在接口方法的参数前使用@param 注解，如下所示：

```
update(@param("id") string id,@param("status") int status)
```

这样在 SQL 配置中就能通过#{id}、#{status} 准确获取到对应的参数。

2）在对应的 SQL 配置中，用#{0} 接收对应接口方法的第一个参数，#{1} 接收对应接口方法的第二个参数，更多参数依次类推。

个人建议使用第一种方式，因为第一种方式更明确，能减少参数变化时因粗心而产生的错误。

真题 10 MyBatis 动态 SQL 有何作用？

【出现频率】★★★★☆ 【学习难度】★★☆☆☆

答案：MyBatis 最强大的特性之一就是它的动态 SQL 语句功能。MyBatis 提供了 trim、where、set、foreach、if、choose、when、otherwise、bind 9 种动态 SQL 标签。动态 SQL 可以提供更灵活的数据库操作，可以减少配置方法 SQL。MyBatis 动态 SQL 可以在 XML 映射文件中通过动态标签来编写动态 SQL，完成逻辑判断和动态拼接 SQL 的功能。

MyBatis 动态 SQL 基于 OGNL 表达式实现，从 SQL 参数对象中计算表达式的值，根据表达式的值动态拼接 SQL。

真题 11 MyBatis 有哪些常用注解？

【出现频率】★★☆☆☆ 【学习难度】★★★☆☆

答案：常用注解有以下 6 个。

- @Select：查询，相当于 XML 配置的 select，SQL 语法完全一样。
- @Update：更新，相当于 XML 配置的 update，SQL 语法完全一样。
- @Delete：删除，相当于 XML 配置的 delete，SQL 语法完全一样。
- @Param：入参。
- @Results：结果集合。
- @Result：结果。

真题 12 注解@Mapper 有什么作用？

【出现频率】★★★☆☆ 【学习难度】★★★☆☆

答案：接口上加@Mapper，表明一个 Mapper 接口，加了这个注解，可以不再写 Mapper 映射文件，直接在接口方法上结合配套注解（常用注解中的几个注解都可能用到）来写 SQL。

如果觉得每个接口类上加@Mapper 注解比较麻烦，可以用@MapperScan 注解来指定所有这些接口所在的包即可。

真题 13 MyBatis 的 XML 映射文件中，常用的有哪些标签？

【出现频率】★★★☆☆ 【学习难度】★★★☆☆

答案：常用基础标签有 select、insert、update、delete 等，动态标签有 trim、where、set、foreach、if、choose、when、otherwise、bind 等，嵌套标签有 association、collection 等。

真题 14 MyBatis 不同的 XML 映射文件中的 ID 是否可以重复?

【出现频率】★★★☆☆　【学习难度】★☆☆☆☆

　　答案：不同的 XML 映射文件中的 ID 可以重复。XML 映射是以命名空间来区分的,不同的映射文件属于不同的命名空间,同一命名空间内不能有重复 ID,不同的命名空间则无所谓。

真题 15 MyBatis 实现一对一查询有几种方式?

【出现频率】★★★★☆　【学习难度】★★★☆☆

　　答案：MyBatis 有两种方式可以实现一对一查询,都是通过 association 标签实现。

　　1)在 resultMap 中用 association 标签嵌套一对一关联查询的对象,然后在查询时通过关联查询将一对一对象的信息字段与对象自身的字段一起查询出来。实现如下:

```
<resultMap type="com.User" id="baseMap">
    <id column="user_id" property="userId"/>
    <result column="name" property="name"/>
    <association property="address" JavaType="com.Address">
        <result column="address_id" property="addressId"/>
        <result column="info" property="info"/>
    </association>
</resultMap>
<select id="getUserList" resultMap="baseMap">
    select a.user_id,a.name,b.address_id,b.info from t_user a,t_address b
    where a.address_id=c.address_id
</select>
```

　　2)通过 association 标签嵌套查询来实现一对一查询,具体实现如下:

```
<resultMap type="com.User" id="baseMap">
    <id column="user_id" property="userId"/>
    <result column="name" property="name"/>
    <association property="address" JavaType="com.Address" column="address_id" select="getAddressById"/>
</resultMap>
<select id="getUserList" resultMap="baseMap">
    select *  from t_user
</select>
<select id="getAddressById" resultType="com.Address">
    select address_id addressId,info from t_address where address_id=#{addressId}
</select>
```

　　说明一下,这里是嵌套了子查询 getAddressById,对应的是 association 标签的 select 属性,column 是设定关联字段。

真题 16 MyBatis 实现一对多有几种方式?

　　答案：MyBatis 实现一对多与一对一关联查询类似,也是两种方式,一种是嵌套结果,一种是嵌套查询。只不过一对多查询是通过 collection 标签来实现的。

　　1)嵌套结果来实现一对多查询时,配置与一对一也比较相似。主要是标签的属性不同。collection标签的 property 属性配置在主体对象对需要一对多关联查询的属性名,JavaType 属性是配置这个属性的集合类型,ofType 属性配置关联查询的实体对象。collection 标签内部也要配置出关联对象的属性与字段的映射列表。查询 SQL 要用左连接关联子表来实现。一对一是内联接。这里假定一个用户有多个地址。

```
<resultMap type="com.User" id="baseMap">
    <id column="user_id" property="userId"/>
    <result column="name" property="name"/>
    <collection property="addressList" JavaType="ArrayList" ofType="com.Address">
        <result column="address_id" property="addressId"/>
        <result column="info" property="info"/>
    </association>
</resultMap>
<select id="getUserList" resultMap="baseMap">
    select a.user_id,a.name,b.address_id,b.info from t_user a left join t_address b on
    a.address_id=c.address_id
</select>
```

2）嵌套查询实现一对多查询。在嵌套结果的一对多配置的 collection 标签中增加配置属性 column="user_id" 和 select="getAddressByUserId"。然后配置一个子查询 getAddressByUserId 即可。

```
<select id="getAddressByUserId" resultType="com.Address">
    select address_id addressId,info from t_address where user_id=#{userId}
</select>
```

注意，一对多时假定一个用户有多个地址。

真题 17 MyBatis 是否支持延迟加载？
【出现频率】★★★★☆ 【学习难度】★★★☆☆

答案：MyBatis 对高级映射（使用 association、collection 实现的一对一及一对多映射）支持延迟加载功能。但默认是关闭的。需要在配置中显示开启。XML 配置是通过 setting 标签来开启延迟加载功能，主要有两个相关属性。

lazyLoadingEnabled：全局性设置懒加载。如果设为"false"，则所有相关联的都会被初始化加载。默认为"false"。

aggressiveLazyLoading：当设置为"true"时，懒加载的对象可能被任何懒属性全部加载。否则，每个属性都按需加载。默认为"true"。

具体配置如下：

```
<settings>
    <!--开启延迟加载-->
    <setting name="lazyLoadingEnabled" value="true"/>
    <!--关闭积极加载-->
    <setting name="aggressiveLazyLoading" value="false"/>
</settings>
```

需要特别注意的是，即使开启了延迟加载，这时以 association、collection 实现的一对一或一对多查询必须以嵌套查询的方式实现，才会真正使用延迟加载功能。

真题 18 什么是 MyBatis 的接口绑定？ 有哪些实现方式？
【出现频率】★★★★☆ 【学习难度】★★★☆☆

答案：接口绑定就是在 MyBatis 中任意定义接口，然后把接口里面的方法和 SQL 语句绑定。

它有两种实现方式,一种是通过注解绑定,就是在接口的方法上加上 @Select、@Update 等注解,另一种是通过 XML 中编写 SQL 来绑定,在这种情况下,要指定 XML 映射文件中的 namespace 必须为接口的全路径名,映射文件的每个方法标签 id 一定有一个与之一致的接口方法名。

真题 19 MyBatis 的插件运行原理是什么? 如何编写一个插件?

【出现频率】★★★☆☆ 【学习难度】★★★★☆

答案:MyBatis 只可以围绕 ParameterHandler、ResultSetHandler、StatementHandler 和 Executor 这 4 种接口来编写插件。MyBatis 会通过动态代理为需要拦截的接口生成代理对象来实现接口方法拦截功能。每当执行这 4 种接口对象的方法时,就会进入拦截方法,具体就是 InvocationHandler 的 invoke( ) 方法,当然,只会拦截那些需要拦截的方法。

编写自定义插件,首先实现 MyBatis 的 Interceptor 接口并实现其 intercept( ) 方法,该方法有且仅有一个参数 org.apache.ibatis.plugin.Invocation,返回 Object 对象。这里简单介绍 Invocation 参数,这个对象中存放被拦截的对象和方法与参数信息,它共有三个属性。

```
private final Object target;       //被拦截的对象信息
private final Method method;       //被拦截的对象的方法信息
private final Object[] args;        //被拦截对象方法的参数信息
```

确定插件要拦截的签名:即确定要拦截的对象(四大对象之一)和要拦截的方法与参数。然后配置好编写的插件即可。

真题 20 Mapper 接口的工作原理是什么? Mapper 接口中的方法能重载吗?

【出现频率】★★★★☆ 【学习难度】★★★★☆

答案:Mapper 接口的全限名就是映射文件中 namespace 的值。接口的方法名就是映射文件中 Mapper 的 Statement 的 id 值。接口方法内的参数就是传递给 SQL 的参数。映射文件中的每一个 <select>、<insert>、<update>、<delete>等标签,都会被解析为一个 MappedStatement 对象。Mapper 接口是没有实现类的,当调用接口中的方法时,接口全限名+方法名拼接字符串作为 Key 值可唯一定位一个 MappedStatement。MyBatis 运行时会使用 JDK 动态代理为 DAO 接口生成代理对象,代理对象 proxy 会拦截接口方法,转而执行 MappedStatement 所代表的 SQL,然后将 SQL 执行结果返回。这就是 Mapper 接口的工作原理,核心机制是 JDK 动态代理。

Mapper 接口中的方法是不能重载的,因为 MyBatis 采取的全限名+方法名的保存和寻找策略。

真题 21 MyBatis 全局基础配置 XML 文件中的配置有哪些内容?

【出现频率】★★★☆☆ 【学习难度】★★★★☆

答案:主要配置有如下内容。

- properties:属性。
- settings:全局配置参数。
- typeAliases:类型别名。
- typeHandlers:类型处理器。
- objectFactory:对象工厂。
- plugins:插件。

- environments：环境集合属性对象。
- environment：环境子属性对象。
- transactionManager：事务管理。
- dataSource：数据源。
- mappers：映射器。

真题 22 如何理解 MyBatis 缓存？

【出现频率】★★★★☆ 【学习难度】★★☆☆☆

答案：MyBatis 缓存都是为了减少对数据库的操作，提高系统性能。

和 Hibernate 一样，MyBatis 缓存也分一级缓存和二级缓存。一级缓存只是相对于同一个 SqlSession 的，默认是开启的。一个 SqlSession 会话结束，一级缓存也就结束。也就是如果 SqlSession 调用了 close()、clearCache()、update()、delete()、insert()等方法时，一级缓存都会结束。

MyBatis 的二级缓存是应用级别或集群级别的缓存，默认是不开启的。需要进行配置才能开启，配置方法很简单，只需要在映射 XML 文件配置<cache/>就可开启二级缓存。

使用二级缓存时，要求返回的 POJO 必须是可序列化的，也就是要实现 Serializable 接口。

真题 23 Spring Boot 中如何集成 MyBatis？

【出现频率】★★★★☆ 【学习难度】★★☆☆☆

答案：1）XML 配置方式：首先在 pom.xml 文件中引入依赖 mybatis-spring-boot-starter。然后在 application.properties 新增以下配置，指定了 MyBatis 基础配置文件和实体类映射文件的地址：

```
mybatis.config-location=classpath:mybatis/mybatis-config.xml
mybatis.mapper-locations=classpath:mybatis/mappers/* .xml
```

mybatis-config.xml 是全局基础配置文件。内容这里不详述。编写好映射文件，Mapper 接口和实体类就可以使用了。

2）另外可以用当今最流行的注解方式来集成。mybatis-spring-boot-starter 依赖必不可少。在 application.properties 添加相关 MyBatis 配置。

```
mybatis.type-aliases-package=com.neo.entity
```

数据源配置也必不可少。在启动类中 Spring Boot 添加对 Mapper 包扫描@MapperScan，指定扫描包路径（当然不指定扫描包路径，在每个 Mapper 类中添加注解@Mapper 也是可以的）。

然后创建 Mapper 接口，并在接口方法上结合注解来书写 SQL。这样就可不依赖映射文件了。

实际上注解与 XML 方式可以混合使用。同时使用 XML 映射文件和注解 SQL 也是可以的。只要在第二种方式的 application.properties 中添加如下配置便可：

```
mybatis.mapper-locations=classpath:mybatis/mapper/* .xml
```

4.4 Spring JDBC 框架

Spring JDBC 框架的功能没有 Hibernate 和 MyBatis 强大，但它也具有普通 ORM 框架的优点，它负责数据库资源的管理和错误处理，封装了原生 JDBC 访问数据库的细节，提供 API 访问数据库，简化了开发人员对数据库的操作，也拥有一定数据的用户群体，它比较灵活简单，适合在小型项目中使用。

Spring JDBC 就是 Spring 框架提供的对 JDBC 的支持组件，是在 JDBC API 的基础上封装了具体实现的一个 JDBC 存取框架。

Spring JDBC 框架的核心就是 JdbcTemplate，它的设计目的是为不同类型的 JDBC 操作提供模板方法。能让我们写持久层代码时减少多余的代码，简化 JDBC 代码，使代码看起来更简洁。Jdbc-Template 有如下优点。

1）JdbcTemplate 是线程安全类。

2）完成了资源的创建和释放的工作。

3）提供了非常多功能丰富的操作数据库的方法，完成了对 JDBC 的核心流程的工作，包括 SQL 语句的创建、执行及异常处理，简化了对 JDBC 的操作。

4）使用简单，仅需要传递 DataSource 就可以把它实例化。

5）JdbcTemplate 只需要创建一次，减少了代码复用的烦恼。

JdbcTemplate 提供的操作数据库的方法总体来说，可以分为三大类。

1）excute 方法，执行 SQL 语句，增、删、改、查操作都可以。

2）update 方法，执行新增、更新和删除操作。

3）query 方法，执行数据查询操作。

图 4-4 是 JdbcTemplate 的继承关系图。

它的直接父类是 JdbcAccessor，该类提供了一些访问数据库时需要使用的公共属性。而 JdbcOperations 接口定义了在 JdbcTemplate 类中可以使用的操作集合，包括添加、修改、查询和删除等操作。

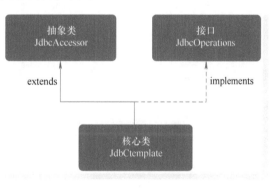

● 图 4-4　JdbcTemplate 继承关系图

真题 1　JdbcTemplate 如何调用存储过程？

【出现频率】★★☆☆☆　【学习难度】★★★★☆

答案：JdbcTemplate 对于无返回值、有返回值但非结果集、返回结果集的存储过程的调用方式各有不同。下面分别说明。

1）无返回值的存储过程调用最为简单，直接执行，代码如下（pr_insert_usercode 是无返回值的存储过程）：

```
jdbcTemplate.execute("call pr_insert_usercode('100800')");
```

2）有返回值（非结果集）的存储过程调用稍微复杂，具体示例代码如下（pr_select_usercode 为有返回值的存储过程）：

```
String result = (String) jdbcTemplate.execute(
    new CallableStatementCreator() {
```

```
public CallableStatement createCallableStatement(Connection connect) throws SQLException {
    String sqlproc= "{call pr_select_usercode (?,?)}";
    CallableStatement cs = connect.prepareCall(sqlproc);
    cs.setString(1, "10000");// 设置输入参数
    cs.registerOutParameter(2,OracleTypes.Varchar);// 注册输出参数类型
    return cs;
}
}, new CallableStatementCallback() {
    public Object doInCallableStatement (CallableStatement cs) throws SQLException,
DataAccessException {
    cs.execute();
    return cs.getString(2);// 获取输出参数值
    }
});
```

3) 返回结果集的存储过程，调用方式与有返回值的基本相同，只是处理方式略有不同。

```
List resultList = (List) jdbcTemplate.execute(
    new CallableStatementCreator() {
        public CallableStatement createCallableStatement(Connection connect) throws SQLException {
            String sqlproc= "{call pr_list_user(?,?)}";
            CallableStatement cs = con.prepareCall(sqlproc);
            cs.setString(1, "111"); // 设置输入参数
            cs.registerOutParameter(2, OracleTypes.CURSOR);// 注册输出参数类型为游标类型
            return cs;
        }
    }, new CallableStatementCallback() {
        public Object doInCallableStatement (CallableStatement cs) throws SQLException,Data-
AccessException {
            List list= new ArrayList();
            cs.execute();
            ResultSet rs = (ResultSet) cs.getObject(2);// 获取游标一行的值
            while (rs.next()) {// 转换每行的返回值到 Map 中
                Map rowMap = new HashMap();
                rowMap.put("userId", rs.getString("userid"));
                rowMap.put("userName", rs.getString("user_name"));
                list.add(rowMap);
            }
            rs.close();
            return list;
        }
    });
```

真题 2 **JdbcTemplate 如何与 Spring 集成？**

【出现频率】★ ★ ★ ☆ ☆ 【学习难度】★ ☆ ☆ ☆ ☆

答案：两者的集成很简单，在 Spring 框架中添加 spring-jdbc 组件，配置好数据源。在 DAO 类中注入 JdbcTemplate，就完成了 Spring JDBC 与 Spring 的集成使用。

真题 3 **Spring JDBC 如何与 Springboot 集成？**

【出现频率】★ ★ ★ ☆ ☆ 【学习难度】★ ☆ ☆ ☆ ☆

答案：在 pom.xml 文件添加 Spring JDBC 的 starter 依赖 spring-boot-starter-jdbc，配置好数据源。

在 DAO 类中注入 JdbcTemplate，就完成了 Spring JDBC 与 Spring Boot 的集成。

真题 4 **Spring JDBC 如何把 ResultSet 对象中的数据映射为 Java 对象？**

【出现频率】★★★☆☆　【学习难度】★★☆☆☆

答案：通过使用 RowMapper 可以做到。可使用接口实现类或匿名内部类（如果只使用一次）来实现 RowMapper。示例如下：

```
//先创建实现 t_users 表与 User 对象映射的 RowMapper 实现类
public class UserRowMapper implements RowMapper<User> {
    @Override
    Public User mapRow(ResultSet rs,int rowNum) throws SQLException{
        User user = new User();
        user.setUserId(rs.getInt("id"));
        user.setUserName(rs.getString("user_name"));
        return user;
    }
}
```

然后就可以使用 Spring JDBC 执行 SQL 查询了：

```
Stringsql="select * from t_users";
List<user> list=jdbcTemplate.query(sql,new UserRowMapper());
```

真题 5 **Spring JDBC 创建对象后自增主键如何获取？**

【出现频率】★☆☆☆☆　【学习难度】★★☆☆☆

答案：在进行表的新增记录操作之后，经常会使用到新增记录的主键值。Spring JDBC 中可以如下实现（Connection 为数据库连接）：

```
KeyHolder keyHolder = new GeneratedKeyHolder();
PreparedStatementCreator preparedStatementCreator = connection -> {
    return connection.prepareStatement("INSERT INTO t_user (id, user_name,phone) VALUES ('1','
好人','18589908900')",Statement.RETURN_GENERATED_KEYS);
    };
jdbcTemplate.update(preparedStatementCreator, keyHolder);
Long userid=keyHolder.getKey().longValue();//获取主键
```

真题 6 **JdbcTemplate 批量更新如何实现？**

【出现频率】★★★☆☆　【学习难度】★★☆☆☆

答案：JdbcTemplate 提供有批量更新方法 batchUpdate，具体用法如下：

假定已有 list 为 List<user>类型的集合对象。

```
String sql = "update t_user set user_name=?,phone=? where id=?";
jdbctemp.batchUpdate(sql, new BatchPreparedStatementSetter() {
    public int getBatchSize() {
        return list.size();//设定更新记录数
    }
    public void setValues(PreparedStatement ps, int i)throws SQLException {
        User user= list.get(i);
        ps.setString(1, user.getUserName());
        ps.setString(2, user.getPhone());
```

```
              ps.setInt(3, user.getUserId());
          }
      });
```

真题 7 **JdbcTemplate** 主要提供哪几类方法？

【出现频率】★★☆☆☆ 【学习难度】★★☆☆☆

　　答案：JdbcTemplate 主要提供 5 类方法。

- execute 方法：可以用于执行任何 SQL，一般用于执行 DDL 语句。
- update 方法：用于执行新增、修改、删除等 SQL。
- batchUpdate 方法：用于执行新增、修改、删除等的批处理相关 SQL。
- query 方法及 queryForXXX 方法：用于执行查询相关 SQL。
- call 方法：用于执行存储过程、函数相关 SQL。

 4.5 综合

真题 1 为什么要用 **ORM** 框架？和 **JDBC** 有何不同？

【出现频率】★★★★★ 【学习难度】★★☆☆☆

　　答案：ORM 是一种思想，就是把 Object 转变成数据库中的记录，或者把数据库中的记录转变成 Object，可以用 JDBC 来实现这种思想，其实，如果项目是严格按照 OOP 方式编写的，那么 JDBC 程序不管是有意还是无意，就已经在实现 ORM 的工作了。

　　现在有许多 ORM 框架，它们底层调用 JDBC 来实现了 ORM 工作，直接使用这些工具就省去了直接使用 JDBC 的烦琐细节，提高了开发效率，常用的 ORM 框架有 Hibernate、MyBatis。也有一些其他 ORM 框架，如 Toplink、OJB 等。

真题 2 为什么要使用数据库连接池？

【出现频率】★★★☆☆ 【学习难度】★★☆☆☆

　　答案：数据库连接池的建立是为了节约程序在每次访问数据库时都需要创建和关闭数据库连接的系统开销。数据库连接的创建和关闭都是需要耗费系统性能的，为了避免每次访问数据库都要创建和关闭连接，可以在服务启动时就初始化一些连接，放在一个连接池中进行统一管理，使用时可以从池中获取，使用完成之后将连接释放回连接池中，实现数据库连接的重复使用，大大提高系统性能。

真题 3 常用数据库连接池有哪些？性能如何？

【出现频率】★★★☆☆ 【学习难度】★☆☆☆☆

　　答案：Java 领域常用的数据库连接池有 C3P0、DBCP、Druid、HikariCP。C3P0、DBCP 属于第一代连接池，采用单线程同步架构设计，不过 DBCP2.X 也采用了多线程模型，性能也有不少提升。Druid、HikariCP 属于第二代连接池，采用多线程异步架构。

　　从性能上讲，C3P0 性能最差，DBCP 性能稍优。Druid、HikariCP 因为架构的优势相对于第一代连接池性能上有压倒性优势。HikariCP 性能最好，小巧轻便，Druid 功能最全面，有强大的监控功能，性能也非常优秀。

第5章 消息队列

消息队列（Message Queue，MQ）的应用在近些年快速兴起，并获得广泛应用。消息队列是一种应用程序之间的通信方法。MQ通常使用发布-订阅模式工作（还有一个模式是点对点订阅模式，相对使用较少），是生产者-消费者模式的一个典型的代表，一端往消息队列中不断写入消息，而另一端则可以读取队列中的消息。消息发布者只把消息发布到MQ中，消息使用者只从MQ中取消息。这样发布者和使用者都不用知道对方的存在。

消息队列中间件是分布式系统中重要的组件，主要解决应用耦合、异步消息、流量削锋等问题，实现高性能、高可用、可伸缩和最终一致性架构。使用较多的消息队列有Kafka、ActiveMQ、RabbitMQ、ZeroMQ、MetaMQ、RocketMQ等。

 ## 5.1 Kafka

Kafka是最初由Linkedin公司开发的一个分布式消息中间件，后来被该公司捐献给了Apache基金会并成为顶级开源项目。它的最大的特性就是可以实时处理大量数据（即高吞吐量）以满足各种需求场景，尤其适合互联网行业，目前已被广泛使用。

Kafka是一个Apache顶级项目，是一个分布式、可扩展、容错、支持分区（Partition）、多副本（Replica）、基于ZooKeeper协调的发布-订阅消息系统，Kafka适合离线和在线消息消费。是分布式应用系统中的重要组件之一，也被广泛应用于大数据处理。Kafka是用Scala语言开发的，它的Java版叫Jafka。

Kafka主要有如下优点。

1）高性能、高吞吐量、低延迟：Kafka生产和消费消息的速度都达到十万级/s，可以轻松处理这些消息，具有ms级的极低延时，这点尤其适合互联网和大数据处理。。

2）高可用性：所有消息持久化存储到磁盘，并且支持数据备份，防止数据丢失。

3）容错性：允许集群中节点失败（若副本数量为N，则允许N−1个节点失败）。

4）高并发：支持数千个客户端同时读写。

5）高扩展性：Kafka集群支持热伸缩，无须停机。

6）解耦合：通过消息的发布订阅，在分布式系统之间实现解耦。

7）支持在线消费和离线消费消息。

8）消息状态由Consumer维护，Consumer可根据需要主动拉取数据消费。

Kafka的缺点如下。

1）由于是批量发送，数据并非真正的实时，但Kafka生产和消费消息的速度都达到十万级/s，具有极低的延时。

2）Kafka 仅支持统一分区内消息有序，无法实现全局消息有序。

3）有可能重复消费消息。

4）Kafka 依赖 ZooKeeper 进行元数据管理，多了对第三方的依赖。

真题 1 **Kafka 高吞吐量的原因有哪些？**

【出现频率】★★★★☆ 【学习难度】★★★☆☆

答案：Kafka 之所以速度快，实现高吞吐量，有以下原因。

1）顺序读写：Kafka 的消息是不断追加到文件中的，这个特性使 Kafka 可以充分利用磁盘的顺序读写性能。顺序读写不需要硬盘磁头的寻道时间，只需很少的扇区旋转时间，所以速度远快于随机读写。

2）零拷贝：零拷贝就是跳过用户缓冲区的拷贝，建立一个磁盘空间和内存的直接映射，数据不再复制到用户态缓冲区。

3）分区：Kafka 中的 Topic 中的内容可以被分为多个 Partition 存在，每个 Partition 又分为多个 Segment，所以每次操作都是针对一小部分做操作，更轻巧，并且增加了并行处理的能力。

4）批量发送：Kafka 允许进行批量发送消息，Producer 发送消息时，可以将消息缓存在本地，等消息条数达到设置的参数条数再一起发送。

5）数据压缩：Kafka 还支持对消息集合进行压缩，Producer 可以通过 GZIP 或 Snappy 格式对消息集合进行压缩，压缩的好处就是减少传输的数据量，减轻对网络传输的压力。但要注意的是：批量发送和数据压缩一起使用，单条做数据压缩效果不明显。

真题 2 **Kafka 中的重要元素有哪些？**

【出现频率】★★★☆☆ 【学习难度】★★★☆☆

答案：Kafka 最重要的元素是：Topic、Producer、Consumer、Broker，现将各元素介绍如下。

- Topic 主题：Topic 是一组消息，Kafka 集群能够同时负责多个 Topic 的分发。
- Producer 生产者：发布通信，以及向 Topic 发送消息。
- Consumer 消费者：订阅 Topic，读取和处理消息。
- Consumer Group 消费者组：一个 Consumer Group 包含多个 Consumer，这个是预先在配置文件中配置好的。
- Broker 节点：一个 Kafka 节点就是一个 Broker，多个 Broker 可组成一个 Kafka 集群。
- Partition 分区：Topic 物理上的分区，一个 Topic 可以分为多个 Partition，每个 Partition 是一个有序、不可变的记录序列。分区中的记录每个都分配了一个称为 Offset 的顺序 ID 号，它唯一地标识分区中的每个记录。
- Segment 分段：一个 Partition 物理上由多个 Segment 组成，每个 Segment 存储着消息信息。
- Message 消息：Kafka 中最基本的传递对象，有固定格式，由一个固定长度的 Header 和一个变长的消息体 Body 组成。
- Offset 偏移量：是一个连续的用于定位被追加到分区的每一个消息的序列号，是 long 型值，最大值为 long_MAX_VALUE。

Coordinator 协调者：协调 Consumer、Broker。早期版本中 Coordinator 使用 ZooKeeper 实现，后来的版本都由 Broker 自己来负责。

真题 3 **Kafka 的使用场景有哪些？**

【出现频率】★★★★☆ 【学习难度】★★★☆☆

答案：Kafka 由于它的众多优点，有着广泛的应用场景。如下所述。

日志聚合：收集各种服务的日志写入 Kafka 的消息队列进行存储，各种日志处理应用通过 Consumer 订阅并获取队列中的消息进行处理。因为在生产环境中，为了监控日志，会有大量的日志需要传输存储检索（很多公司采用著名的日志系统 ELK），在分布式应用中由于日志的数量级越来越大，存储起来对速度的要求也越来越高，这时使用消息队列作为中间件能解决大量日志传输的问题。

消息系统：由于其高吞吐量、高可靠性、高扩展性等特点，被广泛用作消息中间件。

网站活动跟踪：经常有互联网系统用 Kafka 来记录 Web 用户或 App 用户的各种活动数据，如浏览网页、搜索、点击等，将这些活动信息发布到 Kafka 的 Topic 中，然后 Consumer 通过订阅这些 Topic 来做实时处理或监控分析，或者加载到大数据系统做离线分析和数据挖掘。

运营指标监控：Kafka 也适合用来记录生产运营监控数据。从各分布式应用中聚合数据然后集中处理。

系统解耦：在重要操作完成后，发送消息，由别的服务系统来完成其他操作。如订单系统下单完成后给短信系统发送消息，订单系统只需要将消息发送到分布式消息队列即可。短信系统从消息队列获取消息后，根据消息内容给用户发送下单成功短信。短信系统与订单系统相互不直接耦合交互，甚至不需要知道对方系统的存在，都只单独与消息队列发生关系。这样就发挥了分布式系统的优点，从而提高了系统整体性能，也实现了应用系统之间的解耦合。同时，在消息队列两端，新增相关的业务系统也非常方便，对原有的系统和业务没有任何影响，也实现了整个系统的可扩展性。

流量削峰：一般用于秒杀或抢购活动中，在应用中加入 Kafka 或其他消息中间件缓存用户请求，来缓冲网站短时间内高流量带来的压力。

健壮性：消息队列可以堆积请求，所以消费端业务即使短时间崩溃，也不会影响主要业务的正常进行。

异步处理：很多时候，用户不想也不需要立即处理消息。消息队列提供了异步处理机制，允许用户把一个消息放入队列，但并不立即处理，在需要的时候再去处理它们。

需要说明的是，Kafka 的这些应用场景，通常也就是消息队列的应用场景（流式处理除外，流式处理常用于大数据处理，Kafka 和大数据技术栈融合很紧密，其他消息队列极少与大数据生态融合）。

真题 4 **消费者与消费者组有什么关系？ 消费者的负载均衡如何实现？**

【出现频率】★★☆☆☆ 【学习难度】★★★☆☆

答案：消费者组（Consumer Group）是 Kafka 独有的可扩展且具有容错性的消费者机制。一个组内可以有多个消费者（Consumer），它们共享一个全局唯一的 Group ID。组内的所有 Consumer 协调在一起来消费订阅主题（Subscribed Topic）的所有分区（Partition）。当然，每个 Partition 只能由同一个 Consumer Group 内的一个 Consumer 来消费。要记清楚的是，Consumer 订阅的是 Topic 的 Partition，而不是 Message。所以在同一时间点上，订阅到同一个分区的 Consumer 必然属于不同的 Consumer Group。

Consumer Group 与 Consumer 的关系是动态维护的，当一个 Consumer 进程崩溃或者是卡住时，该 Consumer 所订阅的 Partition 会被重新分配到该组内的其他的 Consumer 上。当一个 Consumer 加入到一个 Consumer Group 中时，同样会从其他的 Consumer 中分配出一个或者多个 Partition 到这个新加入的 Consumer。

当启动一个 Consumer 时，会指定它要加入的 Group，使用的是配置项：Group.id。

为了维持 Consumer 与 Consumer Group 的关系，Consumer 会周期性的发送 Heartbeat 到 Coordinator（协调者），如果有 Heartbeat 超时或未收到 Heartbeat，Coordinator 会认为该 Consumer 已退出，它所订阅的 Partition 会分配到同一组内的其他的 Consumer 上。这个过程被称为 Rebalance（再平衡）。

上面介绍的内容其实也包括了消费者的负载均衡原理。

真题 5 **ZooKeeper 在 Kafka 中的作用是什么？**

【出现频率】★★★☆☆ 　【学习难度】★★☆☆☆

答案：Kafka 是一个使用 ZooKeeper 构建的分布式系统。Kafka 的各 Broker 在启动时都要在 ZooKeeper注册，由 ZooKeeper 统一协调管理。如果任何节点失败，还可通过 ZooKeeper 从先前提交的偏移量中恢复，因为它做周期性提交偏移量工作。同一个 Topic 的消息会被分成多个分区并将其分布在多个 Broker 上，这些分区信息及与 Broker 的对应关系也是 ZooKeeper 在维护。

Kafka 对 ZooKeeper 是强依赖，绕过 ZooKeeper 并直接连接到 Kafka 服务器是不可能的，如果以某种方式关闭 ZooKeeper，则无法为任何客户端请求提供服务。

真题 6 **在 Kafka 中 Replica（副本）、Leader（领导者）和 Follower（追随者）各有什么作用？**

【出现频率】★★☆☆☆ 　【学习难度】★★★☆☆

答案：Kafka 中的 Partition 是有序消息日志，为了实现高可用性，需要采用备份机制，将相同的数据复制到多个 Broker 上。而这些备份日志就是 Replica，目的是防止数据丢失。

Kafka 中的 Replica 分为两个类：领导者副本（Leader Replica）和追随者副本（Follower Replica），副本的数量是可配置的。

领导者副本：负责对外提供服务，对外指的是与客户端进行交互。生产者总是向领导者副本写消息，消费者总是从领导者副本读消息。

追随者副本：被动地追随领导者副本，不能与外界交互。只是向领导者副本发送请求，请求领导者副本把最新生产的消息发给它，进而与领导者副本保持同步。

所有 Partition 的副本默认情况下会均匀分布到所有 Broker 上。一旦领导者副本所在的 Broker 宕机，Kafka 会从追随者副本中选举出新的领导者继续提供服务。

真题 7 **Kafka 如何实现负载均衡与故障转移？**

【出现频率】★★★☆☆ 　【学习难度】★★★☆☆

答案：负载均衡就是指让系统的负载根据一定的规则均衡地分配在所有参与工作的服务器上，

从而最大限度地保证系统整体的运行效率与稳定性。

　　Kafka 的负载平衡就是每个 Broker 都有均等的机会为 Kafka 的客户端（生产者与消费者）提供服务，可以把负载分散到所有集群中的机器上。

　　Kafka 通过智能化的分区领导者选举来实现负载均衡，Kafka 默认提供智能的 Leader 选举算法，可在集群的所有机器上均匀分散各个 Partition 的 Leader，从而整体上实现负载均衡。

　　Kafka 的故障转移是通过使用会话机制实现的，每台 Kafka 服务器启动后会以会话的形式把自己注册到 ZooKeeper 服务器上。一旦该服务器运转出现问题，与 ZooKeeper 的会话便不能维持从而超时失效，此时 Kafka 集群会选举出另一台服务器来完全替代这台服务器继续提供服务。

真题 8 **Kafka 的 ACK 机制是怎样的？**

【出现频率】★★★☆☆　【学习难度】★★★☆☆

　　答案：Kafka 的 Producer 有三种 ACK 机制，acks 参数（即 Request.required.acks）是在 Producer 中配置，参数值有 0、1 和 -1（或 all），代表了三种机制。

　　参数值为 0：相当于异步操作，Producer 不需要 Leader 给予回复，发送完就认为成功，继续发送下一条（批）Message。此机制具有最低延迟，但是持久性、可靠性也最差，当服务器发生故障时，很可能发生数据丢失。

　　参数值为 1：这是 Kafka 默认的设置。表示 Producer 要 Leader 确认已成功接收数据才发送下一条（批）Message。此机制提供了较好的持久性和较低的延迟性。

　　Partition 的 Leader 死亡，Follower 尚未复制，数据就会丢失。

　　参数值为 -1（或 all）：意味着 Leader 接收到消息之后，还必须要求 ISR 列表中与 Leader 保持同步的那些 Follower 都确认消息已同步，Producer 才发送下一条（批）Message。

　　此机制持久性可靠性最好，但延时性最差。

　　简单说来，这三种机制是依次性能递减，可靠性递增。

真题 9 **Linux 系统中如何启动 Kafka 服务器？ 如何用命令行创建和消费消息？**

【出现频率】★★★☆☆　【学习难度】★★★☆☆

　　答案：启动 Kafka 首先要启动 ZooKeeper 服务器，建议使用 Kafka 自带打包和配置好的 ZooKeeper，进入安装目录，启动命令如下：

```
bin/zookeeper-server-start.sh config/zookeeper.properties
```

接下来，启动 Kafka 服务器，命令如下：

```
bin/kafka-server-start.sh config/server.properties &
```

启动好之后，用命令创建名为 testkafka 的 Topic，有一个分区和一个备份：

```
bin/kafka-topics.sh --create --zookeeper localhost:2181 --replication-factor 1 --partitions 1 --topictestkafka
```

创建好之后，可以通过运行以下命令，查看已创建的 Topic 信息：

```
bin/kafka-topics.sh --list --zookeeper localhost:2181
```

发送消息命令：

```
bin/kafka-console-producer.sh --broker-list localhost:9092 --topictestkafka
```

消费消息命令：

```
bin/kafka-console-consumer.sh --bootstrap-server localhost:9092 --topictestkafka --from-begin-
ning
```

真题 10 如何理解 Kafka 的日志保留期？ Kafka 的数据清理策略有哪些？

【出现频率】★★☆☆☆ 【学习难度】★★★☆☆

答案：保留期内保留了 Kafka 群集中的所有已发布消息，超过保留期的数据将被按清理策略进行清理。默认保留时间是 7 天，如果想修改时间，在 server.properties 中更改参数 log.retention.hours（也可以用 log. retention. minutes 和 log. retention. ms）的值即可，时间单位 hours 对应的是小时，minutes 是分。

Kafka 将数据持久化到了硬盘上，允许配置一定的策略对数据清理，清理的策略有两个，删除和压缩。参数：log.cleanup.policy＝delete 表示启用删除策略，这也是默认策略。一开始只是标记为 delete，文件无法被索引。只有超过 log.segment.delete.delay.ms 这个参数设置的时间，才会真正被删除。

参数 log.cleanup.policy＝compact 表示启用压缩策略将数据压缩，只保留每个 Key 最后一个版本的数据。首先在 Broker 的配置中设置 log.cleaner.enable＝true 启用 cleaner，这个默认是关闭的。

真题 11 Kafka 可接收的消息默认最大多少字节？

【出现频率】★★★★☆ 【学习难度】★★☆☆☆

答案：Kafka 可以接收的最大消息默认为 1000000 字节，如果想调整它的大小，可在 Broker 中修改配置参数：message.max.bytes 的值。

但要注意的是，修改这个值时，要同时保证其他对应的参数值是正确的，否则可能会引发系统异常。首先这个值要比消费端的 fetch.message.max.bytes（默认值为 1MB，表示消费者能读取的最大消息的字节数）参数值要小才是正确的设置，否则 Broker 就会因为消费端无法使用这个消息而挂起。

其次，确保 log.segment.bytes（默认值为 1GB，Broker 的一个配置参数，表示 Kafka 数据文件的大小）的值大于 message.max.bytes 的值。一般说来使用默认值即可。

最后，要保证 replica.fetch.max.bytes（默认值为 1MB，表示 Broker 可复制的消息的最大字节数）。这个值应该比 message.max.bytes 大，否则 Broker 会接收此消息，但无法将此消息复制出去，从而造成数据丢失。

真题 12 Kafka 在消息为多大时吞吐量最好？ 用 Kafka 发送大消息除了修改参数还有什么方法？

【出现频率】★★★★☆ 【学习难度】★★☆☆☆

答案：Kafka 在消息为 10KB 时吞吐量达到最大，更大的消息会降低吞吐量。所以如果要用

Kafka 发送大消息，最好的做法是 Kafka 不直接发送这些消息的内容，而是将这些消息写入文件，用 Kafka 发送的消息的内容是这些文件的存储位置。

还可以在 Kafka 的生产者端压缩消息，对原始消息压缩之后，消息可能会小很多。在生产者端的配置参数中使用 compression.codec 和 commpressed.topics 可以开启压缩功能，压缩算法可以使用 GZip 或 Snappy。

最后，可以将大的消息在生产者端进行数据切片或切块为 10KB 大小，使用分区主键确保一个大消息的所有部分按序发送到同一个 Kafka 分区，在消费者端使用消息时再将这些切片数据重新聚合为原始的消息。

真题 13 如何理解 Kafka 的日志分段策略与刷新策略？

【出现频率】★ ★ ★ ☆ ☆　【学习难度】★ ★ ★ ★ ☆

答案：在实际中，可能需要调整参数来采用不同的日志分段或刷新策略。

1）Kafka 的日志分段（Segment）策略属性有如下内容。

- log.roll.{hours，ms}：日志滚动的周期时间，到达指定周期时间时，强制生成一个新的 Segment，默认值为 168h（7days）。
- log.segment.bytes：每个 Segment 的最大容量。到达指定容量时，将强制生成一个新的 Segment。默认值为 1GB（−1 代表不限制）。
- log.retention.check.interval.ms：日志片段文件检查的周期时间。默认值为 60000ms。

2）Kafka 的日志是分批刷新的，日志一开始是在缓存中的，然后根据实际参数配置的策略定期一批一批写入日志文件中，以提高吞吐量。相关策略属性有如下内容。

- log.flush.interval.Messages：消息达到多少条时将数据写入日志文件。默认值为 10000。
- log.flush.interval.ms：当达到该时间时，强制执行一次 flush。默认值为 null。
- log.flush.scheduler.interval.ms：周期性检查，是否需要将信息 flush 的频率。默认值为 Long.MAX_VALUE。

真题 14 Kafka 有什么不足之处？

【出现频率】★ ★ ★ ☆ ☆　【学习难度】★ ☆ ☆ ☆ ☆

答案：个人认为，Kafka 的不足之处有如下内容。

- 没有完整的监控工具集。
- 不支持通配符主题选择。

真题 15 Kafka 提供的保证是什么？

【出现频率】★ ★ ★ ☆ ☆　【学习难度】★ ☆ ☆ ☆ ☆

答案：Kafka 提供的保证有以下三点。

1）生产者向特定主题分区发送消息的顺序相同。

2）消费者实例按照它们存储在日志中的顺序查看记录。

3）即使不丢失任何提交给日志的记录，Kafka 也能容忍最多 N-1 个服务器故障。

真题 16 数据传输的事务定义有哪三种？ Kafka 如何传输事务？

【出现频率】★★☆☆☆ 【学习难度】★★★☆☆

答案：数据传输的事务定义通常有以下三种级别。

1）最多一次：消息不会被重复发送，最多被传输一次，但也有可能不传输。

2）最少一次：消息不会被漏发送，最少被传输一次，但也有可能被重复传输。

3）精确的一次（Exactly once）：不会漏传输也不会重复传输，每个消息都传输一次且仅仅被传输一次。这是最理想的情况。

Kafka 的做法较好。当发布消息时，Kafka 有一个 committed 的概念，一旦消息被提交了，只要消息被写入分区的所在的副本 Broker 是活动的，数据就不会丢失。当然也有缺点，假设 Broker 不会宕机，如果 Producer 发布消息时发生了网络错误，但又不确定在提交之前发生还是提交之后发生的，则可能造成数据丢失，这是极少见的情况，但也可能出现。Kafka 还没有完美解决这个问题。

并非所有情况都需要 Exactly once 这样高的级别，Kafka 允许 Producer 灵活指定级别。例如，Producer 可以指定必须等待消息被提交的通知、完全的异步发送消息而不等待任何通知，或仅仅等待 Leader 声明获取到了消息（Follower 没有必要）。

真题 17 Kafka 如何判断一个 Broker 是否有效？

【出现频率】★★☆☆☆ 【学习难度】★★☆☆☆

答案：Kafka 依据两个条件判断 Broker 是否有效。

1）Broker 必须可以维护和 ZooKeeper 的连接，ZooKeeper 通过心跳机制检查每个节点的连接。

2）如果 Broker 是 Follower，它必须能及时同步 Leader 的写操作，延时不能太久。

真题 18 Kafka 消息是采用 Pull 模式， 还是 Push 模式？

【出现频率】★★★★☆ 【学习难度】★★☆☆☆

答案：Kafka 采用大部分消息系统遵循的传统模式：Producer 将消息 Push 到 Broker，Consumer 从 Broker 以 Pull 模式获取消息。采用 Push 模式，则 Consumer 对不同速率的上游推送难以处理。Pull 模式的另外一个好处是 Consumer 可以自主决定是否批量从 Broker 拉取数据。Pull 模式有个缺点是，如果 Broker 没有可供消费的消息，将导致 Consumer 不断在循环中轮询，直到新消息到达。为了避免这点，Kafka 有个参数可以让 Consumer 阻塞直到新消息到达。

真题 19 Kafka 文件高效存储的设计原理是什么？

【出现频率】★★★★★ 【学习难度】★★☆☆☆

答案：Kafka 文件存储之所以高效，是因为它的独特设计。

1）Kafka 把 Topic 中一个 Partition 大文件分成多个小文件段，通过多个小文件段，就容易定期清除或删除已经消费完成的文件，减少磁盘占用。

2）通过索引信息可以快速定位 Message 和确定 Response 的最大值。

3）通过将索引元数据全部映射到 Memory，可以避免 Segment 文件的磁盘 IO 操作。

4）通过索引文件稀疏存储，可以大幅降低索引文件元数据占用空间大小。

上述原因也说明了 Kafka 为什么可以进行高效的数据查询。

真题 20 Kafka 创建 Topic 时如何将分区放置到不同的 Broker？

【出现频率】★ ★ ☆ ☆ ☆ 【学习难度】★ ★ ★ ☆ ☆

答案：Kafka 创建 Topic 将分区放置到不同的 Broker 时遵循以下规则。

1）副本因子不能大于 Broker 的个数。

2）第一个分区（编号为 0）的第一个副本放置位置是随机从 Broker List 中选择的。

3）其他分区的第一个副本放置位置相对于第 0 个分区依次往后移。也就是如果有 3 个 Broker，3 个分区，假设第一个分区放在第二个 Broker 上，那么第二个分区将会放在第三个 Broker 上，第三个分区将会放在第一个 Broker 上，更多 Broker 与更多分区依此类推。

剩余的副本相对于第一个副本放置位置其实是由 nextReplicaShift 决定的，而这个数也是随机产生的。

真题 21 Kafka 的 Consumer 如何消费数据？

【出现频率】★ ★ ★ ☆ ☆ 【学习难度】★ ☆ ☆ ☆ ☆

答案：Consumer 每次消费数据时，都会记录消费的物理偏移量（Offset）的位置，等到下次消费时，Consumer 会接着上次位置继续消费。

真题 22 Kafka 生产数据时数据的分组策略是什么？

【出现频率】★ ★ ☆ ☆ ☆ 【学习难度】★ ★ ☆ ☆ ☆

答案：Kafka 生产数据时数据的分组策略是：由生产者（Key）决定数据产生到集群的哪个 Partition。因为每一条消息都是以（Key、Value）格式，Key 是由生产者发送数据传入，所以生产者（Key）决定了数据产生到集群的哪个 Partition。

(5.2) 消息队列综合

消息队列已成为现在的大型分布式系统的一个重要组成部分，在业界也产生了很多著名的消息中间件，它们都有强大的功能，常用的消息队列有：Kafka、RabbitMQ、RocketMQ、ActiveMQ、ZeroMQ 等。下面一起来简单了解一下。

真题 1 Kafka 与传统消息系统的区别是什么？

【出现频率】★ ★ ☆ ☆ ☆ 【学习难度】★ ★ ★ ☆ ☆

答案：Kafka 与传统消息系统之间有如下区别。

1）Kafka 持久化日志，这些日志可以被重复读取和长期保留。

2）Kafka 是一个分布式系统，它以集群的方式运行，具有高扩展性，在内部通过复制数据提升容错能力和高可用性。

3）Kafka 支持对数据的实时流式处理。

4）Kafka 每秒消息处理速度达到十万级以上。其他消息系统远没有如此高的性能。

5）消息保留：传统的队列系统通常从队列末尾处理完成后删除消息。而 Kafka 中的消息即使在处理后仍然存在。这意味着 Kafka 中的消息不会因消费者收到消息而被删除。

6）基于逻辑的处理：传统队列系统不允许基于类似消息或事件处理逻辑。Apache Kafka 允许基于类似消息或事件处理逻辑。

真题 2 消息队列的应用场景有哪些？

【出现频率】★★★★☆ 【学习难度】★★☆☆☆

答案：在上一章 Kafka 的应用场景的答案中其实已经包含了消息队列的应用场景，简单说主要是四点：分布式系统解耦、异步处理、流量削峰、日志处理。具体可以参看 Kafka 的应用场景，这里不再详细介绍。

真题 3 消息队列有什么缺点？

【出现频率】★★★★☆ 【学习难度】★★☆☆☆。

答案：使用了消息队列，意味着系统增加了组件，增加了系统维护成本，消息队列的稳定性也会影响系统的稳定性。同时也增加了系统的复杂性，加入了消息队列，要考虑很多方面的问题，如一致性问题、如何保证消息不被重复消费、如何保证消息可靠性传输等。

真题 4 什么是 RabbitMQ？

【出现频率】★★☆☆☆ 【学习难度】★★☆☆☆

答案：RabbitMQ 是一款开源的、Erlang 编写的、基于 AMQP 协议的消息中间件。最大的特点就是消费并不需要确保提供方存在，实现了服务之间的高度解耦。支持多种客户端，如 Python、Ruby、.NET、Java、JMS、C、PHP、ActionScript、XMPP、STOMP 等，支持 AJAX、持久化。

AMQP 为消息定义了线路层（Wire-level Protocol）的协议，AMQP 天然具有跨平台、跨语言特性。但是 AMQP 仅支持 byte[ ] 消息类型（复杂的类型可序列化后发送）。提供了五种消息模式：direct exchange、fanout exchange、topic change、headers exchange、system exchange。本质来讲，后四种和 JMS 的发布-订阅模式没有太大差别，仅是在路由机制上做了更详细地划分。

真题 5 RabbitMQ 消息基于什么传输？ 它的 Message 最大可达多大？

【出现频率】★★☆☆☆ 【学习难度】★★☆☆☆

答案：RabbitMQ 使用信道的方式来传输数据。信道是建立在真实的 TCP 连接内的虚拟连接，且每条 TCP 连接上的信道数量没有限制。之所以不是直接基于 TCP 连接来传输数据，是由于 TCP 连接的创建和销毁开销较大，且并发数受系统资源限制，会造成性能瓶颈。

根据 AMQP 协议规定，RabbitMQ 消息体的大小由 64-bit 的值来指定，所以可以由此得出最大能发多大的数据了。

真题 6 什么是幂等性？ RabbitMQ 中如何保证消息幂等性？

【出现频率】★★★★☆ 【学习难度】★★★★☆

答案：幂等性，就是任意多次执行对资源本身所产生的影响均与一次执行的影响相同（网络超时等问题除外）。

消息队列的幂等性包括发送的幂等性和消费的幂等性，简单说就是消息的重复发送与消费的问题。保证消息的唯一性，就能控制消息不会因某种原因而重复发送或重复消费。

对每条消息，MQ 系统内部必须生成一个 inner-msg-id，作为去重和幂等的依据，这个内部消息 ID 应当具备的特性是：MQ 生成且全局唯一，具备业务无关性，对消息发送方和消息接收方透明。

有了 inner-msg-id，就能保证即使重发，也只有一条消息会被发送，从而实现消息发送幂等。

为了保证消费幂等性，业务消息体中，必须有一个业务 ID，作为去重和幂等的依据，这个业务 ID 的特性如下。

1）对于同一个业务场景，全局唯一。

2）由业务消息发送方生成，业务相关，对 MQ 透明。

3）由业务消息消费方负责判重，以保证幂等。

有了这个业务 ID，便能够保证消息消费方即使收到重复消息，也只有 1 条消息被消费，从而保证了消费时的幂等。

真题 7 **如何保证 RabbitMQ 消息的顺序性？**

【出现频率】★★☆☆☆　【学习难度】★★☆☆☆

答案：通过单线程消费消息结合消息编号可保证消息的顺序性。就是说在单线程的情况下，对消息进行编号，消费者根据编号来顺序处理消息。

真题 8 **RabbitMQ 有何特点？**

【出现频率】★★☆☆☆　【学习难度】★★★☆☆

答案：RabbitMQ 的特点简单总结如下。

- 可靠性、持久化、传输确认、发布确认。
- 灵活的路由，多个交换器可以绑定。
- 扩展性，可以组成集群。
- 高可用性，队列镜像。
- 支持多种协议，如 AMPQ、STOMP、MQTT 等。
- 支持多语言客户端，包括所有常用语言。
- 提供管理界面。
- 插件机制。

真题 9 **RabbitMQ 消息持续积压几十万、几百万甚至更多，该如何解决？**

【出现频率】★★☆☆☆　【学习难度】★★★☆☆

答案：大量消息持续积压，是 Consumer 消费消息的速度不能满足需要造成的，建议紧急扩容，过程大体如下。

1）解决消息积压，首先从 Consumer 消费速度着手。根据当前系统的 Consumer 消费速度与消息积压的速度评估出要扩容 Consumer 的合适倍数，假定是 10 倍。

2）新建一个 Topic，Partition 是原来的 10 倍，临时建立好原来 10 倍的 Queue 数量。

3）然后编写一个临时分发数据的 Consumer 程序，这个程序部署上去消费积压的数据，消费之后不做耗时的处理，直接均匀轮询写入临时建立好的 10 倍数量的 Queue。

4）接着用 10 倍的机器来部署 Consumer，每一批 Consumer 消费一个临时 Queue 的数据。这种做法相当于是临时将 Queue 资源和 Consumer 资源扩大 10 倍，以正常的 10 倍速度来消费数据。

5）等快速消费完积压数据之后，撤销临时扩容的服务，恢复原有的 Consumer 服务来消费消息。

真题 10 在实际应用中，消息队列满了以后该如何处理？

【出现频率】★★★★☆ 【学习难度】★★☆☆☆

答案：与前面的大量消息积压的处理方法类似，先想办法快速消费积压的消息。如果有数据丢失，则查出来，重新发送处理。

真题 11 什么是 JMS？

【出现频率】★★★☆☆ 【学习难度】★★☆☆☆

答案：JMS 即 Java 消息服务（Java Message Service），是 Java 平台中关于面向消息中间件（MOM）的 API，提供标准的产生、发送、接收消息的接口，用于在两个应用程序之间，或分布式系统中发送和接收消息，进行异步通信。Java 消息服务是一个与具体平台无关的 API，绝大多数 MOM 提供商都对 JMS 提供支持。

消息是 JMS 中的一种类型对象，由两部分组成：报头和消息主体。报头由路由信息及有关该消息的元数据组成。消息主体则携带着应用程序的数据或有效负载。根据有效负载的类型可以将消息分为几种类型：简单文本（TextMessage）、可序列化的对象（ObjectMessage）、属性集合（MapMessage）、字节流（BytesMessage）、原始值流（StreamMessage）。

真题 12 什么是 RocketMQ？ 有什么特点？

【出现频率】★★★☆☆ 【学习难度】★★☆☆☆

答案：RocketMQ 是阿里推出的一款纯 Java 的分布式、队列模型的消息中间件，具有以下特点。

- 能够保证严格的消息顺序。
- 提供丰富的消息拉取模式。
- 高效的订阅者水平扩展能力。
- 亿级消息堆积能力，消息堆积后，写入低延迟。
- 实时的消息订阅机制。

真题 13 为什么使用 RocketMQ？

【出现频率】★★★☆☆ 【学习难度】★★☆☆☆

答案：使用 RocketMQ 有如下理由。

- 强调集群模式无单点、可扩展、任意一点高可用、水平扩展。
- 海量数据的堆积能力，消息堆积后，写入延迟低。
- 支持上万个队列。
- 消息失败重试机制。
- 消息可查询。
- 成熟度（支持了阿里各大购物节）。
- 开源社区支持。

真题 14 什么是 ActiveMQ？它有什么特点？

【出现频率】★★★☆☆　【学习难度】★★☆☆☆

答案：ActiveMQ 是 Apache 研发的开放源代码的消息中间件，是一个纯 Java 程序，只需要操作系统支持 Java 虚拟机，ActiveMQ 便可执行。ActiveMQ 有如下特点。

- 支持 Java 消息服务（JMS）1.1 版本和 J2EE 1.4 规范（持久化、XA 消息和事务）。
- 和 Spring 集成非常容易。
- 支持集群（Clustering）。
- 支持的编程语言包括：C、C++、C#、Delphi、Erlang、Haskell、Java、JavaScript、Perl、PHP、Pike、Python 和 Ruby。
- 支持众多协议：OpenWire、REST、STOMP、WS-Notification、MQTT、XMPP 及 AMQP。
- 可插拔的体系结构，可以灵活制定，如消息存储方式、安全管理等。
- 很容易和 Application Server 集成使用。
- ActiveMQ 有两种通信方式，点到点形式和发布订阅模式。
- 支持通过 JDBC 和 Journal 提供高速的消息持久化。
- 支持和 Axis 的整合。

真题 15 ActiveMQ 持久化消息非常慢时如何处理？

【出现频率】★★☆☆☆　【学习难度】★★★☆☆

答案：ActiveMQ 默认非持久化的消息异步发送，持久化的消息是同步发送。同步发送持久化的消息，速度可能会非常慢。这时该如何处理呢？答案就是开启事务。在开启事务的情况下，所有消息都是异步发送的，效率会有两个数量级的提升。所以在发送持久化消息时，请务必开启事务模式。其实发送非持久化消息时也建议开启事务，因为根本不会影响性能。

真题 16 ActiveMQ 消息有不均匀消费时如何处理？

【出现频率】★★☆☆☆　【学习难度】★★★☆☆

答案：有时 ActiveMQ 在发送一些消息之后，开启两个消费者去处理消息。会发现一个消费者处理了所有的消息，另一个消费者却没收到任何消息。出现这种不均匀消费现象的原因在于 ActiveMQ 的 prefetch 机制。当消费者去获取消息时，不是一条一条去获取，而是一次性获取一批消息，默认是 1000 条。这些预获取的消息，在还没确认消费之前，在管理控制台还是可以看见这些消息的，但是不会再分配给其他消费者，此时这些消息的状态是已分配未消费状态，如果消息最后被消费，则会在服务器端被删除，如果消费者崩溃，则这些消息会被重新分配给新的消费者。但是如果消费者既不消费确认，又不崩溃，那这些消息就留在消费者的缓存区里无法处理。这样就造成了消费不均匀的现象。解决办法就是：将 prefetch 设为 1，每次处理 1 条消息，处理完再去取，这样性能上也不会慢多少，个人建议可以设置得稍微大一些，如 50 或 100，较小批量地获取。

真题 17 ActiveMQ 数据丢失怎么办？ActiveMQ 有哪些持久化机制？

【出现频率】★★☆☆☆　【学习难度】★★★☆☆

答案：想防止数据丢失，可以对数据进行持久化，ActiveMQ 的数据持久化机制有 JDBC、AMQ

（日志文件）、KahaDB 和 LevelDB。KahaDB 是 ActiveMQ 5.4 开始默认的持久化插件，从 ActiveMQ 5.6 版本之后，又推出了 LevelDB 的持久化引擎。目前默认的持久化方式仍然是 KahaDB，不过 LevelDB 持久化性能高于 KahaDB，以后可能成为主流。ActiveMQ 在 5.9 版本提供了基于 LevelDB 和 ZooKeeper 的数据复制方式，用于 Master-Slave 方式的首选数据复制方案。当然，也可以通过 JDBC 持久化到 MySQL 等数据库。

真题 18 自己如何设计一个消息队列？

【出现频率】★ ★ ★ ★ ☆ 【学习难度】★ ★ ★ ★ ☆

答案： 如何设计大家可以见仁见智。笔者会从如下几点来考虑设计一个消息队列。

1）仍然采用传统的消息传送方式，生产者 Push 消息到消息队列，消费者主动 Pull 消息进行消费。

2）考虑高可用性、支持集群、主从复制和消息数据的持久化。同时也要实现负载均衡并且考虑高吞吐量。

3）要考虑可伸缩性，尽可能做到易用、好维护。

4）保证消息的顺序性。

5）消息至少会发送一次，同时尽量做到消息不重复发送。

6）支持多个 Topic，一个 Topic 支持多消费者 Pull 消息。

7）要保障数据的一致性，方案应该也保证最终一致性，也要考虑好容错性。

8）处理好各种异常（包括网络异常）。

9）尽可能实现多语言、多协议的支持。

第6章 常用NoSQL与缓存框架

关系型数据库用来存储重要信息，应对普通的业务是没有问题的，曾经很长一段时间处于数据存储领域的领先位置。但是，随着互联网和现代软件行业的高速发展，传统的关系型数据库在应付超大规模、超大流量及高并发时已经力不从心，于是NoSQL就应运而生，并获得了快速发展。

NoSQL的解释一般为Non-relational，泛指非关系型数据库，也有的解释为Not Only SQL（不仅仅是SQL），这两种说法都可以，总之，NoSQL是区别于传统关系型数据库的存在，是关系型数据库的一个很好的补充，是对不同于传统关系型数据库的统称，它并不是用来完全取代关系型数据库的。NoSQL数据库种类繁多，有一个共同的特点就是去掉了关系数据库的关系型特性，不保证关系数据的ACID特性，数据之间无关系，从而使系统具有很好的扩展性。非关系型数据库不使用SQL作为查询语言，数据存储不需要特定的表格模式。NoSQL数据库设计简单且拥有非常好的性能，它的产生就是为了解决大规模数据集合多重数据种类带来的挑战，尤其是大数据应用难题，包括超大规模数据的存储。

在处理非结构化/半结构化的大数据，在水平方向上进行扩展，随时应对动态增加的数据项时可以优先考虑使用NoSQL数据库。

在考虑数据库的成熟度、支持、分析和商业智能、管理及专业性等问题时，应优先考虑关系型数据库。

关系型数据库的短板主要体现在三方面。

1）高并发：现在的大型电商网站（如天猫、京东）等，在购物节时并发量是惊人的，数以百万甚至千万计，传统关系型数据库满足不了这种需求，如Oracle的Session数量推荐的才只有500，关系型数据库通过读写分离虽然能提高性能，但应对高并发还是不够。

2）海量数据的高效率存储与查询：现在早都进入了大数据时代，无论是大型电商网站还是大型社交平台或搜索平台，每天都会产生大量的数据，对这些海量数据，如何高效地存储，以及如何对它们进行高效查询，获取相应的数据，这些都不是关系型数据库能解决的问题。

3）高可用和高扩展：关系型数据通过集群，可以实现高可用，但是扩容成本也很高。

而NoSQL正是为了解决这些问题而产生的，关系型数据库与NoSQL的结合使用已经成为现代大型软件系统（即使很多小的系统也是如此）常规数据读写的解决方案。

下面一起来了解一下NoSQL和关系型数据库的区别，主要在以下几个方面。

1）存储方式：关系型数据库是表格式的，数据以表的行和列方式进行存储。它们之间很容易关联协作存储，提取数据很方便。而NoSQL数据库则与其相反，它是大块的组合在一起。通常存储在数据集中，就像文档、键值对或者图结构。

2）存储结构：关系型数据库以结构化的方法存储数据，数据表都预先定义了结构（列的定义），结构描述了数据的形式和内容。这一点对数据建模至关重要，虽然预定义结构提供了良好的可靠性和稳定性，但是修改这些数据比较困难。而 NoSQL 数据库基于动态结构，使用的是非结构化数据。因为 NoSQL 数据库是动态结构，可以很好地适应数据类型和结构的变化。

3）存储规范：关系型数据库为了避免重复、规范化数据及充分利用好存储空间，把数据按照最小关系表的形式进行存储，让数据管理变得很清晰，但是单个操作设计到多张表时，数据管理就显得有点麻烦。而 NoSQL 数据存储在平面数据集中，数据经常可能会重复。单个数据库很少被分隔开，而是存储成了一个整体，这样整块数据更加便于读写。

4）存储扩展方式：关系型数据库的数据存储在关系表中，操作的性能瓶颈可能涉及多个表，而且数据表越多这个问题越严重，如果要缓解这个问题，可以通过提升计算机性能来解决。纵向扩展虽然有一定的扩展空间，但是最终会达到纵向扩展的上限。而 NoSQL 数据库是横向扩展的，它的存储天然就是分布式的，可以通过给资源池添加更多的普通数据库服务器来分担负载。其中的横向扩展是指扩展服务器的数量来增强处理业务（包括高并发处理）的能力；纵向扩展是指增加单机的处理能力，一般是增加 CPU 的处理能力。

5）查询方式：关系型数据库通过结构化查询语言来操作数据库（就是通常说的 SQL）。SQL 支持数据库 CURD 操作的功能非常强大，是业界的标准用法。而 NoSQL 查询以块为单元操作数据，使用的是非结构化查询语言（UnQl），它是没有标准的。关系型数据库表中主键的概念对应 NoSQL 中存储文档的 ID。关系型数据库使用预定义优化方式（如索引）来加快查询操作，而 NoSQL 使用的是更简单、更精确的数据访问模式。

6）事务：关系型数据库的事务遵循 ACID 原则：即原子性（Atomicity）、一致性（Consistency）、隔离性（Isolation）、持久性（Durability），而 NoSQL 数据库遵循 BASE 原则：基本可用（Basically Availble）、软/柔性事务（Soft-state）、最终一致性（Eventual Consistency）。关系型数据库追求数据的强一致性，对事务的支持很好，支持对事务原子性细粒度控制，并且易于回滚事务。而 NoSQL 数据库是在分布式系统 CAP 理论（一致性 Consistency、可用性 Availability、分区容错性 Partition tolerance）中任选两项，因为基于节点的分布式系统中，很难全部满足，所以对事务的支持不是很好，虽然也可以使用事务，但是并不是 NoSQL 的闪光点，NoSQL 不追求实现强一致性，而是实现数据的弱一致性或最终一致性。

简而言之，柔性事务满足 Base 理论（基本可用、最终一致性）、CAP 理论，刚性事务满足 ACID 理论。

7）性能：关系型数据库为了维护数据的强一致性付出了巨大的读写性能代价，处理海量数据时效率很低，在高并发时读写性能会显著降低。而 NoSQL 数据多以 Key-value 方式存储，并且数据存储在内存中，非常容易存储和获取。NoSQL 对数据的弱一致性要求通常不需要处理事务，并且 NoSQL 无须解析 SQL，这些都提高了读写性能。

8）授权方式：大多数主流的关系型数据库是商业的，价格昂贵，而 NoSQL 通常是开源免费的。

NoSQL 数据库的阵营越来越庞大，据不完全统计，至今已出现了 100 多个 NoSQL 数据库系统，根据它的数据存储类型，可经将 NoSQL 做如下分类，见表 6-1。

表 6-1 NoSQL 数据库

类 型	部 分 代 表	特 点
列存储	HBase Cassandra Hypertable	顾名思义，是按列存储数据的。最大的特点是方便存储结构化和半结构化数据，方便做数据压缩，对针对某一列或者某几列的查询有非常大的 IO 优势
文档存储	MongoDB CouchDB	文档存储一般用类似 JSON 的格式存储，存储的内容是文档型的。这样也就有机会对某些字段建立索引，实现关系数据库的某些功能
Key-value 存储	BerkeleyDB Memcached Redis	可以通过 Key 快速查询到其 Value
图形存储	Neo4J FlockDB	图形关系的最佳存储。使用传统关系数据库来解决性能低下，而且设计使用不方便
对象存储	Db4o Versant	通过类似面向对象语言的语法操作数据库，通过对象的方式存取数据
XML 数据库	BerkeleyDB XML BaseX	高效存储 XML 数据，并支持 XML 的内部查询语法，如 XQuery、Xpath

最后，来简单总结一下 NoSQL 的优缺点。

优点如下。

- 支持高并发、大数据、大流量下读写能力较强。
- 支持分布式，有良好的可扩展性和可伸缩性，成本也比较低。
- 弱结构化数据存储，简单灵活。

缺点如下。

- 存储没有标准化，通用性差。
- 只提供了有限的查询功能，Join 等复杂操作能力较弱。
- 对事务支持较弱。
- 没有完整约束，对复杂业务场景支持较差。

 6.1 Redis

Redis 是一个高性能的 Key-value 数据库。Redis 的出现，很大程度补偿了 Memcached 这类 Key-value 存储的不足，在部分场合可以对关系型数据库起到很好的补充作用。它提供了 Java、C/C++、C#、PHP、JavaScript、Perl、Object-C、Python、Ruby、Erlang 等客户端，使用很方便，Redis5.0 是第一个加入流数据类型（Stream Data Type）的版本，当前最新稳定的版本是 Redis6.06。Redis 使用标准版本标记进行版本控制，偶数的版本号表示稳定的版本，如 5.0、6.06，奇数的版本号表示非稳定版本，如 3.9 是非稳定版本。

Redis 也提供消息队列功能，不过它的主要使用场合是 Key-value 数据库和高速缓存。在一些小系统或业务比较简单、访问量不太大的系统，可以用 Redis 同时作为 Key-value 数据库、高速缓存和消息队列服务器，可以减少运维的工作量。

这里来介绍一些 Redis 的基础知识。

Redis 的配置文件位于 Redis 安装目录下，文件名为 redis.conf。启动服务后，可以通过 config 命令查看或设置配置项。查看配置项格式如下：

```
redis 127.0.0.1:6379> config get <setting_name>      //setting_name 指需要获取的配置项名
```

获取所有配置项用 * 号，如：

```
redis 127.0.0.1:6379> config get *
```

修改配置项，可以直接修改 redis.conf 文件，也可以使用 config set 命令来修改，语法格式如：

```
redis 127.0.0.1:6379> config set <settin_name> <new_value>      //settin_name 为配置项名,new_
value 为给配置项设置的新值
```

Redis 的默认端口是 6379。那么为什么是 6379 呢？6379 在是（9 键盘）手机按键上"MERZ"对应的数字，而"MERZ"取自意大利歌女 Alessia Merz 的名字。"MERZ"长期以来被 Redis 作者 Antirez 及其朋友当作愚蠢的代名词。当然后来 Antirez 重新定义了"MERZ"，形容意义是"具有很高的技术价值，包含技艺、耐心和劳动，但仍然保持简单本质"。如果想修改 Redis 的端口，修改配置项"port"即可。

Redis 默认不是以守护进程的方式运行，但通常要以守护进程的方式运行 Redis，这时需要修改配置项"daemonize"，设置参数值为 yes。再重启 Redis 即可。

Redis 可以设置连接密码，如果配置了连接密码，客户端在连接 Redis 时需要通过"auth <password>"命令提供密码。默认是关闭的，无须密码连接，如果需要开启，则开启配置项"requirepass"并设置密码便可，当然用 config 命令设置密码也是可以的。命令示例如下：

```
127.0.0.1:6379> config set requirepass "redispassword"
```

设置后就需要通过密码登录了，命令如：

```
127.0.0.1:6379> auth redispassword
```

Redis 默认开启了配置项"bind"，值为 127.0.0.1，这样只能本机访问，如果要从其他机器上连接访问 Redis，则需要修改该配置项值，支持配置多个 IP，只需以逗号分隔，如有需要，则添加 Redis 服务器对外开放的 IP 地址，配置如"bind 127.0.0.1，192.168.1.88"。

与 RDB（Redis DataBase）持久化有关的参数配置项主要是"save"，这个配置项的格式如 save <seconds> <changes>，意义是：指定在多长时间内，有多少次更新操作，就将数据同步到数据文件，可以多个条件配合，Redis 默认配置文件中提供了三个条件：

```
save 900 1
save 300 10
save 60 10000
```

分别表示 900s（15min）内有 1 个更改，300s（5min）内有 10 个更改，以及 60s 内有 10000 个更改。

修改本地数据的存放目录，可以修改配置项"dir"。

自定义本地数据文件名称（默认名为 dump.rdb）可以修改配置项"dbfilename"。

开启 AOF（Append-only file）持久化，则可以修改配置项"appendonly"的值为 yes，默认为 no。

自定义 AOF 持久化的日志文件名，可以修改配置项"appendfilename"，默认文件名为 appendonly.aof。

设置 AOF 持久化更新日志文件的条件的配置项为"appendfsync"，默认值为 everysec，这个配置项有三个可选值。

- no：表示等待操作系统进行数据缓存同步到磁盘（快）。
- always：表示每次更新操作后手动调用 fsync()将数据写到磁盘（慢，安全）。
- everysec：表示每 s 同步一次（综合性能与安全性的折中值，也是默认值）。

Redis 的配置项很多，redis.conf 中都有详细说明与配置示例，大家可以根据实际需要进行配置使用，这里不一一讲解。

Redis 默认有 16 个数据库，以数字 0~15 表示，默认使用的数据库为 0，可以使用 select <dbid> 命令在连接上指定要访问的数据库。

接下来介绍 Redis 的事件模型，需要知道的是 Redis 的事件模型是自己实现的。事件模型是构成 Redis 内核的引擎，Redis 的丰富功能和组件都是构建在这个模型上的。

Redis 作为一个事件驱动的服务程序，在事件驱动模型下工作，当有来自外部或内部的请求时，才会执行相关的流程。Redis 程序的整个运作都是围绕事件循环（Event Loop）进行的。

之所以采取事件模型，是因为事件驱动模型有两大优势。

1）有利于架构解耦和模块化开发：有利于功能架构实现上更加解耦，模块的可重用性更高。因事件循环的流程本身和具体的处理逻辑之间是独立的，只要在创建事件时关联特定的处理逻辑（事件处理器），就可以完成一次事件的创建和处理。

2）有利于减小高并发量情况下对性能的影响：相比一个连接分配一个线程的模型，Reactor 模式（固定线程数）在连接数增大的情况下吞吐量不会明显降低，延时也不会受到显著的影响。

在 Redis 的服务程序中存在两种类型的事件，分别是文件事件和时间事件。文件事件是对 Socket（套接字）通信操作的统称，时间事件是 Redis 中定时运行的任务或者是周期性的任务（目前 Redis 中只有 serverCron 这一个周期性时间事件，并没有定时时间事件）。Redis 服务基于 Reactor 模式来实现文件事件处理器，通过 Reactor 的方式，可以将用户线程轮询 IO 操作状态的工作统一交给 Event Handler（事件处理器）循环进行处理。

文件事件处理器有四个组成部分，它们分别是套接字、I/O 多路复用程序、文件事件分派器及事件处理器。

文件事件是对套接字操作的抽象，每当一个套接字准备好执行 accept、read、write 和 close 等操作时，就会产生一个文件事件。因为 Redis 通常会连接多个套接字，所以多个文件事件有可能并发出现。

IO 多路复用程序负责监听多个套接字，并向文件事件派发器传递那些产生了事件的套接字。

IO 多路复用程序总是会将所有产生的套接字都放到同一个队列（也就是后文中描述的 aeEventLoop 的 fired 就绪事件表）中，然后文件事件处理器会以有序、同步、单个套接字的方式处理该队列中的套接字，也就是处理就绪的文件事件。

文件事件分派器接收 IO 多路复用程序传来的套接字，并根据套接字产生的事件的类型，调用相应的事件处理器。这些事件处理器是一种函数，定义了某个事件发生时，服务器应该执行的动作。

Redis 是单进程、单线程的，所有的操作都是按照顺序线性执行的，但是由于读写操作等待用户输入或输出都是阻塞的，所以 IO 操作在一般情况下往往不能直接返回，这会导致某一文件的 IO 阻塞整个进程，无法对其他客户提供服务，所以 Redis 采用网络 IO 多路复用技术来保证在多连接时系统能保持高效。

Redis 的 aeMain 函数在初始化工作完成后，就会进行事件驱动循环，而在循环中，会调用 IO 复用函数进行监听。

Redis 的多路复用 IO 模型主要是基于 Epoll 实现的，不过它也提供了 Select、Kqueue 和 Evport 的实现，默认采用 Epoll。IO 多路复用就通过一种机制，可以监视多个描述符，一旦某个描述符就绪，能够通知程序进行相应的操作。通俗的说法是：在单个线程中通过记录跟踪每一个 Socket（IO 流）的状态来管理多个 IO 流，这个状态对应的就是前面说的描述符。

在 Redis 中将感兴趣的事件及类型（读、写）通过 IO 多路复用程序注册到内核中并监听每个事件是否发生。当 IO 多路复用程序返回时，如果有事件发生，Redis 在封装 IO 多路复用程序时，将所有已经发生的事件及该事件的类型封装为 aeFiredEvent 类型，放到 aeEventLoop 的 fired 成员中，形成一个队列。通过这个队列，Redis 以有序、同步、每次一个套接字事件的方式向文件事件分派器传送套接字，并处理发生的文件事件。

Redis 表示事件模型的数据结构是对该事件标识、事件类型和事件处理函数的一种抽象，就是 Reactor 模式中的 Handle（描述符）和 Event Handler（事件处理器）的集合。

Redis 中的 IO 多路复用机制对应于 Reactor 模式中的同步事件分离器。Redis 需要在多个平台上运行，为了最大化执行的效率与性能，考虑到了不同系统可能支持不同的 IO 多路复用机制，因此实现了 Select、Epoll、Kqueue 和 Evport 四种不同的 IO 多路复用以供选择，并且每种 IO 多路复用机制都提供了完全相同的外部接口。这个是在 ae.c 文件中实现的，在 ae.c 文件中的条件编译语句选择的顺序依次是 Evport、Epoll、Kqueue 和 Select，根据编译平台的不同，选择不同的 IO 多路复用函数作为子模块，给上层提供统一的接口，这样隔离了系统对 IO 多路复用机制支持的差异。

需要说明的是 Redis 首先处理发生的文件事件，然后才会处理时间事件。

aeProcessEvents 函数是 Redis 中作为事件分派器的处理函数，在此函数中处理文件事件和时间事件，且先处理文件事件再处理时间事件。aeProcessEvents 函数有一个参数为 flags，它指定 Redis 是处理时间事件还是文件事件又或者是两种事件的并集，重点介绍一下 flags 的一个重要的标志位值：AE_DONT_WAIT 标志，它是获取就绪文件事件时是否阻塞的标志位。按照 Reactor 的设计模式，在文件事件分派器上调用同步事件分离器，获取已经就绪的文件事件。调用同步事件分离器就是要调用 IO 多路复用函数，而 IO 多路复用函数有可能阻塞（依据传入的时间参数，决定不阻塞、永久阻塞还是阻塞特定的时间段）。为了防止 Redis 线程长时间阻塞在文件事件等待就绪上而耽误了及时处理到时的时间事件，并且防止 Redis 过多重复性的遍历时间事件形成的无序链表，Redis 在 aeProcessEvents 的实现中通过设置 flags 中的 AE_DONT_WAIT 标志位达到以上目的。

Redis 对于时间事件是采用链表的形式记录的，这导致每次寻找最早超时的那个事件都需要遍历整个链表，容易造成性能瓶颈（而 Memcached 依赖的 Libevent 是采用最小堆记录时间事件，寻找最早超时事件只需要 O（1）的复杂度）。

关于多路利用的四种方式，简单说明一下。

- Select 是 Posix 提供的，一般的操作系统都能提供支持。
- Epoll 是 Linux 系统内核提供支持的。
- Evport 是 Solaris 系统内核提供支持的。
- Kqueue 是 Mac 系统提供支持的。

最后给 Redis 的初始化做个简要的说明能提供支持。

- 服务器经过初始化之后，才能开始接受命令。
- 服务器初始化可以分为 6 个步骤。
  - 初始化服务器全局状态。
  - 载入配置文件。
  - 创建 Daemon 进程。
  - 初始化服务器功能模块。
  - 载入数据。
  - 开始事件循环。
- 服务器为每个已连接的客户端维持一个客户端结构，这个结构保存了这个客户端的所有状态信息。
- 客户端向服务器发送命令，服务器接受命令然后将命令传给命令执行器，执行器执行给定命令的实现函数，执行完成之后，将结果保存在缓存，最后回传给客户端。

真题1 **什么是 Redis？ Redis 主要有哪些功能？**

【出现频率】★★★★★ 【学习难度】★★★★★

答案：Redis 的全称是 Remote Dictionary Server，即远程字典服务，是一个完全开源免费的、采用 BSD 开源许可、高性能的 Key-value 数据库，也可用作高速缓存和消息队列代理。它使用 ANSI C 语言编写，它基于内存也可以持久化。它支持多种类型的数据结构，包括字符串、哈希表、列表、集合、有序集合、位图（Bitmap）、Hyperloglog 和地理空间（Geospatial）等。Redis 内置了复制（Replication）、LUA 脚本（Lua scripting）、LRU 驱动事件（LRU eviction）、事务（Transaction）和不同级别的磁盘持久化（Persistence）等功能，并通过 Redis 哨兵（Sentinel）和自动分区（Cluster）提供高可用性（High Availability）。

Redis 的主要功能有如下内容。

1）支持多种数据类型。常用的基本数据类型有：String（字符串），Hash（哈希），List（列表），Set（集合）及 ZSet（Sorted Set 有序集合）。

2）Redis Shell：Redis 提供了 redis-benchmark、redis-cli、redis-server 等 Shell 工具。redis-benchmark 可以为 Redis 做基准性能测试，测试 Redis 在当前系统及配置下的读写性能；redis-cli 是一个可执行命令行操作的客户端工具（也可以使用 Telnet 根据其纯文本协议操作）；redis-server 是 Redis 的

服务端。

3）事务：Redis 事务可以一次执行多个命令，Redis 可以将一组命令放到 MULTI 和 EXEC 命令中，它先以 MULTI 开始一个事务，然后将多个命令入队到事务中，最后由 EXEC 命令触发事务，一并执行事务中的所有命令，形成一个完整事务，并保证事务的原子性、一致性、隔离性、持久性。

4）LUA 脚本：在事务的基础上，如果需要一次性地执行更复杂的操作，则可以用 LUA 来帮助完成。LUA 脚本在 Redis 中是原子执行的，LUA 可以帮助开发和运维人员开发定制的命令，并将命令常驻在内存中，实现复用 LUA 脚本可以将多条命令一次性打包，有效减少网络开销。

5）持久化：Redis 的持久化指的是把内存中的数据写入磁盘，在 Redis 重新启动时会自动加载这些数据，从而最大限度地降低缓存丢失带来的影响。分 RDB 持久化和 AOF 持久化两种，可以同时进行。RDB 持久化是将当前进程数据生成快照保存到磁盘。AOF 持久化以日志模式记录每次的写操作，是主流的持久化方式。

6）PipeLine（管道）：将多个命令合并成一个进行操作，减少了网络传输。

7）BitMap（位图）：支持进行位操作的二进制字符串。

8）Geospatial：支持地理位置的存储和计算，Redis3.2 实现的功能。

9）哨兵（Sentinel）和复制（Replication）：Sentinel 可以管理多个 Redis 服务器，它提供了监控、提醒及自动故障转移的功能，Replication 则实现了主从复制功能。Redis 使用这两个功能来保证高可用。

10）集群（Cluster）与数据分区：Redis3.0 版本以上支持由多个 Redis 服务器组成的分布式网络服务集群，每个 Redis 服务器称为节点，节点之间互相通信，两两相连，无中心节点。集群可以实现数据分区，即自动分割数据到不同的 Redis 服务器节点，每个实例只保存 Key 的一个子集，一些 Redis 服务器出现故障时，Redis 服务仍然可用。

真题 2 Redis 有哪些优点？ 有什么不足？
【出现频率】★★★★☆ 【学习难度】★★★☆☆

答案：Redis 的优点很多，这里总结了几点。

1）性能极高，读写速度快。数据存放在内存中，读写速度都可达到每秒 10 万级/s。

2）支持丰富的数据类型：String、Hash、List、Set、Sorted Set 等。

3）Redis 的所有操作都是原子性的，同时也支持事务，可保证在一个事务内执行多个操作的原子性。

4）Redis 具有丰富的特性，支持缓存、消息队列、按 Key 设置过期（Expire）时间等。

5）支持数据持久化，将内存数据持久化到磁盘，可进行数据恢复操作，从而有效地防止数据丢失。

6）Redis 单个 Value 的最大限制是 512MB。

当然，Redis 也有缺陷，除了前面讲到的 NoSQL 的不足外，还有重要一点，就是数据库容量受到物理内存的限制，不能用作海量数据的高性能读写。因此 Redis 比较适合数据量不太大的高性能操作和运算。

真题 3 Redis 与其他 Key-value 数据库有什么区别？
【出现频率】★★★★☆ 【学习难度】★★★☆☆

答案：同其他 Key-value 数据库相比，Redis 有如下不同。

1）Redis 不仅仅支持简单的 Key-value 类型的数据，也支持更为复杂的数据结构并且提供对它们的原子性操作。

2）Redis 运行在内存中但支持将数据持久化到磁盘，便于灾难恢复数据，重启时能自动加载持久化的数据。在内存数据库方面的另一个优点是，相比在磁盘上相同的复杂的数据结构，在内存中操作起来非常简单，这样 Redis 可以做很多内部复杂性很强的事情。同时，在磁盘格式方面他们是紧凑的、以追加的方式产生的，因为它们并不需要进行随机访问。

3）Redis 支持数据的备份，即 Master-Slave 模式的数据备份。

真题 4 **Redis 支持哪些数据类型？**

【出现频率】★★★★★ 【学习难度】★★☆☆☆

答案：Redis 支持五种基本数据类型：String（字符串）、Hash（哈希）、List（列表）、Set（集合）及 ZSet（Sorted Set 有序集合）。还支持 HyperLogLog、Geospatial、BitMap 等数据结构，此外还有 BloomFilter、RedisSearch、Redis-ML 等。

HyperLogLog 是用来做基数统计的算法，HyperLogLog 的优点是，在输入元素的数量或者体积非常大时，计算基数所需的空间总是固定的、并且是很小的。HyperLogLog 只会根据输入元素来计算基数，而不会储存输入元素本身。

Geospatial 用于地理位置的存储和计算，Redis3.2 版本开始提供此功能。

BitMap 实际上不是特殊的存储结构，其本质上是二进制字符串，可以进行位操作，其经典应用场景之一是日活跃用户统计。

真题 5 **Memcached 与 Redis 有何区别？ Redis 相比 Memcached 有哪些优点？**

【出现频率】★★★☆☆ 【学习难度】★★★☆☆

答案：前面关于 Redis 与其他 Key-value 数据库的不同其实已经部分回答了这个问题，这里再将两者做个比较。

首先 Memcached 支持的数据类型比较单一，Redis 支持多种数据类型。

Memcached 数据保存在内存，一旦出现故障，无法恢复数据。Redis 数据保存在内存，但可持久化到磁盘，出现故障，重启服务能部分或全部恢复数据。

Memcached 数据量不能超过系统内存，但可以修改最大内存，淘汰策略采用 LRU 算法。Redis 增加了 VM 的特性，突破了物理内存的限制。Redis 使用底层模型不同，它们之间底层实现方式以及与客户端之间通信的应用协议不一样。Redis 直接自己构建了 VM 机制，因为一般的系统调用系统函数会浪费一定的时间去移动和请求。

Redis 是单进程单线程的原子操作，Redis 利用队列技术将并发访问变为串行访问，消除了传统数据库串行控制的开销。而 Memcached 是多线程的操作。

Memcached 单个 Key-value 大小有限制，一个 value 最大容量 1MB，而 Redis 最大容量为 512MB。

Memcached 只能通过客户端实现分布式存储，Memcached 各节点之间不能相互通信。Redis（早期版本与 Memcached 一样，可在客户端实现分布式存储，服务端构建分布式是从 3.0 版本开始）则在服务端构建分布式存储，Redis 集群没有中心节点，各个节点地位平等，具有线性可伸缩的功能。Redis 节点之间、节点与客户端之间都可以进行通信。

Redis 相比 Memcached 的优点如下。

1）Memcached 所有 value 均是字符串，Redis 支持更为丰富的数据类型。

2）Redis 是单线程的原子操作。适用于一些特定场景。

3）Redis 可以持久化缓存数据，防止数据丢失。

真题 6 Redis 集群方案有哪些？ 请谈谈对 Redis Cluster（集群）的理解。

【出现频率】★★★☆☆ 【学习难度】★★★☆☆

答案：Redis 的集群方案大致有三种：Redis Cluster 集群方案、Master/Slave 主从方案、哨兵模式来进行主从替换及故障恢复。

Redis Cluster 是一个实现了分布式且允许单点故障的 Redis 高级版本，它完全去中心化，没有中心节点，各个节点地位平等，具有线性可伸缩的功能。节点与节点之间通过二进制协议进行通信，节点与客户端之间通过 ASCII 协议进行通信。

Redis Cluster 提供了自动将数据分散到不同节点的能力。在数据的放置策略上，Redis Cluster 将整个 Key 的数值域分成 16384 个哈希槽（Hash Slot），每个节点上可以存储一个或多个哈希槽，就是说当前 Redis Cluster 支持的最大节点数就是 16384。集群中的所有信息（节点、端口、Slot 等），都通过节点之间定期的数据交换而更新。Redis 客户端可以在任意一个 Redis 节点发出请求，如果所需数据不在该节点中，则通过重定向命令引导客户端访问所需的节点。

Redis Cluster 也提供了当集群中的一部分节点失效或者无法进行通信时，仍然可以继续处理命令请求的能力。Redis Cluster 必须要有 3 个或以上的主节点。

真题 7 Redis 是如何实现持久化的？

【出现频率】★★★★☆ 【学习难度】★★★★☆

答案：Redis 有三种持久化方式：RDB 持久化、AOF 持久化和 RDB-AOF 混合模式。

1）RDB（Redis DataBase）持久化：它会在指定的时间间隔内将内存中的数据集快照写入磁盘。实际操作过程是 Fork 一个子进程，先将数据集写入临时文件，写入成功后，再替换之前的文件，用二进制压缩存储，见表 6-2。

表 6-2　RDB 持久化

RDB 持久化的优点	RDB 持久化的缺点
1. 只有一个文件 dump.rdb（默认文件名为 dump.rdb，可自定义），方便持久化 2. 容灾性好，一个文件可以保存到安全的磁盘 3. 实现了性能最大化。它 Fork 单独子进程来完成持久化，让主进程继续处理命令，主进程不进行任何 IO 操作，从而保证了 Redis 的高性能 4. 是一个紧凑压缩的二进制文件，Redis 重启时的加载效率比 AOF 持久化更高，在数据量大时更加明显	1. 可能有数据丢失，不适合对高可用要求比较高的场景。在两次 RDB 持久化的时间间隔中，系统一旦出现宕机，则这段时间内的数据因没有写入磁盘都将丢失 2. 由于 RDB 是通过 Fork 子进程来协助完成数据持久化工作的，因此，如果当数据集较大时，可能会导致整个服务器间歇性暂停服务

2）AOF（Append-only file）持久化：以日志的形式记录服务器所处理的每一个写、删除操作，查询操作不会记录，以 Redis 命令请求协议的格式记录到 AOF 文本文件，可以打开文件查看详细的操作记录，见表 6-3。

表 6-3　AOF 持久化

AOF 持久化优点	AOF 持久化缺点
1. 实时持久化，数据安全，AOF 持久化可以配置appendfsync属性为always，每进行一次命令操作就记录到 AOF 文件中一次，这样数据最多丢失一次（推荐并且也是默认的措施为每秒 fsync 一次，这种 fsync 策略可以兼顾速度和安全性） 2. 它通过 Append 模式写文件，即使中途服务器宕机，也可以通过Redis-check-aof 工具解决数据一致性问题 3. AOF 机制的 Rewrite 模式。AOF 文件过大触碰到临界点时，Rewrite 模式会被运行，重写内存中的所有数据，从而大大缩小文件体积	1. AOF 持久化文件通常比 RDB 持久化文件大很多 2. 比 RDB 持久化启动效率低，数据集大时较为明显 3. AOF 文件体积可能迅速变大，需要定期执行重写操作来降低文件体积

3）RDB-AOF 混合模式是先使用 bgsave 以 RDB 形式将内存中的全部数据写入磁盘，之后当有新的数据时，再使用 AOF 的形式追加到文件中。开启混合模式，将 aof-use-rdb-preamble 参数值设置为 yes 便可。

真题 8　Redis 的应用场景有哪些？

【出现频率】★★★★☆　【学习难度】★★★☆☆

答案：Redis 应用非常广泛，下面列举一些应用场景。

1）缓存：缓存现在几乎是所有中大型网站都在使用的提升手段，合理地利用缓存能够提升网站的访问速度，大大降低数据库的压力。

2）排行榜：很多网站都有排行榜功能。借助 Redis 提供的有序集合（Sorted Set）能轻松实现排行榜功能。

3）计数器：应用在电商网站商品的浏览量、视频网站视频的点击量等方面。这时适合使用 Redis 提供的 incr 命令来实现计数器功能，因为是单线程的原子操作，保证了统计不会出错，本身是内存操作，速度又非常快。

4）分布式 Session 共享：集群模式下，基于 Redis 实现 Session 共享。

5）分布式锁：在维护库存、秒杀等一些场合，为了保证并发访问时操作的原子性，可利用 Redis 实现分布式锁来完成这些功能。

6）最新列表：Redis 列表结构，lpush 可以在列表头部插入一个内容 ID 作为关键字，ltrim 可用来限制列表的数量，这样列表永远为 N 个 ID，无须查询最新的列表，直接根据 ID 到对应的内容页即可。

7）位操作：用于数据量上千万甚至上亿的场景下，经典应用如上亿用户的活跃度统计等。位操作使用 setbit、getbit、bitcount 等命令。

8）消息队列：Redis 提供了发布/订阅及阻塞队列功能，能实现一个简单的功能较弱消息队列系统。在一些功能简单的应用系统中可以使用。

真题 9　Redis 有哪些常见性能问题？如何解决？

【出现频率】★★☆☆☆　【学习难度】★★★☆☆

答案：这里列举几个常见的性能问题。

1）Master 最好不要做 RDB 持久化，因为这时 save 命令调度 rdbSave 函数会阻塞主线程的工作，当数据集比较大时可能造成主线程间断性暂停服务。

2）Master 也不建议做 AOF 持久化，AOF 文件会不断增大，AOF 文件过大会影响 Master 重启的恢复速度。如果数据比较重要，某个 Slave 开启 AOF 备份数据，策略设置为每秒一次。

3）为了主从复制的速度和连接的稳定性，Master 和 Slave 最好在同一个局域网。

4）尽量避免在压力很大的主库上增加从库。

5）主从复制不要用图状结构，用单向链表结构更为稳定，即：Master←Slave1←Slave2←Slave3…这样的结构方便解决单点故障问题，实现 Slave 对 Master 的替换。如果 Master 崩溃，可以立刻启用 Slave1 做 Master。

6）Master 调用 BGREWRITEAOF 重写 AOF 文件，AOF 在重写时会占大量的 CPU 和内存资源，导致服务 load 过高，出现短暂服务暂停现象。

真题 10 Redis 执行 AOF 持久化执行时调用了哪个函数？ AOF 文件的内容是什么？

【出现频率】★★☆☆☆ 【学习难度】★★★☆☆

答案：Redis 执行 AOF 持久化时会调用 flushAppendOnlyFile 函数，这个函数执行以下两个工作来写入保存。

write：根据条件将 aof_buf 中的缓存写入 AOF 文件。

save：根据条件调用 fsync 或 fdatasync 函数，将 AOF 文件保存到磁盘中。

AOF 文件以日志的形式记录 Redis 服务端每一个写、删除操作，不包括查询操作。记录内容是 Redis 通信协议（RESP）格式的命令文本。RESP 是 Redis 客户端和服务端之前使用的一种通信协议，RESP 实现简单、快速解析、可读性好。

真题 11 Redis 的 Key 过期的删除策略是什么？ 各有什么优缺点？

【出现频率】★★☆☆☆ 【学习难度】★★★★☆

答案：Redis 的 Key 过期删除策略对主节点和从节点来说是不同的，下面分别介绍。

1）主节点有三种不同的删除策略，见表 6-4。

表 6-4 删除策略

删 除 策 略	含义及优点
定时删除	在设置 Key 的过期时间的同时，创建一个定时器 Timer，让定时器在 Key 的过期时间来临时，立即执行对 Key 的删除操作 定时删除的优点是对内存友好，缺点是对 CPU 不友好，存在较多过期键时，删除过期键会占用相当一部分 CPU
惰性删除	Key 不使用时不管 Key 是否过期，在每次使用获取 Key 时，检查取得的 Key 是否过期，如果过期，就删除该 Key，如果没有过期，就返回该 Key 惰性删除的优点是对 CPU 友好，不花费额外的 CPU 时间来管理 Key 是否过期。缺点是对内存不友好，存在较多过期 Key 时，会占用不少内存，过期 Key 只要不被删除，所占用的内存就不会被释放
定期删除	每隔一段时间程序就对数据库进行一次检查，删除其中过期的 Key。至于要删除多少过期 Key，以及要检查多少个数据库，则由算法决定 定期删除是对上面两种过期策略的一个折中，也就是对内存友好和 CPU 时间友好的折中方法。每隔一段时间执行一次删除过期键任务，并通过限制操作执行的时长和频率来减少对 CPU 时间的占用。但是确定一个合适的策略来设置删除操作的时长和执行频率是件困难的事情

说明：惰性删除是被动删除策略，定时删除和定期删除是主动删除策略。

2）Redis 从节点的过期 Key 删除策略如下。

Redis 从节点不会对 Key 做过期扫描，从节点对过期 Key 的处理是被动的。主节点在 Key 到期时，会在 AOF 文件中增加一条 del 指令。AOF 文件被同步到从节点后，从节点根据 AOF 中的这个 del 指令来执行删除过期 Key 的操作。

从节点对过期 Key 的处理策略会导致一个问题，主节点已经删除的过期 Key，在从节点中还会暂时存在。因为 AOF 同步 del 指令是异步的。

真题 12 **Redis 使用的最大内存是多少？ 内存数据淘汰策略有哪些？**

【出现频率】★★★☆☆ 【学习难度】★★★☆☆

答案：在 Redis 中，最大使用内存大小由 redis.conf 中的参数 maxmemory 决定，默认值为 0，表示不限制，这时实际相当于当前系统的内存。但随着数据的增加，如果对内存中的数据没有管理机制，那么数据集大小达到或超过最大内存的大小时，则会造成 Redis 崩溃。因此需要内存数据淘汰机制。

Redis 淘汰策略配置参数为 maxmemory-policy，默认为 volatile-lru，Redis 总共提供有 6 种数据淘汰策略。

- volatile-lru：从已设置过期时间的数据集中挑选最近最少使用的数据淘汰。
- volatile-ttl：从已设置过期时间的数据集中挑选将要过期的数据淘汰。
- volatile-random：从已设置过期时间的数据集中任意选择数据淘汰。
- allKeys-lru：从数据集中挑选最近最少使用的数据淘汰。
- allKeys-random：从数据集中任意选择数据淘汰。
- no-enviction（驱逐）：禁止驱逐数据，这是默认的策略。

如果 AOF 已开启，Redis 淘汰数据时也会同步到 AOF。

说明一下：volatile 开头表示是对已设置过期时间的数据集淘汰数据，allKeys 开头表示是从全部数据集淘汰数据，后面的 lru、ttl 及 random 表示的是不同的淘汰策略，no-enviction 是永不回收的策略。关于 lru 策略，需要说明的是，Redis 中并不会准确地删除所有键中最近最少使用的键，而是随机抽取 5 个键（个数由参数 maxmemory-samples 决定，默认值是 5），删除这 5 个键中最近最少使用的键。

这里也推荐一下使用淘汰策略的规则。

如果数据呈现幂律分布，也就是一部分数据访问频率高，一部分数据访问频率低，则使用 allKeys-lru。

如果数据呈现平等分布，也就是所有的数据访问频率大体相同，则使用 allKeys-random。

真题 13 **为什么 Redis 需要把所有数据放到内存中？**

【出现频率】★★★☆☆ 【学习难度】★★☆☆☆

答案：Redis 为了达到最快的读写速度将所有数据都放到内存中，所有客户端的访问数据集操作都在内存中进行。如果开启了持久化则通过异步的方式将数据写入磁盘。所以 Redis 具有快速和数据持久化的特征。在内存中操作本身就比从磁盘操作要快，且不受磁盘 I/O 速度的影响。如果不将数据放在内存中而是保存到磁盘，磁盘 I/O 速度会严重影响 Redis 的性能，Redis 将不会具有如此出色的性能，不会像现在如此流行。如果设置了最大使用内存，则数据集大小达到最大内存设定值后不能继续插入新值。

真题 14 Redis 的同步机制是怎样的？

【出现频率】★★★★☆ 【学习难度】★★★☆☆

答案：Redis 的主从同步分为部分同步（也叫增量同步）和全量同步。下面介绍一下 Redis 的同步策略。

Redis 会先尝试进行增量同步，如不成功，则 Slave 进行全量同步。如果有需要，Slave 在任何时候都可以发起全量同步。

Redis 增量同步是指 Slave 初始化后开始正常工作时，主服务器发生的写操作同步到从服务器的过程。增量同步的过程主要是主服务器每执行一个写命令就会向从服务器发送相同的写命令，从服务器接收并执行收到的写命令。

Redis 全量同步一般发生在 Slave 初始化阶段，这时 Slave 需要对 Master 上的所有数据做全量同步。全同步结束后，也就是配置好主从后，Slave 连接到 Master，Slave 都会发送 PSYNC（即增量同步）命令到 Master。

如果是重新连接，且满足增量同步的条件，那么 Redis 会将内存缓存队列中的命令发给 Slave，完成增量同步。否则进行全量同步。

真题 15 Redis 集群如何选择数据库？

答案：Redis 集群目前无法做数据库选择，默认使用 0 数据库。

真题 16 如何理解 Redis 哨兵模式？

【出现频率】★★★☆☆ 【学习难度】★★★☆☆

答案：哨兵（Sentinel）是用于监控 Redis 集群中 Master 状态的工具，是 Redis 的高可用性解决方案。下面具体介绍一下 Sentinel 的作用。

1）监控（Monitoring）：哨兵（Sentinel）会不断地检查 Master 和 Slave 是否运作正常。

2）提醒（Notification）：当被监控的某个 Redis 节点出现问题时，哨兵（Sentinel）可以通过 API 向管理员或者其他应用程序发送通知。

3）自动故障迁移（Automatic Failover）：当一个 Master 不能正常工作时，哨兵（Sentinel）会开始一次自动故障迁移操作，它会将失效 Master 的其中一个 Slave 升级为新的 Master，并让失效 Master 的其他 Slave 改为与新的 Master 进行同步。当客户端试图连接失效的 Master 时，集群也会向客户端返回新 Master 的地址，这样集群可以使用新的 Master 替换失效的 Master。主从服务器切换后，新的 Master 的 redis.conf、Slave 的 redis.conf 和 sentinel.conf 的配置文件的内容都会发生相应的改变，新的 Master 主服务器的 redis.conf 配置文件中会多一行 slaveof 的配置，sentinel.conf 的监控目标也随之自动切换。

真题 17 Redis 集群方案什么情况下会导致整个集群不可用？

答案：集群主节点总数必须不小于 3 个，小于 3 个无法成功启动集群。当存活的主节点数小于总节点数的一半时，整个集群就变成不可用了。

真题 18 Redis 支持的 Java 客户端都有哪些？ 官方推荐用哪个？

【出现频率】★★★☆☆ 【学习难度】★★★☆☆

答案：Redis 支持的 Java 客户端有 Redisson、Jedis、Lettuce 等，官方推荐使用 Redisson。

Jedis 是 Redis 的 Java 实现的客户端，其 API 提供了比较全面的 Redis 命令的支持。Jedis 是直连模式，在多个线程间共享一个 Jedis 实例时是线程不安全的。

Redisson 实现了分布式和可扩展的 Java 数据结构，和 Jedis 相比，功能较为简单，不支持字符串操作，不支持排序、事务、管道、分区等 Redis 特性。Redisson 提供了很多分布式相关操作服务，如分布式锁、分布式集合、可通过 Redis 支持延迟队列等。Redisson 的宗旨是促进使用者对 Redis 的关注分离，从而让使用者能够将精力更集中地放在处理业务逻辑上。

Lettuce 是一个高级 Redis 客户端，支持集群、Sentinel、管道和编码器。Lettuce 基于 Netty 框架的事件驱动的通信层，其方法调用是异步的，Lettuce 的 API 是线程安全的，连接实例可以在多个线程间共享，所以可以操作单个 Lettuce 连接来完成各种操作。Spring Boot 从 2.* 开始默认使用 Lettuce 作为 Redis 客户端。

真题 19 Redis 如何设置密码及验证密码？

【出现频率】★★★☆☆ 【学习难度】★★★☆☆

答案：Redis 可通过命令设置密码，命令如 config set requirepass 123456。这样就将密码设置为 123456，这种方式不重启即可生效，但是在重启后失效。

如果需要密码一直有效，可以在 redis.conf 中配置 requirepass 参数。增加参数配置如 requirepass 123456 也是将密码设置为 123456，这种方式需要重启后生效。

先连接 Redis，后验证密码时用 auth 命令，如 auth 123456。

验证通过后，可以查看，命令如 config getrequirepass。

直接登录连接 Redis 则可如 redis-cli -p 6379 -a 123456。

真题 20 Redis 的哈希槽（Hash Slot）的用处是什么？

【出现频率】★★★★☆ 【学习难度】★★☆☆☆

答案：Redis Cluster 提供了自动将数据分散到不同节点的能力，但采取的策略不是一致性 Hash，而是哈希槽。Redis 集群将整个 Key 的数值域分成 16384 个哈希槽，每个 Key 通过 CRC16 校验后对 16384 取模来决定放置到哪个槽，集群的每个节点负责一部分哈希槽。

真题 21 什么是 Redis 的主从复制？

【出现频率】★★★☆☆ 【学习难度】★★★☆☆

答案：为了使得集群在一部分节点下线或者无法与集群的大多数节点进行通信的情况下仍然可以正常运作，Redis 集群对节点使用了主从复制功能：集群中的每个节点都有 1~N 个复制品（Replica），其中一个复制品为主节点（Master），而其余的 N-1 个复制品为从节点（Slave）。

主从复制就是常见的 Master/Slave 模式，主数据库可以进行读写操作，当写操作导致数据发生变化时，会主动将数据同步给从数据库，而一般情况下，从数据库是只读的，并接受主数据库同步过来的数据。

在 Redis 中配置 Master/Slave 非常容易，只需要在从库的配置文件配置 slaveof 参数便可，slaveof 参数值为主数据库地址端口，而 Master 数据库不需要做任何配置。

真题 22 如何测试与 Redis 是否连通？

【出现频率】★★☆☆☆ 【学习难度】★☆☆☆☆

答案：可以使用 ping 命令，连接正常会返回一个 PONG。否则返回一个连接错误信息。示例如下：

```
redis 127.0.0.1:6379> ping
PONG
//客户端和服务器连接正常
redis 127.0.0.1:6379> ping
Could not connect to Redis at 127.0.0.1:6379: Connection refused
//客户端和服务器连接不正常(网络不正常或服务器未能正常运行)
```

真题 23 如何理解 Redis 的事务？ Redis 事务相关的命令有哪几个？

【出现频率】★★☆☆☆ 【学习难度】★★☆☆☆

答案：Redis 事务是一组命令的集合，执行这些命令是一个单独的隔离操作，事务中的所有命令都会序列化、按顺序地执行。事务在执行的过程中，不会被其他命令插入。同时事务也是一个原子操作，事务中的命令要么全部被执行，要么全部都不执行。

需要注意的是，Redis 不支持回滚，如果事务中发生错误操作，需要开发者自行处理。

Redis 事务相关的命令有 multi、exec、discard、watch、unwatch 等。multi 命令标记一个事务块的开始。exec 命令执行所有事务块内的命令。discard 命令用于取消事务。watch 是对一个或几个 Key 的值进行监控，如果在事务执行之前，监控的值与开始监控时的值不一样，那么有关该值的事务将不会被执行。unwatch 清除所有先前为一个事务监控的键。

如果调用了 exec 或 discard 命令，那么就不需要手动调用 unwatch 命令。因为 exec、discard、unwatch 命令都会清除所有监视。

真题 24 Redis 的 Key 的过期时间和永久有效设置命令是什么？ 如何查看过期时间？

【出现频率】★★☆☆☆ 【学习难度】★★☆☆☆

答案：设置过期时间使用 expire 命令，格式为 expire Key1 100，表示 Key1 在 100s 后过期。

设置永久有效使用 persist 命令，格式为 persist Key1，清除 Key1 的过期时间。

查看 Key 的有效期使用 ttl 命令，格式为 ttl Key1，如果返回值大于 0，表示 Key1 剩余的有效期秒数，如果返回值为-2，表示 Key1 在 Redis 中不存在，如果返回值为-1，表示 Key1 持久化，永久有效。

真题 25 Redis 内存优化策略有哪些？

【出现频率】★★★☆☆ 【学习难度】★★★☆☆

答案：这里向大家推荐几点 Redis 内存优化建议。

1）尽可能使用散列表（Hash 数据结构），因为 Redis 在储存小于 100 个字段的 Hash 结构上，其存储效率是非常高的。所以在不需要集合（Set）操作或 List 的 Push/Pop 操作时，尽可能地使用

Hash 结构。例如，Web 系统中有一个需要缓存的对象，不要为这个对象的属性来设置单独的 Key，而应该把这个对象的所有信息存储到一张散列表中。

2）根据业务场景，考虑使用 Bitmap。

3）充分利用共享对象池：Redis 启动时会自动创建［0～9999］的整数对象池，对于 0～9999 的内部整数类型的元素、整数值对象都会直接引用整数对象池中的对象，因此尽量使用 0～9999 整数对象可节省内存。但是需要注意以下两点。

① 启用 LRU 相关的溢出策略时，无法使用共享对象。

② 对于 ziplist 编码的值对象，也无法使用共享对象池（因为成本过高）。

4）合理使用 Redis 提供的内存回收策略，如过期数据清除、expire 设置数据过期时间等。

真题 26　当 Redis 的内存用尽时会发生什么？

【出现频率】★☆☆☆☆　【学习难度】★★☆☆☆

答案：如果内存使用达到设置的上限，Redis 的写命令会返回错误信息（但是读命令还可以正常返回），如果已打开虚拟内存功能，当内存用尽时，Redis 就会把那些不经常使用的数据存储到磁盘。如果 Redis 中的虚拟内存被禁了，它就会用操作系统的虚拟内存（交换内存），但这时 Redis 的性能会急剧下降。如果配置了淘汰机制，会根据已配置的数据淘汰机制来淘汰旧的数据。

真题 27　一个 Redis 实例中 Key 和 Value 的存储数量与大小限制是多少？

【出现频率】★★★☆☆　【学习难度】★★☆☆☆

答案：String 类型：一个 String 类型的 Value 最大可以存储 512MB。

- List 类型：list 的元素个数最多为 2^{32}-1 个，也就是 4294967295 个。
- Set（与 Sorted Set 一样）类型：元素个数最多为 2^{32}-1 个，也就是 4294967295 个。
- Hash 类型：键值对个数最多为 2^{32}-1 个，也就是 4294967295 个。

真题 28　如何保证 Redis 中的数据都是热点数据？

【出现频率】★★★☆☆　【学习难度】★★☆☆☆

答案：Redis 在内存数据集大小上升到一定大小时，就会执行数据淘汰策略，前面介绍了 Redis 的 6 种数据淘汰策略，根据实际场景需求来设置合理的淘汰策略。

真题 29　Redis 中存放有上亿的 Key，如何找出其中所有以某个固定已知前缀开头的 Key？

【出现频率】★★★☆☆　【学习难度】★★★☆☆

答案：使用 Keys 命令可以扫描出指定模式的 Key 列表。但如果 Redis 正在提供服务，扫描完上亿的 Key，Keys 命令需要一定时间才能执行完成，由于 Redis 是单线程的，所以此时肯定会导致线程阻塞，造成线上服务卡顿，直到指令执行完毕。如何避免这种情况呢？此时可以使用 scan 命令，scan 命令可以无阻塞地提取出指定模式的 Key 列表，但是会有一定的重复概率，需要在提取数据后做一次去重处理，但是 scan 命令整体所花费的时间会比 Keys 命令执行所需时间要长。

真题 30 如果有大量的 **Key** 需要设置同一时间过期，一般需要注意什么？

【出现频率】★★★☆☆ 【学习难度】★★★☆☆

答案：如果大量的 Key 过期时间设置得过于集中，到过期的那个时间点，Redis 可能会出现短暂的卡顿现象。一般需要在时间上添加一个随机值，使得过期时间分散一些。

真题 31 如何使用 **Redis** 实现分布式锁？

【出现频率】★★★★☆ 【学习难度】★★★★☆

答案：Redis 能用来实现分布式锁的命令有 incr、setnx、set 等，当然还有个过期时间命令 expire 作为辅助。

1）用 incr 命令加锁，加锁的思路是，如果 Key 不存在，那么 Key 的值先初始化为 0，然后再执行 incr 操作进行加一。后续如果一个用户执行 incr 操作返回的值大于 1，说明这个锁正在被使用中。则执行 decr 命令，将值还原。执行 incr 操作返回的值大于 1 的用户为持有锁的用户，在执行完任务后，执行 decr 命令将 Key 值减一，将 Key 值还原为 0，表示已释放锁。

2）用 setnx 加锁，先拿 setnx 来争抢锁，抢到之后，再用 expire 给锁加一个过期时间防止锁忘记了释放。这个方法的意思是如果 Key 不存在，将 Key 设置为 value，返回值 1；如果 Key 已存在，则 setnx 不做任何动作，返回值 0。为了释放锁，应当用 expire 命令设置锁过期时间。

这个方法有个缺陷就是，如果在 setnx 之后执行 expire 之前，进程意外 crash 或者要重启维护了，那这个锁就永远得不到释放了。这就引出了第三种加锁方式。

3）用 set 指令加锁，set 指令有非常复杂的参数，相当于合成了 setnx 和 expire 两条命令的功能。其命令格式如：

```
set($Key, $value,array('nx', 'ex' => $ttl))
```

真题 32 **Redis** 为什么会选择单线程模型？

【出现频率】★★★☆☆ 【学习难度】★★☆☆☆

答案：Redis 的单线程指的是网络请求模块使用了一个线程（好处是不需考虑并发安全性），即一个线程处理所有网络请求（包括接受客户端连接、处理客户端请求、返回命令结果等）。但在其他方面 Redis 其实还是使用了多线程的，Redis 处理诸如 RDB 持久化、AOF 读写等，Redis 会 fork 子进程去完成。

因为多线程处理会涉及锁，而且多线程处理会涉及线程切换而消耗 CPU。Redis 基于内存进行操作，所以 CPU 不是 Redis 的瓶颈，Redis 的瓶颈最有可能是机器内存或者网络带宽。当然，Redis 的缺点是单线程无法发挥多核 CPU 性能，不过可以通过在单机打开多个 Redis 实例来解决。

真题 33 为什么 **Redis** 是单线程模型效率还这么高？

【出现频率】★★★☆☆ 【学习难度】★★★☆☆

答案：Redis 的高性能有如下原因。

1）完全基于内存。数据存在内存中，操作都是在内存中操作，所以非常快速。数据存在内存中，类似于 HashMap，HashMap 的优势就是查找和操作的时间复杂度都是 O(1)。

2）数据结构简单，对数据操作也简单，Redis 中的数据结构是专门进行设计的。

3）采用单线程，避免了不必要的上下文切换和竞争条件，也不存在多进程或者多线程导致的切换而消耗 CPU，不用去考虑各种锁的问题，不存在加锁、释放锁操作，没有因为可能出现死锁而导致的性能消耗。

4）Redis 直接自己构建了 VM 机制，没有使用 OS 的 Swap，而是自己实现。通过 VM 功能可以实现冷热数据分离，可以避免因为内存不足而造成访问速度下降的问题。

5）使用 I/O 多路复用模型，为非阻塞 I/O。

6.2　MongoDB

MongoDB 用 C++语言编写，2009 年 2 月首度推出。是一个基于分布式文件存储的文档数据库，也是高性能的非关系型数据库。采用 Bson 存储文档数据，可以存储比较复杂的数据类型。MongoDB 最大的特点是它支持的查询语言非常强大，其语法有点类似于面向对象的查询语言，几乎可以实现类似关系数据库单表查询的绝大部分功能，而且还支持对数据建立索引。

MongoDB 旨在为 Web 应用提供可扩展的高性能数据存储解决方案。MongoDB 是一个介于关系型数据库和非关系型数据库之间的产品，是非关系型数据库中功能最丰富，最像关系型数据库的 NoSQL。

MongoDB 的默认端口为 27017，推荐运行在 64 位平台，因为 MongoDB 在 32 位模式运行时支持的最大文件为 2GB。MongoDB 的设计目标是高性能、可扩展、易部署、易使用，MongoDB 存储数据非常方便。

先来了解几个 MongoDB 的基本概念。

1）文档（Document）：文档是 MongoDB 中数据的基本单位，类似于关系型数据库中的行（但是比行复杂）。多个键及其关联的值有序地放在一起就构成了文档。每个键在 MongoDB 中叫 Field，对应于关系型数据库表的 Column。不同的编程语言对文档的表示方法不同，在 JavaScript 中文档表示为｛"greeting"："hello，world"｝。文档中的值不仅可以是双引号中的字符串，也可以是其他的数据类型，例如，整型、布尔型等，也可以是另外一个文档，即文档可以嵌套。文档中的键类型只能是字符串，文档中的键值对是有序的，一个文档中不能有重复的键，MongoDB 的文档数据区分类型和大小写。

2）集合（Collection）：集合就是一组文档，类似于关系型数据库中的表。集合是无模式的，集合中的文档可以是各式各样的。例如，｛"hello，word"："Mike"｝和｛"foo"：3｝，它们的键不同，值的类型也不同，但是它们可以存放在同一个集合中，也就是不同模式的文档都可以放在同一个集合中。既然集合中可以存放任何类型的文档，那么为什么还需要使用多个集合？这是因为所有文档都放在同一个集合中，无论对于开发者还是管理员，都很难对集合进行管理，而且这种情形下，对集合的查询等操作效率都不高。所以在实际使用中，往往将文档分类存放在不同的集合中，这种对文档进行划分来分别存储并不是 MongoDB 的强制要求，用户可以灵活选择。

可以使用"."按照命名空间将集合划分为子集合。例如，对于一个博客系统，可能包括 blog. user 和 blog.article 两个子集合，这样划分只是让组织结构更好一些，blog 集合和 blog.user、blog.

article 没有任何关系。虽然子集合没有任何特殊的地方，但是使用子集合组织数据结构清晰，这是 MongoDB 推荐的方法。

3）数据库（Database）：MongoDB 中多个文档组成集合，多个集合组成数据库。一个 MongoDB 实例可以承载多个数据库。它们之间可以看作相互独立，每个数据库都有独立的权限控制。在磁盘上，不同的数据库存放在不同的文件中。MongoDB 中存在以下系统数据库。

- Admin 数据库：一个权限数据库，如果创建用户时将该用户添加到 Admin 数据库中，那么该用户就自动继承了所有数据库的权限。
- Local 数据库：这个数据库永远不会被复制，可以用来存储本地单台服务器的任意集合。
- Config 数据库：当 MongoDB 使用分片模式时，Config 数据库在内部使用，用于保存分片的信息。

MongoDB 的主要目标是在 Key-value 存储方式（NoSQL 的特点）和传统的关系型数据库系统之间架起一座桥梁，它兼具两者的优势。总结起来，MongoDB 适用于以下场景。

1）保存网站数据：MongoDB 非常适合实时的插入、更新与查询，并具备网站实时数据存储所需的复制和高伸缩性。

2）作为缓存：由于性能高，MongoDB 也适合作为信息基础设施的缓存层。在大流量的访问时，大大减轻底层数据库的负载压力。

3）保存大尺寸、低价值的数据：传统的方式都是在关系型数据库存储这些数据，占用空间，也消耗了性能，如果把这样的数据（如系统日志等）保存在 MongoDB 中，为关系型数据库节约了空间，分担了负载压力，MongoDB 的可扩展、易部署也大大降低了成本，还能提高整个系统的性能。

4）高伸缩性的场景：MongoDB 非常适合由数十或数百台服务器组成的数据库，MongoDB 的路线图中已经包含对 MapReduce 引擎的内置支持。

5）用于对象及 JSON 数据的存储：MongoDB 的 BSON 数据格式非常适合文档化格式的存储及查询。

6）大数据方面：MongoDB 有优点，自带分片，能快速水平扩展，存储海量数据，并且官方提供了驱动，可以直接对接 Hadoop 或者 Spark。

7）部分移动端 App：如地图软件、打车软件，外卖软件等，MongoDB 强大的地理位置索引功能是它们的最佳选择。

MongoDB 也有它的局限性，它不适合于以下场景。

1）对事务有高度要求的系统：如银行或会计系统。传统的关系型数据库目前还是更适用于需要大量原子性复杂事务的应用程序。

2）传统的商业智能应用：针对特定问题的 BI 数据库会产生高度优化的查询方式。对于此类应用，数据仓库可能是更合适的选择。

3）需要 SQL 的场合。

MongoDB 支持的平台有 Windows、Linux、macOS 等，但是部署 MongoDB 时要注意它所支持的平台版本。不同的 MongoDB 版本，支持的平台版本也会不同，高版本的 MongoDB 可能不支持一些低版本的平台。

存储引擎（Storage Engine）是 MongoDB 的核心组件，负责管理数据如何存储在硬盘（Disk）和内存（Memory）上。从 MongoDB 3.2 版本开始，MongoDB 支持多数据存储引擎（Storage Engine），MongoDB 支持的存储引擎有：WiredTiger，MMAPV1 和 In-Memory。3.2 版本之前的默认存储引擎是 MMAPV1，MongoDB 4.x 版本不再支持 MMAPV1 存储引擎。从 MongoDB 3.2 版本开始，WiredTiger 成为 MongoDB 默认的存储引擎，WiredTiger 提供文档级（Document-Level）并发控制、检查点（CheckPoint）、数据压缩和本地数据加密（Native Encryption）等功能。

MongoDB 不仅能将数据持久化存储到硬盘文件中，而且还能将数据只保存到内存中。In-Memory 存储引擎用于将数据存储在内存中，只将少量的元数据和诊断日志（Diagnostic）存储到硬盘文件中，由于不需要 Disk 的 I/O 操作就能获取索取的数据，In-Memory 存储引擎大幅度降低了数据查询的延迟（Latency）。

对于开发人员，也需要了解 MongoDB 的一些使用限制和阈值。

1）BSON 文档：一个 BSON 文档最大尺寸为 16MB，大于 16MB 的文档需要存储在 GridFS 中。一个 BSON 文档结构的内部嵌套（Tree 结构）深度最大为 100。

2）命名空间（NameSpace）：集合（Collection）的命名空间（<Database>.<Collection>）的最大长度为 120 字节。这就要求不能把 DataBase（数据库）和 Collection（集合）的名字设定得太长。

- 命名空间的个数：对于 MMAPV1 引擎，个数最大大约为 24000 个，每个集合及索引（Index）都是一个命名空间，对于 WiredTiger 引擎则没有限制。
- 命名空间文件的大小：对于 MMAPV1 引擎而言，默认大小为 16M，可以在配置文件中自定义大小，而 WiredTiger 不受此限制。

3）索引（Index）：

每个集合（Collection）中索引的个数最多 64 个。组合索引最多能包含 31 个 Field。

- 索引 Key：每条索引的 Key 不得超过 1024 个字节，如果索引 Key 的长度超过此值，会导致 write 操作失败。
- 索引名称：可以为索引设定名称，最终全名为<Database>.<Collection name>. $<Index name>，最长不得超过 128 个字节。默认情况下为 Filed 名称与索引类型的组合，可以在创建索引时显式的指定索引名字，参见 createIndex( )方法。

4）Data。

- 固定集合（Capped Collection）：如果在创建"Capped"类型的 Collection 时指定了文档的最大个数，那么此个数不能超过 2^{32}，如果没有指定最大个数，则没有限制。固定集合（Capped Collections）是性能出色且有着固定大小的集合，它就像一个环形队列，当集合空间用完后，再插入的元素就会覆盖最初始的头部的元素。
- Database 大小：对于 MMAPV1 引擎，每个 Database 不得持有超过 16000 个数据文件，即单个 Database 的总数据量最大为 32TB，可以通过设置"smallFiles"参数值来限定大小。
- Data 大小：对于 MMAPV1 引擎而言，单个 mongod 不能管理超过最大虚拟内存地址空间的数据集，如 Linux（64 位）下每个 mongod 实例最多可以维护 64T 数据。但 WiredTiger 引擎没有此限制。
- 每个 DataBase 中 Collection 个数：对于 MMAPV1 引擎，每个 DataBase 所能持有的 Collection

个数取决于 NameSpace 文件大小（用来保存 NameSpace 的文件）及每个 Collection 中 Index 的个数，最终总尺寸不超过 NameSpace 文件的大小（16M）。WiredTiger 引擎不受此限制。

5）副本集（Replica Set）：每个副本集中最多支持 50 个成员。副本集中最多可以有 7 个 Voting Members（投票者）。

如果没有显式地指定 oplog 的尺寸，每个副本最大不会超过 50GB。

6）分片集群（Sharded Cluster）：group 聚合函数，在 Sharding 模式下不可用。可以使用 mapreduce 或者 aggregate 方法。

覆盖索引查询（Covered Queries）：对于 Sharding 集群，如果查询中不包含"Shard Key"，索引则无法进行覆盖。虽然_id 不是"Shard Key"，但是如果查询条件中只包含_id，且返回的结果中也只需要_id 字段值，则可以使用覆盖查询，不过这个查询似乎并没有什么意义（除非是检测此_id 的 Document 是否存在）。覆盖索引查询即查询条件中的 Fields 必须是索引的一部分，且返回结果只包含索引中的 Fields。

对于已经存有数据的集合开启 Sharding（原来不是 Sharding 模式），则其最大数据不得超过 256GB。当 Collection 被 Sharding 之后，那么它可以存储任意多的数据。

对于 Sharded Collection，update、remove 等方法对单条数据操作（操作选项为 multi：false 或者 justOne），必须指定 Shard Key 或者_id 字段；否则将会抛出 error。

唯一索引：Shard 节点之间不支持唯一索引，除非"Shard Key"是唯一索引的最左前缀。如 Collection 的 Shard Key 为 {"zipcode"：1,"name"：1}，如果想对 Collection 创建唯一索引，那么唯一索引必须将 zipcode 和 name 作为索引的最左前缀，如 collection.createIndex（{" zipcode"：1," name"：1,"company"：1}，{unique：true}）。

在 Chunk 迁移时允许的最大 Document 个数：如果一个 Chunk 中 Document 的个数超过 250000（默认 Chunk 大小为 64M）时，或者文档个数大于 1.3 ＊（Chunk 最大尺寸（有配置参数决定）/ Document 平均尺寸），此 Chunk 将无法被"move"（无论是 balancer 还是人工干预），必须等待 split 之后才能被 move。

7）分片键（Shard Key）：Shard Key 的长度不得超过 512 个字节。

Shard Key 索引可以为基于 Shard Key 的正序索引，或者以 Shard Key 开头的组合索引。Shard Key 索引不能是 multikey 索引（基于数组的索引）、text 索引或者 geo 索引。

ShardKey 是不可变的，无论何时都不能修改文档中的 Shard Key 值。如果需要变更 Shard Key，需要手动清洗数据，即全量 dump 原始数据，然后修改并保存在新的 Collection 中。

单调递增（递减）的 Shard Key 会限制 insert 的吞吐量，如果_id 是 Shard Key，需要知道_id 是 ObjectId()生成的，它也是自增值。

对于单调递增的 ShardKey，Collection 上的所有 insert 操作都会在一个 Shard 节点上进行，那么此 Shard 节点将会承载集群的全部 insert 操作，因为单个 Shard 节点的资源有限，因此整个集群的 insert 量会因此受限。如果集群主要是 read、update 操作，将不会有这方面的限制。为了避免这个问题，可以考虑使用"Hashed Shard Key"或者选择一个非单调递增 Key 作为 Shard Key。Rang Shard Key 和 Hashed Shard Key 各有优缺点，可以根据具体查询的情况确定。

8）操作（Operation）：如果 MongoDB 不能使用索引排序来获取 Document，那么参与排序的

Document 尺寸需要小于 32MB。

聚合管道（Aggregation Pileline）操作：管道各阶段（Pipeline Stages）内存使用限制在 100MB，如果某 Stage 超过此限制将会发生错误，为了能处理较大的数据集，需要开启 "allowDiskUse" 选项，即允许 Pipeline Stages 将额外的数据写入临时文件。

9）命名规则。

Database 的命名区分大小写。Database 名称中不要包含/ ." $ * <>：| ?，长度不能超过 64 个字符。

Collection 名称可以用 "_" 或者字母字符开头，但是不能包含 " $ " 符号，不能包含\0 字符（空字符）或者 null（\0 字符表示集合名的结尾），不能以 "system." 开头，因为这是系统保留字。

Document 字段名不能包含 "." 或者 null，且不能以""开头，因为"开头是一个引用符号。

真题 1　MongoDB 有哪些优缺点？

【出现频率】★★★★☆　【学习难度】★★★★☆

答案：MongoDB 的优点如下。

1）面向集合的存储，以 BSON 格式的文档保存数据，方便存储对象类型的数据。在 MongoDB 中数据被分组存储在集合中，集合类似关系型数据库中的表，一个集合中可以存储无限多的文档。

2）模式自由（Schema-free），在 MongoDB 集合中存储的数据是无模式的文档，意味着对于存储在 MongoDB 数据库中的数据，不需要知道它的任何结构定义。如果需要，可以把不同结构的数据存储在同一个数据库中。

3）支持完全索引，在任何属性上都可以建立索引，包括内部对象。除此之外，Mongodb 还提供创建基于地理空间的索引能力。

4）支持复制、故障恢复，以及高可扩展性。

5）提供了丰富的查询功能，支持动态查询。查询指令使用 JSON 形式的标记，可轻易查询文档中内嵌的对象及数组。

6）支持 Python、PHP、Ruby、Java、C、C#、JavaScript、Perl、Node.js 及 C++语言的驱动程序，社区中也提供了对 Erlang 及.NET 等平台的驱动程序。

7）即时更新。

8）支持自动分片，也支持云计算层次的扩展性。

9）提供了强大的聚合工具。MongoDB 除了提供丰富的查询功能外，还提供了强大的聚合工具，如 count、group 等，支持使用 MapReduce 完成复杂的聚合任务。

10）可以通过网络远程访问 MongoDB 数据库。

11）MongoDB 允许在服务端执行脚本，可以用 JavaScript 编写某个函数，直接在服务端执行，也可以把函数的定义存储在服务端，下次直接调用即可。

12）有来自 MongoDB 的专业支持，并且它高性能、易部署、易使用，存储数据非常方便。

当然，MongoDB 也有一些缺点。

- MongoDB 占用空间过大。
- MongoDB 没有如 MySQL 那样成熟的维护工具。

- 在集群分片中的数据分布不均匀。
- 大数据量持续插入时，写入性能有较大波动。
- 单机可靠性比较差。

真题 2 什么是 MongoDB 的 BSON？

【出现频率】★★★★☆ 【学习难度】★★★☆☆

答案：BSON 是一种类 JSON 的二进制形式的存储格式，简称 Binary JSON，它和 JSON 一样，支持内嵌的文档对象和数组对象，但是 BSON 有 JSON 没有的一些数据类型，如 Date 和 BinData 类型。

BSON 可以作为网络数据交换的一种存储形式，但是 BSON 是一种 schema-less 的存储形式，它的优点是灵活性高，但它的缺点是空间利用率不是很理想，BSON 有三个特点：轻量性、可遍历性、高效性 {"hello":"world"} 这是一个 BSON 的例子，其中"hello"是 Key name，它一般是 cstring 类型，字节表示是 cstring::=（byte * ）"/x00"，其中 * 表示零个或多个字节，/x00 表示结束符；后面的"world"是 value 值，它的类型一般 String、Double、Array、Binarydata 等类型。

MongoDB 以 BSON 作为其存储结构的一种重要原因是其可遍历性。

真题 3 什么是 mongod？ 常用参数有哪些？

【出现频率】★★★☆☆ 【学习难度】★★★☆☆

答案：mongod 是处理 MongoDB 系统的主要进程。它处理数据请求，管理数据存储和执行后台管理操作。运行 mongod 命令意味着正在启动 MongoDB 进程，并且在后台运行。

常用启动参数有以下几个。

- dbpath 指定数据库路径，默认为/data/db/。
- port 指定端口号，默认是 27017。Web 控制台端口默认为 27017+1000＝28017。
- logpath 指定 MongoDB 日志文件，注意是指定文件不是目录。
- fork 以守护进程的方式运行 MongoDB，创建服务器进程（后台运行）。
- logappend 表示以追加的方式写日志文件。
- auth 启用验证。

启动命令如下：

```
mongod -dbpath =/usr/local/mongodb/data --fork --port 27017 --logpath =/usr/local/mongodb/log/
work.log --logappend --auth
```

关闭时命令如下：

```
mongod  --shutdown  //关闭服务器进程,相当于 db.shutdownServer（）。
```

真题 4 什么是 mongo？

【出现频率】★★★☆☆ 【学习难度】★★☆☆☆

答案：mongo 是 MongoDB 的客户端命令行工具，可以连接一个特定的 mongod 实例。当没有带参数运行 mongo 命令时，它使用默认的端口号和 localhost 连接。

带参数连接示例如下。

1）连接 MongoDB 并指定端口，如 mongo 192.168.0.1：27017。

2）连接到指定的 MongoDB 数据库，如 mongo 192.168.0.1：27017/test。

3）指定用户名和密码连接到指定的 MongoDB 数据库，如 mongo 192.168.0.1：27017/test -u user -p password。

真题 5 MongoDB 常用的 CRUD 操作方法有哪些？

【出现频率】★★★☆☆　【学习难度】★★★☆☆

答案： MongoDB 的创建或插入操作会将新文档添加到集合中，如果该集合当前不存在，则插入操作将创建该集合。插入操作的目标是单个集合。MongoDB 中的所有写操作在单个文档级别上都是原子的。插入操作方法有［db.collection.］insert（）、save（）、insertOne（）、insertMany（）等方法，insertMany（）方法可以执行批量插入操作，后两个方法是 3.2 版开始提供的新功能。

以 insert（）方法插入示例如下：

```
db.collection.insert({name:"tongxue",age:28,address:"hunnan"})
```

读取操作的方法主要是 db.collection.find（）。可以指定查询过滤器或条件，以标识要返回的文档，示例如下：

```
db.collection.find({name:"tong"},{age:{ $gt:22}}).limit(5)
```

MongoDB 提供了以下方法来更新集合的文档：［db.collection.］update（）、updateOne（）、updateMany（）、replaceOne（）、findAndModify（）、findOneAndUpdate（）等。

在 MongoDB 中，更新操作针对单个集合，MongoDB 中的所有写操作都是单个文档级别的原子操作。可以指定标准或过滤器，以标识要更新的文档。这些过滤器使用与读取操作相同的语法。示例如下：

```
db.collection.updateMany({age:{ $gt:22}},{ $set:{status:1}})
```

上面的修改操作是把所有 age>22 的文档的 status 值设置为 1。

MongoDB 提供了以下删除集合文档的方法：［db.collection.］deleteOne（）、deleteMany（）、remove（）等。在 MongoDB 中，删除操作的目标是单个 collection。MongoDB 中的所有写操作都是单个文档级别的原子操作。

可以指定标准或过滤器，以标识要删除的文档。这些过滤器使用与读取操作相同的语法。示例如下：

```
db.collection.remove({age: 32});
```

MongoDB 提供了批量写入操作方法，前面介绍过 db.collection.insertMany（）方法，这里再介绍一个很重要的批量写入操作方法 db.collection.bulkWrite（）。批量写入操作会影响单个集合，MongoDB 允许应用程序确定批量写入操作所需的可接受的确认级别。

bulkWrite（）方法功能更强大，提供了执行批量插入、更新和删除操作的能力。批量写操作可以有序或无序。对操作的有序列表，MongoDB 串行执行操作。如果在写操作之一的处理过程中发生错误，MongoDB 将返回而不处理列表中任何剩余的写操作。使用无序的操作列表 MongoDB 可以并行执行操作，但是不能保证此行为完全成功。如果在写操作之一的处理过程中发生错误，MongoDB 将继续处理列表中剩余的写操作。在分片集合上执行操作的有序列表通常比执行无序列表要慢，因为对于有序列表，每个操作必须等待上一个操作完成。

默认情况下，bulkWrite( ) 执行有序操作。要执行无序操作，在选项中将 ordered 设置为 false 便可。

bulkWrite( ) 可一次批量进行以下写操作：insertOne ( )、updateOne ( )、updateMany ( )、replaceOne ( )、deleteOne ( )、deleteMany ( )。

真题 6 MongoDB 的基础命令有哪些？

【出现频率】★★★★☆ 【学习难度】★★★★★

答案：1) 查看数据库列表：showdbs。

2) 查看网络连接：db.adminCommand（{"connPoolStats"：1} ）。

3) 为数据库启用分片（test 数据库）：sh.enableSharding（"test1"）。

4) 使用 hash 分片某个集合（test 数据库中的 users 集合，username 是文档中的 Key）：sh.shardCollection（"test1.users"，{username："hashed"} ）。

5) 在 users 集合中插入 1000 条数据。

```
for (var i = 1; i <= 1000; i++) {
    db.users.insert({username: "name" + i})
    //也可以用 db.collectionName.save({"Key":"value"})方法。
}
```

6) 创建唯一索引：db.recharge_order.ensureIndex（{ "order_id"：1}，{"unique"：true} ）。

7) 查看索引：db.recharge_order.getIndexes( )。

8) 创建用户并授权。

```
use admin
db.createUser({ user: 'root', pwd:'hah566! 78&', roles:['root']})
//root 角色会自动同步到其他节点
db.createUser({ user: 'dong', pwd:'ddee566', roles:['read']})
```

9) 查看表的状态：db.users.stats( )。

10) 仅显示分片。

```
use config
db.shards.find()
//或者
use admin
db.runCommand({listshards: 1})
```

11) 查看 shard 状态：db.printShardingStatus( )。

12) 查看 mongo 均衡器状态。

```
use config
db.locks.find(({ _id: "balancer" })).pretty()
//state 值有:0 关闭,1 正在获取状态,2 正在均衡
```

13) 添加分片：sh.addShard（"IP：Port"）。

14) 删除分片。

```
db.runCommand({"removeshard":"mab"})       //删除 mab 分片
db.adminCommand({"movePrimary":"db","to":"shard0001"})       //移动 dba 的主分片到 shard0001
```

15）查看各分片的状态：`mongostat --discover`。

16）从节点开启查询功能：`rs.slaveOk()`。

17）释放不需要的空间：`db.repairDatabase()`。

18）删除已有数据库：`db.dropDatabase()`。

19）创建一个集合：`db.createCollection("collectionName")`。

20）查看已创建的集合：`show collections`。

21）删除数据库中的集合：`db.collection.drop()`。

22）查询集合中的文档：`db.collection.find({Key:value})`。

23）在集合中创建一个索引：`db.collection.createIndex({columnName:1})`、`db.collection.ensureIndex({field1:1,field2:1})`。

24）格式化输出结果：`db.collection.find().pretty()` //pretty() 是格式化结果的具体方法

真题 7 MongoDB 中分片的作用是什么？ 分片集群中锁对集群有何影响？

【出现频率】★★★★☆ 【学习难度】★★★☆☆

答案：分片是将数据水平切分、分散存放到不同的物理节点的过程。当应用数据量增长，越来越大时，单台机器有可能无法存储数据或可接受的读取写入吞吐量。利用分片技术可以添加更多的机器来应对数据量增加及读写操作的要求。

MongoDB 支持自动分片（Auto Sharding），可以使数据库架构对应用程序不可见，也可以简化系统管理。对应用程序而言，好像始终在使用一个单机的 MongoDB 服务器一样。另一方面，MongoDB 自动处理数据在分片上的分布，也更容易添加和删除分片技术。

在分片集群中，锁适用于每个单独的分片，而不适用于整个集群。也就是说，每个 mongod 实例都独立于分片集群中的其他实例，并使用自己的锁。一个 mongod 实例上的操作不会阻止任何其他实例上的操作。

真题 8 为了不影响性能，MongoDB 批量插入分片集合时有哪些策略？

【出现频率】★★☆☆☆ 【学习难度】★★★★☆

答案：大量大容量的插入操作（包括初始数据插入或常规数据导入）通常会影响分片集群的性能。对于批量插入，可以考虑以下策略。

1）预拆分集合：如果分片集合为空，则该集合只有一个初始块，它位于单个分片上。然后，MongoDB 必须花一些时间来接收数据，创建拆分并将拆分的块分发到可用的分片。为了避免这种性能损失，可以按照拆分碎片中拆分块的说明预先拆分集合。

2）无序写入 mongos（Mongodb Shard 的缩写）：提高对分片群集的写入性能，无序写入是一个可行的方法，就是在使用 bulkWrite() 进行批量写入时，将可选参数 ordered 设置为 false。mongos 可以尝试同时将写入发送到多个分片，对于空集合，则首先按照分片集群中"分割块"的说明预分割集合。

3）避免单调节流：如果分片键在插入过程中单调增加，则所有插入的数据将到达集合中的最后一块，该块将始终以单个分片结尾。因此，分片集群的插入容量将永远不会超过该单个分片的插入容量。

如果插入量大于单个分片可以处理的插入量，并且无法避免单调增加的分片键，可以考虑对应用程序进行以下修改。

- 反转分片键的二进制位。这样可以保留信息，并避免将插入顺序与数值序列的递增关联起来。
- 交换第一个和最后一个 16 位字以"随机"插入。

真题 9 MongoDB 中的命名空间是什么意思？

【出现频率】★★☆☆☆ 【学习难度】★★★☆☆

答案：MongoDB 内部有预分配空间的机制，每个预分配的文件都用 0 进行填充。

数据文件每新分配一次，它的大小都是上一个数据文件大小的两倍，每个数据文件最大 2GB。

MongoDB 每个集合和每个索引都对应一个命名空间，这些命名空间的元数据集中在 16M 的 *.ns 文件中，平均每个命名占用约 628 字节，也即整个数据库的命名空间的上限约为 24000。

如果每个集合有一个索引（如默认的_id 索引），那么最多可以创建 12000 个集合。如果索引数更多，则可创建的集合数就更少了。同时，如果集合数太多，一些操作也会变慢。

要建立更多的集合，MongoDB 也是支持的，只需要在启动时加上"--nssize"参数，这样对应数据库的命名空间文件就可以变得更大以便保存更多的命名。这个命名空间文件（.ns 文件）最大可以为 2G。

每个命名空间对应的盘区不一定是连续的。与数据文件增长相同，每个命名空间对应的盘区大小都是随分配次数不断增长的。目的是为了平衡命名空间浪费的空间与保持一个命名空间数据的连续性。

需要注意的一个命名空间是 $freelist，这个命名空间用于记录不再使用的盘区（被删除的 Collection 或索引）。每当命名空间需要分配新盘区时，会先查看 $freelist 是否有大小合适的盘区可以使用，如果有就回收空闲的磁盘空间。

真题 10 MongoDB 在 A：{B，C} 上建立索引，查询 A：{B，C} 和 A：{C，B} 都会使用索引吗？

答案：不会，只会在查询 A：{B，C} 时使用该索引。

真题 11 什么是复制？

【出现频率】★★☆☆☆ 【学习难度】★★☆☆☆

答案：复制是将数据同步到多个服务器的过程，通过多个数据副本存储到多个服务器上，增加数据可用性。复制可以保障数据的安全性，灾难恢复，无须停机维护（如备份、重建索引、压缩），分布式读取数据。

真题 12 在 **MongoDB** 中分析器（**Profiler**）的作用是什么？ 如何使用？ 如何设置？

【出现频率】★★☆☆☆　【学习难度】★★★★☆

答案： MongoDB 中包括了一个可以显示数据库中每个操作性能特点的数据库分析器，通过这个分析器你可以找到比预期慢的查询（或写操作），利用这一信息可以提供优化上的帮助，如可以确定是否需要添加索引。

数据库分析器会针对正在运行的 MongoDB 实例收集数据库命令执行的相关信息。包括增、删、改、查的命令，以及配置和管理命令。分析器会写入所有收集的数据到 system.profile 集合（一个 Capped 集合在 Admin 数据库），只要查询这个集合的记录就可以获取到 Profile 记录了。

先来了解一下 MongoDB 的查询分析常用函数，主要是两个函数 explain() 和 hint()。

explain() 提供了查询信息，使用索引及查询统计等。有利于对索引的优化。它的调用示例如下：

```
db.collection.find({user_name:1,_id:0}).explain();
```

前面是实际的查询方法，执行 explain() 后返回的结果信息中主要包括：查询的文档数量、是否使用了索引、使用的具体索引、查询所需要的毫秒数、本次查询所扫描的文档数等，根据这些信息，就可以来对当前查询进行优化。

MongoDB 查询优化器很好，但是也可以使用 hint() 来强制 MongoDB 使用一个指定的索引。某些情形下这种方法会提升性能。例如，一个有索引的 Collection 并且执行一个多字段查询（一些字段已经索引了）的情况下：

```
db.collection.find({user_name:1}).explain().hint({user_name:1}).explain();
```

了解了查询分析函数，接下来介绍分析器的设置。

分析器默认是关闭的，可以选择全部开启，或者有慢查询时开启。有两种方式可以控制 Profiling 的开关和级别，第一种是在启动参数中直接进行设置。启动 MongoDB 时加上 -profile = 级别即可。也可以在客户端调用 db.setProfilingLevel（级别）命令来实时配置。

上面 Profile 的级别参数可以取 0、1、2 三个值，它们表示的意义如下。

0 - 不开启。
1 - 记录慢命令（默认为>100ms）。
2 - 记录所有命令。

Profile 记录在级别 1 时会记录慢命令，那么这个慢的定义是什么？上面说到其默认为 100ms（毫秒），当然有默认就有设置，其设置方法和级别一样有两种：一种是通过添加 slowms 启动参数配置。第二种是调用 db.setProfilingLevel 时加上第二个参数，示例如下：

```
db.setProfilingLevel( 1 , 20 );
db.setProfilingLevel(1, { slowms: 20 });
```

获取当前 Profile 级别的命令是 db.getProfilingLevel()，如果要获取当前的 profile 级别，同时返回 slowms 阈值，命令为 db.getProfilingStatus()。

关于 MongoDB 的分析器，就介绍到这里。

真题 13 MongoDB 支持主键、外键关系吗？

【出现频率】★★★☆☆　【学习难度】★☆☆☆☆

答案：默认 MongoDB 不支持主键和外键关系。用 MongoDB 本身的 API 需要硬编码才能实现外键关联，不够直观且难度较大。

真题 14 MongoDB 支持哪些数据类型？

【出现频率】★★★★☆　【学习难度】★★★★☆

答案：MongoDB 支持的数据类型很多，普通的如 String、Integer、Boolean、Double、Date、Timestamp 这些大家都熟悉，这里和其他 MongoDB 支持的常见数据类型一起介绍，见表 6-5。

表 6-5　MongoDB 支持的数据类型

数据类型	描述
String	字符串。存储数据常用的数据类型。在 MongoDB 中，UTF-8 编码的字符串才是合法的
Integer	整型数值。根据所采用的服务器，可分为 32 位或 64 位
Boolean	布尔值
Double	双精度浮点值
Min/Max keys	将一个值与 BSON 元素的最低值和最高值相对比
Array	用于将数组、列表或多个值存储为一个键
Timestamp	时间戳。记录文档修改或添加的具体时间
Object	用于内嵌文档
Null	用于创建空值
Symbol	符号。该数据类型基本上等同于字符串类型，但不同的是，它一般用于采用特殊符号类型的语言
Date	日期时间。用 UNIX 时间格式来存储当前日期或时间。可以指定自己的日期时间：创建 Date 对象，传入年月日信息
ObjectId	对象 ID。用于创建文档的 ID。MongoDB 中存储的文档必须有一个 _id 键。这个键的值可以是任何类型的，默认是 ObjectId 对象，包含 12 个 byte
Binary Data	用于存储二进制数据
Code	代码类型。用于在文档中存储 JavaScript 代码
Regular expression	用于存储正则表达式

真题 15 MongoDB 的 ObjectId 有哪些部分组成？

【出现频率】★★★★☆　【学习难度】★★☆☆☆

答案：MongoDB 中存储的文档必须有一个_id 键。这个键的值可以是任何类型的，默认是个 ObjectId 对象。ObjectId 类似唯一主键，由 4 部分组成：时间戳、客户端 ID、客户进程 ID、三个字节的增量计数器。_id 是一个 12 字节长的十六进制数，它保证了每一个文档的唯一性。在插入文档时，需要提供_id。如果不提供，那么 MongoDB 就会为每一文档提供一个唯一的 ID。_id 的前 4 个字节代表的是当前的时间戳，接下来的 3 个字节表示的是机器的 ID 号，接下来的两个字节表示 MongoDB 服务器进程 ID，最后的 3 个字节代表递增值。由于 ObjectId 中保存了创建的时间戳，所以不需要为文档保存时间戳字段，可以通过 getTimestamp 函数来获取文档的创建时间。

真题 16 什么是 MongoDB 的索引？如何创建查看索引？写操作如何影响索引？

【出现频率】★★☆☆☆　【学习难度】★★★☆☆

答案：MongoDB 的索引和关系型数据库索引的作用一样，都是为了能高效地执行查询。没有索引，MongoDB 将扫描查询整个集合中的所有文档，这种扫描效率很低，需要处理大量数据。索引是一种特殊的数据结构，将一小块数据集保存为容易遍历的形式。索引能够存储某种特殊字段或字段集的值，并按照索引指定的方式将字段值进行排序。确定要索引的字段，应当根据各种因素来决定，包括选择性、对多种查询形状的支持，以及索引的大小。

在集合上创建索引，使用 db.collection.createIndex( ) 方法。

列出集合的索引，使用 db.collection.getIndexes( ) 方法。

分析 MongoDB 如何处理查询，请使用 explain( ) 方法。

如需要查看索引的大小，在 db.collection.stats( ) 方法返回值中包括一个 indexSizes 文档，该文档为集合中的每个索引提供了大小信息。查看索引大小信息，可以根据其大小，判断索引是否适合 RAM。当服务器具有足够的 RAM 用于索引和其余工作集时，索引就适合 RAM。当索引太大而无法放入 RAM 时，MongoDB 必须从磁盘读取索引，这比从 RAM 读取要慢得多。在某些情况下，索引不必完全适合 RAM。

和关系型数据库一样，写操作对索引的影响体现在写操作可能需要更新索引，从而影响性能。如果写操作修改了索引字段，则 MongoDB 将更新所有将修改后的字段作为键的索引。

因此，如果应用程序对 MongoDB 有大量写操作，则索引可能会影响性能。

真题 17 什么是 MongoDB 的聚合操作？

【出现频率】★★☆☆☆　【学习难度】★★☆☆☆

答案：MongoDB 中聚合（Aggregate）主要用于处理数据（如统计平均值、求和等），并返回计算后的数据结果。聚合操作能将多个文档中的值组合起来，对成组数据执行各种操作，返回单一的结果。MongoDB 中的聚合操作使用 aggregate( ) 方法。格式如下：

```
>db.collection.aggregate(AGGREGATE_OPERATION)
```

下面举例说明具体用法，对集合中所有文档，按 name 字段分组统计 num 字段的平均值，格式如下：

```
>db.collectionName.aggregate([{$group : {_id : "$name", num_tutorial : {$avg : "$num"}}}])
```

真题 18 什么是 MongoDB 副本集（Replica Set）？并发性如何影响主副本集？

【出现频率】★★★☆☆　【学习难度】★★★☆☆

答案：MongoDB 副本集（Replica Set）由一组 MongoDB 实例组成，包括一个主节点多个从节点。其实就是具有自动故障恢复功能的主从集群，和主从复制（MongoDB 中已经不支持使用主从复制这种复制方式了）最大的区别就是在副本集中没有固定的主节点。整个副本集会选出一个节点作为主节点，当其崩溃后，再在剩下的从节点中选举一个节点成为新的主节点，在副本集中总有一个主节点（Primary）和一个或多个备份节点（Secondary）。

MongoDB 客户端的所有数据都写入主节点（Primary），副节点从主节点同步写入数据，以保持所有复制集内存储相同的数据，提高数据可用性。

对于副本集，当 MongoDB 写入主数据库上的集合时，MongoDB 还将写入主数据库的 oplog，这是 Local 数据库中的特殊集合。因此，MongoDB 必须同时锁定集合的数据库和 Local 数据库。在 mongod 必须同时保持数据库一致，并确保写入操作，即使复制锁定两个数据库，分别是"全有或全无"的操作。

写入副本集时，锁的范围适用于主节点（Primary）。

真题 19 **MongoDB 为何使用 GridFS 来存储文件？**

【出现频率】★★★☆☆　【学习难度】★★☆☆☆

答案：GridFS 是一种将大型文件存储在 MongoDB 中的文件规范。使用 GridFS 可以将大文件分隔成多个小文档存放，这样能够有效地保存大文档，而且解决了 BSON 对象有限制的问题。

真题 20 **为什么 MongoDB 的数据文件很大？**

【出现频率】★☆☆☆☆　【学习难度】★★☆☆☆

答案：因为 MongoDB 采用预分配空间的方式来防止文件碎片。也就是说 MongoDB 在插入记录时额外分配一些未用空间，这样将来文档变大时不需要把文档迁移到别处。

真题 21 **是否可以对 MongoDB 进行 SQL 或查询注入？　如何解决？**

【出现频率】★★★☆☆　【学习难度】★★☆☆☆

答案：客户端程序在 MongoDB 中组装查询时，客户端库提供了一个方便、无注入的过程来构建，将构建 BSON 对象而不是字符串。因此，MongoDB 不存在传统的 SQL 注入攻击。

在安全性上需要重视的是，用户提交恶意 JavaScript 来进行攻击的可能性还是存在，可以通过--noscripting 在命令行上传递选项或在配置文件中对参数 security.JavascriptEnabled 进行设置来禁用所有服务器端 JavaScript 的执行。不过这会限制到 MongoDB 强大查询功能的使用。MongoDB 中 $where 操作符和 mapReduce 函数的功能都很强大灵活，都可以将 JavaScript 表达式的字符串或 JavaScript 函数作为查询语句的一部分来执行。使用时要注意以下问题。

对于需要 JavaScript 的查询，可以在单个查询中混合使用 JavaScript 和非 JavaScript。将所有用户提供的字段直接放在 BSON 字段中，并将 JavaScript 代码传递给该 $where 字段。

如果需要在 $where 子句中传递用户提供的值，则可以使用该 CodeWScope 机制来转义这些值。在范围文档中将用户提交的值设置为变量时，可以避免在数据库服务器上对它们进行评估。

6.3　Memcached

Memcached 是一个自由开源、高性能、分布式的内存对象缓存系统，通过在内存里维护一个统一、巨大的 Hash 表，它能够用来存储各种格式的数据，包括图像、视频、文件及数据库检索的结果等。简单地说就是将数据缓存到内存中，然后使用时从内存中读取，从而大大提高获取所需数据的速度。在早些年前 Memcached 的应用十分广泛，是主流的缓存框架，现在已逐渐被 Redis 取代，这些年它的使用热度已经大为下降。

Memcached 是 Danga 的一个项目，开发之初是为了加速 LiveJournal 访问速度而开发的，后来被很多大型的网站采用。

Memcached 是以守护程序（监听）方式运行于一个或多个服务器中，随时会接收客户端的连接和操作。Memcached 是单进程多线程的程序，启动时，会启动一个主线程来监听连接，同时启动多个工作线程用于处理请求。当有连接到来时，主线程通过求余选择一个工作线程，然后将 Socket 信息封装成 CQ_Item 放入其 CQ 队列，并通过 Pipe 管道通知工作线程。工作线程从 CQ 队列中拿到 Socket 信息，创建 Libevent 的读写事件，对读写事件进行解析并处理。

Libevent 是 C++语言编写的一个 I/O 多路复用的框架，可以自动判断当前系统所使用的 I/O 多路复用模型（Windows 系统中是 Iocp，Linux 系统中是 Epoll，macOS 系统中是 Kqueue），达到非阻塞处理 I/O 操作的目的。

真题 1 **Ehcache、Memcached、Redis 三大缓存有何特点与区别？**

【出现频率】★★★★☆　【学习难度】★★☆☆☆

答案：三者各有优点，简单总结见表 6-6。

表 6-6　Ehcache、Memcached、Redis 三大缓存特点

缓 存 框 架	特　　点
Ehcache	提供多种缓存策略 速度快、简单、轻量、易扩展 具有缓存和缓存管理器的侦听接口 缓存数据有两级：内存和磁盘 支持多缓存管理器实例，以及一个实例的多个缓存区域 缓存数据会在虚拟机重启的过程中写入磁盘
Memcached	多线程访问 数据都缓存在内存中，速度快 基于 Libevent 的事件库来实现网络线程模型
Redis	单线程，速度快 支持两种持久化方式，重启时会自动将持久化数据加载到内存 支持多种数据类型 功能丰富，还支持事务、流水线、发布/订阅、消息队列等功能 支持高可用及分布式

Redis 与 Memcached 比较。

- Redis 可以用来做存储（Storage），而 Memcached 是用来做缓存（Cache）。
- Redis 中存储的数据有多种结构，而 Memcached 存储的数据只有一种类型"字符串"。

Redis 与 Ehcache 比较。

- Ehcache：直接在 JVM 虚拟机中缓存，速度快、效率高，但是缓存共享麻烦，集群分布式应用不方便。

- Redis：通过 Socket 访问到缓存服务，效率比 Ehcache 低，但比数据库要快很多，处理集群和分布式缓存方便，有成熟的方案。

从应用场景来讲，Ehcache 更适合单体应用，Redis、Memcached 更适合分布式应用和大型数据缓存。

真题 2 Memcached 服务在企业集群架构中有哪些应用场景？

【出现频率】★★☆☆☆ 【学习难度】★★☆☆☆

答案：简单来说，Memcached 有两种类型的应用场景。

1）作为数据库的前端缓存，缓存热点数据、基础数据。

2）作为集群的 Session 会话共享存储。

真题 3 Memcached 服务分布式集群如何实现？

【出现频率】★★☆☆☆ 【学习难度】★★☆☆☆

答案：Memcached 在实现分布集群部署时，Memcached 服务端之间相互不会进行通信，服务端是伪分布式，实现分布式是由客户端实现的，客户端通过分布式算法把数据保存到不同的 Memcached 服务端。在服务端开启多个 Memcached 进程，代码中加入对应的 IP 地址和端口号便可。

常见的分布式算法有：余数 Hash 算法和一致性 Hash 算法。

Memcached 对容错不做处理，这是不太合适的，要做到集群的负载均衡和容错，可借助第三方软件如 Repcached、Memagent、Memcached-ha 等来实现。

真题 4 Memcached 的工作原理是什么？

【出现频率】★★☆☆☆ 【学习难度】★★☆☆☆

答案：Memcached 缓存所有数据在内存中，在服务器重启之后就会消失，需要重新加载数据。Memcached 采用 Hash 表的方式把所有的数据保存在内存当中，每条数据由 Key 和 value 组成，每个 Key 是独一无二的，当要访问某个值时先找到 Key，然后返回结果。Memcached 采用 LRU 算法来逐渐把过期数据清除掉。

Memcached 使用了多线程机制，可以同时处理多个请求，线程数最好为 CPU 核心数。

真题 5 Memcached 最大的优势是什么？

【出现频率】★★★★☆ 【学习难度】★★☆☆☆

答案：Memcached 最大的好处就是它带来了极佳的水平可扩展性，特别是在一个巨大的系统中。由于客户端自己做了一次哈希，那么很容易增加大量 Memcached 到集群中。Memcached 之间没有相互通信，因此不会增加 Memcached 的负载。没有多播协议，不会网络通信量爆炸（implode）。

真题 6 Memcached 和服务器的 Local Cache 相比，有什么优缺点？

【出现频率】★★★☆☆ 【学习难度】★★★☆☆

答案：Memcached 和服务器的 Local Cache 相比，各有优缺点。Local Cache 能够利用的内存容量受到（单台）服务器空闲内存空间的限制。不过，Local Cache 有一点比 Memcached 要好，那就是它可以存储任意的数据，而且没有网络存取的延迟。

Local Cache 的数据查询更快。可以考虑把常用的数据放在 Local Cache 中。如果每个页面都需要加载一些数量较少的数据，可以考虑把它们放在 Local Cache 中。

Local Cache 缺少集体失效（Group Invalidation）的特性。在 Memcached 集群中，删除或更新一个 Key 会让所有的观察者觉察到。但是在 Local Cache 中，只能通知所有的服务器刷新 Cache（很慢，不具扩展性），或者仅仅依赖缓存超时失效机制。

Local Cache 另一个不足是受服务器的内存限制。

真题 7 **Memcached 的 Cache 机制是什么？ 单个 item 最大允许多大？**

【出现频率】★★★☆☆ 【学习难度】★★☆☆☆

答案：Memcached 主要的 Cache 机制是 LRU（最近最少用）算法+超时失效。当保存数据到 Memcached 中时，可以指定该数据在缓存中可以呆多久。如果 Memcached 的内存不够用了，过期的 slabs 会优先被替换，接着就轮到最老的未被使用的 slabs。

单个 item 最大允许 1MB。

真题 8 **Memcached 是如何做身份验证的？**

【出现频率】★★☆☆☆ 【学习难度】★☆☆☆☆

答案：Memcached 没有身份验证机制，这样的好处是 Memcached 可以更快地创建新连接，服务端也无须任何配置。

真题 9 **Memcached 对 item 的过期时间有什么限制？**

【出现频率】★★☆☆☆ 【学习难度】★☆☆☆☆

答案：Memcached 的过期时间最大可以达到 30 天。Memcached 把传入的过期时间（时间段）解释成时间点后，一旦到了这个时间点，Memcached 就把 item 置为失效状态。

真题 10 **Memcached 可以在各个服务器上配置大小不等的缓存空间吗？**

【出现频率】★★★☆☆ 【学习难度】★★☆☆☆

答案：Memcached 客户端仅根据哈希算法来决定将某个 Key 存储在哪个节点上，而不考虑节点的内存大小。因此，可以在不同的节点上使用大小不等的缓存空间。

6.4 EhCache

EhCache 是一个纯 Java 的进程内缓存框架，具有快速、精干等特点，是一个广泛使用的开源 Java 分布式缓存。主要面向通用缓存、Java EE 和轻量级容器。它具有内存和磁盘存储、缓存加载器、缓存扩展、缓存异常处理程序、支持 REST 和 SOAP API 等特点。

EhCache 直接在 JVM 虚拟机中缓存，速度快，效率高；但是缓存共享麻烦，不太适合集群分布式应用。EhCache 是 Hibernate 默认的 CacheProvider。

EhCache 也有缓存共享方案，支持集群。它具有缓存和缓存管理器的侦听接口，可通过 RMI 或者 Jgroup 多播方式进行分布式缓存通知更新，缓存共享相对复杂，维护不方便，可以支持简单的共享，但是涉及到缓存恢复、大数据缓存，则不适用。

真题 1 Ehcache 的使用场景是什么？

【出现频率】★★★☆☆ 【学习难度】★★☆☆☆

答案：通常缓存框架的很多场景也可以适合于 EhCache，但需要注意的是，因为 EhCache 本地缓存的特性，不同服务器间缓存很难做到实时同步，所以在分布式服务系统中，数据一致性要求非常高的场合下，尽量避免使用 EhCache 作为缓存框架，EhCache 更适合于单体应用。

真题 2 Ehcache 的集群实现方式是什么？

【出现频率】★★★☆☆ 【学习难度】★★★★☆

答案：Ehcache 的集群要让每个 Cache 知道其他的 Cache，这叫作 Peer Discovery（成员发现），Ehcache 实现成员发现的方式有两种：手动查找和自动发现。下面分别介绍。

假定集群分布在三个节点上。（ip：port/cacheName）分别为以下 3 个：

```
Server1: 192.168.0.1:3001/userCache
Server2: 192.168.0.2:3001/userCache
Server3: 192.168.0.3:3001/userCache
```

如果是手动查找方式，首先在 ehcache.xml 中配置 Peer Discovery（成员发现）对象，下面是 Server1 的配置示例。

```
<! -- Server1 的 cacheManagerPeerProviderFactory 配置 -->
    <cacheManagerPeerProviderFactory
        class="net.sf.ehcache.distribution.RMICacheManagerPeerProviderFactory"
        properties="hostName=localhost,
        port=400001,
        socketTimeoutMillis=2000,
        peerDiscovery=manual,
        rmiUrls=//192.168.0.2:3001/userCache|//192.168.0.3:3001/userCache"
    />
```

简单来讲，就是在 Server1 中配置 Server2 和 Server3 的信息，Server2 中配置 Server1 和 Server3 的信息，Server3 中配置 Server1 和 Server2 的信息。

然后要配置缓存和缓存同步监听，需要在每台服务器中的 ehcache.xml 文件中增加 Cache 配置（这里指的是上面节点名为 userCache 的缓存）和 cacheEventListenerFactory、cacheLoaderFactory 等配置。具体配置开发者可自行了解，这里不再详细举例。

当然，也可以使用自动发现，它和手动查找的 PeerDiscovery 配置有所不同，配置示例如下。

```
<cacheManagerPeerProviderFactory
    class="net.sf.ehcache.distribution.RMICacheManagerPeerProviderFactory"
    properties="peerDiscovery=automatic, multicastGroupAddress=192.168.0.1,
    multicastGroupPort=400004, timeToLive=32"
/>
```

真题 3 如何实现 Ehcache 页面整体缓存？

【出现频率】★★★☆☆ 【学习难度】★★★★☆

答案：实现 Ehcache 页面缓存主要有两个步骤。

1）首先在 ehcache.xml 中配置 SimplePageCachingFilter 缓存，这里的时间单位是 s，相关时间尽

量不要设置得太长。

```
<! -- 页面全部缓存 -->
    <cache name="SimplePageCachingFilter"
        maxElementsInMemory="10"
        maxElementsOnDisk="10"
        eternal="false"
        overflowToDisk="false"
        timeToIdleSeconds="120"
        timeToLiveSeconds="60"
        memoryStoreEvictionPolicy="LFU">
    </cache>
```

2）在 web.xml 中添加页面缓存过滤器 PageCachingFilter。

说明一下，如果在 ehcache.xml 中命名的页面缓存名字为 SimplePageCachingFilter 时，在 web.xml 中的页面缓存过滤器的 cacheName 是可以不用定义的，因为它是默认的。如果不是 SimplePageCach-ingFilter，这时就必须指定 cacheName 了。

```
<! --ehcache 页面缓存过滤器 -->
    <filter>
        <filter-name>PageCachingFilter</filter-name>
 <filter-class>net.sf.ehcache.constructs.web.filter.SimplePageCachingFilter</filter-class>
        <init-param>
            <param-name>cacheName</param-name>
            <param-value>SimplePageCachingFilter</param-value>
        </init-param>
    </filter>
    <filter-mapping>
        <filter-name>PageCachingFilter</filter-name>
        <url-pattern>/testController/testCache</url-pattern>
    </filter-mapping>
```

url-pattern 中配置的/testController/testCache 就是所要访问的缓存页面。

真题 4 Ehcache 支持哪些数据淘汰策略？

【出现频率】★★★☆☆　【学习难度】★★☆☆☆

答案：Ehcache 支持三种数据淘汰策略。

- FIFO：先进先出。
- LFU：最少被使用的元素优先淘汰，缓存的元素有一个 hit 属性，hit 值最小的将会被清出缓存。
- LRU：最近最少使用的元素优先淘汰。缓存的元素有一个时间戳，当缓存容量满了，而又需要腾出空间来缓存新的元素时，现有缓存元素中时间戳离当前时间最远的元素将被清出缓存。

6.5　NoSQL 与缓存综合

为了应对高并发和大数据量的访问，提供系统性能，缓存得到了广泛使用。但随之而来，也产生了许多问题，下面以问答的形式来介绍如何合理进行缓存及缓存使用过程中的一些常见问题及解决办法。

真题 1 什么是缓存预热?

【出现频率】★★★☆☆ 【学习难度】★★☆☆☆

答案:缓存预热就是系统上线时,提前将相关的缓存数据直接加载到缓存系统。而不是等到用户请求时,才将查询数据进行缓存,这样用户请求可直接查询事先被预热的缓存数据。

缓存预热的方式可以有如下几种。

- 直接编写缓存刷新页面,上线时手工操作。
- 数据量不大时,可以在项目启动时自动进行加载。
- 定时刷新缓存。

真题 2 如何进行缓存更新?

【出现频率】★★★★☆ 【学习难度】★★★☆☆

答案:在缓存中通过 expire 来设置 Key 的过期时间,各缓存服务器一般都有自带的缓存失效策略。这里的缓存更新,是指源数据更新之后如何解决缓存数据一致性的问题,个人建议如下几种方案。

- 数据实时同步失效或更新。这是一种增量主动型的方案,在数据库数据更新之后,主动请求缓存更新,它能保证数据强一致性。
- 数据异步更新,这是属于增量被动型方案,数据一致性稍弱,数据更新会有所延迟,更新数据库数据后,通过异步方式,用多线程方式或消息队列来实现更新。
- 定时任务更新,这是一种全量被动型方案,当然也可以是增量被动型,这种方式保证数据的最终一致性。通过定时任务按一定频率调度更新时,数据一致性最差。

具体采用何种方式,开发者可以根据实际需要来进行取舍。

真题 3 什么是缓存穿透? 如何预防缓存穿透?

【出现频率】★★★☆☆ 【学习难度】★★★★☆

答案:缓存穿透是指查询一个一定不存在的数据,由于缓存中不存在,这时会去数据库查询,查不到数据则不写入缓存,这将导致这个不存在的数据每次请求都要到数据库去查询,这就造成缓存穿透。简单来说,就是访问业务系统不存在的数据,就可能会造成缓存穿透。

缓存穿透会产生什么危害呢? 危害就是如果存在海量请求查询系统根本不存在的数据,那么这些海量请求都要查询数据库中,数据库压力剧增,就可能会导致系统崩溃。

防止缓存穿透有两个解决办法。

第一个办法是在缓存之前再加一道屏障,在控制层先进行校验,符合规则才进行查询,最常见的是采用 BloomFilter (即布隆过滤器)。BloomFilter 中存储目前数据库中存在的所有 Key。当业务系统有查询请求时,首先去 BloomFilter 中查该 Key 是否存在。若不存在,则说明数据库中也不存在该数据,直接返回空值。若存在,则继续执行后续的流程,先从缓存中查询,缓存中没有再访问数据库进行查询。

使用 BloomFilter 判断一个元素是否属于某个集合时,会有一定的错误率。也就是说,有可能把不属于这个集合的元素误认为属于这个集合，但不会把属于这个集合的元素误认为不属于这个集合。在增加了错误率这个因素之后，BloomFilter 通过允许少量的错误来节省大量的存储空间。

BloomFilter 的缺点：只适用于数据命中不高，数据相对固定实时性低（通常是数据集较大）的应用场景，代码维护也较为复杂。

当然，它也有优点，就是缓存空间占用少。

另外一个办法就是空值缓存。也就是如果一个查询返回的数据为空（不管是数据不存在，还是系统故障），仍然把这个空结果进行缓存。但这样做有一定的弊端，就是当这个查询有数据时，在一定时间内得到的结果仍然是空，所以这个空结果的数据它的过期时间应该要设置得短一些，让它能得到自动剔除；空值缓存，也就保存了更多的键值，消耗了更多的内存空间，如果是外部攻击，大量的空值缓存，会消耗掉所有的内存空间，导致系统崩溃。所以空值缓存的利与弊需要在使用过程中综合考虑。

真题 4 什么是缓存雪崩？ 如何预防缓存雪崩？

【出现频率】★★★★☆ 【学习难度】★★★★☆

答案：如果缓存集中在一段时间内失效，也就是通常所说的热点数据集中失效（一般都会给缓存设定一个失效时间，过了失效时间后，该数据库会被缓存直接删除，从而一定程度上保证数据的实时性），发生大量的缓存穿透，造成大量的查询要查询数据库，这就造成了缓存雪崩，可能会导致数据库崩溃。

下面推荐几个缓存雪崩的解决办法。

- 在缓存失效后，通过加锁或者队列来控制读数据库重建缓存的线程数量。例如，同一时刻只允许一个线程查询数据和重建缓存，其他重建缓存的线程此时在等待状态。
- 可以通过缓存 reload 机制，预先去更新缓存，在即将发生大并发访问前手动触发加载缓存。
- 不同的 Key，设置不同的过期时间，让缓存失效的时间点尽量均匀。例如，可以在原有的失效时间基础上增加一个随机值，如 1~5min 随机，这样每一个缓存的过期时间的重复率就会降低，就会大大降低缓存集体失效的概率。
- 做二级缓存，或者双缓存策略。A1 为原始缓存，A2 为备份缓存，A1 失效时，可以访问A2，A1 缓存失效时间设置为短期，A2 设置为长期。

真题 5 什么是缓存击穿？ 如何预防缓存击穿？

【出现频率】★★★★☆ 【学习难度】★★★☆☆

缓存击穿是指一个 Key 非常热点，大并发集中对这一个点进行访问，当这个 Key 在失效的瞬间，持续的大并发就会穿破缓存，直接请求数据库。缓存击穿和缓存雪崩的区别在于，缓存击穿是针对某一个 Key 缓存而言，缓存雪崩则是很多 Key。一般的网站很难有某个数据达到缓存击穿的级别，一般是热门网站的秒杀或爆款商品，才有可能发生这种情况。

当然，这时把这种商品设置成永不过期或者过期时间超过抢购时段是一种很好的避免发生缓存击穿的方式，前提是这时应用系统不需要考虑数据可能的不一致性问题。

真题 6 如何进行缓存降级?

【出现频率】★★★☆☆ 【学习难度】★★★☆☆

答案：缓存降级，其实都应该是指服务降级，即在访问量剧增、服务响应出现问题（如响应延迟或不响应）或非核心服务影响到核心流程性能的情况下，仍然需要保证核心服务可用，尽管可能一些非主要服务不可用，这时就可以采取服务降级策略。

服务降级的最终目的是保证核心服务可用，即使是有损的。服务降级应当事先确定好降级方案，确定哪些服务是可以降级的，哪些服务是不可降级的。根据当前业务情况及流量对一些服务和页面有策略地降级，以此释放服务器资源以保证核心服务的正常运行。降级往往会指定不同的级别面临不同的异常等级执行不同的处理。根据服务方式：可以拒接服务、延迟服务、随机提供服务。根据服务范围：可以暂时禁用某些功能或禁用某些功能模块。总之服务降级需要根据不同的业务需求采用不同的降级策略。主要的目的就是服务虽然有损但是总比服务不可用好。

真题 7 如何缓存热点 Key?

【出现频率】★★★★☆ 【学习难度】★★★☆☆

答案：使用"缓存+过期时间"的策略既可以提高数据读取速度，又能保证数据的定期更新，这种模式基本能够满足绝大部分需求。但是如果当前 Key 是一个热点 Key，并发量非常大，这时就可能产生前面所说的缓存击穿问题。重建缓存可能是个复杂操作，可能包含有复杂计算（如复杂的 SQL、多次 I/O、多个依赖等）。如果在缓存失效的瞬间，有大量请求进行并发访问，这些访问都会同时访问后端（也就会同时进行重建缓存操作），就会造成后端负载加大，甚至可能造成应用崩溃。

所以缓存热点 Key 为了避免缓存击穿，一是可以设置为永不过期。在不需要考虑数据一致性问题的情况下，个人认为这是最好也最简单的解决方式。如果需要考虑数据一致性问题，则需要设置过期时间，那就要考虑如何减少重建缓存的次数，这时采用 Redis 的互斥锁是一种解决方式，这样保证同一时间只能有一个请求执行缓存重建。这样就能有效减少缓存重建次数，但如果重建时间过长，则可能引发其他问题，需要综合考虑。

第7章 关系型数据库

7.1 关系型数据库知识

关系型数据库又称为关系型数据库管理系统（RDBMS），是指采用了关系模型来组织数据的数据库，关系型数据库以行和列的形式存储数据，这一系列的行和列被称为二维表。关系模型可以简单理解为二维表格模型，而一个关系型数据库就是由二维表及其之间的联系所组成的一个数据组织，关系包括"一对一、一对多、多对多"等关系。用户可以通过 SQL 语言来检索及管理数据库中的数据。

关系模型中常用的概念有以下几个。

- 二维表：也称为关系，以后都简称为表，每个表都具有一个表名。它是一系列二维数组的集合，用来代表与存储数据对象之间的关系，它由纵向的列和横向的行组成。
- 行：也叫元组，表中的一行，在数据库中被称为记录，在表中是一条横向的数据集合，代表一个实体。
- 列：也叫字段或属性，通过列也定义了表的数据结构。
- 主属性：关系中的某一属性组，若它们的值唯一地标识一个记录，则称该属性组为主属性或主键，主键可以由一个或多个列组成。

关系型数据库的核心是其结构化的查询语言（Structured Query Language，SQL），SQL 涵盖了数据的查询、操纵、定义和控制，是一个综合、通用的且简单易懂的数据库管理语言。同时 SQL 又是一种高度非过程化的语言，数据库管理者只需要指出做什么即可完成对数据库的管理，SQL 可以实现数据库全生命周期的所有操作。

数据库事务必须具备 ACID 特性，ACID 分别是 Atomic（原子性）、Consistency（一致性）、Isolation（隔离性）、Durability（持久性）。

关系型数据库已经发展了数十年，其理论知识、相关技术和产品都趋于完善，是目前世界上应用最广泛的数据库系统。

在上一章 NoSQL 的开篇关于 NoSQL 与关系型数据库的比较中，已经介绍了关系型数据库的特点，这里就不再重复介绍。

下面了解一下关系型数据库的优点。

- 容易理解：二维表结构非常贴近逻辑世界的概念，关系型数据模型相对层次型数据模型和网状型数据模型等其他模型更容易理解。
- 使用方便：通用的 SQL 语言使得用户操作关系型数据库非常方便，能够进行复杂的查询。

- 易于维护：丰富的完整性（包括实体完整性、域完整性、参照完整性）大大减少了数据冗余和数据不一致的问题。通过事务能够保持数据的强一致性，关系型数据库提供对事务的支持，能保证系统中事务的正确执行，同时提供事务的恢复、回滚、并发控制和死锁问题的解决。由于关系型数据库的表结构设计以标准化为前提，对数据更新的开销较小。

然而，随着时代的发展和互联网行业的兴起，关系型数据库难以满足高频率的数据库访问和海量数据的处理需求，存在以下缺点。

- 高并发读写能力差：关系型数据库为了维护数据的一致性和完整性导致读写性能相对比较差，难以满足高并发访问要求，访问量很大时，磁盘 I/O 会成为性能的瓶颈。
- 对海量数据的读写效率低：若表中数据量太大，则每次的读写速率都将非常缓慢。
- 扩展性差：纵向扩展（通过升级数据库服务器的硬件配置）可提高数据处理的能力，但纵向扩展很容易达到硬件性能的瓶颈，无法应对快速增长的数据处理与访问的需求。还有一种扩展方式是横向扩展，即采用多台计算机组成集群，共同完成对数据的存储、管理和处理。这种横向扩展的集群对数据进行分散存储和统一管理，可满足对海量数据的存储和处理的需求。但是由于关系型数据库具有数据模型、完整性约束和事务的强一致性等特点，导致其难以实现高效率、易横向扩展的分布式架构。
- 灵活性不够：关系型数据库是固定的表结构，不够灵活，如果一个表所需要保存的数据对象的属性不固定，处理起来就相当麻烦。
- 性能欠佳：在关系型数据库中，多表的关联查询、复杂 SQL 报表查询、为了保证数据库事务的 ACID 特性、数据库表的按范式设计及对有频繁数据更新的表字段做索引等都会对它的性能产生较大影响。

关系型数据库的缺点，促进了 NoSQL 的产生和流行。当然，关系型数据库也仍然在发挥着重要的作用。数据库的设计是软件开发过程中非常重要的一环，在进行关系型数据库的设计过程中，应当遵循一些原则，以提高数据库的存储效率、数据完整性、灵活性、可扩展性，设计良好的数据库，也能降低系统业务实现的复杂度。关于数据库设计，这里简单总结了几条原则。

- 命名规范化：在概念模型设计中，对于出现的实体、属性及相关表的结构要统一。例如，在数据库设计中，指定学生 student，专指本科生，相关的属性有：学号、姓名、性别、出生年月等，及每个属性的类型、长度、取值范围等都要进行确定，这样就能保证在命名时不会出现同名异义或异名同义、属性特征及结构冲突等问题。
- 数据的一致性和完整性：在关系型数据库中可以采用域完整性、实体完整性和参照完整性等约束条件来满足其数据的一致性和完整性，用 check、default、null、主键和外键约束来实现。
- 数据冗余：数据库中的数据应尽可能地减少冗余，这就意味着重复数据应该减少到最少。例如，若一个部门职员的电话存储在不同的表中，假设该职员的电话号码发生变化时，冗余数据的存在就要求对多个表进行更新操作，若某个表不幸被忽略了，那么就会造成数据不一致的情况。所以在数据库设计中一定要尽可能地减少冗余。
- 范式理论：在关系数据库设计时，一般是通过设计满足某一范式（Normal Forms 简写为 NF）来获得一个好的数据库模式，通常认为 3NF 在性能、扩展性和数据完整性方面达到了最好的平衡，因此，一般数据库设计要求达到 3NF，消除数据依赖中不合理的部分，最终实现使一个关系仅描述一个实体或者实体间一种联系的目的。

关系型数据库很多，当今主流的关系型数据库有：Oracle、Microsoft SQL Server、MySQL、PostgreSQL、DB2、SQLite，MariaDB（MySQL 的一个分支）、Derby 等。国产数据库也在崛起了，著名的国产关系型数据库有达梦（DM）数据库和人大金仓数据库。

真题 1 数据库三范式（Normal Forms，NF）是什么？

【出现频率】★★★☆☆　【学习难度】★★★★☆

答案：第一范式（简记为 1NF）：字段具有原子性，不可再分。所有关系型数据库系统都必须满足第一范式。例如，姓名字段，其中的姓和名必须作为一个整体，无法区分哪部分是姓，哪部分是名，如果要区分出姓和名，必须设计成两个独立的字段。

第二范式（2NF）：满足第二范式（2NF）必须先满足第一范式（1NF）。第二范式要求数据库表中的每个实例或行必须可以被唯一地区分。通常需要为表加上一个列，以存储各个实例的唯一标识，这个唯一属性列被称为主关键字或主键。第二范式（2NF）要求实体的属性完全依赖于而非部分依赖主关键字。所谓完全依赖是指不能存在仅依赖主关键字一部分的属性，如果存在，那么这个属性和主关键字的这一部分应该分离出来形成一个新的实体，新实体与原实体之间是一对多的关系。为实现区分通常需要为表加上一个列，以存储各个实例的唯一标识。

第三范式（3NF）：满足第三范式必须先满足第二范式。第三范式要求数据不能存在传递关系，即每个属性都跟主键有直接关系而不是间接关系。所以第三范式具有如下特征。

- 每一列只有一个值。
- 每一行都能区分。
- 每一个表都不包含其他表已经包含的非主关键字信息。

最后对范式做个简单总结，三大范式只是一般设计数据库的基本理念，不是必须遵守的规则。可以根据实际需要建立冗余较小、结构合理的数据库。数据库设计最重要的是满足需求和性能，不能一味地去追求范式建立数据库。

真题 2 什么是事务？事务的 ACID 特性是什么？

【出现频率】★★★★☆　【学习难度】★★☆☆☆

答案：事务是由一组或一条 SQL 语句组成的逻辑处理单元，是数据库操作的最小工作单元，是作为单个逻辑工作单元执行的一系列（或一个）操作，这些操作作为一个整体一起向系统提交，要么全都执行、要么全部不执行，是一组不可再分割的操作集合。

事务的 ACID 四大特性即事务的原子性（Atomicity）、一致性（Consistency）、隔离性（Isolation）、持久性（Durability）。

原子性（Atomicity）：原子性是指事务是一个不可分割的工作单位，事务中的操作要么都发生，要么都不发生。

一致性（Consistency）：是指事务必须使数据库从一个一致性状态变换到另外一个一致性状态，也就是说一个事务执行之前和执行之后都必须处于一致性状态。

隔离性（Isolation）：事务的隔离性是多个用户并发访问数据库时，数据库为每一个用户开启的事务，不会被其他事务的操作数据所干扰，多个并发事务之间要相互隔离。

持久性（Durability）：持久性是指一个事务一旦被提交，它对数据库中数据的改变就是永久性的，接下来即使数据库发生故障也不会影响已提交事务的操作结果。

真题 3 并发事务处理对数据库有哪些影响？如何避免？

【出现频率】★★★☆☆ 【学习难度】★★★★☆

答案：并发事务处理会产生脏读、不可重复读、虚读（幻像读）、丢失更新等问题。

- 脏读：在一个事务中读取到另一个事务没有提交的数据。
- 不可重复读：一个事务在读取某些数据后的某个时间，再次读取以前读过的数据，却发现其读出的数据已经发生了改变，这种现象就叫作"不可重复读"（针对的是 update 操作）。
- 虚读（幻像读）：一个事务按相同的查询条件重新读取以前检索过的数据，却发现其他事务插入了满足其查询条件的新数据，这种现象就称为"幻像读"（针对的是 insert 操作）。
- 丢失更新：当两个或多个事务选择同一行，然后基于最初选定的值更新该行时，会发生丢失更新问题。每个事务都不知道其他事务的存在。最后的更新将重写由其他事务所做的更新，这将导致数据丢失。

避免上面的一些问题，可以通过设置数据库的隔离级别来实现。

- read uncommitted（未提交读）：上面的三个问题都会出现。
- read committed（提交读）：可以避免脏读的发生。
- repeatable read（可重复读）：可以避免脏读和不可重复读的发生。
- serializable（串行化）：可以避免所有的问题，最高隔离级别，但是对性能影响严重。

真题 4 什么是存储过程？什么是函数？两者有什么区别？

【出现频率】★★☆☆☆ 【学习难度】★★★☆☆

答案：存储过程是一组为了完成特定功能的 SQL 语句集合，经编译后存储在服务器端的数据库中，以一个名称存储并作为一个单元处理。存储过程分为系统存储过程和自定义存储过程。

函数是由一个或多个 SQL 语句组成的子程序，可用于封装代码以便重新使用。两者的区别如下。

- 函数只能返回一个变量的，而存储过程可以返回多个。函数是可以嵌入在 SQL 中和存储过程中使用的，可以在 select 中调用，而存储过程不行。
- 函数的限制比较多，不能用临时表，只能用表变量，有些函数不能用，存储过程限制少。
- 存储过程处理的功能比较复杂，而函数实现的功能针对性强。
- 存储过程可以执行修改表的操作，但是函数不能执行一组修改全局数据库状态的操作。
- 存储过程可以返回参数，如记录集，存储过程的参数有 in、out、inout 三种，存储过程声明时不需要返回类型。函数只能返回值或者表对象，函数参数只有 in，而函数需要描述返回类型，且函数中必须包含一个有效的 return 语句。
- 存储过程一般是作为一个独立的部分来执行（exec 执行），而函数可以作为查询语句的一个部分来调用（select 调用），由于函数可以返回一个表对象，因此它可以在查询语句中位于 from 关键字的后面。

真题 5 游标的作用是什么？ 如何知道游标已经到了最后？

【出现频率】★ ★ ☆ ☆ ☆　【学习难度】★ ★ ★ ☆ ☆

答案：游标用于定位结果集的行。判断游标是否已经到了最后，不同的数据库有所不同。

对于 SQLServer 通过判断全局变量@@FETCH_STATUS 可以判断是否到了最后，通常此变量不等于 0 表示出错或到了最后。

对于 DB2，使用 SQLCODE 来判断。SQLCODE = 0 表示到了最后

对于 Oracle，通过%notfound 可以判断。游标的%notfound 值为 true 表示到了最后。

MySQL 的游标只能遍历执行。

真题 6 触发器的事前和事后触发有何区别？ 语句级和行级触发有何区别？

【出现频率】★ ★ ★ ☆ ☆　【学习难度】★ ★ ☆ ☆ ☆

答案：事前触发器运行于触发事件发生之前，而事后触发器运行于触发事件发生之后。通常事前触发器可以获取事件之前和新的字段值。

语句级触发器可以在语句执行前或后执行，而行级触发在触发器所影响的每一行触发一次。

真题 7 什么是约束？ 约束的作用是什么？ 请说出几种数据库约束关系。

【出现频率】★ ★ ★ ☆ ☆　【学习难度】★ ★ ★ ☆ ☆

答案：约束是在表中定义的用于维护数据库完整性的一些规则。

通过为表中的列定义约束可以防止将错误的数据插入表中，也可以保持表之间数据的一致性。若某个约束条件只作用于单独的列，可以将其定义为列约束也可定义为表约束。

常见的约束关系有主键约束、外键约束、唯一约束、空值约束、默认约束、检查约束等。主键约束可以是多个字段，即联合主键。外键约束只能是一个字段，唯一约束也只能是一个字段。一个表可以有多个唯一约束，可以有多个外键约束，但只能有一个主键约束。

真题 8 drop、 delete 和 truncate 的区别是什么？

【出现频率】★ ★ ★ ☆ ☆　【学习难度】★ ★ ★ ☆ ☆

答案：drop 表时，会删除表的内容和定义，并释放空间。执行 drop 语句，将使此表结构及所有数据一起删除。

truncate（清空表中的数据）：（truncate 表名）删除内容、释放空间但不删除定义（也就是保留表的数据结构）。与 drop 不同的是，只是清空表数据而已。truncate 不能删除行数据，虽然只删除数据，但是比 delete 彻底，它只删除表数据。

delete（一般格式如 delete from 表名 where 列名 = 值）与 truncate 类似，delete 也只删除内容、释放空间但不删除定义；但是 delete 即可以对行数据进行删除，也可以对整表数据进行删除。

执行速度一般来说：drop>truncate>delete。

至于三者的应用场合，下面简单总结一下：如果想删除表，当然用 drop 最简单快速；如果想保留表只是想删除所有数据，和事务无关，用 truncate 即可；如果和事务有关，或者想触发 trigger，还是用 delete；如果是整理表内部的碎片，可以用 truncate 跟上 reuse stroage，再重新导入/插入数据。

真题 9 什么是索引？ 为什么使用索引？

【出现频率】★★★★☆ 【学习难度】★★★☆☆

答案：索引是对数据库表中一列或多列的值进行排序的一种结构。使用索引可快速检索数据库表中的特定信息，从而提高服务处理相关搜索请求的效率。

下面为大家总结一下索引的优点。

- 通过创建唯一性索引，可以保证数据库表中每一行数据的唯一性。
- 可以大大加快数据的检索速度，这也是创建索引最主要的原因。
- 可以加速表和表之间的连接，特别是在实现数据的参考完整性方面特别有意义。
- 在使用分组和排序子句进行数据检索时，同样可以显著减少查询中分组和排序的时间。
- 通过使用索引，可以在查询的过程中，使用优化隐藏器，提高系统的性能。

当然，使用索引也是有缺点的。

- 创建索引和维护索引要消耗数据库性能，并且随着数据量的增加，性能的消耗也会增加。
- 索引会占用数据库的物理空间，如果要建立聚簇索引，那么需要的空间就会更大。
- 当对数据库表进行增、删、改操作时，索引也要动态维护，这将消耗数据库性能，也就降低了数据库的访问性能。

真题 10 建立索引的原则是什么？ 什么情况下不宜建立索引？

【出现频率】★★★★☆ 【学习难度】★★★☆☆

答案：为最大限度地发挥索引的优势，在创建索引时要注意以下几点。

- 首先在一个表上不宜创建过多的索引。一般不应超过五个索引。过多的索引会导致在索引上开销太大，从而影响查询性能。如果一张表上需要建立过多索引，则需要考虑这张表的设计是否合理。
- 在经常需要搜索的列上创建索引，可以加快搜索的速度。
- 在经常用在连接的列上创建索引，这些列主要是一些外键，可以加快连接的速度。
- 在经常需要根据范围进行搜索的列上创建索引，因为索引已经排序，其指定的范围是连续的。
- 在经常需要排序的列上创建索引，因为索引已经排序，这样查询可以利用索引的排序，加快排序查询速度。
- 在经常使用的 where 子句中的列上面创建索引，加快条件的判断速度。

以下情况，不宜建立索引。

- 对于在查询过程中很少使用或参考的列，不宜建立索引。
- 对于那些只有很少数据值的列，不宜建立索引。
- 对于那些定义为 image、text 和 bit 数据类型的列，不宜建立索引。
- 频繁写操作的列，不宜建立索引。

真题 11 什么是视图？ 视图的作用是什么？

【出现频率】★★☆☆☆ 【学习难度】★★★☆☆

答案：视图（VIEW）也被称作虚表，即虚拟的表，是一组数据的逻辑表示，其本质是对应于一条 select 语句，结果集被赋予一个名字，即视图名字。视图本身并不包含任何数据，它只包含映射到基表的一个查询语句，当基表数据发生变化，视图数据也随之变化。

视图所对应的子查询种类分为以下几种类型。

select 语句是基于单表建立的，且不包含任何函数运算、表达式或分组函数，叫作简单视图，此时视图是基表的子集。

select 语句同样是基于单表，但包含了单行函数、表达式、分组函数或 group by 子句，叫作复杂视图。

select 语句是基于多个表的，叫作连接视图。

视图的作用：如果需要经常执行某项复杂查询，可以基于这个复杂查询建立视图，此后查询此视图即可，这样就能简化复杂查询。视图本质上就是一条 SELECT 语句，所以当访问视图时，只能访问到所对应的 SELECT 语句中涉及的列，对基表中的其他列起到安全和保密的作用，这样可以起到限制数据访问的作用。

真题 12　内连接、外连接和交叉连接的区别是什么？
【出现频率】★★☆☆☆　【学习难度】★★★☆☆

答案：内连接（inner join）：返回连接的表中符合连接条件和查询条件的数据行。内连接查询有两种方式：显式的和隐式的。显式的内连接查询有 inner join 关键字，如：

```
select * from A a inner join B b where a.id=b.aid
```

隐式的没有 inner join 关键字直接如：

```
select * from A a, B b where a.id=b.aid
```

外连接分为左连接（left join）或左外连接（left outer join）、右连接（right join）或右外连接（right outer join）、全连接（full join）或全外连接（full outer join）。下面分别简单介绍。

左连接返回左表中的所有行，如果左表中的行在右表中没有匹配行，则结果中右表中的列返回空值。

右连接与左连接正好相反，返回右表中的所有行，如果右表中的行在左表中没有匹配行，则结果中左表中的列返回空值。

全连接返回左表和右表中的所有行。当某行在另一表中没有匹配行，则另一表中的列返回空值。

交叉连接（cross join），也称笛卡儿积。如果不带 where 条件子句，它将会返回被连接的两个表的笛卡尔积，返回结果的行数等于两个表行数的乘积，如果有 where 子句，会先生成两个表行数乘积的数据表，然后根据 where 条件从中选择。要注意的是，cross join 后加条件只能用 where，不能用 on。

真题 13　数据库锁的作用是什么？　数据库中存在哪些不同类型的锁？
【出现频率】★★★☆☆　【学习难度】★★★★☆

答案：数据库锁主要用于并发访问时保证数据库的完整性和一致性。锁可分为乐观锁和悲观锁。

- 乐观锁（Optimistic Lock）：就是很乐观，每次去拿数据时都认为数据不会被修改，所以，不会给数据上锁。但是在更新时会判断在此期间别人有没有更新这个数据。实现乐观锁最常用的是版本号机制，也可以用时间戳（数据库服务器的时间）和待更新字段方式实现。
- 悲观锁（Pessimistic Lock）：就是很悲观，每次去拿数据时都认为别人会修改，所以每次在拿数据时都会上锁。悲观锁具有强烈的独占性和排他性，就是对数据被外界（包括本系统当前的其他事务，以及来自外部系统的事务处理）修改持保守态度，因此，在整个数据处理过程中，将数据处于锁定状态。悲观锁的实现往往依靠数据库提供的锁机制，如行锁、表锁、读锁、写锁等。

悲观锁按使用性质划分为共享锁（Share Lock）、排他锁（Exclusive Lock）、更新锁。

- 共享锁：即 S 锁，也叫读锁，用于所有的只读数据操作。共享锁是非独占的，允许多个并发事务读取其锁定的资源。但任何事务都不能修改锁定的资源，读取完毕，锁就立即释放。
- 排他锁：即 X 锁，也叫写锁，表示对数据进行写操作。如果一个事务给对象加了排他锁，其他事务就不能再给它加任何锁了，其他任何事务必须等到 X 锁被释放才能对该页进行访问，X 锁一直到事务结束才能被释放。
- 更新锁：即 U 锁，一个数据在修改前直接申请更新锁，在数据修改时再升级为排他锁，就可以避免死锁。更新锁用来预定要对此页施加 X 锁，它允许其他事务读，但不允许再施加 U 锁或 X 锁，当被读取的页要被更新时，则升级为 X 锁，U 锁一直到事务结束时才能被释放。

悲观锁按作用范围划分为行锁和表锁。

- 行锁：锁的作用范围是行级别。
- 表锁：锁的作用范围是整张表。

数据库能够确定哪些行需要锁的情况下会使用行锁，如果不知道会影响哪些行时就会使用表锁。

真题 14 什么是分布式事务的两阶段提交？

【出现频率】★★☆☆☆ 【学习难度】★★★★☆

答案：二阶段提交（Two Phase Commit，2PC）是一种在分布式环境下，所有节点进行事务提交，保持一致性的算法。它通过引入一个协调者（Coordinator）来统一掌控所有参与者（Participant）的操作结果，并指示它们是否要把操作结果进行真正的提交（commit）或者回滚（rollback）。

两阶段提交分为以下两个阶段。

- 投票阶段（voting phase）：协调者将通知事务参与者准备提交或取消事务，然后进入表决过程。在表决过程中，参与者将告知协调者自己的决策，即同意或取消。
- 提交阶段（commit phase）：在该阶段，协调者将基于第一个阶段的投票结果进行决策，即提交或取消。当且仅当所有的参与者同意提交，事务协调者才通知所有的参与者提交事务，否则协调者将通知所有的参与者取消事务。参与者在接收到协调者发来的消息后将执行响应的操作。

两阶段提交的缺点如下。

- 同步阻塞问题。执行过程中，所有参与节点都是事务阻塞型的。
- 单点故障。由于协调者的重要性，一旦协调者发生故障，参与者会一直阻塞下去。
- 数据不一致。在第二阶段中，如果协调者向参与者发送 commit 请求过程中发生故障，导致只有部分参与者接收到了 commit 请求。则其他未接到 commit 请求的服务无法提交事务，此时整个分布式系统便出现了数据不一致。

真题 15 DDL 和 DML 的含义与区别是什么？

【出现频率】★★★☆☆ 【学习难度】★★★☆☆

答案：DML（Data Manipulation Language）数据操作语言：就是最经常用到的 select、update、insert、delete 等操作。主要用来对数据库对象中的数据进行一些操作。

DDL（Data Definition Language）数据定义语言：用于操作对象和对象的属性，这种对象包括数据库本身，以及数据库对象，如表、视图、表的字段、约束、索引、触发器、存储过程等，DDL 主要命令有 create、drop 和 alter 等。

两者的区别如下所述。

- DML 操作是可以手动控制事务的开启、提交和回滚的，DML 操作的是数据。
- DDL 操作是隐性提交的，不能回滚，DDL 不直接操作数据。

真题 16 如何保证数据读写的原子性？

【出现频率】★★★☆☆ 【学习难度】★★★☆☆

答案：进行数据库读写操作时，利用数据库引擎提供的事务和回滚机制，可以保证数据库跨表操作的原子性。

真题 17 什么是 SQL 注入？ 产生的原因是什么？ 如何防止？

【出现频率】★★★★☆ 【学习难度】★★★☆☆

答案：SQL 注入是一种将 SQL 代码添加到输入参数中，传递到数据库服务器解析并执行的一种攻击手段。

产生的原因就是程序开发过程中不注意规范书写 SQL 语句（如使用拼接 SQL 语句）和没有对特殊字符进行过滤，攻击者利用发送给 SQL 服务器的输入参数构造可执行 SQL 语句来达到攻击目的。

那么如何防止 SQL 注入呢？个人推荐如下方法。

- 严格检查输入参数的类型和格式，对特殊字符进行过滤和转义。
- 不使用拼接 SQL，使用预处理 SQL。

真题 18 什么叫 SQL？ SQL 语言的功能是什么？

【出现频率】★★★☆☆ 【学习难度】★★★☆☆

答案：SQL 即结构化查询语言（Structured Query Language），是一种美国国家标准化协会（American National Standards Institute，ANSI）标准的计算机语言，是一种数据库查询和程序设计语言，用于存取数据，以及查询、更新和管理关系型数据库系统。

SQL 功能极强，但由于设计巧妙，语言十分简洁，完成数据定义、数据操作、数据查询、数据控制的核心功能只用了 9 个动词：create、alter、drop、select、insert、update、delete、grant、revoke，易学易用。

SQL 可以独立完成数据库生命周期中的全部活动，包括定义关系模式、录入数据、建立数据库、查询、更新、维护、数据库重构、数据库安全性控制等一系列操作。

SQL 采用集合操作方式，不仅查找结果可以是元素的集合，而且一次插入、删除、更新操作的对象也可以是元素的集合。

SQL 以同一种语法结构提供两种使用方式，SQL 既是自含式语言，又是嵌入式语言。作为自含式语言，它能够独立地用于联机交互的使用方式，用户可以在终端键盘上直接输入 SQL 命令对数据库进行操作。作为嵌入式语言，SQL 语句能够嵌入到高级语言（如 C、C#、Java）程序中，供程序员设计程序时使用。而在两种不同的使用方式下，SQL 的语法结构基本上是一致的。这种以统一的语法结构提供两种不同的操作方式，为用户提供了极大的灵活性与方便性。

真题 19 SQL 语言包括哪几部分？ 每部分都有哪些操作关键字？

【出现频率】★★★☆☆ 【学习难度】★★★☆☆

答案：SQL 语言由四部分（也可以说是三部分，把 DQL 归为 DML）组成。

- 数据定义语言（Data Definition Language，DDL）用于定义 SQL 模式、基本表、视图和索引的创建和撤销操作。关键字有 create、alter、drop 等。
- 数据操作语言（Data Manipulation Language，DML），用于数据更新，执行数据插入、删除和修改三种操作。关键字有 insert，update，delete 等。
- 数据控制语言（Data Control Language，DCL）。包括对基本表和视图的授权，完整性规则的描述，事务控制等内容。关键字 grant、revoke、commit、rollback 等
- 数据查询语言（Data Query Language，DQL）。用于数据查询。最常用关键字 select，其他 DQL 常用的关键字有 where、order by、group by 和 having。这些 DQL 关键字常与其他类型的 SQL 语句一起使用。DQL 也经常被归类为数据操作语言。

真题 20 请列举一些数据库优化经验。

【出现频率】★★★★★ 【学习难度】★★★★★

答案：下面列举一些数据库设计的优化，以及 SQL 优化的建议供大家参考。

- 使用 PreparedStatement，一般来说比 Statement 性能高。但前面也介绍过，一条 SQL 在使用 PreparedStatement 第一次执行时比较耗性能，所以如果一条 SQL 只执行一次，则不适合使用 PreparedStatement。
- 表的外键约束会影响插入和删除性能，如果程序能够保证数据的完整性，那在设计数据库时就可以不用建立外键约束。其他约束也是如此，如唯一约束。
- 一般来说子查询语句要比关联查询的效率高。
- 可以不完全遵循数据库三范式来设计数据库，表中允许适当冗余字段，有助于减少关联查询，提高查询效率。
- SQL 语句最好全部大写，特别是列名和表名都大写。因为 SQL 语句在执行时，是先全部转换为大写再执行的，这样可以省去转换为大写的时间。如果需要用到 SQL 命令的缓存功能，

更加需要统一大小写。

- 适当建立索引来提高查询性能。
- 减少表之间的关联。
- 优化 SQL，尽量让 SQL 很快定位数据，不要让 SQL 做全表查询，应该将过滤数据量大的条件放在前面。
- 简化查询字段，没用的字段删除，优化对返回结果的控制，尽量返回少量数据。

另外，还要注意以下问题。

- 不要在列上使用函数和进行运算，这将导致索引失效而进行全表扫描。
- 尽量避免使用"！＝"或"not in"或"<>"等否定操作符。
- 尽量避免使用"or"来连接条件。
- 多个单列索引并不是最佳选择，要使用复合索引的最左前缀原则。
- 查询中的某个列有范围查询，则其右边所有列都无法使用索引优化查找。
- 索引不会包含有 NULL 值的列。
- 当查询条件左右两侧类型不匹配时会发生隐式转换，隐式转换带来的影响就是可能导致索引失效而进行全表扫描。
- 要注意 like 语句（模糊匹配）的索引失效问题。

总之，SQL 优化是一个分析、优化、再分析、再优化的过程。

7.2　SQL 语法与实战

SQL 语言的基本语法掌握起来比较容易，但是在实际的业务场景中，实现对性能要求比较高或者一些相对复杂的查询，写出可执行的 SQL 语句还是需要一定的技巧的。下面有关 SQL 语法的知识，也介绍了一些实例，有比较常用的基础查询，也有具有一些复杂度的业务查询。

说明：具体的 SQL 语法，未加说明时，默认为 MySQL 语法。如果有些 SQL 语句复制之后执行提示有错，请注意提示错误的那些地方如果是空格，可能需要处理成英文空格。

真题 1 列出各个部门中工资高于本部门平均工资的员工信息和部门号，并按部门号排序。

【出现频率】★★☆☆☆　【学习难度】★★☆☆☆

答案：假定存在表名：employee，字段：id（主键，员工 ID），name，salary（薪水），deptid（部门 Id）。此时 SQL 语句参考如下：

```
select a.* from  employee a where salary > (select avg(salary) from employee b where  b.deptid = a.deptid ) order by deptid;
```

真题 2 分页 SQL 的写法（题目：取出 t_users 表中第 31~40 的记录，id 为自增长主键）。

【出现频率】★★★☆☆　【学习难度】★★★☆☆

答案：不同的数据库的分页 SQL 语法有所不同，下面主要介绍 SQLServer、MySQL、Oracle 的写法。

SQLServer 方案 1：

```
    select top 10 *  from t_users where id not in (select top 30 id from t_users order by id ) orde by
id;
```

SQLServer 方案 2：

```
    select top 10 *  from t_users where id in (select top 40 id from t_users order by id) order by id
desc;
```

MySQL 方案：

```
select *  from t_users order by id limit 30,10;
```

Oracle 方案：

```
select *  from (select rownum r,*  from t_users where r<=40) where r>30;
```

Oracle 还有多种写法，这里仅举一例。

真题 3 用一条 SQL 语句查询出每门课都大于 80 分的学生姓名。

【出现频率】★★★☆☆ 【学习难度】★★☆☆☆

答案：假定学生成绩表结构如下：

```
create table stu_score(id int primary key,name varchar(20),subject varchar(20),score int);
```

则查询 SQL 为：

```
    select distinct a.stu_name from stu_score as a where a.stu_name not in (select distinct b.stu_
name from stu_score b where b.score<=80);
```

真题 4 假定有一个叫 department 的表，其中只有一个字段 name，一共有 4 条纪录，分别是 a、b、c、d，对应 4 个球队，现在 4 个球队进行比赛，用一条 SQL 语句显示所有可能的比赛组合。

【出现频率】★★☆☆☆ 【学习难度】★★★☆☆

答案：此时用 MySQL 的查询 SQL 如下：

```
select a.name,b.name from team a,team b where a.name <> b.name;
```

真题 5 从 TestDB 数据表中查询出所有月份的发生额都比 101 科目相应月份的发生额高的科目。表主要有三个字段：AccID-科目代码、Occmonth-发生额月份和 DebitOccur-发生额。

【出现频率】★★★☆☆ 【学习难度】★★★☆☆

答案：假定 TestDB 表中的数据有很多科目，都有 1～12 月份的发生额。其中有一个科目为 101，则查询出所有月份的发生额都比 101 科目发生额高的科目的 SQL 语句为：

```
    select distinct AccID from TestDB where AccID not in (select AccID from TestDB a,  (select *
from TestDB b where b.AccID='101') as db101 where a.Occmonth=db101.Occmonth and a.DebitOccur<=
db101.DebitOccur );
```

真题 6 **union 和 union all 有什么不同?**

【出现频率】★ ★ ★ ☆ ☆　【学习难度】★ ★ ★ ☆ ☆

答案: union 和 union all 的区别主要在于对重复结果的处理。

union 和 union all 的区别是, union 会自动压缩多个结果集合中的重复结果, 而 union all 则将所有的结果全部显示出来, 不管是不是重复。

- union: 对两个结果集进行并集操作, 不包括重复行, 同时进行默认规则的排序。
- union all: 对两个结果集进行并集操作, 包括重复行, 不进行排序。

从效率上说, union all 要比 union 快很多, 所以, 如果可以确认合并的两个结果集中不包含重复数据, 那么就使用 union all。

真题 7 **按要求统计每年每月的信息。**

表数据如下。

year	month	amount
1991	1	1.1
1991	2	1.2
1991	3	1.3
1991	4	1.4
1992	1	2.1
1992	2	2.2
1992	3	2.3
1992	4	2.4

要求查出如下这样一个结果 (与工资条非常类似, 与学生的科目成绩也相似):

year	m1	m2	m3	m4
1991	1.1	1.2	1.3	1.4
1992	2.1	2.2	2.3	2.4

建表 SQL 语句为:

```
create table sales(id int auto_increment primary key,year varchar(10), month varchar(10),
amountfloat(2,1));
```

此时如何用一条 SQL 统计每年每月的信息?

【出现频率】★ ★ ★ ☆ ☆　【学习难度】★ ★ ★ ★ ☆

答案: 统计 SQL 为:

```
select sales.year,
(select t.amount fromsales t where t.month='1' and t.year= sales.year) '1',
(select t.amount fromsales t where t.month='1' and t.year= sales.year) '2',
(select t.amount fromsales t where t.month='1' and t.year= sales.year) '3',
(select t.amount fromsales t where t.month='1' and t.year= sales.year) as '4'
from sales group by year;
```

真题 8 用一条 SQL 语句查询出文章标题、发帖人、最后回复时间。

表字段：id，title，postuser，postdate，parentid。

建表 SQL 语句如下：

```
create table articles(id int auto_increment primary Key,titlevarchar(50), postuser varchar
(10), postdate datetime,parentid int referencesarticles(id));
insert into articles values
(null,'第一条','张三','1998-10-10 12:32:32',null),
(null,'第二条','张三','1998-10-10 12:34:32',null),
(null,'第一条回复1','李四','1998-10-10 12:35:32',1),
(null,'第二条回复1','李四','1998-10-10 12:36:32',2),
(null,'第一条回复2','王五','1998-10-10 12:37:32',1),
(null,'第一条回复3','李四','1998-10-10 12:38:32',1),
(null,'第二条回复2','李四','1998-10-10 12:39:32',2),
(null,'第一条回复4','王五','1998-10-10 12:39:40',1);
```

此时如何用一条 SQL 查出文章标题、发帖人、最后回复时间？

【出现频率】★★★☆☆ 【学习难度】★★★☆☆

答案：查询 SQL 为：

```
select a.title,a.Postuser,(selectmax(Postdate) from articles where parentid = a.id) reply
from articles a where a.parentid is null;
```

说明：子查询可以用在选择列中，也可用于 where 的比较条件中，还可以用于 from 从句中。

真题 9 删除除了 **id** 号不同，其他都相同的学生冗余信息。

假定有学生表 student 如下。

id	学号	姓名
1	2005001	张三
2	2005002	李四
3	2005001	张三

准备 SQL：

```
create table student(id int auto_increment primary key,code varchar(20),name varchar(20));
insert into student values(null,'2005001','张三'),(null,'2005002','李四'),(null,'2005001','张三');
```

【出现频率】★★★☆☆ 【学习难度】★★★★☆

答案：删除冗余信息的 SQL 为：

```
delete from student where id not in(select min(id) from student group by name);
```

但是这条 SQL 语句不适合 MySQL，如果是在 MySQL 中执行会报告错误。在 MySQL 中该如何写呢？要先把分组的结果做成虚表，然后从虚表中选出结果，最后再将结果作为删除的条件数据。在 MySQL 中删除学生冗余信息的 SQL 语句如下：

```
delete from student where id not in(select mid from (select min(id) mid from student group by
name) as t);
```

或者：

```
delete from student where id not in(select min(id) from (select *  from student) as t group by t.
name);
```

真题 10 一条 SQL 查询出小于 45 岁的各个老师所带的大于 12 岁的学生人数。

数据库中有 3 个表 teacher 表、student 表、tea_stu 关系表。要求用一条 SQL 查询出如下结果。

1）显示的字段要有老师的 name、age 和每个老师所带的学生人数。

2）只列出老师 age 为 45 以下，学生 age 为 12 以上的记录。

准备 SQL：

```
drop table if exists tea_stu;
drop table if exists teacher;
drop table if exists student;
create table teacher(teaid int primary key,name varchar(50),age int);
create table student(stuid int primary key,name varchar(50),age int);
create table tea_stu(teaid int references teacher(teaid),stuid int references student(stuid));
insert into teacher values(1,'zxx',45), (2,'lhm',25),(3,'wzg',26),(4,'tg',27);
insert into student values(1,'wy',11), (2,'dh',25),(3,'ysq',26),(4,'mxc',27);
insert into tea_stu values(1,1), (1,2), (1,3);
insert into tea_stu values(2,2), (2,3), (2,4);
insert into tea_stu values(3,3), (3,4), (3,1);
Insert into tea_stu values(4,4), (4,1), (4,2),(4,3);
```

【出现频率】★★★☆☆　【学习难度】★★★★☆

答案：查询 SQL 为：

```
select teacher.teaid,teacher.name,total from teacher , (select tea_stu.teaid,count(*)total
from student,tea_stu where student.stuid=tea_stu.stuid and student.age>12 group by tea_stu.
teaid) as tea_stu2   where teacher.teaid=tea_stu2.teaid and teacher.age<45;
```

注意：这是基于 MySQL 的。

真题 11 用一条 SQL 语句查询出发帖最多的人。

建表 SQL：

```
create table `articles` ( `id` int(11) not null auto_increment, `authorid` int(11) not null, `
title` varchar(256) not null,primary key (`id`));
```

可以随意插入一些数据。这里如何用一条 SQL 语句查出发帖最多的人呢？

【出现频率】★★★☆☆　【学习难度】★★★☆☆

答案：统计 SQL 为：

```
select authorid,count(*) total from articles group by authorid having total=(select max
(total2) from (select count(*) total2 from articles group by authorid) as t);
```

真题 12 一个用户表中有一个积分字段，假如数据库中有 1000 多万个用户，如果需要将积分清零，如何用 SQL 来实现？

【出现频率】★★☆☆☆　【学习难度】★★☆☆☆

答案：可以有两种方式来实现，SQL 语句 1：

```
update user set score=0;
```

假设上面的代码要执行很长时间，超出接受范围，可以用 SQL 语句 2：

```
alter table user drop column score;
alter table user add column score int;
```

真题 13 一个用户具有多个角色，请查询出该表中具有该用户所有角色的其他用户。
【出现频率】★★☆☆☆　【学习难度】★★☆☆☆

答案：假定有用户角色关系表 user_role，包括字段 userid，roleid。以 myuserid 代表指定的用户id。参考 SQL 如下：

```
select count(*) as num,tb.userid from   user_role tb,  (select roleid from user_role where
userid='myuserid') as t1 where tb.roleid= t1.roleidand tb.userid != t1.userid group by tb.use-
rid having   num = select count(role) from tb where id='myuserid';
```

真题 14 下面是一道综合题，要求写出多种条件下的查询 SQL 语句,这里仍以 MySQL 数据库为基础，其他数据库可参考实现。

假定公司有员工表 employee 和部门表 department。employee 表结构如下：

```
create table employee(
id int primary key,
first_name    varchar(30),
last_name     varchar(30),
salary float(8,2),    //薪资
hireddate date,        //雇用日期
depid int);
```

department 表结构如下：

```
create table department(depid int primary key,depname varchar(50));
```

1）基于 employee 表写出查询：查出雇用日期在今年、工资在［1000，2000］之间、或员工姓名（last_name）以 "Fu" 开头的所有员工的全部个人信息。
答案：查询 SQL 为：

```
select * from employee where Year(hiredDate) =Year(now()) or (salary between 1000 and 200) or
left(last_name,3)='Fu';
```

2）基于上述 employee 表写出查询：查出部门平均工资大于 1800 元的部门的所有员工的全部个人信息。
答案：查询 SQL 为：

```
select * from employee a  wheredepid in(select depid from employee group by depid  having avg
(salary) >1800 );
```

3）基于 employee 表写出查询：查出个人工资高于其所在部门平均工资的员工，列出这些员工的全部个人信息及该员工工资高出部门平均工资的百分比。
【出现频率】★★★★☆　【学习难度】★★★★☆

答案：查询 SQL 为：

```
select a.* , (a.salary - t.avgSalary) * 100 / a.salary from employee a, ( select depid, avg
(salary) avgSalary from employee group by depid ) t where a.depid = t.depid and a.salary > t.avg-
Salary;
```

真题 15 写出 Oracle Update 多个 Column 的 SQL 写法。

【出现频率】★★★☆☆　【学习难度】★★☆☆☆

答案：假定存在 emp 表，有 emp_cat, sal_range, emp_dept 等字段；有 emp_categories 表，有 category, sal_range 等字段。此时修改多个字段的 SQL 语句示例如下：

```
update emp set (emp_cat, sal_range)= (select max(category),max(sal_range) from emp_catego-
ries) where emp_dept = '0020';
```

真题 16 请写出 Oracle 删除重复记录的 SQL 语句。

【出现频率】★★★☆☆　【学习难度】★★☆☆☆

答案：假定存在 emp 表，emp_no 重复表示记录重复。此时最高效的（因为使用了 rowid）删除重复记录方法如下：

```
delete from emp e where e.rowid > (select min(x. rowid) from emp x where x.emp_no = e.emp_no);
```

(7.3)　Oracle 数据库

Oracle 数据库是甲骨文公司的一款关系数据库管理系统，它在关系型数据库领域一直处于领先地位，可以说是目前世界上流行、使用最为广泛的关系数据库管理系统，是大型数据库应用系统的首选后台数据库系统，它是一个价格昂贵的商业数据库。

Oracle 数据库系统可移植性好、使用方便、功能强，适用于各类大、中、小、微机环境。它是一种高效率、可靠性好、适应高吞吐量的数据库方案。Oracle 数据库最新版本为 Oracle Database 20c。Oracle 数据库 12c 引入了一个新的多承租方架构，使用该架构可轻松部署和管理数据库云。

Oracle 有个默认用户叫 scott，默认密码为 tiger，安装完成时默认该用户是锁定状态，需要解锁才能使用，解锁的方法是，用 system 或 sys 用户登录，然后执行解锁命令：

```
alter user scott account unlock;
```

正常情况下，该用户就可以进行登录了。同样也可以用命令再锁定这个用户：

```
alter user scott account lock;
```

需要知道的是，只有管理员才有权限解锁和锁定用户。

工作时经常需要操作、维护数据库，熟悉一些 Oracle 的常用命令还是很有必要的，下面介绍一些 Oracle 数据库的常用命令和 SQL 语句。

SQL * Plus 管理员登录。

```
conn sys/password as sysdba;   --注意后面加上 as sysdba
```

SQL * Plus 普通用户登录。

```
conn username/password@orcl;          --普通用户登录指定的数据库
connusername/password;                --普通用户登录默认数据库
```

显示当前登录用户：

```
show user;
```

查看当前登录用户所有用户对象：

```
select uo.object_name,uo.object_type from user_objects uo where uo.object_type<>'LOB' order
by uo.object_type desc; --可以看到当前用户下的表、序列、视图、索引等所有对象信息
```

创建用户：

```
create user username identified by password;     --username 是新建的用户,password 是登录密码
create user username identified by password default tablespace space_data（表空间名称）
temporary tablespace space_temp(临时表空间名称);     --更详细的创建用户与登录密码的语法
```

删除用户：

```
drop userusername cascade; --加上 cascade 表示级联删除,可以删除用户所有关联的数据库对象。
```

修改密码：

```
alter userusername identified by new_password;
```

给用户授权：

```
grant connect,resource to username; --授予 connect、resource 权限
grant dba to username;  --授予 dba(系统管理员)权限
```

撤销用户权限：

```
revoke connect,resource from username;
```

删除指定表空间及表空间文件并删除该表空间关联的主外键等约束：

```
drop tablespace test1 including contents and datafiles cascade constraints;
```

需要注意的是，Windows 下可能表空间数据文件没有被删除，需要手动删除。

修改表空间大小（可以增大，也可以减小）：

```
alter database datafile '/app/orck/testtablespace1.dbf' resize 200M;
```

为表 t_user 增加 email 字段：

```
alter table t_user add emailvarchar2(128);
```

修改表 t_user 字段 age 字段类型为 char（2）：

```
alter table t_user modify age char(2);
```

修改表 t_user 字段 username 名称为 user_name：

```
alter table t_user rename column username to user_name;
```

删除表 t_user 字段 age：

```
alter table t_user drop column age;
```

删除表所有数据：

```
truncate table t_user;  --效率最高的方法,也是标准 SQL
delete from t_user where 条件;  --条件删除时用 delete
```

查看表结构：

```
desc table;  --也是标准 SQL
```

查看当前用户：

```
show user;
```

查看数据库名称：

```
select name from v $database;
```

查看数据库实例：

```
select instance_name from v$instance;
```

v$instance 中存储了实例的完整信息，包括实例数量、实例名，主机名、版本信息、实例状态等信息。

查看当前用户的表：

```
select table_name from user_tables;
```

查询用户表空间：

```
select * from user_all_tables;
```

查看当前用户所有权限：

```
select * from session_privs;
```

查看当前用户连接：

```
select * from v$session;
```

查看当前用户的系统权限：

```
select * from user_sys_privs;
```

查看当前用户被授予角色：

```
select * from user_role_privs;
```

查询某个用户被授予的角色：

```
select * from dba_role_privs where grantee='username';
```

需要知道的是，以 dba_开头的字典视图中存放了所有用户的信息，可以通过对这些视图进行条件查询来获取各种信息。

例如，查看 t_user 表的创建时间：

```
select object_name,created from user_objects where object_name='t_user';
```

查看 t_user 表的大小：

```
select sum(bytes)/(1024* 1024)tablesize from user_segments where segment_name='t_user';
```

查看放在 Oracle 的内存区中的表：

```
select table_name,cache from user_tables where instr(cache,'Y')>0;
```

上面刚介绍的很多都是对 Oracle 字典信息的查询，Oracle 通过数据字典来管理和展现数据库信息，通常说的 Oracle 数据字典由 4 部分组成：X$ 内部表、基础数据字典表、（静态）数据字典视图和动态性能视图（V）。

- 内部 X$ 表：X$ 表示 Oracle 数据库的核心部分，这些表用于跟踪数据库内部信息，维持数据库的正常运行。X 表是加密命名的，在数据库启动时由 Oracle 应用程序动态创建。
- 基础数据字典表：用以存储表、索引、约束，以及其他数据库结构的信息，数据字典表的用户都是 sys，存在 system 这个表空间中，表名都用 "$" 结尾。
- 静态数据字典视图：由于 X$ 表和数据字典表通常不能直接被用户访问，Oracle 创建了静态数据字典视图来提供用户对于数据字典信息的访问，由于这些信息通常相对稳定，不能直接修改，所以又被称为静态数据字典视图。静态数据字典视图在创建数据库时由 $ORACLE_HOME/rdbms/admin/catagory.sql 脚本创建。静态数据字典视图按照前缀的不同通常分成三类。
    - user_：当前用户所拥有的相关对象信息。
    - all_：用于当前用户有权限访问的所有对象的信息。
    - dba_：数据库所有用户相关对象的信息。

在 Oracle 数据库中，通过这三类视图实现权限控制。每个用户与 Schema 是对应的，Schema 是用户所拥有的对象的集合。数据库通过 Schema 将不同用户的对象隔离开来，用户可以自由地访问自己的对象，但是要访问其他 Schema 对象就需要相关的授权。

- 动态性能视图：动态性能视图都以 V$ 开头，记录了数据库运行时信息和统计数据，大部分动态性能视图被实时更新，体现了数据库当前实时状态。

Oracle 数据字典视图非常多，可能无法一一记住，但是有个视图必须知道，那就是 dictionary 视图，该视图中记录了所有的数据字典视图的名称。所以当需要查找某个数据字典而又不知道这个信息在哪个视图中时，就可以在 dictionary 视图中查找。该视图有个同义词（synonym）叫 dict。需要了解这个视图可以使用 desc 命令。

Oracle 数据库分为个人版、标准版 1（Oracle10g 中有标准版 1，有的版本没有标准版 1）、标准版、企业版。

- 个人版：除了不支持 RAC，包含企业版的所有功能，只有 Windows 平台上才提供个人版。
- 标准版 1：是最基本的商业版本，包括基本的数据库功能，不支持 RAC。
- 标准版：包括标准版 1 的功能和 RAC，但在 Oracale10g 的标准版中才开始包含 RAC，标准版也可以做双机热备。

- 企业版：功能齐全，提供更高可靠性和性能，适用于单机、双机、多 CPU 多节点集群等各种环境，但也意味着更多的软件费用和硬件开销。企业版是最强大的版本，拥有更强大的并行和分布式处理能力，但是并不是所有常用的功能都在这个版本中，很多东西仍然是要额外付费的。

RAC（Real Application Clusters），即实时应用集群，是 Oracle 数据库中（Oracle9i 开始）采用的一项新技术，是 Oracle 数据库高可用性的实现，在集群环境下实现多机共享数据库，以保证应用的高可用性；同时可以自动实现并行处理及负载均衡，并能实现数据库在故障时的容错和无断点恢复。RAC 是 Oracle 数据库支持网格计算环境的核心技术。RAC 采用了 Cache Fusion（高速缓存合并）技术，RAC 的各个节点的数据缓冲区通过高速、低延迟的内部网络进行数据块的传输。在 Oracle9i 之前，RAC 的名称是 OPS（Oracle Parallel Server），OPS 没使用 Cache Fusion 技术。

真题 1 请问 Oracle 冷备份和热备份有何不同？ 各有什么优点？

【出现频率】★★★☆☆　【学习难度】★★☆☆☆

答案：热备份是指在数据库运行的情况下，采用归档模式（Archivelog Mode）方式备份数据库的方法。而冷备份指在数据库正常关闭的情况下，进行备份，适用于所有模式的数据库。热备份的优点在于当备份时，数据库仍旧可以被使用并且可以将数据库恢复到任意一个时间点。但是热备份要求数据库在归档模式方式下操作，并需要大量的磁盘空间保存归档日志。冷备份的优点在于它的备份和恢复操作相当简单，并且由于冷备份的数据库可以工作在非归档模式下，数据库性能会比归档模式稍好，因为冷备份不必将归档日志写入硬盘，总之冷备份是更快和更安全的方法。但冷备份需要关闭数据库，不能在备份时提供数据库服务。

真题 2 给出两个检查表结构的方法。

【出现频率】★★☆☆☆　【学习难度】★☆☆☆☆

答案：检查表结构有两种方法。

1）用 describe 命令。

2）通过 dbms_metadata.get_ddl 包。

真题 3 如何在不影响子表的前提下，重建一个母表？

【出现频率】★★★☆☆　【学习难度】★☆☆☆☆

答案：先删除子表的所有外键约束，重建好母表后，再重建外键即可。

真题 4 归档和非归档模式有何不同？

【出现频率】★★★☆☆　【学习难度】★★☆☆☆

答案：归档模式可以进行完全、不完全恢复，也就是说可恢复到任意一个时间点。因为归档模式对数据库所做的全部改动都记录在日志文件中，如果发生硬盘故障等导致数据文件丢失，则可以利用物理备份和归档日志完全恢复数据库，不会丢失任何数据。

另外，归档模式可以进行联机热备，在数据库运行状态下，对数据库进行备份，不影响数据库的使用。归档模式能够增量备份，只需做一次完全备份，以后只备份发生改变的数据，可以提高备份速度。

非归档模式不生成归档日志，不能恢复到任意一个时间点。不能联机备份，备份过程中数据库不可用，也不能增量备份。但可以带来数据库性能上的提高。

真题 5 Oracle 如何创建用户并授予 DBA 权限？

【出现频率】★★★☆☆ 【学习难度】★★☆☆☆

答案：授予 DBA 权限要用有 DBA 权限的用户来操作，首先要用 sys 用户或 system 用户登录。

1）创建一个新用户命令：create user test identified by 123456。

2）授予 DBA 权限命令：grant connect，resource，dba to test。

这样就创建好了一个有 DBA 权限的用户 test，密码为 123456，可以用它来登录了。

真题 6 哪个字段可以用来区别 v$ 视图和 gv$ 视图？

【出现频率】★★★☆☆ 【学习难度】★★☆☆☆

答案：gv$ 和 v$ 都是视图，它们分别是 gv_$ 和 v_$ 的同义词，v$ 是所有数据的来源，是真正的系统表，它们全部属于 sys 用户。但是 gv$ 和 v$ 的区别是多了一列 inst_id，通过 inst_id 可以查明具体的某个 Instance 信息。

真题 7 Oracle 执行计划是什么，如何使用执行计划？

【出现频率】★★★☆☆ 【学习难度】★★★☆☆

答案：执行计划是一条查询语句在 Oracle 中的执行过程或访问路径的描述。执行计划常用于查询 SQL 语句的性能优化。

现在以工具 PLSQL Developer 为例介绍如何使用执行计划：在 SQL 窗口选中一条 select 语句，或者选中 Tools > Explain Plan，或者按 F5 即可查看刚刚执行的这条查询语句的执行计划。打开执行计划后，可以单击配置按钮进行显示配置，选择想要显示的参数字段。

执行计划的常用列字段解释如下。

- 基数（Rows）：Oracle 估计的当前操作的返回结果集行数。
- 字节（Bytes）：执行该步骤后返回的字节数。
- 耗费（Cost）、CPU 耗费：Oracle 估计的该步骤的执行成本，用于说明 SQL 执行的代价，理论上越小越好（该值可能与实际有出入）。
- 时间（Time）：Oracle 估计的当前操作所需的时间。

根据执行计划的结果，可以看出哪一步查询操作返回的结果集行数最多，而这通常也是最耗费性能的，也是最需要优化的地方。

真题 8 如何查看 Oracle 数据库的时区？

【出现频率】★★★☆☆ 【学习难度】★★★☆☆

答案：查询会话时区 SQL：

```
select sessiontimezone from dual;
```

如查询结果是'+08：00'，表明是北京时区；'+00：00'，表明是世界时区。一般会话时区是北京时区。

查看数据库时区和会话时区 SQL：

```
select sessiontimezone  dbtimezone from dual;
```

如果 dbtimezone 是'+00：00 '，表明数据库时区是世界时区。需要说明的是，会话时区和数据库时区可能不同。

真题 9 **什么是死锁？ 如何解决 Oracle 的死锁？**

【出现频率】★★★☆☆ 【学习难度】★★★☆☆

答案：死锁就是加了锁而没有释放锁，可能是使用锁没有提交或者回滚事务，如果是表级锁则不能操作表，客户端处于等待状态，如果是行级锁则不能操作锁定行。

如果死锁，首先可以用下面的 SQL 查找出被锁的表和锁表的会话进程：

```
select b.owner,b.object_name,a.session_id,a.locked_mode from v$locked_object a, dba_objects
b where b.object_id = a.object_id;
select b.username,b.sid,b.serial#,logon_time from v$locked_object a,v$session b where a.ses-
sion_id = b.sid order by b.logon_time;
```

然后终止加锁的会话进程，SQL 如下：

```
alter system kill session "sid,serial#";
```

真题 10 **请介绍一些 Oracle 中经常使用的函数。**

【出现频率】★★★★★ 【学习难度】★★★★☆

答案：常用的 Oracle 函数非常多，这里给大家介绍一些（除第一条 SQL 外，后面的 SQL 都省略了 select+from dual）。

- sysdate：获取系统当前时间。
- lower（字符串）：转换字符串为小写。
- upper（字符串）：转换字符串为大写。
- length（字符串）：获取字符串长度。
- trunc 函数，可以截取日期或数字，具体用法如下。

1）截取日期时格式如：trunc（date［，fmt］）。

参数说明：date 表示一个日期值，fmt 表示截取值的日期格式（该参数可选），该日期将由指定的元素格式所截取，未指定格式参数时则截取 date 参数的日期。

以下是该函数的具体使用说明：

```
selecttrunc(to_date('2012-03-23 23:59:59','yyyy-mm-dd hh24:mi:ss')) from dual;  --值为 2012/
3/23
trunc(sysdate,'yyyy'); --返回值为当年第一天,今年为 2021 年,即 2021/1/1
trunc(sysdate,'mm'); --返回值为当月第一天,当前为 2021 年 3 月,即 2021/3/1
trunc(sysdate,'d');   --返回值为当前星期第一天(周日)的日期
```

2）截取数值时格式如：trunc（number［，decimals］）。

参数说明：number 表示待截取处理的数值。decimals 指明截取时需保留小数点后面的位数，

decimals 为可选项，忽略它则截去全部的小数部分。

以下是该函数的具体使用示例。

```
trunc(89.985,2);          --返回值为 89.98
trunc(89.985);            --返回值为 89
trunc(89.985,-1);         --返回值为 80
trunc(89.985,-3);         --返回值为 0
```

注意：第二个参数能够为负数。表示为小数点左边指定位数后面的部分截去，即均以 0 记。与取整类似，如参数为 1 即取整到十分位；-1 则是取整到十位，以此类推。假设所设置的参数为负数，且负数的位数大于整数的字节数，则返回为 0。

• to_char 函数可把日期或数字转换为字符串。

处理数字时语法格式为：to_char（number, '格式'）。示例如下：

```
to_char(56,'$99,999.99');     --返回值为 $5,678.00
```

处理日期时语法格式为：to_char（sysdate, 'yyyy-mm-dd hh24：mi ss '）。这时将返回当前时间按指定格式显示的字符串，如' 2021-02-26 18：39：57 '。

• to_date 函数则是将日期时间格式的字符串转换为日期时间。

用法如：to_date（' 2011-11-5 04：39：57 ', ' yyyy-mm-dd hh24：mi ss '）。

• to_number 函数将符合数值类型格式字符转换为数字，需要注意的是，如果被转换的字符串不符合数值型格式，Oracle 将抛出错误提示。

语法格式如：to_number（char [，'格式'] ）。格式参数是可选项。用法如下：

```
to_number('000012134');  --返回值为 12134
to_number('2134');
to_number('$12345.67','$999999.99'); --返回值为 12345.67,注意小数点后位数要一致
```

可以用来实现进制转换，如 16 进制转换为 10 进制：

```
to_number('19f','xxx');  --返回值为 415
```

• instr 函数的查找字符在源字符位置的函数，返回值从 1 开始计数，有两种语法格式。

格式 1：instr（源字符串，目标字符串），示例如下：

```
instr('syranmo','s'); -- 返回值为 1。
instr('syranmo','ra'); -- 返回值为 3。
```

格式 2：instr（源字符串，目标字符串，起始位置，匹配序号）。示例如下：

```
instr('CORPORATE FLOOR','OR', 3, 2);   --返回值为 14
```

对上面的调用做个详细解释：源字符串为' CORPORATE FLOOR '，目标字符串为' OR '，起始位置为 3，取第 2 个匹配项的位置。

• substr 函数是截取字符串的函数，取得字符串中指定起始位置和长度的字符串。

语法格式：substr（string, start_position, [length]）。长度参数是可选项，没指定表示从起始位置开始的全部长度。起始位置参数（start_position）计数从 1 开始。示例如下：

```
substr('This is a test', 6, 2); --返回值为 'is'
substr('This is a test', 6); --返回值为 'is a test'
```

- trim 函数的作用是删除源字符串或者数字中的头部或者尾部的指定字符或数字。

语法格式：trim（［leading/trailing/both］［trim_character］［from］trim_source）。前两个参数是可选的，［leading/trailing/both］是指删除的位置，leading 表示删除从头部匹配的字符串，trailing 表示删除从尾部匹配的字符串，both 或者不指明时表示两端都将被删除；trim_character 是指需要删除的字符或数值，没指明时表示是删除两头的空格；from 是辅助关键字，trim_source 是被处理的源字符串和数值。示例如下：

```
trim(leading from'DWEYE ');  --返回值为'DWEYE '
trim(trailing 'E' from'EDWEYE');  --返回值为'EDWEY'
trim(both'E'from'EDWEYE');  --返回值为'DWEY'
trim(' DWEY ');  --返回值为'DWEY'
```

- ltrim 函数是删除左边指定的字符串和空格。如下所示：

```
ltrim(',aaaa',',');  --返回值为'aaaa'
ltrim(' aaaa');  --返回值为'aaaa'
```

- rtrim 函数是删除右边指定的字符串和空格。如下所示：

```
rtrim('aaaa,',',');  --返回值为'aaaa'
rtrim(' aaaa ');  --返回值为'aaaa'
```

- translate 函数是转换字符串的函数。

语法格式：translate（string，from，to）。作用是将 string 中匹配 from 的每一个字符替换为 to 中的对应字符。如果 from 比 to 字符串长，那么 from 中比 to 中多出的字符将会被删除。三个参数中有一个是空，则返回值也将是空值。示例如下：

```
translate('abcdefga','abc','yz');  --返回值为'yzdefgy'
```

因为' abc '中的' c '在' yz '中没有位置对应的字符，所以' abcdefga '中的所有' c '都被删除，' a '都被替换成了对应位置的' y '，' b '都被替换成了对应位置的' z '。

- replace 函数是字符串替换函数。

语法格式：replace（string，search_string，replacement_string）。将 string 中的字符串 search_string 全部替换为字符串 replacement_string，没有匹配的字符串都不变。示例如下：

```
replace('abcdefgab','abc','yz');  --返回值'yzdefgab'
```

字符串' abcdefgab '结尾的是' ab '，与' abc '不匹配，所以不会被替换。

- decode 函数的作用是将输入数值与函数中的参数列表相比较，依据输入值返回一个相应值。它是 Oracle 提供的一个功能强大的常用的比较与转换的函数。

语法格式：decode（expression，search_1，result_1，search_2，result_2，…，search_n，result_n，default）。decode 函数比较表达式和搜索字，如果匹配 search_1，返回 result_1；如果匹配 search_2，返回 result_2；依此类推，如果全不匹配，返回 default 值，如果未定义 default 值，则返回空值。

- nvl 函数的作用是判断是否为空的函数。

语法格式：nvl（expr1，expr2）。表示如果 expr1 的计算结果为空值，返回 expr2；如果 expr1 的计算结果不是空值，则返回 expr1。

- nvl2 函数也是判断是否空值的函数，但略有不同，它有三个参数。

语法格式：nvl2（expr1，expr2，expr3）。表示如果 expr1 的值为空，那么显示 expr2 的值；如果 expr1 的值不为空，则显示 expr3 的值。

- nullif 函数是在一定条件下返回空值的函数。

语法格式：nullif（expr1，expr2）。表示如果 exp1 和 exp2 相等则返回空值，否则返回 expr1 的值。

- coalesce 函数的作用与 NVL 函数有点相似，其优势是有更多的选项。

语法格式：coalesce（expr1，expr2，expr3…… exprn）。coalesce 函数可以指定多个表达式的占位符，所有表达式必须是相同类型，或者可以隐性转换为相同的类型。函数返回表达式中第一个非空表达式，示例如下：

```
coalesce(null,null,3,4,5);  --返回值为'3'
```

如果所有表达式均为空值（null），则返回空值。

- concat 函数可以连接两个字符串。示例如下：

```
concat('020','-12345678')||'转11'; -- 返回值为'020-12345678转11'
```

- ascii 函数返回与指定的字符相应的十进制数。示例如下：

```
ascii('A'); --返回值 65
```

- chr 函数根据整数参数值，返回相应的字符。示例如下：

```
chr(65); --返回值'A'
```

- rpad 和 lpad 函数是两个填充字符的函数，rpad 在源字符串的右边填充字符，lpad 在源字符串的左边填充字符。都是用指定的填充字符串将源字符串补充到指定长度。

语法格式：rpad（string，length［，padding］）。第一个参数是源字符串，第二个参数是填充后的长度，第三个参数（padding）是用来填充的字符串，没指定时表示填充空格。示例如下：

```
lpad(rpad('gao',10,'*'),17,'*'); --返回值为'* * * * * * * gao'
rpad('gao',10,'*');  --返回值为'gao* * * * * * *'
lpad(gao* * * * * * * ,17,'*'); --返回值为'* * * * * * * gao* * * * * * *'
```

- add_month 函数可以增加或者减掉某一时间的月份。用法如下：

```
add_months(sysdate,-6); --返回值为当前时间半年前的时间
add_months(sysdate,6); --返回值为当前时间半年后的时间
```

- last_day 函数返回包含指定日期的那个月的最后一天。用法如下：

```
last_day(to_date('2021-03-21','yyyy-mm-dd'));  --返回值为 2020/3/31
```

- months_between 函数可以比较两个日期之间相隔的月份数。

语法格式：months_between（date1，date2）。如果 date1 比 date2 晚，返回一个正数；如果 date1 比 date2 早，返回一个负数，如果 date1 和 date2 日期一样，返回 0。

计算月份的差值时，都是月底或是日期相同，会按整月计算。取整后多出的天数，则以 31 作

为分母来计算。示例如下：

```
months_between(to_date('20100331', 'yyyymmdd'), to_date('20100228', 'yyyymmdd')); 返回值为 1
months_between(to_date('20100330', 'yyyymmdd'), to_date('20100228', 'yyyymmdd')); 返回值为
1.06451612903226
```

上面介绍的是一些 Oracle 的常用函数及用法，希望对大家有所帮助。

真题 11 Oralce 能够存储哪些大字段类型？

【出现频率】★★★☆☆　【学习难度】★★★☆☆

答案：Oracle 能存储 clob、nclob、blob、bfile 等大字段类型，bfile 是外部的 lob 类型，其他 3 个是 Oracle 内部的 lob 类型，最大存储大小都为 4GB。

- clob：可变长度的字符型数据，也就是其他数据库中提到的文本型数据类型。
- nclob：可变字符类型的数据，不过其存储的是 Unicode 字符集的字符数据。
- bfile：数据库外面存储的可变二进制数据。
- blob：可变长度的二进制数据。

真题 12 Oracle 中函数存储过程和 Package 有什么区别？

【出现频率】★★★☆☆　【学习难度】★★☆☆☆

答案：函数可以没有参数，但是一定需要一个返回值，存储过程可以没有参数，不需要返回值。函数 return 返回值没有返回参数模式，存储过程通过 out 参数返回值，如果需要返回多个参数则建议使用存储过程。

Package（包）是一种将存储过程、函数和数据结构捆绑在一起的容器。包由两个部分组成：一部分是包定义，包括函数定义、存储过程定义和外部可视数据结构；另一部分是包主体（PackageBody），包主体包含了所有被捆绑的存储过程和函数的声明、执行、异常处理部分。

真题 13 什么是物化视图？　Oracle 的物化视图有什么作用？

【出现频率】★★☆☆☆　【学习难度】★★★★☆

答案：物化视图（Materialized View）是查询结果被提前存储和或物化的模式对象。在 FROM 字句后可以是表、视图或物化视图，通常称之为主表。物化视图常用于数据同步、汇总、分发、计算等应用场景。

Oracle 的物化视图提供了强大的功能，可以用于预先计算并保存表连接或聚集等耗时较多的操作的结果，这样在执行查询时，就可以避免进行这些耗时的操作，而从快速地得到结果。

物化视图有很多方面和索引很相似，使用物化视图的目的是为了提高查询性能，物化视图对应用透明，增加和删除物化视图不会影响应用程序中 SQL 语句的正确性和有效性，物化视图需要占用存储空间，当基表发生变化时，物化视图也应当刷新。物化视图可以分为三种类型：包含聚集的物化视图、只包含连接的物化视图和嵌套物化视图。

物化视图可以进行分区。而且基于分区的物化视图可以支持分区变化跟踪（PCT）。具有这种特性的物化视图，当基表进行了分区维护操作后，仍然可以进行快速刷新操作。对于聚集物化视图，可以在 GROUP BY 列表中使用 CUBE 或 ROLLUP 来建立不同等级的聚集物化视图。

真题 14 如何查看数据库 Session 进程的相关信息？

【出现频率】★★★☆☆　【学习难度】★★☆☆☆

　　答案：Oracle 数据库可以从数据字典视图 V$SESSION 中查询会话的信息及等待的资源，status 列表示状态，event 列表示当前会话的事件，SQL 如下：

```
select blocking_session_status,blocking_instance,blocking_session,event,status from v$session;
```

真题 15 Temporary Tablespace 和 Permanent Tablespace 的区别是什么？

【出现频率】★★★☆☆　【学习难度】★★☆☆☆

　　答案：TemporaryTablespace（临时表空间）用于临时对象，存放临时数据，只有在会话连接期间才能够看到数据。Permanent Object 无法创建在临时表空间中。

　　而 PermanentTablespace（永久表空间）主要是提供存放普通正常数据的空间，其特性是只要磁盘不崩溃，用户没有删除数据，其中的数据都会永远存在。

真题 16 创建数据库时自动建立的 Tablespace 名称是什么？

【出现频率】★★★☆☆　【学习难度】★★☆☆☆

　　答案：创建数据库时自动建立的是系统表空间（SystemTablespace.）。系统表空间包含了数据库运行所要求的基本信息，如数据字典、联机求助机制、所有回退段、临时段和自举段、所有的用户数据库实体、其他 Oracle 软件产品要求的表等。

真题 17 创建用户时，需要授予什么权限才能连接数据库？

【出现频率】★★★☆☆　【学习难度】★☆☆☆☆

　　答案：connect 权限：grant connect to user。

真题 18 如何修改已存在数据文件的大小？

【出现频率】★★☆☆☆　【学习难度】★☆☆☆☆

　　答案：修改已存在数据文件的大小的命令如下：

```
alter database datafile 'd:\oracdata\mydata.DBF' resize 100M;
```

真题 19 为什么要重建索引，如何重建索引？

【出现频率】★★★★☆　【学习难度】★★☆☆☆

　　答案：索引创建时间过长，因为表数据在发生写操作后索引也会更新，经常更新索引会导致索引的碎片过多，从而影响查询性能。另外经常更新索引也可能导致索引倾斜严重，浪费空间，并且影响查询性能。如果查询的速度明显下降，这时候就需要重建索引了。

　　重建索引的方式有两种：一是删除重建，二是直接重建。

　　删除重建用 drop 命令删除，然后重新创建索引，这种方式比较费时间，并且重建时索引无法使用。直接重建的命令如下：

```
alter index indexname rebuild 或 alter index indexname rebuild online 或 alter index indexname
coalesce;
```

直接重建的好处是重建时不影响索引的使用。

真题 20 什么是表分区？ 它有什么优点。

【出现频率】★★★☆☆ 【学习难度】★★★★☆

答案：Oracle 的表分区（Partition）可以使某些查询及维护操作的性能大大提高。此外，分区还可以极大简化常见的管理任务，分区是构建千兆字节数据系统或超高可用性系统的关键工具。分区功能能够将表、索引或索引组织表进一步细分为段，这些数据库对象的段叫作分区。每个分区有自己的名称，还可以选择自己的存储特性。从数据库管理员的角度来看，一个分区后的对象具有多个段，这些段既可进行集体管理，也可单独管理，这就使数据库管理员在管理分区后的对象时有相当大的灵活性。但是，从应用程序的角度来看，分区后的表与非分区表完全相同，使用 SQL 的DML 命令访问分区后的表时，无须任何修改。

在什么情况下使用分区表呢。

1）表的大小超过 2GB。

2）表中包含历史数据，新的数据被增加到新的分区中。

表分区具有以下优点。

1）改善查询性能：对分区对象的查询可以仅搜索自己关心的分区，提高检索速度。

2）增强可用性：如果表的某个分区出现故障，表在其他分区的数据仍然可用。

3）维护方便：如果表的某个分区出现故障，需要修复数据，只修复该分区即可。

4）均衡 I/O：可以把不同的分区映射到不同磁盘以平衡 I/O，改善整个系统性能。

表分区缺点是已经存在的表不可以直接转化为分区表，但是 Oracle 提供了在线重定义表的功能。

真题 21 用于网络连接的是哪两个配置文件？

答案：客户端连接服务器需要配置两个文件：sqlnet.ora、tnsnames.ora。文件目录：$oracle_home/network/admin/。tnsnames.ora 用于解析用户连接服务使用的 service name，sqlnet.ora 用于设定连接方式。

真题 22 Oracle 如何进行递归查询？

【出现频率】★★★☆☆ 【学习难度】★★★★☆

答案：Oracle 进行递归查询的函数是：start with... connect by [condition]...。prior 是用得比较多的条件。下面简单介绍一下相关元素。

start with：设置起点，省略后默认以全部行为起点。

connect by [condition]：与一般的条件一样作用于当前列，但是在满足条件后，会以全部列作为下一层级递归（没有其他条件的话）。

prior：表示上一层级的标识符。经常用来对下一层级的数据进行限制。不可以接伪列。

下面举例简单说明用法。

假定有表 mytable，有三个字段：id，parentid，name。parentid 引用的是 id 的值。

- 向上递归直到根节点：

```
select id,parentid,name from mytable start with id='1000' connect by prior parentid = id;
```

- 向下递归：

```
select id, parentid, name from mytable start with parentid = '1000' connect by prior id =
parentid ;
```

真题 23 Oracle 中 **dual** 的作用是什么。

【**出现频率**】★★★☆☆ 【**学习难度**】★★★★☆

答案：Oracle 中的 dual 表是一个单行单列的虚拟表。dual 表是 Oracle 与数据字典一起自动创建的一个表，这个表只有 1 列 dummy，数据类型为 varchar2（1），dual 表中只有一个数据'X'，Oracle 保证 dual 表中永远只有一条记录。dual 是 sys 用户的一个表，然后以 public synonym（公有同义词，可以被所有用户访问）的方式供其他数据库用户使用。

dual 用来构成完整的 select 的语法规则，Oracle 的 select 查询语句中一定要有"from 表名"的结构，因此在没有目标表的 select 语句块中，以 from dual 来组成一条完整的查询 SQL。常用在查询系统时间、执行计算、调用系统函数、获取序列值等情况下，如下所示：

```
select user from dual;                              --查看当前用户
select sysdate from dual;                           --获得当前系统时间
select my_sequence.currval from dual;               --取得序列my_sequence的当前值
select my_sequence.nextval from dual;               --取得序列my_sequence的下一个值
select 7*9 from dual;                               --计算7*9的值
select sys_context('USERENV','TERMINAL') from dual; --获得主机名
select sys_context('USERENV','language') from dual; --获得当前locale
select dbms_random.random from dual;                --获得一个随机数
```

如果 dual 表被删除，则将影响到 Oracle 的正常使用，需要恢复，恢复步骤是：用 sys 用户登录；创建 dual 表；授予 public select 权限；向 dual 表插入一条记录（仅此一条）：insert into dual values（'X'）；然后提交修改。

(7.4) MySQL 数据库

MySQL 数据库当前的最新版本是 8.0.24。从 8.0 开始，MySQL 数据库的 Java 驱动有变化，改为 com.mysql.cj.jdbc.Driver，不再是以前的 com.mysql.jdbc.Driver。

MySQL 是可以定制的，采用了 GPL 协议，开发者可以修改源码来开发自己的 MySQL 系统。MariaDB 数据库就是 MySQL 的一个分支，主要由开源社区在维护，采用 GPL 授权许可。MariaDB 的目的是完全兼容 MySQL，包括 API 和命令行，这使它能轻松成为 MySQL 的替代品。在存储引擎方面，MariaDB 用 XtraDB 替代了 MySQL 的 Innodb；用基于事务的 Maria 存储引擎替代了 MySQL 的 Myisam。Maria 为了不影响性能，默认没有开启支持事务。想将 Maria 转换为支持事务的 Maria 引擎，可以用如下命令：

```
alter table `tablename` engine=Maria transactional=1;
```

MySQL 数据库采用了双授权政策，分为社区版和商业版。MySQL 虽然功能不及大型的商业数据库（如 Oracle、SQLServer），但在免费的关系型数据库中可以说首屈一指（当然 PostgreSQL 也相当强大，不过使用确实没有 MySQL 广泛）。由于其体积小、速度快、性能也相当强大、总体拥有成本低（社区版可以免费使用），尤其是开放源码这一特点，使 MySQL 成为一般中小型网站的首选。

MySQL 使用 C 和 C++编写，支持 AIX、FreeBSD、Linux、macOS、OpenBSD、Solaris、Windows 等多种操作系统。

可以使用命令行工具管理 MySQL 数据库（命令 mysql 和 mysqladmin），也可以从 MySQL 的网站下载图形管理工具 MySQL Administrator、MySQL Query Browser 和 MySQL Workbench，商业的有 Navicat 等。

MySQL 从 5.7 版本升级后进入 8.0 版本的时代，那么 8.0 版本有哪些优点呢？下面一起来了解一下。

- 性能：MySQL8.0 的速度要比 MySQL5.7 快两倍。主要体现在读/写工作负载、I/O 密集型工作负载，以及高竞争（"hot spot" 热点竞争问题）工作负载。

- NoSQL：MySQL 从 5.7 版本开始提供 MySQL 存储功能，在 8.0 版本中这部分功能也得到了更大的改进。该项功能消除了对独立的 MySQL 文档数据库的需求，而 MySQL 文档存储也为 schema-less 模式的 JSON 文档提供了多文档事务支持和完整的 ACID 合规性。

- 窗口函数（Window Functions）：从 MySQL8.0 开始，新增了一个叫窗口函数的概念，它可以用来实现若干新的查询方式。窗口函数与 sum( )、couny( )这种集合函数类似，但它不会将多行查询结果合并为一行，而是将结果放回多行中。即窗口函数不需要 group by。

- 隐藏索引：在 MySQL8.0 中，索引可以被"隐藏"和"显示"。当一个索引被隐藏时，它不会被查询优化器所使用。这个特性可以用于性能调试，例如，先隐藏一个索引，然后观察其对数据库的影响，如果数据库性能有所下降，说明这个索引是有用的，将其"恢复显示"即可；如果数据库性能看不出变化，说明这个索引是多余的，可以删掉。

- 降序索引：MySQL 8.0 为索引提供按降序方式进行排序的支持，在这种索引中的值也会按降序的方式进行排序。

- UTF-8 编码：从 MySQL8.0 开始，使用 utf8mb4 作为 MySQL 的默认字符集。

- JSON：MySQL8.0 大幅改进了对 JSON 的支持，添加了基于路径查询参数从 JSON 字段中抽取数据的 json_extract( )函数，以及用于将数据分别组合到 JSON 数组和对象中的 json_arrayagg( )和 json_objectagg( )聚合函数。

- 可靠性：Innodb 支持表 DDL 的原子性，也就是 Innodb 表上的 DDL 也可以实现事务完整性，要么失败回滚，要么成功提交，不至于出现 DDL 时部分成功的问题，此外还支持 crash-safe 特性，元数据存储在单个事务数据字典中。

- 高可用性（High Availability）：Innodb 集群为数据库提供集成的原生 HA 解决方案。

- 安全性：体现在对 OpenSSL 的改进、新的默认身份验证、SQL 角色、密码强度、授权等。

下面来了解一些 MySQL 的常用命令。

命令行（使用命令行工具，应当先进入 MySQL 的 bin 目录）连接 MySQL：

```
mysql -h 主机地址 -u 用户名 -p 用户密码
```

假设远程主机的 IP 为：192.168.1.98，用户名为 root，密码为 123456。则命令实际为：

```
mysql -h192.168.1.98 -uroot -p123456
```

退出 MySQL 命令：

```
exit (回车)
```

修改密码：

```
mysqladmin -u用户名 -p旧密码 password 新密码
```

如 root 没有初始密码，添加密码 db1234：

```
mysqladmin -uroot -password db123456
```

注：因为开始时 root 没有密码，所以-p 旧密码一项就省略了。
再将 root 的密码改为 hd1234：

```
mysqladmin -uroot -pdb123456 password hd1234
```

以上命令无须用分号作为结束符，直接按〈Enter〉键即可。再次强调：使用命令行工具，应当先进入 MySQL 的 bin 目录。
创建用户 test 并授权操作 mydb 数据库（localhost 表示只能从本机连接）：

```
grant select,insert,update,delete on mydb.* to test@localhost identified by "123456";
```

创建用户 test01 并授权对所有数据库有操作权限（%表示能从任何机器连接）：

```
grant select,insert,update,delete on * .* to test01@%  Identified by "123456";
```

创建用户 test02 并授权对 mydb 数据库有操作权限（无密码从本机连接）：

```
grant select,insert,update,delete on mydb.* to test02@localhost identified by "";
```

显示数据库列表： `show databases;`

打开某个数据库： `use mysql;`

显示库中的数据表： `show tables;`

显示数据表的结构： `desc 表名;或 describe 表名;`

假定有 my.sql 文件（路径为 c:\my.sql），其中有正确的建表、建库及插入数据的 SQL：

```
drop database if exists school;
create database school;
use school;
create table teacher
(id int(3) auto_increment not null primary key,
name char(10),
address varchar(50) default '深圳',
mydate date
);
insert   teacher(name,address,mydate) values('glchengang','shengzhenyizhong',now());
insert   teacher(name,address,mydate) values('jack','shengzhenyizhong',now());
```

直接命令行导入数据文件 my.sql：

```
mysql -u root -p 密码 < c:\my.sql
```

假如 my.sql 文件中只有建表 SQL，建到指定数据库 mydb，则命令如下：

```
mysql -u root -p 密码 < c:\my.sql
```

以"mysql -uroot -p 密码"命令登录 mysql 命令行工具后：

```
source c:\my.sql;
```

下面用命令行导出或备份数据库，它的语法格式如下：

```
mysqldump -h 数据库主机名或 IP -u 用户名 -p 用户密码  --opt 数据库名>导出文件(完整路径)
```

对参数选项说明一下，-h 不设置时默认是 localhost，-u 是用户，-p 是用户的密码。--opt 在这里可以有很多不同选项，另外也还有一些其他选项，说明如下。

- --opt：表示导出一个数据库，后面可以接该数据库的表名，相互之间用空格隔开。有表名时，只导出指定库的指定表，这时也可以不需要--opt 参数。
- --databases 或-B：两者一样，表示可以导出一个或多个数据库，后面的数据库名用空格隔开即可。
- --all-databases 或-A：表示导出所有数据库，此时不需要列出数据库名。
- -t：只导出数据。
- --no-data，-d：只导出结构。没有-t 或-d 与--no-data 表示既导出数据也导出结构。

  --quick，-q：快速导出。

  --tables：导出数据库的表，类似于--opt，后面跟的第一个参数是数据库名，第二个参数开始都被视作表名，多个参数用空格隔开。只有一个参数，没有指定表名，则导出第一个参数指定数据库的所有表。

- --xml，-X：导出为 XML 文件。
- --force，-f：即使发现 SQL 错误，仍然继续备份。

下面来看一些实例。

导出所有数据库（结构和数据）：

```
mysqldump -u root -proot123456 --all-databases >E:\haha.bbb
```

导出所有数据库的数据：

```
mysqldump -u root -proot123456 -A-t >E:\haha.bbb
```

导出所有数据库的结构：

```
mysqldump -u root -proot123456 -A-d >E:\haha.bbb
```

导出所有数据库 school（结构和数据）：

```
mysqldump -u root -proot123456 --opt school>E:\haha.bbb
```

导出所有数据库 school 的表 teacher（结构和数据）：

```
mysqldump -u root -proot123456 --opt school teacher>E:\haha.bbb
```

导出所有数据库 school 和 mysql（结构和数据）：

```
mysqldump -u root -proot123456 -B school mysql>E:\haha.bbb
```

导出所有数据库 school 的 teacher 表和 student 表（结构和数据）：

```
mysqldump -u root -proot123456 -tables school teacher student>E:\haha.bbb
```

以上导出备份命令，无须结束符，直接按〈Enter〉键即可执行。如提示拒绝访问，应当是指定的导出文件所在目录没有写权限导致。

真题 1 **MySQL 存储引擎有哪些？ 有什么区别？**

【出现频率】★★☆☆☆ 【学习难度】★★★★☆

答案：MySQL 有四种存储引擎：MyISAM、InnoDB、Memory、Merge。

- MyISAM 存储引擎：是 5.1 版本之前的默认引擎，支持全文检索、压缩、空间函数等，但不支持事务和行级锁，也不支持外键，优势是访问速度快，对事务完整性没有要求或者以 select、insert 为主的应用基本上可以用这个引擎来创建表。
- InnoDB 存储引擎：该存储引擎是基于聚簇索引建立的，索引和数据存储在一起，提供了具有提交、回滚和崩溃恢复能力的事务安全。但是对比 MyISAM 引擎，写的处理效率会差一些，并且会占用更多的磁盘空间以保留数据和索引。InnoDB 存储引擎的特点：支持自动增长列，支持外键约束。在 MySQL 5.1 以后 InnoDB 是 MySQL 的默认存储引擎。
- Memory 存储引擎：Memory 存储引擎使用存在于内存中的内容来创建表。每个 Memory 表只实际对应一个磁盘文件，格式是.frm。Memory 类型的表访问非常快，因为它的数据是放在内存中的，并且默认使用 Hash 索引，但是一旦服务关闭，表中的数据就会丢失掉。Memory 存储引擎的表可以选择使用 Btree 索引或者 Hash 索引。Memory 类型的存储引擎主要用于那些内容变化不频繁的代码表，或者作为统计操作的中间结果表，便于高效地对中间结果进行分析并得到最终的统计结果。
- Merge 存储引擎：Merge 存储引擎是一组 MyISAM 表的组合，这些 MyISAM 表必须结构完全相同，Merge 表本身并没有数据，对 Merge 类型的表可以进行查询、更新、删除操作，这些操作实际上是对内部的 MyISAM 表进行的。

真题 2 **如何获取当前 MySQL 数据库版本?**

【出现频率】★★☆☆☆ 【学习难度】★☆☆☆☆

答案：使用 SQL 语句"select version( )"可以获取当前 MySQL 数据库版本。

真题 3 **char 和 varchar 的区别是什么?**

【出现频率】★★★☆☆ 【学习难度】★★☆☆☆

答案：char(n)：固定长度类型，如某字段属性为 char(10)，当存入"123"三个字符时，它们占的空间还是 10 个字节，其他 7 个是空字节。char 优点：效率高；缺点：占用空间；适用场景：固定长度的字段，使用 char 非常合适。

varchar（n）：可变长度，存储的值是每个值占用的字节再加上一个用来记录其长度的字节的长度。对于字段内容长度不固定的字段，适合用 varchar。

真题 4 **float 和 double 的区别是什么？**

【出现频率】★★★☆☆　【学习难度】★★☆☆☆

答案：float 最多可以存储 8 位的十进制数，并在内存中占 4 字节。

double 最多可以存储 16 位的十进制数，并在内存中占 8 字节。

真题 5 **MySQL 慢查询日志的作用是什么？**

【出现频率】★★★☆☆　【学习难度】★★★★★

答案：MySQL 慢查询日志是排查问题 SQL 语句，以及检查当前 MySQL 性能的一个重要功能。用--log-slow-queries［=file_name］选项启动时，MySQL 会写一个包含所有执行时间超过 long_query_time 秒的 SQL 语句的日志文件，可以通过查看这个日志文件定位效率较低的 SQL。

慢查询可以进行配置，Linux 系统中 MySQL 的配置文件一般是 my.cnf（windows 下一般是 my.ini），在文件中找到［mysqld］，配置示例如下（不同版本具体参数名称可能不同）：

```
slow_query_log_file = /data/mysql/myslow_query.log    #慢查询日志的存放目录,MySQL 应当有写权限
    long_query_time = 2                               #单位 s,超过时长的查询将被记录
slow-query-log=ON                                     #开启慢查询,默认是 0,表示不开启
```

查看慢查询配置信息，可以如下查看：

```
show variables like 'slow_query%';
show variables like 'long_query_time';
```

临时设置可以通过命令如下：

```
set global slow_query_log='ON';
set global slow_query_log_file='/var/lib/mysql/instance-1-slow.log';
set global long_query_time=2;
```

真题 6 **在 MySQL 的查询语句中如何使用 limit？**

【出现频率】★★★☆☆　【学习难度】★★★☆☆

答案：limit 子句可以被用于强制 select 语句返回指定的记录数。limit 接受一个或两个数字参数。参数必须是一个整数常量。如果给定两个参数，第一个参数指定第一个返回记录行的偏移量，第二个参数指定返回记录行的最大数目。初始记录行的偏移量是 0（而不是 1）。现简单示例说明：

```
select * from table limit 10,10; # 检索记录行 11~20
#为了检索从某一个偏移量到记录集结束所有的记录行,可以指定第二个参数为 -1
select * from table limit 10,-1; # 检索第 11 条到 last 记录
#如果只给定一个参数,它表示返回最大的记录行数目
select * from table limit 10; #检索前 10 条记录,limit n 等价于 limit 0,n
```

真题 7 **主键列设置为 auto_increment 时，如果在表中达到最大值，会发生什么情况？**

【出现频率】★★★☆☆　【学习难度】★★★☆☆

答案：如果设定主键列为 auto_increment，达到该数据类型的最大值 auto_increment 就会失效，

无法插入数据。当进行全表删除后，auto_increment 会自动从 1 重新开始编号。

如果数据库是多实例，已配置主从同步，此时如果数据量超过 1GB，即超过了 binlog 允许的最大值，这时主从同步会失败，只有删除该自增字段才能恢复主从同步。

真题 8 如何才能找出最后一次插入时分配了哪个自动增量？

【出现频率】★★★☆☆ 【学习难度】★☆☆☆☆

答案：使用 last_insert_id 函数将返回由 auto_increment 分配的最后一个值，并且不需要指定表名称。SQL 如下：

```
select last_insert_id();
```

真题 9 MySQL 中视图和表的区别及联系是什么？

【出现频率】★★★☆☆ 【学习难度】★★★★☆

答案：视图和表的区别如下。

1）视图是已经编译好的 SQL 语句，是基于 SQL 语句的结果集的可视化表，而表不是。

2）视图没有实际的物理记录，而表有。

3）表占用物理空间，而视图不占用物理空间，只是逻辑概念的存在。表可以及时修改，但视图只能用创建的语句来修改。

4）视图是查看数据表的一种方法，可以查询数据表中某些子字段来构成数据，只是一些 SQL 语句的集合。从安全的角度，视图可以防止用户接触数据表，因而用户不知道表结构。

5）表属于全局模式中的表，是实表；视图属于局部模式的表，是虚表。

6）视图的建立和删除只影响视图本身，不影响对应的基本表。

视图和表的联系。

1）视图是在基本表之上建立的表，它的结构（所定义的列）和内容（所有的记录）都来自基本表，依据基本表存在而存在。

2）一个视图既可以对应一个基本表，也可以对应多个基本表。视图是基本表的抽象和在逻辑意义上建立的新关系。

真题 10 MySQL 默认支持事务吗？

【出现频率】★★★☆☆ 【学习难度】★★★☆☆

答案：在缺省模式下，MySQL 是 autocommit 模式的，所有的数据库更新操作都会即时提交，所以在缺省情况下，MySQL 是不支持事务的。

但是如果 MySQL 表类型使用的是 InnoDB tables 或 BDB tables（BDB 是可替代 Innodb 的事务引擎，支持 commit、rollback 和其他事务特性），MySQL 就可以使用事务处理。使 set autocommit = 0 就可以使 MySQL 运行在非 autocommit 模式下，这时必须使用 commit 来提交更改，或者用 rollback 来回滚更改。

但从 MySQL 5.1 之后，默认的存储引擎是 InnoDB，如果没指定引擎，它是支持事务的。

真题 11 MySQL 中记录货币用什么字段类型比较合适？

【出现频率】★★☆☆☆ 【学习难度】★★★☆☆

答案：货币在数据库 MySQL 中常用 decimal 和 numeric 类型表示，这两种类型被 MySQL 实现为同样的类型。它们能按设定的精确度和大小范围来保存值，例如，薪资字段被声明为：salary decimal（9，2），在这里，9（precision）代表将被用于存储值的总的数字位数，而 2（scale）代表将被用于存储小数点后的位数。在这种情况下，能被存储在 salary 列中的值的范围是-9999999.99~9999999.99。

decimal 和 numeric 值作为字符串存储，而不是作为二进制浮点数，以便保存那些值的小数精度。一个字符用于值的每一位、小数点（如果 scale>0）和"-"符号（对于负值）。如果 scale 是 0，decimal 和 numeric 值不包含小数点或小数部分。

不使用 float 或者 double 的原因是：因为 float 和 double 是以二进制存储的，所以有一定的误差。

真题 12 MySQL 如何创建及修改用户？ 如何给用户授权？ 如何取消权限？

【出现频率】★★★★☆ 【学习难度】★★★★☆

答案：对用户的操作包括如下几个。

1）MySQL 创建用户时可以同时指定 IP 登录权限。如下。

```
#指定 test 用户(密码 123456)只能从 IP 为 192.16.1.6 的机器登录
create user 'test'@'192. 16. 1. 6' identified by '123456';
# 指定 test 用户只能从 IP 为 192.16.1.6 开头的机器登录
create user 'test'@'192. 16. 1. 6' identified by '123456';
# test 用户能从任何 IP 登录
create user 'test'@'%' identified by '123456';
```

2）同样，删除用户，则 SQL 格式如下。

```
drop user '用户名'@'IP 地址';
```

3）修改用户如下。

```
rename user '原用户名'@'IP 地址' to '新用户名'@'IP 地址';
```

4）修改密码。

```
set password for '用户名'@'IP 地址'=password('新密码');
```

对权限的操作（授予权限后记得刷新：flush privileges）包括如下几个。

1）查看权限。

```
show grants for '用户'@'IP 地址';
```

2）授予 mysqldb1 的所有表的 select，insert，update 权限给用户 test（所有库的所有表，则用 *.*）。

```
grant select ,insert,update onmysqldb1.* to 'test'@'%';
```

3）授予所有库所有表的所有权限给用户 test。

```
grant all privileges  on * .*  to 'test'@'%';
```

4）取消来自远程服务器的 test 用户对数据库 db1 的所有表的所有权限。

```
revoke all on db1.*  from  'test'@'%';
```

5）取消来自远程服务器的 test 用户所有数据库的所有的表的权限。

```
revoke all privileges on * .*  from  'test'@'%';
```

顺便说一下，上面所说的这些命令中，用户名和 IP 地址不加'也是可以的，但密码必须加。另外，都用" 也是可以的。

真题 13 MySQL 有哪几种索引？

【出现频率】★★☆☆☆ 【学习难度】★★★☆☆

答案：MySQL 有如下几种索引。

- 普通索引：也叫单列索引。
- 唯一索引：能加速查找，也能实现唯一约束（可含任意多个 null 值）。
- 主键索引：用在主键列，值唯一，且不可有值为 null。
- 联合索引：也叫复合索引，将 N 个列组合成一个索引，适用于需要同时使用 n 列来进行查询。
- 空间索引：空间索引是对空间数据类型的字段建立的索引，MySQL 的空间数据类型有 4 种，分别是 Geometry、Point、Linestring、Polygon。MySQL 使用 spatial 关键字进行扩展，使得能够使用创建正规索引类型的语法创建空间索引。创建空间索引的列，必须将其声明为 not null，空间索引只能在存储引擎为 MyISAM 的表中创建。

真题 14 如何在 MySQL 中运行批处理模式？

【出现频率】★★☆☆☆ 【学习难度】★★☆☆☆

答案：MySQL 默认是关闭批处理的，要高效进行批处理操作就要使用批处理模式。打开批处理模式，可以在连接 MySQL 的数据库连接字符串设置批处理模式的参数（rewriteBatchedStatements）值为 true。示例如下：

```
url=jdbc:mysql://localhost:3306/test? rewriteBatchedStatements=true
```

这样 Java 程序就可以在开启批处理模式下对 MySQL 进行批处理操作了。

真题 15 MySQL 数据表中 timestamp 类型字段如何设置相关属性？

【出现频率】★★☆☆☆ 【学习难度】★★☆☆☆

答案：timestamp 类型字段可以以下面三种方式来设置属性。

1）timestamp default current_timestamp on update current_timestamp，在新增记录和修改现有记录时都对这个数据列自动刷新，设置为当前服务器时间。

2）timestamp default current_timestamp，在新增记录时把这个字段设置为当前服务器时间，但以后修改时，不会自动刷新它。

3）timestamp on update current_timestamp，在新增记录时把这个字段值设置为 0，如果设置了 default null，则新增记录时这个字段值为 null，以后修改时刷新它，设置为当前服务器时间。

需要说明的是，如果新增或修改的 SQL 中明确给这个字段赋值，则字段值为所赋值。只有在 SQL 中没有明确赋值的情况下，上述属性设置才会得到执行。

真题 16　MySQL 中字段的 enum 类型如何使用？

【出现频率】★★★☆☆　【学习难度】★★★☆☆

答案：MySQL 中字段是可以设置为 enum（枚举）类型的。简单示例如下：

```
create table `student` (
  `id` int(11) not null auto_increment,
  `name` varchar(20) default null,
  `sex` enum('girl','boy') default 'boy',
  primary key (`id`)
) engine=Innodb auto_increment=5 default charset=utf8;
```

这里的 sex（性别）字段就是 enum 类型。可为空，但不能插入枚举值以外的值。如果插入枚举值以外的值会报错。关于 MySQL 字段的枚举类型说明如下。

1）每个枚举值都有一个索引，列出的元素被分配从 1 开始的索引值。

2）枚举值只能是字符串，可以是空字符串。不能是数字或其他，也不能没有枚举值。

3）最多可以有 65535 个不同的元素值。

enum 在底层的存储方式是以整型进行存储的，如上面的 student 表中，在查询时 where sex = ' boy '和 where sex = 2 是等效的。

真题 17　与 Oracle、SQL Server 相比，MySQL 有什么优势和劣势？

【出现频率】★★★★★　【学习难度】★★★☆☆

答案：三者都是关系型数据库管理系统中的佼佼者。

Oracle 功能强大，高性能、高伸缩性、高可靠性、向下兼容，能在所有主流平台上运行，有很好的商业支持，采用完全开放策略让客户可以选择适合自己的解决方案。不足之处是它是一款价格昂贵的商业软件，对硬件要求也比较高，管理维护比较复杂。

SQLServer 功能也很强大，使用集成的商业智能（BI）工具提供了企业级的数据管理。不足之处也是一款商业软件，只能在 Windows 平台上运行，没有开放性。Windows 平台的可靠性、安全性和伸缩性相对较差。

MySQL 是一个优秀的免费关系型数据库管理系统，也是目前应用最广泛的免费关系型数据库，MySQL 体积小、速度快、使用成本低、支持多种操作系统、支持多种语言。MySQL 最大的缺点是其安全系统复杂而不标准，另外，只有调用 mysqladmin 来重读用户权限时才发生改变，当然功能也不如 Oracle 和 SQLServer 那么强大。

真题 18　如何使用 MySQL 的 explain？

【出现频率】★★★★★　【学习难度】★★★★☆

答案：explain 显示了 MySQL 如何使用索引来处理 select 语句及连接表。可以帮助选择更好的索引和写出更优化的查询语句。使用方法是在 select 语句前加上 explain 就可以了。执行后大致如下。

```
mysql> explain select * from county;
| id | select_type | table  | type | possible_keys | key  | key_len | ref  | rows | Extra |
| 1  | SIMPLE      | county | ALL  | NULL          | NULL | NULL    | NULL | 3331 | NULL  |
1 row in set (0.00 sec)
```

下面对 explain 返回的结果列做简单说明。

- select_type：是查询类型，类型为 dependentsubquery 时需要多关注一下，会比较消耗性能。
- table：显示这一行的数据是关于哪张表的。
- type：这是重要的列，显示连接使用了何种类型。从最好到最差的连接类型为 const、eq_reg、ref、range、index 和 ALL，type 显示的是访问类型，是较为重要的一个指标，结果值从好到坏依次是：system > const > eq_ref > ref > fulltext > ref_or_null > index_merge > unique_subquery > index_subquery > range > index > ALL。一般来说，得保证查询至少达到 range 级别，最好能达到 ref 级别。
- possible_keys：显示可能应用在这张表中的索引。如果为空，没有可能的索引。可以为相关的域从 WHERE 语句中选择一个合适的语句。
- key：实际使用的索引。如果为 null，则没有使用索引。很少的情况下，MySQL 会选择优化不足的索引。这种情况下，可以在 select 语句中使用 use index（indexname）来强制使用一个索引或者使用 ignore index（indexname）来强制 MySQL 忽略索引。
- key_len：使用的索引的长度。在不损失精确性的情况下，长度越短越好。
- ref：显示索引的哪一列被使用了，如果可能的话，是一个常数。
- rows：MySQL 认为必须检查的用来返回请求数据的行数。
- Extra：关于 MySQL 如何解析查询的额外信息，如果是 using temporary 和 using filesort，则意味着 MySQL 不能使用索引，检索会很慢。

真题 19 profile 有何作用？ 具体如何使用？

【出现频率】★★☆☆☆ 【学习难度】★★★☆☆

答案：profile 可用来分析 SQL 性能的消耗分布情况。当用 explain 无法解决 SQL 慢时，需要用 profile 来对 SQL 进行更细致地分析，找出 SQL 所花的时间大部分消耗在了哪个部分，确认 SQL 的性能瓶颈。

profile 是在 MySQL 5.0.3 版本以后才开放的，在 MySQL 5.7 之后，profile 信息将逐渐被废弃，MySQL 推荐使用 performance schema。

下面简单介绍一下它的具体使用，推荐在 MySQL 的命令行工具下操作。

打开分析命令：

```
set profiling=1;
```

然后可以执行查询 SQL，可以一条或多条。

查看 SQL 语句的汇总分析命令：

```
show profiles;
```

```
mysql> show profiles;
+----------+------------+--------------------+
| Query_ID | Duration   | Query              |
+----------+------------+--------------------+
|        1 | 0.00016025 | SELECT DATABASE()  |
|        2 | 0.00060075 | select * from city |
|        3 | 0.00052225 | select * from city |
+----------+------------+--------------------+
```

找到查询所对应的 Query_ID，查看具体情况：

```
show profile for query2;
```

```
mysql> show profile for query 2;
+----------------------+----------+
| Status               | Duration |
+----------------------+----------+
| starting             | 0.000043 |
| checking permissions | 0.000005 |
| Opening tables       | 0.000037 |
| init                 | 0.000023 |
| System lock          | 0.000008 |
| optimizing           | 0.000003 |
| statistics           | 0.000012 |
| preparing            | 0.000007 |
| executing            | 0.000002 |
| Sending data         | 0.000360 |
| end                  | 0.000003 |
| query end            | 0.000005 |
| closing tables       | 0.000006 |
| freeing items        | 0.000079 |
| cleaning up          | 0.000007 |
+----------------------+----------+
15 rows in set, 1 warning (0.00 sec)
```

想查看完整的分析情况，执行命令：

```
show profile ALL for query2;
```

会显示更多列的信息，可以重点看 CPU 和 I/O 等的具体信息，这里相关的信息太多，不一一介绍。

关闭分析命令：

```
set profiling=0;
```

关闭之后，不再监控后面的操作，但关闭之前的监控信息会存在，也是可以用查看命令查看的。

真题 20 MySQL 是如何实现主从复制的？

【出现频率】★★★☆☆ 【学习难度】★★★★★

答案：MySQL 的主从复制过程产生三个线程（Thread）。

两个 I/O 线程：Master 库会创建一个线程，用来发送 binlog 内容到 Slave 库；Slave 端 I/O 线程读取 Master 的 binlog 输出线程发送的更新并复制这些更新到本地文件，其中包括 relay-log（中继日志）文件。

一个 SQL 线程：SQL 负责将中继日志应用到 Slave 数据库中，完成 AB（主从）复制数据同步。

实现主从复制，首先 Master 端必须打开 binary log（bin-log），因为整个复制过程实际上就是 Slave 端从 Master 端获取相应的二进制日志，然后在本地完全顺序地执行日志中所记录的各种操作。

主从复制过程大体如下。

1）Slave 端的 I/O 进程连接上 Master，向 Master 请求指定日志文件的指定位置（或者从最开始的日志）之后的日志内容。

2）Master 接收到来自 Slave 的 I/O 进程的请求后，负责复制的 I/O 进程根据 Slave 的请求信息读取相应日志内容，返回给 Slave 的 I/O 进程，并将本次请求读取的 bin-log 文件名及位置一起返回给 Slave 端。

3）Slave 端的 I/O 进程接收到信息后，将接收到的日志内容依次添加到 Slave 端的 relay-log（中继日志）文件的最末端，并将读取到的 Master 端的 bin-log 的文件名和位置记录到 master-info 文件中，以便在下一次读取时能够清楚地告诉 Master："我需要从某个 bin-log 的哪个位置开始往后的日志内容，请发给我"。

4）Slave 端的 SQL 进程检测到 relay-log（中继日志）中新增加了内容后，会马上解析 relay-log 的内容，成为在 Master 端真实执行时那些可执行的内容，并在本地执行。

真题 21 MySQL 数据库的 CPU 占用突然加大该如何处理？

【出现频率】★★☆☆☆ 【学习难度】★★★★☆

答案：当 CPU 占用突然加大很多时，先用操作系统 top 命令确认是不是 mysqld 占用导致的，如果不是，找出占用高的进程，并进行相关处理。如果是 mysqld 造成的，使用 show processlist 命令查看当前所有的 Session 的情况，是不是有比较消耗资源的 SQL 在运行。找出消耗高的 SQL，看看执行计划是否有需要优化之处或者实在是数据量太大造成。一般来说，要 kill 掉这些线程（同时观察 CPU 使用率是否下降），等进行相应调整（如加索引、优化 SQL、调整内存参数）之后，再重新执行这些 SQL。如果不是某些 SQL 的原因，而是有大量的 Session 连接进来导致 CPU 飙升，这种情况就需要跟应用一起来分析为何连接数会激增，然后做出相应的处理了。

真题 22 MySQL 如何查看及修改时区？

【出现频率】★★☆☆☆ 【学习难度】★★★★☆

答案：MySQL 查看当前使用的时区命令为：

```
show variables like '%time_zone%';
```

修改时区，可通过命令或修改配置文件，也可以在建立数据库连接时配置时区。

1）设置为东八区的修改命令如下：

```
set global time_zone = '+8:00';
```

2）修改配置文件，Linux 的配置文件为 my.cnf（windows 下为 my.ini），在配置文件的 [mysqld] 下增加配置参数：default-time-zone = '+8：00'。

3）另外，也可以在建立数据库连接时，加上配置参数 serverTimezone 来指定时区。

但是注意，不要将 serverTimezone 的值设置为 UTC，UTC 不属于任意时区，称为世界统一时间、世界标准时间或国际协调时间，简称 UTC。

从 MySQL 8 开始的 JDBC 中，这个属性是必须指定的，不许为空，如设置为 Asia/Shanghai，JDBC 连接字符串示例如下：

```
jdbc:mysql://[IP]:[PORT]/[DB]? characterEncoding=utf8&useSSL=false&serverTimezone=Asia/
Shanghai&rewriteBatchedStatements=true
```

如果升级到 MySQL 8，一定要记得正确设置时区，要不然就会导致数据库中的时间与实际时间不一致。

真题 23 如何解决 MySQL 数据库中文乱码问题？

【出现频率】★★★☆☆ 【学习难度】★★★☆☆

答案：解决 MySQL 数据库中文乱码应当将数据库字符编码设置为 UTF8。可以如下几种方式设置。

1）在数据库安装时指定字符集类型。

2）如果安装时没指定，可以在安装完成以后更改配置文件。

3）建立数据库时指定字符集类型。

4）建立数据库连接时也可以指定字符集类型。

5）建表时也可以指定字符集。

7.5 国产数据库与其他数据库

关系型数据库很多，上面重点介绍了比较流行的 MySQL 和 Oracle 的相关知识，其他数据库就不详细介绍了。这些年，国产数据库也获得了长足的进展，涌现了一些功能强大的优秀的国产数据库。

真题 1 常用的关系型数据库还有哪些？

【出现频率】★★★★☆ 【学习难度】★★☆☆☆

答案：除了主流的 Oracle、SQLServer、MySQL 外，常用的关系型数据库还有很多。下面介绍几种，其中 OceanBase、DM（达梦）、Kingbase（人大金仓，也简称为 KingbaseES）数据库是国产数据库。

- DB2：IBM 公司开发的一套关系型数据库管理系统，DB2 主要应用于大型应用系统，具有较好的可伸缩性，可支持从大型机到单用户环境，应用于所有常见的服务器操作系统平台下。DB2 提供了高层次的数据利用性、完整性、安全性、可恢复性，以及小规模到大规模应用程序的执行能力，具有与平台无关的基本功能和 SQL 命令。

- DM：达梦数据库是武汉达梦公司推出的具有完全自主知识产权的国产高性能数据库管理系统，是一款商业数据库，当前最新是 V8.0 版本（DM8），DM 数据库在国内使用比较广泛，功能十分强大，与 Oracle 数据库兼容性很强，SQL 语法、数据类型等都与 Oracle 基本一致，能轻松从 Oracle 数据库迁移到 DM 数据库。

- Kingbase：人大金仓数据库是北京人大金仓信息技术股份有限公司自主研制开发的具有自主知识产权的通用关系型数据库管理系统。Kingbase 已入选国家自主创新产品目录。Kingbase 在很多方面与 PostgreSQL 比较相似。金仓数据库主要面向事务处理类应用，兼顾各类数据分析类应用，可用做管理信息系统、业务及生产系统、决策支持系统、多维数据分析、全文检索、地理信息系统、图片搜索等的承载数据库。Kingbase 当前最新版本是 V8 系列，V8 开始兼容主流数据库的语法（V8R3 已能支持 Oracle 等主流数据库 97% 的语法，针对 SQLServer、MySQL 等各类数据源都能实现无损、平滑、快速迁移）。

- OceanBase：是一款阿里巴巴/蚂蚁金服自主研发的高性能、高可用、分布式的关系型数据库，支持完整的 ACID 特性。它高度兼容 MySQL 协议与语法，让用户能够以最小的迁移成本使用高性能、可扩展、持续可用的分布式数据库服务，同时对用户数据提供金融级可靠性的保障。开发者可以使用 MySQL 命令客户端或 MySQL JDBC Driver 直接访问 OceanBase。被称为最有潜力的分布式关系型数据库。

OceanBase 是一个支持海量数据的高性能分布式数据库系统，实现了数千亿条记录、数百 TB 数据上的跨行跨表事务。OceanBase 暂时放弃了一些不紧急的 DBMS 的功能，如临时表、视图（view）等，当前 OceanBase 主要解决数据更新一致性、高性能的跨表读事务、范围查询、join、数据全量及增量 dump、批量数据导入。

OceanBase 已在蚂蚁金服和阿里巴巴业务系统中得到了广泛应用，在 2019 年被誉为 "数据库领域世界杯" 的 TPC-C 基准测试中，打破了由 Oracle 保持了 9 年的世界记录。

- PostgreSQL：开源、多平台、功能强大的开源关系型数据库。支持事务，符合关系型数据库原理，符合 ACID，支持多数 SQL 规范，以二维表方式组织数据。在国内应用没有 MySQL 广泛。
- Sybase：高性能的基于客户/服务器体系结构的数据库，应用被分在了多台机器上运行。一台机器是另一个系统的客户，或是另外一些机器的服务器。这些机器通过局域网或广域网连接起来。
- Derby：Apache Derby 是一个完全用 Java 编写的开源数据库，轻量级，安装使用简单，既可以作为单独的数据库服务器使用，也可以作为嵌入式数据库内嵌在应用程序中使用。
- Access：是微软把数据库引擎的图形用户界面和软件开发工具结合在一起的一个数据库管理系统。

著名的国产商业数据库还有南大通用和神舟通用数据库。

真题 2 什么是嵌入式数据库？有何优点？

【出现频率】★★☆☆☆ 【学习难度】★★☆☆☆

答案：嵌入式数据库的名称来自其独特的运行模式。无须安装，体积小巧，速度又很快，可以很方便地应用在掌上计算机、PDA、车载设备、移动电话等大中型数据库不方便使用的嵌入式设备上。这种数据库嵌入到了应用程序进程中，消除了与客户机服务器配置相关的开销。嵌入式数据库实际上是轻量级的，在运行时，它们需要较少的内存。它们是使用精简代码编写的，对于嵌入式设备，其速度更快，效果更理想。嵌入式运行模式允许嵌入式数据库通过 SQL 来轻松管理应用程序数据，而不依靠原始的文本文件。嵌入式数据库还提供零配置运行模式，这样可以启用其中一个并运行一个快照。

嵌入式数据库也是嵌入式系统的重要组成部分，能为嵌入式软件系统提供对各种数据的管理，能建立一套可靠、高效、稳定的管理模式。

真题 3 常用的嵌入式数据库有哪些?

【出现频率】★★☆☆☆ 【学习难度】★★☆☆☆

答案:下面介绍一些常用的嵌入式数据库。

- Progress:是一套完善的集成开发工具、应用服务器和关系型数据库产品,提供了可扩充的多层 Linux 支持。在嵌入式数据库市场占有率第一。
- SQLite:轻量级别的开源嵌入式数据库。
- eXtremeDB:可以建立完全运行在主内存的内存数据库,也可以建立磁盘/内存混合介质的数据库。
- mSQL(mini SQL):是一个单用户数据库管理系统,个人使用免费,商业使用收费。
- BericeleyDB:轻量级别的开源嵌入式数据库。
- Derby:纯 Java 开发的数据库,也可作为嵌入式数据库使用。
- Empress:商业的嵌入式数据库。

真题 4 什么是内存数据库?

【出现频率】★★☆☆☆ 【学习难度】★★☆☆☆

答案:内存数据库,就是将数据放在内存中直接操作的数据库。内存数据库抛弃了磁盘数据管理的传统方式,基于全部数据都在内存中重新设计了体系结构,并且在数据缓存、快速算法、并行操作方面也进行了相应的改进,数据处理速度比传统数据库的数据处理速度要快很多。

真题 5 常用的关系型内存数据库有哪些?

【出现频率】★★☆☆☆ 【学习难度】★★☆☆☆

答案:内存数据库一般也是支持嵌入式的。有些嵌入式数据库其实也是内存数据库,或者说也可以只用内存存储数据。如 eXtremeDB、BericeleyDB 等。内存数据库还有如下两个。

H2:一个开源、纯 java 实现的轻量级的关系型内存数据库,也支持嵌入式。

HSQLDB(HyperSQL DataBase):是一个内存数据库,也是一个开放源代码的 Java 数据库,其具有标准的 SQL 语法和 Java 接口,它可以自由使用和分发,非常简洁和快速。

第8章 Alibaba开源系列

2010 年夏天，阿里开源了第一个项目，至今阿里开源项目数已超过 2700 个，覆盖大数据、云原生、AI、数据库、中间件、硬件等多个领域。阿里是对开源贡献最多的中国公司。阿里是 Java 全球管理组织 JCP 最高执行委员会的唯一中国代表，也是 Linux、RISC-V、Hyperledger、MariaDB、OCI 等多个基金会的重要成员。已向 Apache 捐赠了四个顶级项目：JStorm、RocketMQ、Weex、Dubbo，超 10 个项目进入 CNCF Landscape（云原生互动全景图）。

阿里系的软件人才和技术，极大地推动了中国互联网软件行业的发展。下面一起来了解阿里的开源项目。

8.1 Dubbo 框架

Dubbo 是阿里著名的开源项目，是一个分布式服务框架，现已贡献给 Apache 基金会，并成为顶级开源项目。Dubbo 当前最新版是 2.7.x，3.0 版在开发中。Dubbo 提供了六大核心能力。

- 面向接口代理的高性能 RPC 调用：提供高性能的基于代理的远程调用能力，服务以接口为粒度，为开发者屏蔽远程调用底层细节。
- 智能容错和负载均衡：内置多种负载均衡策略，智能感知下游节点健康状况，显著减少调用延迟，提高系统吞吐量。
- 服务自动注册和发现：支持多种注册中心服务，服务实例上下线实时感知。
- 高度可扩展能力：遵循微内核+插件的设计原则，所有核心能力如 Protocol、Transport、Serialization 被设计为扩展点，平等对待内置实现和第三方实现。
- 运行期流量调度：内置条件、脚本等路由策略，通过配置不同的路由规则，轻松实现灰度发布，同机房优先等功能。
- 可视化的服务治理与运维：提供丰富服务治理、运维工具，随时查询服务元数据、服务健康状态及调用统计，实时下发路由策略、调整配置参数。

Dubbo 的框架设计比较复杂，这里不详细介绍，总体来说，可以分 10 层。

- Service 接口层：由服务提供者和消费者自己来实现。
- Config 配置层：对外配置接口，以 ServiceConfig、ReferenceConfig 为中心，可以直接初始化配置类，也可以通过 Spring 解析配置生成配置类。
- Proxy 服务代理层：服务接口透明代理，生成服务的客户端 Stub 和服务器端 Skeleton、以 ServiceProxy 为中心，扩展接口为 ProxyFactory。
- Registry 注册中心层：封装服务地址的注册与发现，以服务 URL 为中心，扩展接口为 Regis-

tryFactory、Registry、RegistryService。

- Cluster 路由层：封装多个提供者的路由及负载均衡，并桥接注册中心，以 Invoker 为中心，扩展接口为 Cluster、Directory、Router、LoadBalance。
- Monitor 监控层：RPC 调用次数和调用时间监控，以 Statistics 为中心，扩展接口为 Monitor-Factory、Monitor、MonitorService。
- Protocol 远程调用层：封装 RPC 调用，以 Invocation、Result 为中心，扩展接口为 Protocol、Invoker、Exporter。
- Exchange 信息交换层：封装请求响应模式，同步转异步，以 Request、Response 为中心，扩展接口为 Exchanger、ExchangeChannel、ExchangeClient、ExchangeServer。
- Transport 网络传输层：抽象 mina 和 netty 为统一接口，以 Message 为中心，扩展接口为 Channel、Transporter、Client、Server、Codec。
- Serialize 序列化层：可复用的一些工具，扩展接口为 Serialization、ObjectInput、ObjectOutput、ThreadPool。

这里再做一些补充解释。

在 RPC 中，Protocol 是核心层，也就是只要有 Protocol + Invoker + Exporter 就可以完成非透明的 RPC 调用，然后在 Invoker 的主过程上 Filter 拦截点。

Cluster 的目的是将多个 Invoker 伪装成一个 Invoker，这样其他人只要关注 Protocol 层 Invoker 即可，加上 Cluster 或者去掉 Cluster 对其他层都不会造成影响，因为只有一个提供者时，是不需要 Cluster 的。

Proxy 层封装了所有接口的透明化代理，而在其他层都以 Invoker 为中心，只有到了暴露给用户使用时，才用 Proxy 将 Invoker 转成接口，或将接口实现转成 Invoker。

Transport 层只负责单向消息传输，是对 Mina、Netty、Grizzly 的抽象，它也可以扩展 UDP 传输，而 Exchange 层是在传输层之上封装了 Request-Response 语义。

下面介绍 Dubbo 的一些主要系统模块。

- dubbo-common 公共逻辑模块：包括 Util 类和通用模型。
- dubbo-remoting 远程通信模块：相当于 Dubbo 协议的实现，如果 RPC 用 RMI 协议则不需要使用此包。Transport 层与 Exchange 层都在此模块中。
- dubbo-rpc 远程调用模块：抽象各种协议，以及动态代理，只包含一对一的调用，不关心集群的管理。Protocol 层和 Proxy 层都放在此模块中，是该模块的核心。
- dubbo-cluster 集群模块：将多个服务提供方伪装为一个提供方，包括负载均衡、容错、路由等，集群的地址列表可以是静态配置的，也可以是由注册中心下发的。
- dubbo-registry 注册中心模块：基于注册中心下发地址的集群方式，以及对各种注册中心的抽象。
- dubbo-monitor 监控模块：统计服务调用次数，调用时间、调用链跟踪的服务。
- dubbo-config 配置模块：是 Dubbo 对外的 API，用户通过 Config 使用 Dubbo，隐藏 Dubbo 所有细节。
- dubbo-container 容器模块：是一个 Standlone 的容器，以简单的 Main 加载 Spring 启动，因为

服务通常不需要 Tomcat 等 Web 容器的特性，没必要用 Web 容器去加载服务。

接下来介绍一下 Dubbo 的心跳机制。

Dubbo 使用心跳机制（heartbeat）维持 Provider 和 Consumer 之间的长连接。Dubbo 心跳时间默认是 1s，超过时间没有收到消息，就发送心跳消息（Provider、Consumer 一样），如果连着 3 次（heartbeatTimeout 为 heartbeat * 3）没有收到心跳响应，Provider 会关闭 Channel，而 Consumer 会进行重连。不论是 Provider 还是 Consumer 的心跳检测都是通过启动定时任务的方式实现的。

真题 1 什么是 Dubbo？ Dubbo 是如何产生的？

【出现频率】★★★★☆ 【学习难度】★★★☆☆

答案：Dubbo 是阿里开源的基于 Java 的高性能和透明化 RPC 分布式服务框架，可以和 Spring 框架无缝集成，也可以提供 SOA 服务治理方案。

Dubbo 实现了透明化的远程方法调用，像调用本地方法一样调用远程服务，只需简单配置，没有任何 API 侵入。提供服务自动注册、自动发现等高效服务治理方案，Dubbo 也实现了软负载均衡及容错机制。

Dubbo 是随着互联网的发展而产生的，互联网的快速发展，全 Web 应用程序的规模不断扩大，大体经历如下阶段。

最初是单体应用，随着访问量增大，整个系统开始按照业务拆分成多个垂直应用（如用户、订单、商品、交易系统等）来提升效率；垂直应用的增多，系统之间的交互越来越复杂，开始将一些核心业务、公共业务独立出来，作为公共服务，实现应用系统的服务化，这时就需要分布式服务框架了，Dubbo 就是在这种情况下产生的。随着系统的服务越来越多，保持服务的稳定性、可靠性及扩展性，对服务的调度、管理、监控、容错等问题就成了分布式服务治理要解决的问题。Dubbo 也提供了一定的分布式服务治理的能力，当然这一点上不如 Spring Cloud，Spring Cloud 提供了完整的解决方案。

真题 2 Dubbo 的应用场景是什么？

【出现频率】★★★★☆ 【学习难度】★★★☆☆

答案：Dubbo 的应用场景如下。

1）RPC 分布式服务：因为 Dubbo 本身就是 RPC 分布式服务框架，当系统变大，功能增多时，需要拆分应用进行服务化（如把公共的业务抽取出来作为独立模块提供服务），以提高开发效率，降低维护成本。

2）配置管理：当服务越来越多时，服务的 URL 地址信息会急剧增加，配置管理变得非常困难。Dubbo 提供服务自动注册与发现，不再需要固定服务提供方地址，注册中心基于接口名查询服务提供者的 IP 地址，并且能够平滑添加或删除服务提供者。

3）服务依赖：当服务越来越多，服务间依赖关系变得错踪复杂，甚至分不清哪个应用要在哪个应用之前启动。

4）服务扩容：服务的调用量越来越大，需要方便地扩容。

5）软负载均衡及容错机制，可在内网替代 F5 等硬件负载均衡器，降低成本。

真题 3 Dubbo 与 Spring Cloud 有何区别？

【出现频率】★★★★☆　【学习难度】★★★☆☆

答案：下面将两者做个简单比较。

Dubbo 是 RPC 分布式服务框架，也适用于微服务架构，Dubbo 具有调度、发现、监控、治理等功能，有一定的分布式服务治理能力，但不是完整的微服务解决方案，Dubbo 更象是 Spring Cloud 的一个子集。Spring Cloud 是完整的微服务解决方案，由众多子项目组成，这些子项目组成了搭建分布式系统及微服务常用的工具，如配置管理、服务注册发现、断路器、智能路由、消息总线、一次性 token、负载均衡等，提供了构建微服务所需的完整解决方案。

Dubbo 使用的是 RPC 通信，二进制的传输，占用带宽会更少，而 Spring Cloud 通常使用的是 HTTP Restful 方式，一般会使用 JSON 报文，消耗会更大。

Dubbo 的注册中心可以有 Multicast、ZooKeeper、Redis、Simple 等多种，Spring Cloud 的注册中心可以是 Eureka、ZooKeeper、Redis、Consul 等。当然阿里的 Nacos 可以同时为 Dubbo 和 Spring Cloud 提供服务注册与发现。

真题 4 Dubbo 都支持哪些协议？

【出现频率】★★★☆☆　【学习难度】★★☆☆☆

答案：Dubbo 主要支持如下几种协议。

- Dubbo 协议（默认）：单一长连接和 NIO 异步通信，适合大并发小数据量的服务调用，以及消费者远大于提供者的情况。传输协议为 TCP，采用 Hessian 序列化。
- RMI 协议：采用 JDK 标准的 RMI 协议实现，使用 Java 标准序列化机制，可传文件，TCP 协议传输，同步传输。
- WebService 协议：基于 WebService 的远程调用协议，集成 CXF 实现，提供和原生 WebService 的互操作。
- HTTP 协议：基于 HTTP 表单提交的远程调用协议，使用 Spring 的 HttpInvoke 实现。
- Hessian 协议：集成 Hessian 服务，基于 HTTP 通信，采用 Servlet 暴露服务，可传文件。
- Memcached 协议：基于 Memcached 实现的 RPC 协议。
- Redis 协议：基于 Redis 实现的 RPC 协议。

真题 5 Dubbo 包含哪些核心组件？

【出现频率】★★★☆☆　【学习难度】★★☆☆☆

答案：Dubbo 有 5 个核心组件。

- Provider：暴露服务的服务提供方。
- Consumer：调用服务的服务消费者。
- Registry：服务注册与发现的注册中心。
- Monitor：统计服务的调用次数和调用时间的监控中心。
- Container：服务运行容器。

真题 6 Dubbo 的注册中心有哪些？ 默认是什么注册中心？

【出现频率】★★★☆☆ 【学习难度】★★★☆☆

答案：Dubbo 的注册中心有 ZooKeeper、Redis、Multicast、Simple，默认是 ZooKeeper 作为注册中心。

1）Multicast 注册中心：Multicast 注册中心不需要任何中心节点，只要广播地址，就能进行服务注册和发现。基于网络中组播传输实现。配置如下：

```
<dubbo:registry address="multicast://192.168.6.18:1234"/>
```

为了减少广播量，Dubbo 默认使用单播发送提供者地址信息给消费者，如果一个机器上同时启用了多个消费者进程，消费者需声明 unicast=false，否则只会有一个消费者能收到消息：

```
<dubbo:registry address="multicast://192.168.6.18:1234? unicast=false"/>
```

2）ZooKeeper 注册中心：基于分布式协调系统 ZooKeeper 实现，采用 ZooKeeper 的 watch 机制实现数据变更。配置如下：

```
<dubbo:registry address="zookeeper://192.168.6.18:2181"/>
```

集群配置如下：

```
<dubbo:registry protocol="zookeeper" address="192.168.6.18:2181,192.168.6.19:2181,192.
168.6.20:2181"/>
```

3）Redis 注册中心：基于 Redis 实现，采用 Key/Map 存储，Key 存储服务名和类型，Map 中 Key 存储服务 URL，value 是服务过期时间。基于 Redis 的发布/订阅模式通知数据变更。配置如下：

```
<dubbo:registry address="redis://192.168.6.18:6379"/>
```

集群配置如下：

```
<dubbo:registry protocol="redis" address="192.168.6.18:6379,192.168.6.19:6379"/>
```

4）Simple 注册中心：注册中心也是一个普通的 Dubbo 服务，可减少第三方依赖，使整体通信方式一致。但不适合用于生产环境。

真题 7 Dubbo 核心的配置有哪些？

【出现频率】★★★★☆ 【学习难度】★★★★☆

答案：Dubbo 的主要配置信息如下。

1）<dubbo：service/>服务配置，用于暴露一个服务，定义服务的元信息，一个服务可以用多个协议暴露，一个服务也可以注册到多个注册中心。

```
<dubbo:service ref="demoService" interface="com.test.provider.DemoService"/>
```

2）<dubbo：reference/>引用服务配置，用于创建一个远程服务代理，一个引用可以指向多个注册中心。如下：

```
<dubbo:reference id="demoService" interface="com.test.provider.DemoService"/>
```

3）<dubbo：protocol/>协议配置，用于配置提供服务的协议信息，协议由提供方指定，消费方被动接受。如下：

```
<dubbo:protocol name="dubbo" port="20880"/>
```

4）<dubbo：application/>应用配置，用于配置当前应用信息，不管该应用是提供者还是消费者。如下：

```
<dubbo:application name="my_provider"/>
```

5）<dubbo：module/>模块配置，用于配置当前模块信息，可选。

6）<dubbo：registry/>注册中心配置，用于配置连接注册中心相关信息。如下：

```
<dubbo:registry address="zookeeper://192.168.6.10:2181"/>
```

7）<dubbo：monitor/>监控中心配置，用于配置连接监控中心相关信息，可选。

8）<dubbo：provider/>提供方的默认值，当 ProtocolConfig 和 ServiceConfig 某属性没有配置时，采用此默认值，可选。

9）<dubbo：consumer/> 消费方默认配置，当 ReferenceConfig 某属性没有配置时，采用此默认值，可选。

10）<dubbo：argument/>用于指定方法参数配置。

11）<dubbo：method/>方法配置，用于 ServiceConfig 和 ReferenceConfig 指定方法级的配置信息。

真题 8　普通 Spring 项目如何与 Dubbo 整合？

【出现频率】★★★☆☆　【学习难度】★★★★☆

答案：普通 Spring 项目与 Dubbo 整合，只要配置好 Dubbo 服务提供者和 Dubbo 服务消费者的 Dubbo 服务配置，在 Spring 配置文件中引入各端的配置文件就可完成整合。下面通过 XML 配置方式简单介绍相关配置。Dubbo 服务提供者配置信息示例如下：

```
<! --注册服务提供方应用名 -->
<dubbo:application name="dubbo_server" />
    <! --注册中心 -->
<dubbo:registry address="Zookeeper://192.168.6.18:2181" />
    <! -- 用 Dubbo 协议在 20889 端口暴露服务 -->
<dubbo:protocol name="dubbo" port="20889" />
    <! -- 注册服务 Bean -->
<bean id="orderService" class="com.dubbo.service.OrderServiceImpl" />
    <! -- 暴露服务接口 -->
<dubbo:service protocol="dubbo" interface="com.dubbo.service.OrderService"
    group="OrderService" version="1.0.0"
    timeout="6000" ref="orderService" retries="0"/>
```

Dubbo 服务消费者配置信息示例如下：

```
<! --消费方应用名,用于计算依赖关系,不是匹配条件,不要与提供方一样 -->
<dubbo:application name="myconsumer" />
    <! --注册中心-->
<dubbo:registry address="zookeeper://192.168.6.18:2181" check="false"/>
```

```
                <! --依赖的服务 -->
<dubbo:reference id="orderService" interface="com.dubbo.service.OrderService"
        group="OrderService" version="1.0.0" timeout="6000" check="false"/>
```

真题 9 Dubbo 支持的序列化方式有哪些？
【出现频率】★★★★☆ 【学习难度】★☆☆☆☆

答案：Dubbo 默认使用 Hessian 序列化，此外还有 Dubbo、Fastjson、Java 自带序列化等方式。

真题 10 Dubbo 启动时如果依赖的服务不可用会怎样？ 如何配置可以忽略依赖的服务？
【出现频率】★★☆☆☆ 【学习难度】★★★☆☆

答案：Dubbo 默认会在启动时检查依赖的服务是否可用（check="true"），不可用时会抛出异常，Spring 初始化会失败，服务无法正常启动，这样是为了能尽早地发现问题。

可以通过设置参数 check="false" 来关闭检查，具体可以有以下几种方式。

1）关闭某个服务的启动时检查（没有提供者时报错）。

```
<dubbo:reference interface="com.foo.BarService" check="false" />
```

2）关闭所有服务的启动时检查（没有提供者时报错）。

```
<dubbo:consumer check="false" />
```

3）关闭注册中心启动时检查（注册订阅失败时报错）。

```
<dubbo:registry check="false" />
```

真题 11 Dubbo 默认使用的是什么通信框架？
【出现频率】★★☆☆☆ 【学习难度】★★★☆☆

答案：默认使用的通信框架是 NIO 的 Netty 框架。

真题 12 Dubbo 的负载均衡策略有哪些？ 默认是哪种？
答案：Dubbo 默认的负载均衡策略为 Random LoadBalance（随机调用）。Dubbo 共提供有如下四种负载均衡策略，见表 8-1。

表 8-1 Dubbo 四种负载均衡策略

负载均衡策略	策略机制与作用
RandomLoadBalance	按权重设置随机选取提供者策略，有利于动态调整提供者权重。调用次数越多，分布越均匀
RoundRobin LoadBalance	轮循选取提供者策略，按权重平均分配调用比率，但是存在请求累积的问题
LeastActive LoadBalance	最少活跃调用策略，按活跃数进行随机调用，慢提供者接收更少的请求
ConstantHash LoadBalance	一致性 Hash 策略，使相同参数请求总是发到同一提供者。一台机器宕机，可以基于虚拟节点，分发请求至其他提供者，使服务整体维持在相对均衡稳定的状态

真题 13 Dubbo 如何设置超时时间？ Dubbo 在调用服务超时时如何处理？
【出现频率】★★☆☆☆ 【学习难度】★★★☆☆

答案：Dubbo 超时时间设置可以同时在服务提供者端和服务消费者端进行设置，如果在消费者端设置了超时时间，则消费者端的优先级更高，以消费者端为主。因为消费者端设置超时时间控制性更灵活。如果消费方超时，服务端线程会产生警告。推荐在提供者端进行配置，因为提供者方对自身的性能更了解。

Dubbo 在调用超时或服务不成功时，会按该服务接口设置的重试次数（retries 属性）重复调用，默认会重试两次的。

真题 14 Dubbo 支持服务多协议吗？

【出现频率】★★☆☆☆　【学习难度】★☆☆☆☆

答案：Dubbo 允许同时配置多协议，可以在不同服务上支持不同协议或者同一服务上同时支持多种协议。

真题 15 当一个服务接口有多种实现时，如何保证正确调用所需要的实现？

【出现频率】★★☆☆☆　【学习难度】★★☆☆☆

答案：当一个服务接口有多种实现时，可以用 group 属性来分组，服务消费方的 group 属性与服务提供方的所需实现的 group 属性相同便可保证调用的正确性。

真题 16 服务如何配置才可以兼容旧版本？

【出现频率】★★☆☆☆　【学习难度】★★☆☆☆

答案：兼容旧版本可以通过配置版本号（version）来实现，多个不同版本的服务可同时注册到注册中心，消费者在配置<dubbo：reference/>中通过版本号属性（version）指定调用相应版本的服务。这一点和上面介绍的 group 有点相似。

真题 17 Dubbo 可以对结果进行缓存吗？

【出现频率】★★☆☆☆　【学习难度】★★☆☆☆

答案：Dubbo 提供了对缓存结果的支持，Dubbo 的缓存是在服务消费者端进行配置的，是声明式缓存，用于加速热门数据的访问速度，以减少用户加缓存的工作量。配置示例如下：

```
<dubbo:reference interface="com.test.DemoService" cache="threadlocal" />
```

Dubbo 提供了三种缓存方案：LRU（Least Recently Used，最少使用原则删除多余缓存，保持最热的数据被缓存）、threadlocal（当前线程缓存）、jcache（可以桥接各种缓存实现）。

真题 18 Dubbo 支持分布式事务吗？

答案：Dubbo 目前为止还不支持分布式事务。

真题 19 注册了多个同样的服务，如何测试指定的某一个服务呢？

【出现频率】★★☆☆☆　【学习难度】★★★☆☆

答案：在开发和测试环境中，可能会经常遇到这种情况，这时可以配置点对点直连，绕过注册中心，将服务以接口为单位，忽略注册中心的提供者列表。某一接口配置点对点，不影响其他接口从注册表获取列表。下面介绍一下如何配置点对点直连的几种方式。

1）使用 XML 配置：在消费者端的<dubbo：reference>配置中指定服务提供者 URL，绕过注册表，多个地址用分号分隔，配置如下：

```
<dubbo:reference id="demoService" interface="com.dubbo.DemoService" url="dubbo://local-
host:20890"/>
```

2）配置-D 参数，将-D 参数映射服务地址添加到 JVM 启动参数，示例如下：

```
java -Dcom.dubbo.DemoService=dubbo://localhost:20890
```

3）配置.properties 文件：如果有更多服务，也可以使用文件映射来指定映射文件路径-Ddubbo.resolve.file，此配置优先于配置<dubbo：reference>，如下所示：

```
java -Ddubbo.resolve.file=dubbo.properties
```

然后在映射文件 dubbo.properties 中添加配置，其中 Key 是服务名称，value 是服务提供者 URL：

```
com.dubbo.DemoService=dubbo://localhost:20890
```

真题 20 Dubbo 支持服务降级吗？

【出现频率】★★☆☆☆ 【学习难度】★★★★☆

答案：Dubbo 从 1.0 以上就支持服务降级，Dubbo 提供了 Mock 配置参数（注：Mock 参数在服务消费者的<dubbo：reference/>中配置），可以很好地实现 Dubbo 服务降级。Mock 主要有两种配置方式。

1）在远程调用异常时，服务端直接返回一个固定的字符串，配置如下：

```
<dubbo:reference id="demoService" interface="com.dubbo.DemoService" check="false" mock="
return 123456demo" />
```

2）在远程调用异常时，服务端根据自定义 Mock 业务处理类进行返回，配置如下：

```
<dubbo:reference id="demoService" interface="com.dubbo.DemoService" check="false" mock="
true" />
```

还需配置一个自定义 Mock 业务处理类，在接口服务 DemoService 的目录下创建相应的 Mock 业务处理类，同时实现业务接口 DemoService，Mock 业务处理类名要注意命名规范：接口名+Mock 扩展名，Mock 实现需要保证有无参的构造方法。示例如下：

```
public class DemoServiceMock implements DemoService{
    @Override
    public String get(int id) {
        return "自定义 Mock 业务处理类再返回服务降级信息";
    }
}
```

配置完成后，此时如果调用失败会调用自定义的 Mock 业务类实现服务降级。

真题 21 Dubbo 的管理控制台能做什么？ 如何使用？

【出现频率】★★★★☆ 【学习难度】★★☆☆☆

答案：管理控制台主要包含：路由规则、动态配置、服务降级、访问控制、权重调整、负载均衡等管理功能。

　　管理控制台不是使用 Dubbo 搭建分布式系统所必需的，但是有了它可以对服务进行很好的治理和监控。

　　从 Dubbo 2.6.1 开始，dubbo-admin、dubbo-monitor 被单独拆分出来了，项目为 incubator-dubbo-ops，GitHub 地址为 https：//github.com/apache/incubator-dubbo-ops。

　　启动 dubbo-admin 之前必须先启动注册中心，如果是 ZooKeeper，则需要先启动 ZooKeeper。dubbo-admin 2.6.1 版本可以直接打成 jar 包，直接用 java -jar 命令来启动。最关键的，需要在 application.properties 中配置好 dubbo.registry.address。其他可以采用默认配置，启动完成后，就可以进入控制台，通过配置文件中的服务端口与用户名密码就可以登录访问管理控制台了。

真题 22 Dubbo 用 ZooKeeper 做注册中心，如果注册中心集群都崩溃，服务提供者和消费者相互还能通信吗？

【出现频率】★★★★☆　【学习难度】★★☆☆☆

　　答案：当 ZooKeeper 注册中心崩溃时，服务提供者和消费者是可以通信的。原因如下。

　　启动 Dubbo 时，消费者会从 ZooKeeper 拉取注册的生产者的地址接口等数据，缓存在本地，每次调用时，按照本地存储的地址进行调用。注册中心集群任意一台宕机后，将会切换到另一台，注册中心全部宕机后，服务的提供者和消费者仍能通过本地缓存通信。服务提供者无状态，任一台宕机后，不影响使用，服务提供者全部宕机，服务消费者会无法使用，并无限次重连等待服务者恢复。注册中心崩溃，不影响已注册服务的使用，只是无法增加新的服务。

真题 23 Dubbo 协议和 ZooKeeper 默认的端口号分别是多少？

【出现频率】★★★☆☆　【学习难度】★☆☆☆☆

　　答案：Dubbo 协议默认端口 20880，ZooKeeper 默认端口是 2181。

真题 24 Dubbo Monitor 的作用是什么？ 如何使用？

【出现频率】★★★☆☆　【学习难度】★☆☆☆☆

　　答案：dubbo-monitor 是 Dubbo 提供的一个简单的监控中心，是独立于服务提供者跟消费者的。其主要功能就是可以查看服务提供者、消费者的数量及注册信息、服务的调用成功或失败的状态、平均响应时间、QPS（每秒请求次数）等。

　　要想使用 dubbo-monitor 监控 Dubbo 服务，需要在 Dubbo 的 XML 配置中添加配置

　　<dubbo：monitor protocol＝"registry" />

　　参看前面 Dubbo 的管理控制台使用，可以下载 dubbo-monitor 工程，在 conf 目录下的 dubbo.properties 与 dubbo-admin 一样，需要配置好参数 dubbo.registry.address，参数值为注册中心地址。其他可以使用默认配置。

　　启动好各服务，再启动监控中心，通过配置的端口，就可以访问监控中心了。

真题 25 为什么需要服务治理？

【出现频率】★★★☆☆　【学习难度】★★★☆☆

　　答案：服务治理能解决一些问题，如下所述。

过多的服务 URL 配置困难。

负载均衡分配节点压力过大的情况下也需要部署集群。

过多服务导致性能指标分析难度较大，需要监控。

服务依赖混乱，启动顺序不清晰。

8.2 Spring Cloud 生态

Spring Cloud Alibaba 是 Alibaba 结合自身微服务实践，开源的微服务全家桶，是 Spring Cloud 的子项目，基于 Spring Cloud，符合 Spring Cloud 标准，已在 Spring Cloud 项目中完成孵化，致力于提供微服务开发的一站式解决方案，很可能成为 Spring Cloud 第二代的标准实现，在业界已开始流行使用。

Spring Cloud Alibaba 只需要添加一些注解和少量配置，就可以将 Spring Cloud 应用接入阿里分布式应用解决方案，通过阿里中间件来迅速搭建分布式应用系统。

Spring Cloud Alibaba 项目由两部分组成：阿里巴巴开源组件和阿里云产品组件。阿里巴巴开源组件的命名前缀是 spring-cloud-alibaba，阿里云产品组件的命名前缀是 spring-cloud-alicloud。

关于阿里著名的非开源产品，下面来简单介绍几个。

阿里的应用配置管理（Application Configuration Management，ACM）是一款在分布式架构环境中对应用配置进行集中管理和推送的产品。Nacos 就是 ACM 的开源产品。

分布式任务调度 SchedulerX 2.0 是基于 Akka 架构自研的新一代分布式任务调度平台。可以使用 SchedulerX 2.0 编排定时任务、工作流任务、进行分布式任务调度。

对象存储服务（Object Storage Service，OSS）是一种海量、安全、低成本、高可靠的云存储服务，适合存放任意类型的文件，容量和处理能力弹性扩展，多种存储类型供选择，全面优化存储成本。

真题 1 Spring Cloud Alibaba 的主要组件有哪些？

【出现频率】★★★★☆ 【学习难度】★★★☆☆

答案：主要组件见表 8-2。

表 8-2 Spring Cloud Alibaba 的主要组件

Spring Cloud Alibaba 组件	组件功能
spring-cloud-alibaba-sentinel	把流量作为切入点，从流量控制、熔断降级、系统负载保护等多个维度保护服务的稳定性
spring-cloud-alibaba-sentinel-zuul	是 Sentinel 对 Zuul 的支持组件
spring-cloud-alibaba-nacos	适配 Spring Cloud 服务注册与发现标准，默认集成了 Ribbon，是一个更易于构建云原生应用的动态服务注册与发现、配置管理和服务管理的平台
spring-cloud-stream-binder-rocketmq	是用于构建基于消息的微服务应用组件
spring-cloud-starter-bus-rocketmq	基于 RocketMQ 的消息总线组件，可以用于构建自身的微服务消息体系，底层基于 spring-cloud-stream-binder-rocketmq 实现

（续）

Spring Cloud Alibaba 组件	组 件 功 能
spring-cloud-alibaba-seata（原 Fescar）	是阿里开源的分布式事务中间件，以高效并且对业务零侵入的方式，解决微服务场景下面临的分布式事务问题。Seata 提供了 AT（Automatic Transaction）和 TCC（Try-Confirm-Cancel）两种工作模式。AT 模式是对业务完全无侵入，支持目前绝大多数 ACID 事务的关系型数据库。TCC 模式下，分支事务需要应用自己来定义业务本身，以及提交和回滚的逻辑
spring-cloud-alibaba-dubbo	Dubbo 使用 Spring Cloud 服务注册与发现，Dubbo Spring Cloud 基于 Spring Cloud Commons 抽象实现 Dubbo 服务注册与发现，应用只需增添外部化配置属性" dubbo.registry.address = spring-cloud：//localhost"，就能轻松地桥接到所有原生 Spring Cloud 注册中心
spring-cloud-alicloud-sms	短信服务（Short Message Service）是阿里云为用户提供的一种通信服务的能力。规范了短信服务对应的一些方法接口，提供了鉴权、短信单次/批量发送、查询、短信上行/下行监听器注册等功能

真题 2 Nacos 与 Eureka、Spring Cloud Config 有何区别？
【出现频率】★★★☆☆　【学习难度】★★★☆☆

答案：Nacos 功能更强大，既是注册中心，也是配置中心，并且有一个管理控制台。Eureka 只是注册中心，也有一个管理界面能查看相关服务信息，但不能进行如 Nacos 管理控制台一样的管理维护操作，不能像 Nacos 一样方便地进行动态配置。Nacos 相当于 Eureka 和 Spring Cloud Config 的组合实现，甚至还更强大。

它们都可以通过集群来实现高可用。作为配置中心，Nacos 实现了自动刷新，Spring Cloud Config 可以通过消息总线实现整体或局部刷新，但本质上还是属于手动刷新，因为需要手动触发刷新。

Nacos 服务端下载解压后便可以启动服务作为注册与配置管理中心使用。Eureka 和 Spring Cloud Config 的服务端都需要创建为 Spring Cloud 微服务启动。

最后总结一下 Nacos 的作用。

Nacos 致力于发现、配置和管理微服务。Nacos 提供了一组简单易用的特性集，能够快速实现动态服务发现、服务配置、服务元数据及流量管理。

Nacos 能够更敏捷和容易地构建、交付和管理微服务平台。Nacos 是构建以"服务"为中心的现代应用架构（如微服务范式、云原生范式）的服务基础设施。

真题 3 Nacos 默认的 Namespace 是什么？ Namespace 有什么作用？ 如何配置使用？
【出现频率】★★★☆☆　【学习难度】★★★☆☆

答案：Nacos 默认的 Namespace 是 public。可以自定义命名空间。命名空间进行租户粒度的配置隔离，不同的命名空间可以存在相同的 Group 或 Data ID 的配置。Namespace 的常用场景是不同环境配置的区分隔离，例如，开发环境、测试环境和生产环境的资源（如配置、服务）隔离等。另外也可以进行业务配置隔离，多个业务或者部门可以用一个 Nacos，但是数据都相互屏蔽。

下面介绍如何配置命名空间，配置时使用的是 Namespace 的 ID 值。命名空间 ID 是在创建时由系统自动生成。配置如下：

```
spring.cloud.nacos.config.namespace=fd89614f-50f1-90e8-90fb-d78906616c13
```

需要说明的是，该配置必须放在 bootstrap.properties（或 bootstrap.yml）文件中。使用默认命名空间 public 则无须配置该参数。

【真题 4】 Nacos 有哪些特性？

【出现频率】★★★★☆ 【学习难度】★★★☆☆

答案：Nacos 主要有以下特性。

- 和 Spring Cloud 的各组件一样，都是开箱即用，Nacos 同时适用于 Dubbo 和 Spring Cloud，也适用于 Spring 及 Spring Boot。
- 在 CAP 理论中，Nacos 属于 AP 模型，强调数据最终一致性。
- Nacos 是服务注册与发现中心，并且提供控制台对注册的服务与配置信息进行维护管理和服务健康监测。
- Nacos 也是配置中心，可以动态管理配置。
- Nacos 默认用嵌入式数据库来进行数据存储。集群部署条件下，为保证数据一致性，采用集中式存储，但目前只支持 MySQL 数据库进行集中式存储，当然单机模式下也可以使用 MySQL。

【真题 5】 Nacos 数据存储默认采用的是什么数据库？

【出现频率】★★★☆☆ 【学习难度】★★☆☆☆

答案：Nacos 默认采用嵌入式数据库 CMDB（Configuration Management Database，配置管理数据库）来进行数据存储。在集群部署时，如果还是采用默认的嵌入式数据库进行数据存储，会有数据一致性问题。

【真题 6】 Nacos 支持哪些主流的开源生态？

【出现频率】★★★☆☆ 【学习难度】★★☆☆☆

答案：Nacos 支持 Dubbo 生态，可作为 Dubbo 的注册中心。也支持 Spring Cloud、Spring 及 Spring Boot 等开源生态，同时作为配置中心及注册中心。

Nacos 也可在 Docker 及 k8s 上部署。

【真题 7】 使用 Spring Cloud Nacos 时如何进行基本配置？

【出现频率】★★★☆☆ 【学习难度】★★★★★

答案：这里分别介绍用 Nacos 作为服务注册与配置中心时，服务端与消费者端的相关配置。

1）下面是服务端和消费者的 pom.xml 文件中都必须有的 Nacos 依赖：

```
<dependency>
    <groupId>org.springframework.cloud</groupId>
    <artifactId>spring-cloud-starter-alibaba-nacos-config</artifactId>
    <version>${alibaba.spring cloud.version}</version>
</dependency>
<dependency>
    <groupId>org.springframework.cloud</groupId>
```

```
<artifactId>spring-cloud-starter-alibaba-nacos-discovery</artifactId>
<version>${alibaba.spring cloud.version}</version>
</dependency>
```

开发者采用当前服务匹配的稳定版即可。

2）服务端在 bootstrap.yml（或 properties）中服务注册与配置管理（配置管理的参数配置在服务端与消费者端是相同的）的示例配置如下：

```
spring:
  application:
    name:nacos-provider
  cloud:
    nacos:
      discovery:
        server-addr: 127.0.0.1:8848
        namespace: fd89614f-50f1-90e8-90fb        #注意,这里是自定义命名空间的ID,不是名称,默认是Pub-
lic,Public无须指定,如果配置的命名空间ID不存在,仍会采用Public
        config:
        prefix: micro-foo  #默认是application.name,会默认读{prefix}.properties的,不过这个优先
级是最低的
          server-addr: 127.0.0.1:8848
          group: DEFAULT_GROUP
          file-extension: properties     # 文件扩展名,默认为properties
        # namespace: fd89614f-50f1-90e8-90     #用法同服务注册命名空间配置
      profiles:
    active: dev, common     # nacos 支持多个,会同时去读取 {prefix}-dev. properties 和 {prefix}-
common.properties
```

上面只讲了服务注册与配置管理的必须参数配置。其他与 Spring Cloud 没有什么不同。在服务端启动类如下：

```
@SpringBootApplication
@EnableDiscoveryClient
public class NacosProviderApplication {

    public static void main(String[] args) {
SpringApplication.run(NacosProviderApplication.class, args);
    }
}
```

3）消费者端服务注册与发现示例配置如下。

```
server:
  port: 8050
spring:
  application:
    # 指定注册到nacos server上的服务名称
    name:nacos-consumer
  cloud:
nacos:
      discovery:
        server-addr: 127.0.0.1:8848
```

在消费者端启动类如下：

```
@SpringBootApplication
@EnableDiscoveryClient
@EnableFeignClients(basePackages = {"com.mycloud.nacos.consumer"})
public class NacosConsumerApplication {
    public static void main(String[] args) {
        SpringApplication.run(NacosConsumerApplication.class, args);
    }
}
```

真题 8 **Nacos 支持配置属性的实时刷新吗？**

答案：Nacos 修改配置，在管理中心发布后默认会自动全部刷新，只是稍有延时（一般不超过 3s）。

真题 9 **Nacos 支持哪几种部署模式？ 如何启动单机模式？**

【出现频率】★★★☆☆ 【学习难度】★★☆☆☆

答案：Nacos 支持三种部署模式。

- 单机模式：用于测试和单机试用。
- 集群模式：用于生产环境，确保高可用。
- 多集群模式：用于多数据中心场景。

运行单机模式只要启动时加上参数-m standalone 即可。

真题 10 **Nacos 如何使用 MySQL 进行存储？**

【出现频率】★★☆☆☆ 【学习难度】★★★☆☆

答案：Nacos 使用 MySQL 进行数据存储非常简单。

1）首先初始化 MySQL 数据库，Nacos 提供初始化文件 nacos-mysql.sql。

2）修改 conf/application.properties 文件，增加支持 MySQL 数据源配置，添加 MySQL 数据源的 URL、用户名和密码。具体配置如下：

```
spring.datasource.platform=mysql
db.num=1
db.url.0=jdbc:mysql://12.16.16.16:3306/nacos_dev? characterEncoding=utf8&connectTimeout
=3000&socketTimeout=3000&autoReconnect=true
db.user=nacos_user
db.password=testpwd
```

配置多个数据库则可以用 db.url.1、db.url.2 继续配置，可以配置主从或高可用。

真题 11 **Spring Cloud Alibaba Sentinel 有哪些功能？**

【出现频率】★★★★☆ 【学习难度】★★★☆☆

答案：Sentinel 为微服务提供流量控制、熔断降级的功能，它和 Hystrix 提供的功能一样，可以有效地解决微服务调用产生的雪崩效应，为微服务系统提供了稳定性的解决方案。

Sentinel 提供有完善的实时监控功能。可以在控制台中看到接入应用的单台机器秒级数据，甚至 500 台以下规模集群的汇总运行情况。

Sentinel 组件也实现了开箱即用，支持与 Spring Cloud、Dubbo、gRPC 的整合。只需要引入相应的依赖并进行简单的配置即可快速地接入 Sentinel。

Sentinel 提供简单易用、完善的 SPI 扩展点。可以通过实现扩展点，快速定制逻辑。例如，定制规则管理、适配数据源等。

真题 12 Sentinel 与 Spring Cloud Hystrix、Resilience4j 有何不同？
【出现频率】★★★☆☆ 【学习难度】★★★★★

答案：Sentinel 与 Hystrix 前面都介绍过，那么 Resilience4j 是什么产品呢？Resilience4j 是一款轻量级熔断框架，是采用 Java 8 的函数式编程设计的轻量级容错框架。它仅使用了一个第三方开源库 Vavr，Vavr 不依赖其他库，是 Spring Cloud Greenwich 版本推荐的容错方案。

整体而言 Sentinel 的功能最为强大。Sentinel 的扩展性强，有更丰富的熔断策略，控制台的功能也更全面。表 8-3 是对三者功能的比较。

表 8-3 Sentinel 与 Spring Cloud Hystrix、Resilience4j 功能比较

	Sentinel	Hystrix	Resilience4j
隔离策略	信号量隔离（并发线程数限流）	线程池隔离/信号量隔离	信号量隔离
熔断降级策略	基于响应时间、异常比率、异常数	基于异常比率	基于异常比率、响应时间
实时统计实现	滑动窗口（LeapArray）	滑动窗口（基于 RxJava）	Ring Bit Buffer
动态规则配置	支持多种数据源	支持多种数据源	有限支持
扩展性	多个扩展点	插件的形式	接口的形式
基于注解的支持	支持	支持	支持
限流	基于 QPS，支持基于调用关系的限流	有限的支持	Rate Limiter
流量整形	支持预热模式、匀速器模式、预热排队模式	不支持	简单的 Rate Limiter 模式
系统自适应保护	支持	不支持	不支持
控制台	提供开箱即用的控制台，可配置规则、查看秒级监控、机器发现等	简单的监控查看	不提供控制台，可对接其他监控系统

真题 13 如何从 Hystrix 迁移到 Sentinel？
【出现频率】★★★☆☆ 【学习难度】★★★★★

答案：从 Hystrix 迁移到 Sentinel 并不复杂，下面简单说明。

1）将原有的 Hystrix 依赖替换为 Sentinel 的依赖：spring-cloud-alibaba-sentinel。

2）如果消费者调用服务端使用的是 OpenFeign 组件，通过 FeignClient 调用，则添加配置参数：feign.sentinel.enabled = true，就可以为 OpenFeign 开启 Sentinel 的支持。同时去掉原 feign.hystrix.enabled = true 这一 Hystrix 参数配置即可。

3）添加具体的熔断限流处理规则（调用 FeignClient 和 RestTemplate 都一样）需要用到注解@SentinelResource，示例如下：

```
@RestController
@RequestMapping("/feign")
```

```
public class OpenFeignController {
@Autowired
private UserFeignClient userFeignClient;

@GetMapping("/users/{id}")
@SentinelResource(value = "findById", blockHandler = "exceptionHandler",fallback = "findBy-
IdFallback")
public User findById(@PathVariable Long id) {
    return userFeignClient.findById(id);
}

public User exceptionHandler(Long id, BlockException ex) {
    log.error("openfeign 限流处理", ex);
    return new User(-1L, "nacosfeign 默认用户");
}

public User findByIdFallback(Long id) {
    log.error("openfeign findByIdFallback 降级处理");
    return new User(-1L, "nacosfeign 限流用户");
  }
}
```

4）Sentinel 也支持 Spring Cloud 的 RestTemplate，可对 RestTemplate 请求过程进行限流和降级，只需在构造 RestTemplate 时加上@SentinelRestTemplate 注解即可。如下所示：

```
@Bean
@LoadBalanced
@SentinelRestTemplate(blockHandler = "handleException", blockHandlerClass = ExceptionUtil.
class)
public RestTemplate restTemplate() {
    return new RestTemplate();
}
```

第9章 Web开发知识拓展

程序员应当有开阔的视野,在追求技术深度的同时,也应当拓展掌握知识的广度,这对自己未来的发展是有很大好处的。本章主要介绍一些软件领域著名的算法、软件行业的一些专有名词、软件安全、设计模式、软件建模和远程调用方面的知识,希望对大家能有所帮助。

9.1 分布式软件系统相关知识

本节所介绍的或许跟开发人员日常的开发工作没有什么直接关系,但实际又时刻相关。像一些原理和算法,平时可能没有直接使用,但是所用的组件的底层实现实际上是采用了它们。当然,像动静分离并不是底层原理和算法,也不是分布式软件系统(Distributed Software Systems)中才有的,中台系统是技术或业务架构,与分布式软件系统并没有直接关系。

分布式软件系统在软件行业随处可见,在JavaEE(Java Platform Enterprise Editoin)领域,分布式一直以来都是普遍采用的架构和部署服务的模式。

JavaEE也称Java的企业级应用(现在是JavaEE8),是用于开发和部署企业应用程序规范的集合。JavaEE以JavaSE为基础,定义了一系列的服务、API、协议等,增加了编写企业级应用程序的类库。它是一个标准的多层体系结构,主要用于开发和部署分布式、基于组件、安全可靠、可伸缩和易于管理的企业级应用程序。

JavaEE也在不断地发展中,也在不断地升级现在技术规范和引入新的技术规范。它的核心技术和服务(有的是在不同版本中引入的,不是所有版本中存在)主要有如下所述内容。

- EJB(Enterprise JavaBeans),企业级JavaBeans。
- Servlet技术。
- JSP(Java Server Pages)技术。
- JSF(Java Server Faces)技术。
- JSTL(Jsp standarded tag library,即JSP标准标签库)技术。
- JDBC(Java Database)数据库连接。
- JPA(Java Persistence API)规范。
- XML(Extensible Markup Language),可扩展标记语言。
- RMI(Remote Method Invoke),远程方法调用。
- JNDI(Java Naming and Directory Interfaces),Java的命名和目录接口。
- Java IDL(Interface Description Language),Java接口定义语言。
- Corba(Common Object Broker Architecture),公用对象请求代理程序体系结构。

- JMS（Java Message Service），Java 消息服务。
- JTA（Java Transaction API），Java 事务 API。
- JTS（Java Transaction Service），Java 事务服务。
- JMX（Java Management Extensions），Java 管理扩展，前身是 Java Management API（JMAPI）。
- Java Mail 服务。
- JavaSecutity 服务。
- JavaJson 处理与绑定。
- Java Concurrency Utilities，Java 并发处理工具集。
- Java 批处理（Batch）。
- JAF（JavaBeans Activation Framework），Java 数据处理框架。
- JAX-WS（JavaTM API for XML-Based Web Services）。
- JAX-RS（JavaTM API for Restful Web Services）。

未来也必将有更多的新技术服务引进到 JavaEE 规范体系中来。

那么什么是分布式软件系统呢？分布式软件系统就是软件系统的多个服务分散部署在不同的机器上的，服务之间可以通过 RPC、RMI、WebService、Restful API、消息队列（含 JMS）等方式来交互。

那么微服务与分布式服务有什么区别呢？微服务架构是分布式服务架构发展演进而来的，它的粒度更小，服务之间耦合度更低，每个微服务可以由独立的小团队负责，敏捷性更高，当然微服务架构的服务数量更多，其运维部署的复杂度更高。

真题 1 什么是 SOA 模式？

【出现频率】★★☆☆☆ 【学习难度】★★★☆☆

答案：SOA（Service-Oriented Architecture）是面向服务的架构的意思。SOA 模式强调服务共享和重用，是高内聚、松耦合的服务架构，它将应用程序的不同功能单元（称为服务）进行拆分，并通过这些服务之间定义良好的接口和契约联系起来。接口是采用中立的方式进行定义的，它应该独立于实现服务的硬件平台、操作系统和编程语言。这使得构建在各种各样的系统中的服务可以以一种统一和通用的方式进行交互。SOA 模式在几年前是很火的概念，这几年被微服务架构取代了。

真题 2 动静分离的好处是什么？

【出现频率】★★★★★ 【学习难度】★★★☆☆

答案：动静分离是将网站静态资源（HTML、JavaScript、CSS、Image 等静态文件）与动态资源及后台应用分开部署，最好也通过不同的域名来访问静态资源，通常也会对静态资源做 CDN（Content Delivery Network，即内容分发网络）加速，进一步加快访问静态资源的速度。总之，通过动静分离，能有效提高用户访问静态资源的速度，减轻后端服务器的压力，进而提升整个服务访问性能。

真题 3 网页静态化技术和缓存技术有何区别？

【出现频率】★★★☆☆ 【学习难度】★★★☆☆

答案：网页静态化是指通过一些模板技术（如 Freemarker）将数据模型生成静态 HTML 页面并

通过 AJAX 技术实现页面的局部刷新，从而减少数据库的交互，并利用搜索引擎优化技术（SEO）来提高交互效率。

缓存技术的本质是通过将数据存储到服务器的内存中，在交互时先访问内存，缓存穿透后访问数据库，利用内存访问速度比访问数据库快的原理来提高交互效率。

采用网页静态化技术或缓存技术的目的是为了减轻数据库的访问压力。

两者的不同点。

1）实现原理不同：网页静态化是将数据静态化到页面，利用的是访问静态页面比访问动态页面快的原理，缓存技术利用的是内存交互比数据库交互快的原理。

2）适用场景不同：缓存比较适合小规模的数据，而网页静态化比较适合大规模且相对变化不太频繁的数据。另外网页静态化还有利于 SEO 网页以纯静态化的形式展现。

3）存放位置不同：网页静态化主要存放形式是静态化文件资源，存储于硬盘。缓存是将数据存储于服务器内存。

真题 4 **什么是 CAP 原理？**

【出现频率】★★★☆☆　【学习难度】★★★☆☆

答案：CAP 原理就是：一个分布式系统不可能同时满足一致性（Consistency），可用性（Availability）和分区容错性（Partition tolerance）这三个基本需求，最多只能同时满足其中的两个。关于这三个特性简单总结如下。

- 一致性（C）：在分布式系统中的所有数据备份，能保持严格的一致性。如果写入某个数据成功，之后读取，读到的都是新写入的数据；如果写入失败，读到的都不是写入失败的数据。
- 可用性（A）：指系统提供的服务必须一直处于可用的状态，即合集群中一部分节点故障后，集群整体还能正确响应客户端的读写请求。
- 分区容错性（P）：即分布式系统在遇到某个节点或网络分区故障时，仍然能够对外提供满足一致性和可用性的服务。在分布式系统中，不同的节点分布在不同的子网络中，由于一些特殊的原因，这些子节点之间出现了网络不通的状态，但他们的内部子网络是正常的。从而导致了整个系统的环境被切分成了若干个孤立的区域，这就是分区。系统如果不能在通信时限内达成数据一致性，就意味着发生了分区的情况，系统必须就当前操作在 C 和 A 之间做出选择。

真题 5 **如何理解数据的一致性问题？　如何理解强一致性、弱一致性和最终一致性？**

【出现频率】★★☆☆☆　【学习难度】★★★★☆

答案：数据的一致性问题是因为有并发读写才出现的问题，在理解一致性的问题时，一定要注意结合考虑并发读写的场景。从客户端来看，一致性主要指的是多并发访问时更新过的数据如何获取的问题。从服务端来看，则是更新如何复制分布到整个系统，以保证数据最终一致。

从客户端角度，多进程并发访问时，更新过的数据在不同进程如何获取不同策略，决定了不同的一致性。对于关系型数据库，要求更新过的数据都能被后续的访问看到，这是强一致性。如果能容忍后续的部分或者全部访问不到，则是弱一致性。如果经过一段时间后要求能访问到更新后的数据，则是最终一致性。

一致性模型还包括：因果一致性、"读你所写"一致性、会话一致性、单调读一致性、单调写一致性。这里不再赘述。

真题 6 什么是一致性哈希算法？

【出现频率】★★★★☆　【学习难度】★★★★☆

答案：一致性哈希（Consistent Hash）算法，是一种常用的数据分布算法。该算法使用一个哈希函数计算数据或数据特征的哈希值，令该哈希函数的输出值域为一个封闭的环，整个哈希环的取值范围为 $0 \sim 2^{32}-1$，整个空间按顺时针方向组织。将节点随机分布到这个环上，每个节点负责处理从自己开始顺时针至下一个节点的全部哈希值域上的数据。

一致性哈希的优点在于可以任意动态添加、删除节点，每次添加、删除一个节点仅影响一致性哈希环上相邻的节点。

一致性哈希算法满足了单调性和负载均衡的特性，以及一般 Hash 算法的分散性，但缺少了平衡性。可能数据会向某些节点严重倾斜，数据分布不均匀。为了尽可能地满足平衡性，推荐做法是引入虚拟节点，系统创建许多虚拟节点，一个实际节点对应若干个虚拟节点，个数远大于当前节点的个数，均匀分布到一致性哈希值环上，虚拟节点的哈希计算可以采用对应实际节点的 IP 地址加数字扩展名的方式。读写数据时，首先通过数据的哈希值在环上找到对应的虚拟节点，然后就可查找到对应的真实节点。这样在扩容和容错时，大量读写的压力会再次被其他部分节点分摊，这样能较好地解决数据的平衡性问题，避免压力过于集中于某个或某些节点，也可以减少某个节点失效时给整个系统带来的影响。

可以从四个方面判定一致性哈希算法好坏。

- 平衡性（Balance）：平衡性是指哈希的结果能够尽可能均匀地分布在各节点中。
- 单调性（Monotonicity）：单调性是指有新的节点添加进来时，哈希的结果应该能够保证原有已经分配的数据可以被映射到原有的或者新的节点，而不会映射到其他的节点上。
- 分散性（Spread）：在分布式环境中，相同的内容应当始终被存储到相同的节点中，好的哈希算法应该能够尽量避免不一致的情况发生，也就是尽量降低分散性。
- 负载（Load）：负载问题实际上是从另一个角度看待分散性问题。好的哈希算法应能够尽量降低节点的负荷。

真题 7 常见的数据分布方式有哪些？

【出现频率】★★★☆☆　【学习难度】★★★★☆

答案：在分布式系统中，数据经常会多节点分布，比较常见的数据分布方式有：哈希取模、一致性哈希、范围表划分、数据块划分。

哈希取模方式：是可以描述记录的业务的 ID 或 Key 通过 Hash 函数的计算求余。余数作为处理该数据的节点索引编号处理。这样的好处是只需要通过计算就可以映射出数据和处理节点的关系，不需要存储映射。缺点是如果 ID 分布不均匀可能出现计算、存储倾斜的问题，在某个节点上分布过重。并且当处理节点宕机时，这种"硬哈希"的方式会直接导致部分数据异常，扩容非常困难，原来的映射关系全部发生变更。

一致性哈希上面已介绍，不再详述。

数据范围划分：有时业务的数据 ID 或 Key 分布不是很均匀，并且读写也会呈现聚集的方式。例如，某些 ID 的数据量特别大，这时可以将数据按 Group 划分，从业务角度划分，如 ID 为 0 ~ 100000，已知 60000 ~ 80000 的 ID 可能访问量特别大，那么分布可以划分为［0 ~ 60000 和 80000 ~ 100000］，［60000 ~ 70000］，［70000 ~ 8000］，将小访问量的聚集在一起，当然可以按实际场景具体划分。这样做的缺点是由于这些信息不能通过计算获取，需要存储这些映射信息，这就增加了模块依赖，可能会有性能和可用性的额外代价。

数据块划分：许多文件系统经常采用类似设计，将数据按固定块大小（如 HDFS 的 64MB），将数据分为一个个大小固定的块，然后这些块均匀地分布在各个节点，这种做法也需要外部节点来存储映射关系。由于与具体的数据内容无关，按数据量分布数据的方式一般没有数据倾斜的问题，数据总是被均匀切分并分布到集群中。当集群需要重新负载均衡时，只需通过迁移数据块即可完成。

真题 8　什么是中台系统?

【出现频率】★★☆☆☆　【学习难度】★★★★☆

答案：中台缘于 2015 年阿里提出的大中台小前台模式。中台的核心就是通过对企业进行核心能力的沉淀，实现共性服务与资源的有效复用，减少重复建设的运营和维护成本，可以快速进行服务能力迭代，高效支撑前端业务变化。

什么情况下可以创建中台？个人认为，公司的业务达到一定的规模，有较多共性的业务需求时，可以开发自己的中台系统，快速灵敏地支撑业务前台的多样性需要。

关于中台，比较热门的有业务中台、数据中台、权限中台和技术中台等。

9.2　电商与互联网相关知识

电商，电子商务的简称，是指在互联网（Internet）、内部网（Intranet）和增值网（VAN，Value Added Network）上以电子交易方式进行交易活动和相关服务活动，电商使传统商业活动各环节实现电子化、网络化。电商包括电子货币交换、供应链管理、电子交易市场、网络营销、在线事务处理、电子数据交换（EDI）、存货管理和自动数据收集系统。在此过程中，利用到的信息技术包括：互联网、外联网、电子邮件、数据库、电子目录和移动电话。

这里主要介绍一些电商行业软件开发技术人员经常接触或使用到的专有名词。

真题 1　什么是 PV、IV、UV、VV?

【出现频率】★★★☆☆　【学习难度】★★★☆☆

答案：是网站分析中最基础、最常见的指标，能够从宏观概括性地衡量网站的整体运营状况，也是监测网站运营是否正常最直观的指标。下面来了解一下各指标的具体意义。

PV（Page View），即网站浏览量，指页面的浏览次数，用以衡量网站用户访问的网页数量。用户每打开一个页面便记录 1 次 PV，多次打开同一页面则浏览量累计。

UV（UniqueVistor），即独立访客数，指 1 天内访问某站点的人数，以 Cookie 为依据。1 天内同一访客的多次访问只计为 1 个访客。

VV（Visit View），即访客的访问次数，用以记录所有访客 1 天内访问了多少次同一网站。当访客完成所有浏览并最终关掉该网站的所有页面时便完成了一次访问，同一访客 1 天内可能有多次访问行为，访问次数累计。

IV（IP Visit），即独立 IP 访问数，指 1 天内使用不同 IP 地址的用户访问网站的数量，同一 IP 无论访问了几个页面，独立 IP 数均为 1。

真题 2 什么是 TPS、QPS？

【出现频率】★★☆☆☆ 【学习难度】★★★☆☆

答案：QPS 和 TPS 是衡量网站性能和吞吐量的指标。

QPS（QueriesPerSecond），即每秒查询率是一台服务器每秒能够响应的查询次数，是对一个特定的查询服务器在规定时间内所处理流量多少的衡量标准。也就是最大吞吐能力。

TPS（TransactionsPerSecond），即每秒事务数。它是软件测试结果的测量单位。一个事务是指一个客户机向服务器发送请求然后服务器做出响应的过程，客户机在发送请求时开始计时，收到服务器响应后结束计时，以此来计算使用的时间和完成的事务个数。

QPS 与 TPS 两者有所不同，一个 TPS 可能对应一个 QPS，也可能对应多个 QPS。对于一个页面的一次访问请求，形成一个 TPS，但一次页面请求，如果发生多次对服务器的请求，那服务器完成的每一次请求，就是一个 QPS。

真题 3 电商开发中 SPU、SKU、ARPU 分别代表的含义是什么？

【出现频率】★★☆☆☆ 【学习难度】★★★☆☆

答案：SPU（Standard Product Unit），即标准化产品单元，是商品信息聚合的最小单位，是一组可复用、易检索的标准化信息的集合，该集合描述了一个产品的特性。通俗地讲，属性值、特性相同的商品就可以称为一个 SPU。

SKU（Stock Keeping Unit），即库存量单位，可以以件、盒、托盘等为单位。在服装、鞋类商品中使用最多、最普遍。例如，纺织品中一个 SKU 通常表示规格、颜色、款式。

ARPU（Average Revenue PerUser），即每用户平均收入，注重的是一个时间段内运营商从每个用户所得到的利润。ARPU 值高说明利润高，这段时间效益好。

真题 4 B2C、B2B、O2O、C2C、P2P、P2C 的含义是什么？

【出现频率】★★★★☆ 【学习难度】★★★☆☆

答案：它们都是电子商务的常见模式，下面一一介绍。

B2C（Business to Customer），即商家对客户，"商对客"是电子商务的一种模式，也就是通常说的直接面向消费者销售产品和服务的商业零售模式，如亚马逊、京东等。

B2B（Business to Business），即企业对企业，指进行电子商务交易的供需双方都是商家（或企业、公司），双方使用互联网技术或各种商务网络平台完成商务交易的过程，如阿里巴巴。

O2O（Online To Offline），线上线下结合，即将线下商务的机会与互联网结合在了一起，让互联网成为线下交易的前台。这样线下服务就可以用线上来揽客，消费者可以用线上来筛选服务，成交可以在线上结算，很快达到规模。该模式最重要的特点是推广效果可查，每笔交易可跟踪，如美团、饿了么等。

C2C（Customer to Customer），客户对客户，是一种个人对个人的电子商务模式。例如，一个消费者有一台电视，通过网络进行交易，把它出售给另外一个消费者，这种交易模式就是 C2C，如淘宝、拍拍等。

P2P（Peer-to-Peer），个人对个人，P2P 借贷指个人通过第三方平台（P2P 公司）在收取一定服务费用的前提下向其他个人提供小额借贷的金融模式，如人人贷、宜人贷等。

P2C（Production to Consumer），商品对顾客，产品从生产企业直接送到消费者手中，中间没有任何的交易环节，是继 B2B、B2C、C2C 之后的又一个电子商务新概念。在国内叫作生活服务平台。P2C 把人们日常生活中的一切密切相关的服务信息，如房产、餐饮、交友、家政服务、票务、健康、医疗、保健等聚合在平台上，实现服务业的电子商务化，如 58 同城、赶集网等。

真题 5 什么是商品快照？ 自己设计的电商平台，订单商品快照将如何保存？
【出现频率】★★☆☆☆　【学习难度】★★★☆☆

答案： 商品快照是指拍下商品时，生成的一张商品快照，记录了成交时商品的基本信息，作为买卖双方发生交易的凭证。

那么如何保存商品快照呢？这里推荐的做法是：商品对应有个历史表，记录每一次写操作后的商品基本信息，拍下商品时，生成的订单信息中会记录当时对应的历史表 ID，这个历史表 ID 记录的商品基本信息就是商品快照。

9.3 软件安全知识

软件安全是一个软件正常运行的基础，是软件的生命。软件安全主要是指软件代码方面的安全知识，是软件本身的问题，也就是软件开发人员需要注意的安全问题。与安全相对立的就是软件攻击，利用软件或中间件在安全方面的漏洞进行攻击，造成系统崩溃、数据泄露等情况，给运营方或者会员客户带来严重损失，因此软件安全越来越受到重视。

本节介绍了常用攻击手段的原理及防范方法，也介绍了一些加密安全算法、安全协议和安全认证机制。希望作为软件开发人员，在开发与维护过程中，能从这些方面去考虑，让自己开发出来的软件足够安全。

真题 1 什么是 CSRF 攻击？ 如何防范 CSRF 攻击？
【出现频率】★★★★☆　【学习难度】★★★☆☆

答案： CSRF（Cross—Site RequestForgery），即跨站点请求伪造，攻击者通过跨站请求，在合法用户不知情的情况下，以合法用户的身份伪造请求进行非法操作。其核心是利用了浏览器 Cookie 或服务器 Session 策略，盗取用户身份。

防范 CSRF 攻击的主要手段是识别请求者身份。这里推荐几种方法。

- 表单提交 Token 验证。
- HTTP 请求头的 Referer 域检查（Referer 记录着请求来源，可以通过检查请求来源来验证请求是否合法，如很多网站用此方法来实现图片防盗链）。

- 验证码验证。

真题 2 什么是 XSS 攻击？ 如何防范 XSS 攻击？

【出现频率】★★★★☆ 【学习难度】★★★☆☆

答案：XSS 攻击（Cross Site Scripting，区别于 CSS，所以叫 XSS），中文名称为跨站脚本攻击。XSS 攻击是攻击者通过篡改 HTML 脚本，在用户浏览网页时，控制用户浏览器进行恶意操作（如盗取用户 Cookie、破坏页面结构、重定向到其他网站等）的一种攻击方式。

XSS 攻击类型有两种：一种是反射型，攻击者诱使用户点击一个嵌入恶意脚本以达到攻击的目的；另外一种是持久型 XSS 攻击，黑客提交含有恶意脚本的请求数据，这些数据被保存在站点的数据库中，当用户浏览网页时，恶意脚本作为请求数据的一部分返回请求页面，浏览器解析时恶意脚本被执行，从而达到攻击的目的。

防止 XSS 攻击的手段这里推荐两种。

- 恶意脚本通常包含一些不常用的字符，对特殊字符过滤或者进行转义，这是常用的防范脚本攻击的手段。
- 将 Cookie 的 HttpOnly 属性设置为 true，设置了这个属性后，Cookie 无法被浏览器的 JavaScript 脚本获取到，可以避免攻击脚本获取 Cookie 信息。当然也可能会给开发带来一定的不便。

真题 3 什么是 SQL 注入攻击？ 如何防范 SQL 注入攻击？

【出现频率】★★★★☆ 【学习难度】★★★☆☆

答案：SQL 注入（SQL Injection）是在输入参数中添加 SQL 代码，传递到服务器，这些输入参数被拼接到 SQL 语句中，并能被数据库解析执行，从而达到攻击目的的一种攻击手法。

SQL 注入攻击具有很大的危害性，攻击者可以利用它获取、修改或者删除数据库内的数据，获取数据库中的用户名和密码等敏感信息，甚至可以获得数据库管理员的权限等。

如何防止 SQL 注入呢？

- 严格检查输入变量的类型和格式。
- 对过滤或转义特殊字符进行检查。
- 尽量使用预编译，而不要使用拼接 SQL。使用预编译时，传入的参数会作为字符串处理，不会被解析。使用拼接 SQL 则会整体作为 SQL 语句被解析执行。

真题 4 什么是文件上传攻击？ 如何防范文件上传攻击？

【出现频率】★★★☆☆ 【学习难度】★★★☆☆

答案：文件上传攻击就是网站对用户上传的文件类型判断不完善或者有其他漏洞，攻击者可以上传含有可执行程序的文件，文件可以是木马、病毒、恶意脚本或者 WebShell 等。这里程序在某种情况下上传文件目录被 Web 服务器执行或者在用户浏览网页时被触发执行，从而达到攻击的目的。当然达成攻击的前提条件是，这些上传文件上传后可以被访问，或者有在上传目录执行命令的权限。

如何让文件上传功能尽可能安全呢？这里建议几种方法。

- 设置保存上传文件的目录为不可执行。这样可有效保证服务器的安全。

- 判断文件类型：在判断文件类型时，可以结合使用 MIME Type、后缀检查等方式。在文件类型检查中，强烈建议采用白名单的方式。此外，对于图片的处理可以使用压缩函数或者 resize 函数，在处理图片的同时破坏图片中可能包含的恶意代码。
- 对文件上传内容进行安全检测，检查是否包含病毒、木马或其他恶意脚本。
- 使用随机数改写文件名和文件路径。

真题 5 什么是 Cookie 攻击？ 如何防范 Cookie 攻击？

【出现频率】★★★☆☆　【学习难度】★★★☆☆

答案：Cookie 中通常会保存用户的一些敏感信息，如用户名和登录密码等信息，虽然 Cookie 值已加密处理，但是当攻击者窃取到 Cookie 后无须破解，只要把 Cookie 信息向服务器提交并通过验证后，他们就可以冒充受害人登录，这就是 Cookie 攻击。

那么如何防止 Cookie 攻击呢？推荐的做法是登录验证通过将当前 Cookie 的 ID 保存在 Session 中，每次访问时验证一下 Cookie 的 ID 是否与 Session 中保存的 Cookie 的 ID 一致，如果不一致，就可以确定是非法访问了。

真题 6 什么是 HTTP Heads 攻击？ 如何防范 HTTP Heads 攻击？

【出现频率】★★★☆☆　【学习难度】★★★☆☆

答案：凡是用浏览器查看任何 Web 网站，无论该 Web 网站采用何种技术和框架，都用到了 HTTP 协议。HTTP 协议在 Response Header 和 Content 之间有一个空行，即两组 CRLF（0x0D 0A）字符。这个空行标志着 Headers 的结束和 Content 的开始。攻击者可以利用这一点。只要攻击者有办法将任意字符注入 Headers 中，这种攻击就可以发生。

最好的防范 Heads 攻击的办法是使用 HTTPS 协议。

真题 7 什么是信息摘要算法？ 什么是 MD5？什么是 SHA？

【出现频率】★★★☆☆　【学习难度】★★★☆☆

答案：信息摘要算法（Message-Digest Algorithm）就是采用单向 Hash（即单向散列）函数将需要加密的明文摘要成一串固定长度（128 位）的密文，这一串密文又称为数字指纹，它有固定的长度，而且不同的明文摘要成密文，其结果总是不同的，而同样的明文其摘要必定一致。

MD5（Message-Digest Algorithm 5），即信息摘要算法 5，摘要长度为 128 位，由 MD4、MD3、MD2 改进而来，主要增强了算法复杂度和不可逆性。经常被用于密码存储加密。

SHA（Secure Hash Algorithm），即安全散列算法，1995 年又发布了一个修订版 SHA-1，它基于 MD4 算法，是现在公认的最安全的散列算法之一，被广泛使用。

与 MD5 相比，SHA-1 算法生成的摘要信息长度为 160 位，由于摘要信息更长，运算过程更加复杂，生成速度更慢，但是也更为安全。

MD5 与 SHA-1 都是通过单向散列来进行加密的，也叫单向散列算法。

真题 8 什么是对称加密算法？

【出现频率】★★★☆☆　【学习难度】★★★☆☆

答案：对称加密算法就是用同一个密钥进行信息的加密和解密的算法。算法公开，加密速度快，但是密钥管理比较烦琐，使用者双方需要交换密钥，其中有一方泄露了密钥，则会出现安全问题，安全性相对比较低。这里介绍几种常用的单向加密算法。

- DES（Data Encryption Standard）：数据加密标准，速度较快，适用于加密大量数据的场合。
- AES（Advanced Encryption Standard）：高级加密标准，是新一代的加密算法标准，它是用来替代 DES 算法的，目前已成为对称加密算法中最流行的算法之一。速度快、易用、灵活、安全级别高，支持 128、192、256、512 位密钥的加密，比 DES 算法加密强度更高，更加安全。
- 3DES（Triple DES）：基于 DES，对一块数据用三个不同的密钥进行三次加密，强度更高。

真题 9 什么是非对称加密安全算法？

【出现频率】★★★☆☆　【学习难度】★★★☆☆

答案：非对称加密算法需要两个密钥：一个为公开密钥（PublicKey），即公钥；一个为私有密钥（PrivateKey），即私钥。两者需要配对使用，如果用公钥对数据进行加密，只有用对应的私钥才能解密，反过来也一样。因为加密和解密使用的是两个不同的密钥，所以这种算法叫作非对称加密算法。

与对称加密相比，非对称加密算法的安全性更好，公钥是公开的，使用者双方不需要交换密钥，只需要保管好自己的私钥就可以。但是算法强度也比较复杂，速度相对较低。

非对称加密中使用的主要算法有：RSA、Elgamal、ESA、背包算法、Rabin、D-H、ECC（椭圆曲线加密算法）等。不同算法的实现机制不同。

其中 RSA 算法是最流行的非对称加密算法，已被 ISO 推荐为公钥数据加密标准。RSA 算法是基于一个十分简单的数论事实：将两个大素数相乘十分容易，但反过来想要对其乘积进行因式分解却极其困难。RSA 可以通过认证（如使用 X.509 数字证书）来防止中间人攻击。

RSA 算法能够抵抗到目前为止已知的所有密码攻击，只有短的 RSA 钥匙才可能被强力方式破解，目前还没有任何可靠的攻击 RSA 算法的方式。只要其钥匙的长度足够长，用 RSA 加密的信息实际上是不能被破解的。要提高保密强度，RSA 密钥长度至少为 500 位，一般推荐使用 1024 位。RSA 算法也是第一个能同时用于加密和数字签名的算法。

真题 10 HTTPS 协议有什么优缺点？ 它与 HTTP 有什么区别？

【出现频率】★★★★☆　【学习难度】★★★☆☆

答案：首先了解 HTTP 协议的不足，HTTP 主要有如下三点不足。

- 通信使用明文（不加密），内容可能会被窃听。
- 不验证通信方的身份，因此有可能遭遇伪装。
- 无法证明报文的完整性，所以有可能已遭篡改。

HTTPS 就是为了弥补 HTTP 的缺点而产生的。HTTPS（Hyper Text Transfer Protocol overSecureSocket Layer），HTTPS 协议是由 HTTP 加上 TLS/SSL 协议构建的可进行加密传输、身份认证的网络协议，主要通过数字证书、加密算法、非对称密钥等技术完成互联网数据传输加密，实现互联网传输安全保护。设计目标主要有三个。

- 数据保密性：采用对称加密算法对数据进行加密，采用非对称加密算法对对称加密的密钥进行加密，保证数据内容在传输的过程中不会被第三方查看。

- 数据完整性：及时发现被第三方篡改的传输内容。采用摘要算法（MD5 或 SHA-1），同样的数据有同样的摘要，而只要有一点不同的数据，它的摘要往往不同，只要数据做了篡改，就会被感知到。
- 身份校验安全性：通信双方携带证书，证书由第三方颁发，很难伪造。

HTTP 与 HTTPS 的区别如下。

- HTTPS 更加安全，因为它有加密、身份认证、验证数据完整性等环节。
- HTTPS 需要申请证书，一般要付费。
- 加密通信需要消耗更多的 CPU 和内存资源。
- 使用端口不同，HTTP 默认使用的是 80 端口，HTTPS 默认使用的是 443 端口。
- 所在层次不同，HTTP 运行在 TCP 之上，HTTPS 是运行在 SSL/TLS 之上的 HTTP 协议，TLS/SSL 运行在 TCP 之上。

真题 11 什么是数字签名？

【出现频率】★★☆☆☆ 【学习难度】★★★☆☆

答案：将报文按双方约定的 HASH 算法计算得到一个固定位数的报文摘要。在数学上保证：只要改动报文中任何一位，重新计算出的报文摘要值就会与原先的值不相符。这样就保证了报文的不可更改性。将该报文摘要值用发送者的私人密钥加密，然后连同原报文一起发送给接收者，而产生的报文即称数字签名（又称公钥数字签名）。数字签名是非对称密钥加密技术与数字摘要技术的应用。

数字签名分为普通数字签名和特殊数字签名两种。普通数字签名算法有 RSA、ElGamal、Fiat-Shamir、Guillou-Quisquarter、Schnorr、Ong-Schnorr-Shamir 数字签名算法、DES/DSA，椭圆曲线数字签名算法和有限自动机数字签名算法等。

真题 12 什么是数字证书？

【出现频率】★★☆☆☆ 【学习难度】★★★☆☆

答案：数字证书是由权威机构 CA（Certificate Authority）证书授权中心发行的，能在互联网上进行身份验证的一种权威性电子文档。数字证书包含公钥拥有者信息及公钥的文件，最简单的证书包含公钥、名称及证书授权中心的数字签名。数字证书对网络用户在计算机网络交流中的信息和数据等以加密或解密的形式进行传输，保证了信息和数据的完整性和安全性。

数字证书有很多格式版本，主要有 X.509V3（1997）、X509V4（1997）、X.509V1（1988）等。比较常用的版本是 TUTrec.X.509V3，由国际电信联盟制定，内容包括证书序列号、证书有效期和公开密钥等信息。不论是哪一个版本的数字证书，只要获得数字证书，用户就可以将其应用于网络安全。

真题 13 什么是 OAuth 授权？

【出现频率】★★☆☆☆ 【学习难度】★★★☆☆

答案：OAuth（Open Authorization），开放授权，是一个开放的授权标准，允许用户让第三方应用访问该用户在某一 Web 服务上存储的私密资源（如照片、视频、联系人列表），而无须将用户名和密码提供给第三方应用。OAuth 允许用户提供一个令牌，而不是用户名和密码来访问他们存放在特定服务提供者的数据。

OAuth 目前的版本是 2.0，OAuth 2.0 是个全新的协议，并且不对之前的版本做向后兼容，但是 OAuth 2.0 保留了与 OAuth 1.0 相同的整体架构。

9.4 关于设计模式

设计模式（Design pattern）与具体的语言无关。

设计模式是软件设计不同场景的通用可重用解决方案，是一套用来提高代码可复用性、可维护性、可读性、稳健性及安全性的解决方案，是软件代码设计经验的总结，代表了软件设计的最佳实践。

最早提出设计模式的四位作者合称 GOF，他们总结提出了 23 种软件开发中的设计模式。软件项目中合理地运用设计模式可以完美地解决很多问题，每种模式在现实中都有相应的原理来与之对应，每种模式都描述了一个在我们周围不断重复发生的问题，以及该问题的核心解决方案，这也是设计模式能被广泛应用的原因。

设计模式应当遵循一些原则。这些原则，也就是面向对象软件设计的基本原则，是软件开发的前辈大佬们软件设计经验的结晶，我们应当好好领悟，遵循使用。很多资料都说六大设计原则，但笔者总结了一下，应该是有七大设计原则。下面分别介绍。

1）单一职责原则（Single Responsibility Principle，SRP）。

单一职责原则是指一个类/接口/方法应当有且仅有一个职责，做到一个类只有一个引起变化的原因。

如果一个类具有一个以上的职责，那么就会有一个以上不同的原因可能引起该类变化，而这种变化将影响到该类不同职责的使用者。为了对这句话有更清晰的理解，这里举例说明。

- 假定一个类有两个职责，职责 A 有外部依赖，职责 B 没有外部依赖，只调用职责 B 的系统，也只被强制引用，并不需要职责 A 的外部依赖。
- 另一方面，某个系统因某种原因需要修改职责 A，这时只使用职责 B 的系统也将受到影响，而被迫重新编译和配置，这也违反了后面要讲的开闭原则。

单一职责也降低了类的复杂度，提高了类的可读性，从而提高了系统的可维护性。当修改一个功能时，可以显著降低对其他功能的影响，也降低了系统功能变化带来的风险。

当然，单一职责原则不是面向对象编程所独有，模块化的程序设计都适用单一职责原则。

2）接口隔离原则（Interface Segregation Principle，ISP）。

接口隔离原则是指客户端不应该依赖它不需要的接口，一个类对另一个类的依赖应该建立在最小的接口上。接口隔离原则可以解决胖接口或者胖基类的问题，一个接口应当只扮演一个角色，不应该将不同的角色都交给一个接口，因为这样可能会形成一个臃肿的大接口，会强迫客户端依赖他们从来不用的方法。

使用接口隔离原则，意在设计短而小的接口和基类，这样才能设计出高内聚低耦合的软件系统，从而使得程序具有很好的可读性、可扩展性和可维护性。

接口隔离原则和单一职责原则都是为了提高类的内聚性、降低它们之间的耦合性，体现了封装的思想，但两者是不同的：单一职责原则注重的是职责，而接口隔离原则注重的是接口代表的角色，注重的是对接口依赖的隔离。单一职责原则主要是约束类，它针对的是程序中的实现和细节。接口隔离原则主要约束接口，针对抽象和程序整体框架的构建。

无论是接口隔离原则，还是单一职责原则，在设计过程中，都应该掌握好粒度大小，粒度太小，就会造成接口和类的数量过多，使设计复杂化、臃肿化。

3）开放关闭原则（Open Close Principle，OCP）。

开放关闭原则简称开闭原则，即对扩展开放，对修改关闭。遵循开闭原则的好处体现在三方面。

- 稳定性：开闭原则要求在不修改原有代码的基础上扩展新功能，这有利于软件系统在变化中保持稳定。
- 扩展性：开闭原则要求对扩展开放，通过扩展提供新的或改变原有的功能，让软件系统具有灵活的可扩展性。
- 可维护性：设计良好，具有很好的稳定性和扩展性的软件系统，可复用，并且易于维护的。

如何让软件系统设计尽量满足开闭原则呢？答案是进行良好的接口（抽象）设计。

- 可以把这些不变的部分抽象成不变的接口，这些不变的接口可以应对未来的扩展。
- 接口的最小功能设计原则。根据这个原则，原有的接口要么可以应对未来的扩展，不足的部分可以通过定义新的接口来实现。
- 模块之间的调用通过抽象接口进行，这样即使实现层发生变化，也无须修改调用方的代码。

4）里氏替换原则（Liskov Substitution Principle，LSP）。

里氏替换原则是指任何基类可以出现的地方，都可以用它的一个子类来替代。这里包含的意思是：子类可以扩展基类的功能，但不能改变基类原有的功能。

里氏替换原则是实现开闭原则重要的方式之一，由于使用基类对象的地方都可以使用子类对象，因此在程序中尽量使用基类类型来对对象进行定义，而在运行时再确定其子类类型，用子类对象来替换基类对象。

里氏替换原则是继承复用的基石，只有当子类可以替换掉基类，系统功能不受到影响时，基类才能真正被复用，而子类也能够在基类的基础上增加新的行为。

5）依赖倒转原则（Dependence Inversion Principle，DIP）。

依赖倒转原则是开闭原则的基础，它的核心思想是：面向接口编程，依赖于抽象而不依赖于具体实现。更加详细的理解如下。

- 高层模块不应该依赖低层模块，二者都应该依赖于抽象。
- 抽象不应该依赖具体实现，具体实现应该依赖抽象。
- 核心是面向接口编程。

依赖倒转原则被 Spring 发扬光大，是 Spring 的 IoC 容器的基石。下面把控制反转（Inversion of Control，IoC）、依赖注入（Dependency Injection，DI）与依赖倒转原则的关系梳理一下。

- 依赖倒转原则是面向对象开发领域中的软件设计原则，它倡导高层模块不依赖于低层模块，抽象不依赖具体实现。

- 控制反转是遵守依赖倒转原则提出来的一种设计模式，它引入了 IoC 容器的概念。
- 依赖注入是实现控制反转的一种方式。
- 它们的本质是为了让程序实现"高内聚，低耦合"。

6）迪米特法则（Law of Demeter，LoD）。

迪米特法则又叫作最少知道原则（Least Knowledge Principle，LKP），这一原则是指一个实体应当尽量少的与其他实体之间发生相互作用，使得系统功能模块相对独立。

但是应用好这一原则的前提是掌控好粒度。

7）合成复用原则（Composite Reuse Principle，CRP）。

合成复用原则又叫组合/聚合复用原则（Composition/Aggregate Reuse Principle，CARP），它要求在软件复用时，要尽量先使用组合或者聚合等关联关系来实现，其次才考虑使用继承关系来实现。如果要使用继承关系，则必须严格遵循里氏替换原则。

下面讲解关于设计模式的问题。

真题 1 设计模式可以分为哪三种类型？ 各有哪些设计模式？

【出现频率】★★★★☆ 【学习难度】★★★★★

答案：23 种设计模式的本质是面向对象设计原则的实际运用，是对类的封装性、继承性和多态性，以及类的关联关系和组合关系的充分理解。23 种设计模式根据目的又可分为三种类型。下面简单分类介绍 23 种设计模式及适用场景。

1）创建型模式（Creational Pattern），包括如下模式。

- 抽象工厂模式（Abstract Factory Pattern）：提供一个创建一系列相关或相互依赖对象的接口，而无须指定它们具体的类。
- 建造者模式（Builder Pattern）：将一个复杂对象的构建与它的表示分离，使得同样的构建过程可以创建不同的表示。
- 原型模式（Prototype Pattern）：用原型实例指定创建对象的种类，并且通过复制这个原型来创建新的对象。
- 工厂方法模式（Factory Method Pattern）：定义一个用于创建对象的接口，让子类决定将哪一个类实例化。Factory Method 使一个类的实例化延迟到其子类。
- 单例模式（Singleton Pattern）：保证一个类仅有一个实例，并提供一个访问它的全局访问点。

2）结构型模式（Structural Pattern），包括如下模式。

- 适配器模式（Adapter Pattern）：将一个类的接口转换成客户希望的另外一个接口。Adapter 模式使得原本由于接口不兼容而不能一起工作的那些类可以一起工作。
- 桥接模式（Bridge Pattern）：将抽象部分与它的实现部分分离，使它们都可以独立地变化。
- 组合模式（Composite Pattern）：将对象组合成树形结构以表示"部分-整体"的层次结构。它使得客户对单个对象和复合对象的使用具有一致性。
- 装饰模式（Decorator Pattern）：动态地给一个对象添加一些额外的职责。就扩展功能而言，它比生成子类方式更为灵活。

- 外观模式（Facade Pattern）：为子系统中的一组接口提供一个一致的界面，Facade 模式定义了一个高层接口，这个接口使得这一子系统更加容易使用。
- 享元模式（Flyweight Pattern）：运用共享技术有效地支持大量细粒度的对象。
- 代理模式（Proxy Pattern）：介绍为其他对象提供一个代理以控制对这个对象的访问。

3）行为型模式（Behavioral Pattern），包括如下模式。

- 责任链模式（Chain of Responsibility Pattern）：为解除请求的发送者和接收者之间的耦合，而使多个对象都有机会处理这个请求。将这些对象连成一条链，并沿着这条链传递该请求，直到有一个对象处理它。
- 命令模式（Command Pattern）：将一个请求封装为一个对象，从而使用户可用不同的请求对客户进行参数化；对请求排队或记录请求日志，以及支持可取消的操作。
- 解释器模式（Interpreter Pattern）：给定一个语言，定义它的文法的一种表示，并定义一个解释器，该解释器使用该表示来解释语言中的句子。
- 迭代器模式（Iterator Pattern）：介绍提供一种方法顺序访问一个聚合对象中各个元素，而又不需暴露该对象的内部表示。
- 中介者模式（Mediator Pattern）：介绍用一个中介对象来封装一系列的对象交互。中介者使各对象不需要显式地相互引用，从而使其耦合松散，而且可以独立地改变它们之间的交互。
- 备忘录模式（Memento Pattern）：在不破坏封装性的前提下，捕获一个对象的内部状态，并在该对象之外保存这个状态。这样以后就可将该对象恢复到保存的状态。
- 观察者模式（Observer Pattern）：定义对象间的一种一对多的依赖关系，以便当一个对象的状态发生改变时，所有依赖于它的对象都得到通知并自动刷新。
- 状态模式（State Pattern）：允许一个对象在其内部状态改变时改变它的行为。对象看起来似乎修改了它所属的类。
- 策略模式（Strategy Pattern）：定义一系列的算法，把它们一个个封装起来，并且使它们可相互替换。本模式使得算法的变化可独立于使用它的客户。
- 模板方法模式（Template Method Pattern）：定义一个操作中算法的骨架，而将一些步骤延迟到子类中。Template Method 使得子类可以不改变一个算法的结构即可重定义该算法的某些特定步骤。
- 访问者模式（Visitor Pattern）：表示一个作用于某对象结构中的各元素的操作。它使用户可以在不改变各元素的类的前提下定义作用于这些元素的新操作。

真题 2 **Spring 框架中用到了哪些设计模式？**

【出现频率】★★★☆☆　【学习难度】★★★☆☆

答案：Spring 框架中至少用到了如下这些设计模式。

工厂模式：Spring 使用工厂模式通过 BeanFactory、ApplicationContext 创建 Bean 对象。

代理模式：Spring AOP 功能的实现。

单例模式：Spring 中的 Bean 默认都是单例的。

模板方法模式：Spring 中 JdbcTemplate、HibernateTemplate 等以 Template 结尾的对数据库操作的

类，使用的就是模板方法模式。

装饰模式：如果项目需要连接多个数据库，而且不同的客户在每次访问中根据需要会去访问不同的数据库，可以使用装饰模式。这种模式可以根据客户的需求动态切换不同的数据源。

观察者模式：Spring 事件驱动模型就是观察者模式很经典的一个应用。

适配器模式：Spring AOP 的增强或通知（Advice）使用到了适配器模式，Spring MVC 中也使用到了适配器模式适配 Controller。

真题 3　JDK 源码中用到了哪些设计模式？
【出现频率】★★★☆☆　【学习难度】★★★☆☆

答案：23 种设计模式的绝大部分都可以在 JDK 源码中找到实现。这里列举一些常见的。

1）原型模式：Object 的 clone 方法就是原型模式。

2）装饰器模式：Java 的 I/O 流中大量用到装饰模式。

3）代理模式：java.lang.reflect.Proxy 类就提供了代理模式的实现。

4）备忘录模式：java.io.Serializable 接口就是备忘录模式的实现，只有实现了 Serializable 接口的类才能序列化，此接口中没有任何方法，只是为类标记实现了此接口的类，可以进行序列化。

5）适配器模式：用来把一个接口转化成另一个接口。java.util.Arrays.asList( ) 就是这种实现。

6）单例模式：用来确保类只有一个实例。JDK 的枚举是单例模式的一种实现。如 java.lang.Runtime.getRuntime( ) 也是单例模式的实现。

7）迭代器模式：提供一个一致的方法来顺序访问集合中的对象，这个方法与底层集合的具体实现无关。java.util.Iterator、java.util.Enumeration 都是典型的迭代器模式的实现。

真题 4　请写出单例模式的具体 Java 代码实现。
【出现频率】★★★☆☆　【学习难度】★★★★☆

答案：单例模式总结起来有很多种写法，最简单、高效的是用枚举法，这里介绍 6 种写法，使用哪一种写法，读者朋友可以根据自己的需要来选择。

1）枚举实现。

```
public enum Singleton {
    INSTANCE;
    public void do(){}
}
```

2）用静态内部类来实现，保证了只会在调用时初始化，并且只会初始化一次。

```
public class Singleton {
    private Singleton(){}
    private static class SingletonCreator {
        private static Singleton instance = new Singleton();
    }
    public static Singleton getInstance(){
        return SingletonCreator .instance;
    }
}
```

3）最简单的实现。不足是无论是否会用到都会创建这个对象。

```
public class Singleton {
    private Singleton(){}
    private static Singleton instance = new Singleton();
    public static Singleton getInstance(){
        return instance;
    }
}
```

4）满足了使用时才创建实例的条件，但多线程访问时可能会产生创建多个实例问题。

```
public class Singleton {
    private Singleton(){}
    private static Singleton instance;
    public static Singleton getInstance(){
        if(instance == null){
            instance = new Singleton();
        }
        return instance;
    }
}
```

5）解决了多线程的问题，但是会造成同步阻塞。降低了性能。

```
public class Singleton {
    private Singleton(){}
    private static Singleton instance;
    public synchronized static Singleton getInstance(){
        if(instance == null){
            instance = new Singleton();
        }
        return instance;
    }
}
```

6）使用 volatile 关键字，并只有在判断实例为空真正创建对象时加用同步锁。

```
public class Singleton {
    private Singleton(){}
    private static volatile Singleton instance;
    public static Singleton getInstance(){
        if(instance == null){
            synchronized(Singleton.class){
                if(instance == null){
                    instance = new Singleton();
                }
            }
        }
        return instance;
    }
}
```

 9.5　网络编程与远程调用

网络编程的目的就是直接或间接地通过网络协议与其他计算机进行通信。远程调用在分布式系统中是最常见的。本节介绍这两方面的一些基础知识。

真题 1 网络 7 层协议各是什么？ TCP/IP 分为哪 4 层？

【出现频率】★★☆☆☆　【学习难度】★★★★☆

答案：网络 7 层协议即 OSI（Open System Interconnection），开放式系统互联参考模型协议。它的最大优点是将服务、接口和协议这三个概念明确地区分开来，通过 7 个层次化的结构模型使不同的系统、不同的网络之间实现可靠的通信。OSI 模型有 7 层结构，每层都可以有几个子层。OSI 的 7 层从上到下分别是：7-应用层、6-表示层、5-会话层、4-传输层、3-网络层、2-数据链路层、1-物理层。其中高层（即 7、6、5、4 层）定义了应用程序的功能，下面三层（即 3、2、1 层）主要面向通过网络的端到端的数据流。

TCP/IP 协议栈是基于 TCP 和 IP 这两个最初的协议之上的不同的通信协议的大的集合。采用了 4 层的层级结构，每一层都呼叫它的下一层所提供的网络来完成自己的需求。这 4 层如下所述。

- 应用层：如简单电子邮件传输（SMTP）、文件传输协议（FTP）、网络远程访问协议（Telnet）、HTTP 协议等。
- 传输层：如传输控制协议（TCP）、用户数据报协议（UDP）等。
- 互连网络层：如网际协议（IP）。
- 网络接口层（主机-网络层）：接收 IP 数据报并进行传输。

在 TCP/IP 参考模型中，去掉了 OSI 参考模型中的会话层和表示层（这两层的功能被合并到应用层实现）。同时将 OSI 参考模型中的数据链路层和物理层合并为主机-网络层。

真题 2 常用的远程调用方式有哪些？

【出现频率】★★★☆☆　【学习难度】★★★★☆

答案：在分布式服务框架中。最基础的问题就是远程服务的调用，在 Java 领域中知名的远程调用方式有：RMI、XML-RPC、Binary-RPC、SOAP、CORBA、JMS 等。

- RMI（Remote Method Invocation），远程方法调用，RMI 是个典型的为 Java 定制的远程通信协议，传输的标准格式是 Java Object Stream，基于 Java 串行化机制将请求的 Java Object 信息转化为流，数据传输是通过 Socket 实现。
- XML-RPC 也是一种和 RMI 类似的远程调用的协议，传输的标准格式是 XML，将 XML 转化为流，传输协议是 HTTP。XML-RPC 与 RMI 的不同是可以跨语言进行通信。
- Binary-RPC 和 XML-RPC 差不多，不同之处仅在于传输的标准格式由 XML 转为了二进制的格式，将二进制文件转化为传输的流，传输协议是 HTTP。
- SOAP（Simple Object Access Protocol），是一个用于分布式环境、轻量级、基于 XML 进行信息交换的通信协议，SOAP 与 XML-RPC 一样也是 HTTP+XML，SOAP 是 WebService 服务调用的协议标准。
- CORBA（Common Object RequestBrokerArchitecture），公用对象请求代理，是一组用来定义"分布式对象系统"的标准。CORBA 的目的是定义一套协议，符合这个协议的对象可以互相交互，不论它们是用什么样的语言编写的，不论它们运行于什么样的机器和操作系统。CORBA 是个类似于 SOA 的体系架构，其本身不是通信协议。

- JMS（Java Message Service），即 Java 消息服务是实现 Java 领域远程通信的一种手段和方法，提供标准的产生、发送、接收消息的接口。JMS 注重的是消息交换，RMI 注重的是对象方法调用。JMS 大多情况下是异步的松耦合，RMI 大多情况下是同步的紧耦合。JMS 规定的传输格式是 Message，传输协议不限。JMS 也是常用的实现远程异步调用的方法之一。

真题 3 WebService、RPC、RMI、Restful 的区别？

【出现频率】★★★★☆　【学习难度】★★★★☆

答案：RPC（Remote Procedure Call），远程过程调用，使用 C/S 方式，支持像调用本地服务（方法）一样调用服务器的服务（方法）。RPC 不支持对象的概念，传送到 RPC 服务的消息由外部数据语言表示（External Data Representation，XDR）。这种语言抽象了字节序类和数据类型结构之间的差异。只有由 XDR 定义的数据类型才能被传递。优点是跨语言、跨平台，缺点是不支持对象，无法在编译器检查错误，只能在运行期检查。

RMI 被认为是面向对象方式的 Java RPC，允许方法返回 Java 对象及基本数据类型。优点是强类型，编译期可检查错误；缺点是只能基于 Java 语言，客户机与服务器紧耦合。

WebService 也是是一种跨编程语言、跨操作系统平台的远程调用技术。传统的 WebService 是基于 SOAP 实现的，以 HTTP+XML 方式传输数据。以 WSDL（Web Services Description Language），即 Web 服务描述语言描述服务，以 UDDI（Universal Description，Discovery and Integration）即通用描述、发现与集成服务）注册、发布、搜索服务。WebService 的优点也是跨语言跨平台。缺点是性能相对较低，在易用性与学习成本方面不如 RMI 等。

表述性状态传递（Representational State Transfer，REST），以 URI 对网络资源进行唯一标识，响应端根据请求端的不同需求，通过无状态通信，对其请求的资源进行表述。基于 REST 构建的 API 就是 Restful 风格，REST 使用 HTTP+URI+XML/JSON 的技术来实现其 API 要求的架构风格。Restful 是目前最流行的 WebService 实现方式，相比传统 WebService，它的实现更简洁，开发调用都更简单方便。也更轻量级、效率更高。

真题 4 远程调用框架有哪些？

【出现频率】★★★★☆　【学习难度】★★★★☆

答案：有很多优秀的远程调用框架，如 Dubbo、DubboX、Hessian、Thrift、Avro、gRPC 等。Dubbo、DubboX 前面已有介绍。下面简单介绍一下其他的远程框架。

Hessian 是一个轻量级的 Remoting on HTTP 工具，采用的是 Binary RPC 协议，基于 HTTP 协议，采用二进制编解码。Hessian 一般是通过 Web 应用来提供服务，通过 Servlet 提供远程服务。

Thrift 是一种可伸缩的跨语言服务的软件框架。它拥有功能强大的代码生成引擎，无缝地支持 C++、C#、Java、Python、PHP 和 Ruby。Thrift 允许用户定义一个描述文件，描述数据类型和服务接口。依据该文件，编译器方便地生成 RPC 客户端和服务器通信代码。

Avro 和 Thrift 有点相似，是跨语言、基于二进制、高性能的通信中间件。也都提供了数据序列化的功能和 RPC 服务。Avro 在 Thrift 基础上增加了对 Schema 动态的支持且性能上不输于 Thrift。更适用于搭建数据交换及存储的通用工具和平台。Thrift 的优势在于支持更多的语言和相对成熟。

gRPC 是 Google 开源的一个高性能 RPC 框架，采用了 ProtoBuf（Protocol Buffer）来做数据的序

列化与反序列化，用 HTTP2 作为数据传输协议。ProtoBuf 能够将数据进行序列化，并广泛应用在数据存储、通信协议等方面，压缩和传输效率高，语法简单，表达力强。gRPC 提供了一种简单的方法来定义服务，同时客户端可以充分利用 HTTP2 Stream 的特性，有助于节省带宽、降低 TCP 的连接次数、节省 CPU 的使用等。同时 gRPC 支持多种语言，并能够基于语言自动生成客户端和服务端功能库。

真题 5 RPC 架构一般由哪些部分组成？ RPC 和 HTTP 调用有什么区别？

【出现频率】★★★★☆ 【学习难度】★★★★☆

答案：RPC 架构一般包括 4 个核心的组件。

- 客户端（Client）：服务的调用方。
- 服务端（Server）：真正的服务提供者。
- 客户端存根：存放服务端的地址消息，再将客户端的请求参数打包成网络消息，然后通过网络远程发送给服务方。
- 服务端存根：接收客户端发送过来的消息，将消息解包，并调用本地的方法。

这里将 RPC 和 HTTP 调用做个简单比较。

- HTTP 中定义了资源定位的路径，RPC 中并不需要。
- 从速度来看，RPC 要比 HTTP 调用更快，HTTP 的信息往往体积比较大。虽然底层都是 TCP，HTTP 调用是工作在 HTTP 上，HTTP 才是工作在 TCP 之上。当然 RPC 框架也有工作在 HTTP 上的。
- 难度来看，RPC 实现较为复杂，HTTP 调用相对比较简单。
- 灵活性来看，HTTP 调用更胜一筹，因为它不关心实现细节，跨平台、跨语言。这也是微服务框架中，一般都会采用基于 HTTP 的 Restful 风格服务的原因。

真题 6 什么是服务的同步调用与异步调用？

【出现频率】★★★☆☆ 【学习难度】★★☆☆☆

答案：同步调用是一种阻塞式的调用方式，就是客户端等待调用执行完成并返回结果。异步调用是一种非阻塞式的调用方式，就是客户端不等待调用执行完成返回结果，不过依然可以通过回调函数接收到返回结果的通知。如果客户端并不关心结果，则可以变成一个单向的调用。

 ## 9.6 UML 与软件工程

　　UML（Unified Modeling Language），即统一建模语言是一种统一的、标准化的建模语言，是一种为面向对象系统的产品进行说明、可视化和编制文档的标准语言，是非专利的第三代建模和规约语言。UML 是面向对象设计的可视化建模工具，独立于任何具体程序设计语言。UML 不仅可以用于软件建模，也能用于其他领域的建模工作。

　　UML 立足于对事物的实体、性质、关系、结构、状态和动态变化过程的全程描述和反映。UML 系统可以由不同的用户使用，用户可以是开发人员、测试人员、商务人士、分析师等。UML 可以从设计、实现、处理、部署等不同角度描述人们所观察到的软件视图，也可以描述在不同开发阶段中的软件的形态。UML 可以建立领域模型、需求模型、逻辑模型、设计模型和实现模型等。

UML 采用一组图形符号来描述软件模型，这些图形符号具有简单、直观和规范的特点，学习和掌握起来比较简单。所描述的软件模型，可以直观地理解和阅读，由于具有规范性，所以能够保证模型的准确、一致。

UML 是由视图（View）、图（Diagrams）、模型元素（Model elements）和通用机制等几个部分构成。

视图用来表示被建模系统的各个方面。由多个图构成，它不是一个图片，而是在某一个抽象层上，对系统的抽象表示。如果要为系统建立一个完整的模型图，只需定义一定数量的视图，每个视图表示系统的一个特殊方面就可以了。视图还把建模语言和系统开发时选择的方法或过程连接起来。

图由各种图片构成，用来描述一个视图的内容。UML 语言定了 9 种不同图的类型，把它们有机地结合起来就可以描述系统的所有视图。

模型元素代表面向对象中的类、对象、消息和关系等概念，是构成图的最基本的概念。

通用机制用于表示其他信息，如注释、模型元素的语义等。它还提供扩展机制，使 UML 语言能够适应一个特殊的方法（或过程）、扩充至一个组织或用户。

UML 的主要特点如下。

- 统一的标准，它是被 OMG（Object Management Group），即对象管理组织所认定的建模语言标准。
- 面向对象（支持面向对象软件开发）。
- 可视化建模。
- 独立于开发过程，独立于任何开发语言。
- 概念明确、建模表示法简洁、图形结构清晰、容易掌握和使用。

软件工程简单来讲，就是指为获得软件产品而进行的一系列软件工程活动。本节只是简单介绍了一些基础知识。

真题 1 UML 的重要内容可以由哪 5 类图（共 9 种图形）来定义？

【出现频率】★★★☆☆　【学习难度】★★★★☆

答案：UML 的内容可以由下列 5 类图（共 9 种图形）来定义。

第一类是用例图，从用户角度描述系统功能，并指出各功能的操作者。

第二类是静态图（Static Diagram），包括类图、对象图和包图。其中类图描述系统中类的静态结构。不仅定义系统中的类，表示类之间的联系，如关联、依赖、聚合等，也包括类的内部结构（类的属性和操作）。类图描述的是一种静态关系，在系统的整个生命周期都是有效的。对象图是类图的实例，几乎使用与类图完全相同的标识。他们的不同点在于对象图显示类的多个对象实例，而不是实际的类。一个对象图是类图的一个实例。由于对象存在生命周期，因此对象图只能在系统某一时间段存在。包由包或类组成，表示包与包之间的关系。包图用于描述系统的分层结构。

第三类是行为图（Behavior Diagram）描述系统的动态模型和组成对象间的交互关系。其中状态图描述类的对象所有可能的状态，以及事件发生时状态的转移条件。通常状态图是对类图的补充。在实用上并不需要为所有的类画状态图，仅为那些有多个状态其行为受外界环境影响并且发生改变的类画状态图。而活动图描述满足用例要求所要进行的活动，以及活动间的约束关系，有利于识别并行活动。

第四类是交互图（Interactive Diagram）描述对象间的交互关系。其中顺序图显示对象之间的动态合作关系，它强调对象之间消息发送的顺序，同时显示对象之间的交互；合作图描述对象间的协作关系，合作图跟顺序图相似，显示对象间的动态合作关系。除显示信息交换外，合作图还显示对象及它们之间的关系。如果强调时间和顺序则使用顺序图；如果强调上下级关系则选择合作图。这两种图合称为交互图。

第五类是实现图（Implementation Diagram）。其中构件图描述代码部件的物理结构及各部件之间的依赖关系。一个部件可能是一个资源代码部件、一个二进制部件或一个可执行部件。它包含逻辑类或实现类的有关信息。部件图有助于分析和理解部件之间的相互影响程度；配置图定义系统中软硬件的物理体系结构。它可以显示实际的计算机和设备（用节点表示），以及它们之间的连接关系，也可显示连接的类型及部件之间的依赖性。在节点内部，放置可执行部件和对象以显示节点跟可执行软件单元的对应关系。

真题 2 类之间有哪几种关系？

【出现频率】★★★☆☆ 【学习难度】★★★★☆

答案：类与类之间的关系可以根据关系的强度由弱到强依次分为以下六种。

依赖（Dependency）关系：是一种使用的关系，即一个类的实现需要另一个类的协助，所以要尽量不使用双向的互相依赖。用虚线加箭头表示，箭头指向被使用者。

关联（Association）关系：用实线加箭头表示，是一种拥有的关系，它使一个类知道另一个类的属性和方法；如老师与学生，丈夫与妻子的关联可以是双向的，也可以是单向的。双向的关联可以有两个箭头或者没有箭头，单向的关联有一个箭头，箭头指向被拥有者。

聚合（Aggregation）关系是整体与部分的关系，且部分可以离开整体而单独存在。如车和轮胎是整体和部分的关系，轮胎离开车仍然可以存在。聚合关系是关联关系的一种，是强的关联关系。用一个空心的菱形加实线箭头表示，菱形指向整体。

组合（Composition）关系是关联关系的一种，是比聚合关系还要强的关系，也是整体与部分的关系，但部分不能离开整体而单独存在，也可以理解为代表整体的对象负责代表部分对象的生命周期。如线段和点是整体和部分的关系，没有点就不存在线段。组合关系用一个实心的菱形加实线箭头表示，菱形指向整体。

泛化（Generalization），也叫继承，泛化关系通常表示类与类之间的继承关系。表示一般与特殊的关系，它指的是一个类（子类或子接口）继承另一个类（父类或父接口）的功能，并可以增加自己额外的一些功能的能力。用带三角箭头的实线表示，箭头指向父类。

实现（Realization）关系：有的书上把实现和泛化归为一种关系，都叫泛化。用带三角箭头的虚线表示，箭头指向接口，是一种类与接口的关系，它表示不继承结构而只继承行为，是类与接口之间最常见的关系。

真题 3 什么是类图?

【出现频率】★★★☆☆　【学习难度】★★☆☆☆

答案：类图显示了一组类、接口、协作、以及他们之间的关系。在 UML 中问题域最终要被逐步转化，通过类来建模，通过编程语言构建这些类从而实现系统。类加上他们之间的关系就构成了类图，类图中还可以包含接口、包等元素，也可以包括对象、链等实例。

真题 4 什么是用例图?

【出现频率】★★★☆☆　【学习难度】★★☆☆☆

答案：用例图主要用在软件需求分析阶段，用例图是从用户的角度而不是开发者的角度来描述软件的产品需求，用例图包括三个成分，分别是用例（Use Case）、参与者（Actor）、关系（Relationship），这三者构成的描述系统功能的图就是用例图。

真题 5 什么是高内聚度?

【出现频率】★★★☆☆　【学习难度】★★☆☆☆

答案：高内聚度是对一个类中的各个职责之间相关程度和集中程度的度量。一个具有高度相关职责的类并且这个类所能完成的工作量不是特别巨大，那么它就具有高内聚度。高内聚度告诉人们在实践中如何分类。

- 不相关的职责不要分派给同一个类。
- 不要给一个类分派太多的职责，在履行职责时尽量将部分职责分派给有能力完成的其他类去完成。

真题 6 软件的生产过程包括哪些?

【出现频率】★★★☆☆　【学习难度】★★☆☆☆

答案：简单地说，软件生产过程包括：业务建模、需求分析、概要设计、详细设计、功能开发、测试、发布、维护等。

真题 7 项目的开发模型有哪些?

【出现频率】★☆☆☆☆　【学习难度】★★★★☆

答案：最早出现的开发模型是瀑布模型，常见的开发模型有：演化模型、螺旋模型、喷泉模型、智能模型等。

- 瀑布模型：该模型将软件生存周期的各项活动规定为按固定顺序而连接的若干阶段工作，形如瀑布流水，最终得到软件产品。没有灵活性，已很少被使用。
- 演化模型也叫增量模型，一种全局的软件（或产品）生存周期模型。属于迭代开发方法。即根据用户的基本需求，通过快速分析构造出该软件的一个初始可运行版本，然后在实际使用中不断改进完善，最终得到满意的产品。演化模型特别适用于对软件需求缺乏准确认识的情况。
- 螺旋模型：强调风险分析，把软件项目分解成一个个小项目。每个小项目都标识一个或多个主要风险，直到所有的主要风险因素都被确定。适用于庞大、复杂并具有高风险的系统。

- 喷泉模型：是一种以用户需求为动力，以对象为驱动的模型，该模型的各个阶段没有明显的界限，开发人员可以同步进行开发。其优点是可以提高软件项目开发效率，节省开发时间，适应于面向对象的软件开发过程。
- 智能模型：基于知识的软件开发模型，它与专家系统结合在一起。该模型应用基于规则的系统，采用归纳和推理机制，帮助软件人员完成开发工作，并使维护在系统规格说明一级进行。

真题 8 什么是软件的生命周期？

【出现频率】★★★★☆　【学习难度】★★☆☆☆

答案：软件的生命周期（Software Life Cycle），也叫生存周期是指从形成开发软件概念起，所开发的软件使用以后，直到失去使用价值消亡为止的整个过程。周期内有需求定义、可行性分析、总体描述、系统设计、编码、调试和测试、验收与运行、维护升级到废弃等阶段。

真题 9 什么是对象间的可见性？

【出现频率】★★☆☆☆　【学习难度】★★☆☆☆

答案：软件工程中，对象间的可见性指一个对象能够看到或者能够引用另一个对象的能力。当可见性高时，客户的感性认识会在很大程度上影响他们对运营流程的满意度；当可见度低时，生产和销售之间可以存在时间间隔，从而允许运营流程充分发挥作用。

真题 10 什么是领域模型？　领域建模的步骤是什么？

【出现频率】★★★★☆　【学习难度】★★☆☆☆

答案：领域模型（Domain Model）也叫业务对象模型，是描述业务用例实现的对象模型，对领域内的概念类或现实世界中对象的可视化表示。又称概念模型、领域对象模型、分析对象模型。它专注于分析问题领域本身，发掘重要的业务领域概念，并建立业务领域概念之间的关系。

第10章 常用框架组件容器

软件开发过程中会用到很多的框架、组件及工具，这里挑选几个很常用的与大家分享。

 ## 10.1 Docker

Docker 是一个开源的基于 LXC（Linux Container），即 Linux 容器技术的应用容器引擎，是用 Go 语言开发，并遵从 Apache2.0 协议开源。

Docker 可以打包应用组件及依赖包到一个轻量级、可移植的容器中，然后发布到任何流行的 Linux 机器上，也可以实现虚拟化。Docker 实现了应用组件级别的"一次封装，到处运行"，上述应用组件可以是一个 Web 应用，也可以是一套数据库服务，甚至是一个操作系统或编译器。

容器完全使用沙箱机制，相互之间不会有任何接口，并且容器性能开销极低。

会使用 Docker 的，都应该知道 Kubernetes（即通常所说的 k8s，k 和 s 之间有 8 个字母）。

k8s 是一个全新的基于容器技术的分布式架构领先方案，是 Google 开源的容器集群管理系统（谷歌内部叫 Borg）。k8s 在 Docker 技术的基础上，为容器化的应用提供部署运行、资源调度、服务发现和动态伸缩等一系列完整功能，提高了大规模容器集群管理的便捷性。

k8s 是一个完备的分布式系统支撑平台，具有完备的容器集群管理能力，提供多层次的安全防护和准入机制、多租户应用支撑能力、透明的服务注册和发现机制、内建智能负载均衡器、强大的故障发现和自我修复能力、服务滚动升级和在线扩容能力、可扩展的资源自动调度机制，以及多粒度的资源配额管理能力。同时 k8s 提供完善的管理工具，涵盖了开发、部署测试、运维监控在内的各个环节。

本节主要是介绍 Docker 相关的基础知识，一个完整的 Docker 有以下几个部分组成。

Docker daemon（Docker 守护进程）：Docker daemon 是一个运行在宿主机（DOCKER_HOST）的后台进程。可通过 Docker 客户端与之通信。

Client（Docker 客户端）：Docker 客户端是 Docker 的用户界面，它可以接受用户命令和配置标识，并与 Docker daemon 通信。

Images（Docker 镜像）：Docker 镜像是一个只读模版，它包含创建 Docker 容器的说明。它类似系统安装光盘，使用系统安装光盘可以安装系统，同理，使用 Docker 镜像可以运行 Docker 镜像中的程序。

Container（容器）：容器是镜像的可运行实例。镜像和容器的关系有点类似于面向对象中，类和对象的关系。可通过 Docker API 或者 CLI 命令来启停、移动、删除容器。

Docker Registry：它是一个集中存储与分发镜像的服务。构建完 Docker 镜像后，就可在当前宿主机上运行。但如果想要在其他机器上运行这个镜像，就需要手动复制。此时可借助 Docker Registry 来避免镜像的手动复制。一个 Docker Registry 可包含多个 Docker 仓库，每个仓库可包含多个镜像标签，每个标签对应一个 Docker 镜像。

真题 1 为什么会使用 Docker？

【出现频率】★★★★☆ 【学习难度】★★★☆☆

答案：Dcoker 之所以被广泛使用，是因为使用 Dcoker 有如下好处。

- Docker 容器几乎可以在任意的平台上运行，兼容性好，可以很轻易地将在一个平台上运行的应用，迁移到另一个平台上，而不用担心运行环境的变化导致应用无法正常运行。
- 使用 Docker 可以通过定制应用镜像来实现持续集成、持续交付、部署。
- Docker 镜像能提供一致的运行环境，Docker 的镜像提供了除内核外完整的运行环境，确保了应用运行环境一致性。
- Docker 容器可以做到秒级、甚至毫秒级的启动时间，大大节约了开发、测试、部署的时间。Docker 对系统资源的利用率很高，一台主机上可以同时运行数千个 Docker 容器。
- Docker 有很好的安全性，Docker 赋予应用的隔离性不仅限于彼此隔离，还独立于底层的基础设施。Docker 默认提供最强的隔离。应当避免使用公用的服务器，因为资源会容易受到其他用户的影响。
- Docker 的兼容性和轻量特性可以很轻松地实现负载的动态管理，使用 Docker 可以快速扩容或方便地下线应用和服务，能更简单地实现弹性伸缩、快速扩容。

真题 2 什么是持续集成？ 持续集成服务器的功能是什么？

【出现频率】★★★☆☆ 【学习难度】★★★☆☆

答案：持续集成（Continuous Integration，CI）指的是频繁地将代码集成到主干。持续集成的目的就是让产品可以快速迭代，同时还能保持高质量。它的核心措施是代码集成到主干之前必须通过自动化测试。只要有一个测试用例失败，就不能集成。

CI 服务器（持续集成服务器）可以根据用户设定的频率自动地去完成编译和测试过程。会使用户的工作变得容易简单。持续、自动编译过程帮助软件开发团队减少项目风险，提高工作效率和软件产品质量。CI 服务器能够帮助缩短软件开发、集成和测试的时间，从而缩短交付时间。

真题 3 什么是 Docker 镜像？ 与 Docker 容器是什么关系？

【出现频率】★★★☆☆ 【学习难度】★★☆☆☆

答案：Docker 镜像（Image）是一个只读的 Docker 容器模板，含有启动 Docker 容器所需的文件系统结构及其内容，因此是启动一个 Docker 容器的基础。Docker 镜像的文件内容，以及一些运行 Docker 容器的配置文件组成了 Docker 容器的静态文件系统运行环境。可以说 Docker 镜像是 Docker 容器的静态视角，Docker 容器是 Docker 镜像的运行状态。

Docker 镜像是采用分层的方式构建的，每个镜像都由一系列的"镜像层"组成。分层结构是 Docker 镜像如此轻量的重要原因。

真题 4 什么是虚拟化？ **Docker** 与传统虚拟化技术的区别是什么？

【出现频率】★★★☆☆ 【学习难度】★★☆☆☆

答案：虚拟化是一种资源管理技术，是将计算机的各种实体资源，如服务器、网络、内存等抽象、转化后呈现出来，使用户以更好的方式来应用这些资源。虚拟化目标往往是为了在同一个主机上运行多个系统或者应用，从而提高资源的利用率，降低成本，方便管理及容错容灾。

传统虚拟化方式是在硬件层面实现虚拟化，需要有额外的虚拟机管理应用和虚拟机操作系统层。而 Docker 容器是在操作系统层面上实现虚拟化，直接复用本地主机操作系统，更加轻量。

真题 5 什么是 **Dockerfile**？ **Dockerfile** 中常见的指令有哪些？

【出现频率】★★☆☆☆ 【学习难度】★★★☆☆

答案：Dockerfile 是由一系列命令和参数构成的脚本，一个 Dockerfile 中包含了构建整个 Image 的完整命令。Docker 通过 "docker build" 命令执行 Dockerfile 中的一系列命令自动构建 Image。Dockerfile 一般分为四部分：基础镜像信息、维护者信息、镜像操作指令和容器启动时执行指令，'#' 为 Dockerfile 中的注释。

下面介绍几个 Dockerfile 中的常用指令。

FROM：指定构造的新镜像是基于哪个镜像，并且必须是第一条指令。如 `FROM java: 8`。如果不以任何镜像为基础，那么写法为 `FROM scratch`。

VOLUME：指定容器挂载点到宿主机自动生成的目录或者其他容器. 示例如 `VOLUME ["/path/to/dir"]`。

ADD：复制文件或者目录到镜像，如果是 URL 或者压缩包会自动下载或者自动解压。示例如 `ADD test relativeDir/`。

RUN：构建镜像时运行的 shell 命令，示例如 `RUN yum install httpd`。

EXPOSE：指定于外界交互的端口，即容器在运行时监听的端口，示例如 `EXPOSE 8081 8082`。

真题 6 **Dockerfile** 中的 COPY 命令和 ADD 命令有什么区别？

【出现频率】★★☆☆☆ 【学习难度】★★★☆☆

答案：Dockerfile 中的 COPY 命令和 ADD 命令都可以将主机上的资源复制或加入到容器镜像中，都是在构建镜像的过程中完成的。

COPY 命令和 ADD 命令的唯一区别在于是否支持从远程 URL 获取资源。可以认为 ADD 是 COPY 的增强版。

COPY 命令只能从执行 docker build 所在的主机上读取资源并复制到镜像中。

ADD 命令还支持通过 URL 从远程服务器读取资源并复制到镜像中。

真题 7 **Docker** 常用命令有哪些？

【出现频率】★★★★☆ 【学习难度】★★★★☆

答案：Docker 的常用命令有如下内容。

查看 Docker 信息：

```
docker info
```

搜索镜像：

```
docker search 镜像名称
```

下载镜像：

```
docker pull 镜像
```

查看已安装镜像列表：

```
docker images
```

删除镜像：

```
docker rmi 镜像 id
```

删除所有镜像：

```
docker image rm $(docker image ls -a -q)
```

运行镜像生成新的容器：

```
docker run -d   -p 8080:8080 -it 镜像 id
```

进入容器：

```
docker exec -it 容器 id /bin/bash
```

docker exec 这个命令在使用 exit 命令后，容器不会退出后台运行。但如果使用 docker attach 命令进入容器，连接终止或使用 exit 命令后，容器就会退出后台运行。

容器的启动停止：

```
docker start 容器 id
docker stop 容器 id
docker restart 容器 id
```

删除容器：

```
docker rm 容器 id
```

删除所有容器：

```
docker rm $(docker ps -a -q)
```

查看启动的容器列表：

```
docker ps
```

查看创建的所有容器：

```
docker ps -a
```

查看容器日志：

```
docker logs -f 容器 id
```

查看容器详细信息：

```
docker inspect 容器名或 id
```

实时查看容器日志：

```
docker logs -f -t --tail 100 容器 id   #tail 100 表示刚开始时显示最后 100 行日志
```

真题 8 如何开启 Docker 的远程 API 支持？

【出现频率】★★☆☆☆　【学习难度】★★★★☆

答案：Docker 远程 API 默认的访问端口为 2375，开启 Docker 远程 API 支持，这里假定 Docker 宿主机的操作系统是 Centos7，首先需要修改/usr/lib/systemd/system/目录下的 docker.service 文件。在文件的［Service］下的 ExecStart 参数中添加一行配置：

```
/usr/bin/dockerd -H tcp://0.0.0.0:2375 -H unix://var/run/docker.sock \
```

说明一下，最后的"\"是一个分隔参数值的标示符。

添加好配置后，执行命令 docker 重新读取配置文件：

```
$>systemctl daemon-reload
```

然后重启 docker 服务：

```
$>systemctl restart docker
```

如果已开放 2375 端口，就可以远程访问 Docker 的 API 了。开放端口命令：

```
$>/sbin/iptables -I INPUT -p tcp --dport 2375 -j ACCEPT
```

到此，已经开通了 Docker 的远程 API 支持。可以通过 curl 命令访问端口并远程查看 API 版本信息：

```
$>curl http://ip:2375/version
```

真题 9 定制 Dockerfile 需要注意些什么？

【出现频率】★★☆☆☆　【学习难度】★★★★☆

答案：下面是一些定制 Dockerfile 的经验，与大家共享。

1）尽量让每个镜像的用途都比较集中、单一，避免构造大而复杂、多功能的镜像。

2）尽量选择精简小巧的基础镜像，否则镜像可能很臃肿。例如，使用 Java 作为基础镜像，如果使用 Java：8 为基础镜像，工程镜像可能达到 600 多 MB 大小；而使用 Java：openJdk-8-jre 只有 100 多 MB 大小。

3）提供详细的注释和维护者信息，方便别人使用。

4）不要使用 latest，尽量使用明确的具体数字信息的版本号，这样可以避免无法确认具体版本号，利于统一环境。

5）使用 .dockeringore 文件来排除构建镜像时不需要的文件或目录（如临时和缓存文件等），让镜像更精简。

6）调整合理的指令顺序，在开启缓存的情况下，内容不变的指令尽量放在前面，这样可以提高指令的复用性。

7）要让 Dockerfile 文件尽量少受到外部源的干扰，尽量具有通用性，可通过定制接受合适的外部参数来增强文件的通用性。

8）尽量合并 RUN 指令，可以将多条 RUN 指令的内容通过 && 连接，这样可以减少镜像层数。

真题 10 Docker 如何通过 Maven 与 Spring Boot 集成构建镜像？

【出现频率】★★☆☆☆ 【学习难度】★★★★☆

答案：有很多 Maven 插件支持 Docker 与 Spring Boot 集成构建镜像，这里介绍两个插件 com. spotify 的 docker-maven-plugin 与 dockerfile-maven-plugin 插件。后者是前者的升级版本。下面分别介绍。

1）用 docker-maven-plugin 插件。

首先，创建 Dockfile 并放在工程与 pom.xml 文件同一目录下，文件内容如下：

```
FROM java:openjdk-8-jre-alpine
VOLUME /tmp
ADD target/soul-admin.jar soul-admin.jar
#RUN bash -c 'touch /soul-admin.jar'
EXPOSE 8066
ENTRYPOINT ["java","-Djava.security.egd=file:/dev/./urandom","-jar","/soul-admin.jar"]
```

如果 FROM 用 java：8，则镜像会大很多。

Maven 的 pom.xml 中的 <plugins/> 中增加 docker-maven-plugin 插件配置：

```
<plugin>
    <groupId>com.spotify</groupId>
    <artifactId>docker-maven-plugin</artifactId>
    <version>1.0.0</version>
    <configuration>
        <imageName>myspringboot/${project.artifactId}</imageName>
        <dockerHost>http://192.168.8.8:2375</dockerHost>
        <dockerDirectory>${basedir}</dockerDirectory>
        <forceTags>true</forceTags>
        <resources>
            <resource>
            <targetPath>/</targetPath>
            <directory>${project.build.directory}</directory>
            <include>${project.build.finalName}.jar</include>
            </resource>
        </resources>
    </configuration>
</plugin>
```

如果 Docker 主机是本机则无须配置 dockerHost 属性。如果是远程主机，则需要配置。这时要开通 Docker 主机的远程 API 访问功能。配置好之后，在服务目录下运行镜像打包命令：

```
$>mvn clean  package docker:build -Dmaven.test.skip=true
```

不出意外，就会成功构建镜像到远程主机。默认目录是/var/lib/docker/image：

```
$>docker images   //可查看到已构建的镜像
```

运行镜像：

```
$>docker run -p 8100:8100 -d -it 镜像 ID
```

2）推荐使用 dockerfile-maven-plugin 插件，这个插件是 docker-maven-plugin 的升级。
Dockerfile 用原有的也可以。这里介绍一种具有通用性的接受参数的方式，文件内容如下：

```
FROM java:openjdk-8-jre-alpine
VOLUME /tmp
ARG JAR_FILE
ADD ${JAR_FILE} soul-bootstrap.jar
EXPOSE 8089
ENTRYPOINT ["java","-Djava.security.egd=file:/dev/./urandom","-jar","/soul-bootstrap.jar"]
```

如 dockerfile 这里配置了参数了，则下面的插件配置中必须配置该参数，或者从启动命令中传入该参数。反过来也一样，如果插件中配置了参数属性，则 dockerfile 文件中必须接受使用这个参数。

dockerfile-maven-plugin 的依赖简单配置如下（注意配置 JAR_FILE 参数）：

```
<plugin>
    <groupId>com.spotify</groupId>
    <artifactId>dockerfile-maven-plugin</artifactId>
    <version>1.4.10</version>
    <configuration>
        <repository>myspringboot/ ${project.artifactId}</repository>
        <buildArgs>
            <JAR_FILE>target/ ${project.build.finalName}.jar</JAR_FILE>
        </buildArgs>
    </configuration>
</plugin>
```

这个插件里没有 dockerHost 属性配置，如果是远程 Docker 主机，则配置环境变量 DOCKER_HOST，值为 tcp：//192.168.146.57.2375。

注意：这里是 tcp，而上面是 http。

配置环境变量后，一定要重启 IDEA，否则不会生效。

此插件显得更简单一些，只是打包命令略有不同：

```
$>mvn clean  package dockerfile:build -Dmaven.test.skip=true
```

这两个 Docker 镜像构建插件的使用简单总结到这。

真题 11 Docker 容器如何与宿主机通信？

【出现频率】★★☆☆☆　【学习难度】★★★★★

答案：要说明的是，Docker 访问宿主机上的服务，如果打包服务的原有配置是 127.0.0.1 或 localhost，都要改成宿主机的对外访问 IP。因为 Docker 容器是独立于宿主机，自带 IP 的。主机与容器之间的通信相当于远程访问，不过除 80 端口外，其他端口默认已开通。

真题 12 什么是 docker-compose？

答案：docker-compose 用在单机上编排容器（定义和运行多个容器，使容器能互通），docker-compose 将所管理的容器分为 3 层结构：project、service、container。一个 docker-compose.yml 组成一个 project，project 中包括多个 service，每个 service 定义了容器运行的镜像（或构建镜像）、网络端口、文件挂载、参数、依赖等，每个 service 可包括同一个镜像的多个容器实例，即 project 包含 service，service 包含 container。

真题 13 如何使用 docker-compose？

【出现频率】★★★☆☆ 【学习难度】★★★★★

答案：这里以一个简单的实例，来向大家介绍如何使用 docker-compose。当然，需要安装有 Docker 和 docker-compose，如果是远程操作，应当配置环境变量 DOCKER_HOST。

首先，要有个配置 docker-compose 编排信息的 yml 文件，默认名是 docker-compos.yml。下面是 docker-compos.yml 示例：

```
version:'2.1'                              #版本,当前最新是 3,不同版本语法有所不同
services:
  myweb_admin:                             #服务名称
    build: ../myweb-admin/.                #Dockfile 文件相对目录,必须指定
    image: "myweb/myweb-admin"            #镜像名称
    container_name: myweb_admin            #容器名称
    hostname: myweb_admin
    restart: always
    ports:
      - "8066:8066"                        #端口映射
    networks:
      - myweb
  myweb_bootstrap:                         #第二个服务名
    #build: ../myweb-bootstrap/.  #build 只有 context 需要配置时
    build:                                 #build 有多个属性需要配置时
      context: ../myweb-bootstrap/.        #服务镜像构建 Dockfile 文件相对目录,有多个
      args:                                #镜像构建 Dockfile 文件需要接收的参数,可多个
        JAR_FILE: target/myweb-bootstrap.jar   #JAR_FILE 参数的值
    image: "myweb/myweb-bootstrap"
    container_name: myweb_bootstrap
    restart: always
    hostname: myweb_bootstrap
    ports:
      - "8100:8100"
    depends_on:
      - myweb_admin
    networks:
      - myweb
  networks:
    myweb:
```

如上配置完毕，则可以在 docker-compose.yml 文件目录下执行命令 docker-compose up 就会构建并启动镜像了。如果 yml 文件不叫 docker-compose.yml 或者文件不是在执行目录，则要用-f 来指定具

体文件及地址。

执行命令时，如果需要构建镜像，则会根据 services 的 build 的 context 值找到对应目录下的 Dockerfile 文件执行构建。注意，这时不会用到 Maven 的 pom.xml，如果原配置有参数传递，则需要在 docker-compose.yml 中配置传递参数。参数配置在 build 的 args：属性里配置，可以配置多个。

真题 14 docker-compose 常用命令有哪些?

【出现频率】★★★☆☆　【学习难度】★★★★☆

答案：下面介绍一些 docker-compose 的常用命令。

有镜像则直接运行，无镜像则构建再运行：

```
docker-compose up
```

镜像已存在，但需要重建镜像再运行：

```
docker-compose up -build
```

只构建或重新构建所有镜像，不运行：

```
docker-compose build
```

构建并以后台进程启动运行：

```
docker-compose up -d
```

指定服务运行的容器个数（如果服务有对外的端口就不能指定多个容器，因为端口已经被占用）：

```
docker-compose up -d --scale web=1 --scaleredis=2
```

停止并移除整个 project 的所有 services：

```
docker-compose down -v
```

启动已存在但停止的所有 service：

```
docker-compose start [serviceName]
```

停止已运行的 service：

```
docker-compose stop [serviceName]
```

删除已停止的所有 service：

```
docker-compose rm -f [serviceName]
```

上面三个命令的 [serviceName] 参数都是可选的，如果没有指定参数则针对所有服务，如果指定了参数，命令只针对这指定的服务。

进入某个容器：

```
docker-compose exec [serviceName] sh
```

当服务内有多个容器时，需要指定第几个，默认是第一个。

```
docker-compose exec --index=2 web sh
```

上面是 docker-compose 的一些常用命令。

 10.2　Swagger

Swagger 广泛用于可视化 API，使用 Swagger UI 为前端开发人员提供在线沙箱。Swagger 是用于生成 Restful Web 服务的可视化表示的工具、规范和完整框架实现。它使文档能够以与服务器相同的速度更新。在现在流行的前后端分离架构中，Swagger 极大地方便了前后端人员独立开发，后端开发人员可以方便地通过 Swagger UI 进行开发自测，前端人员通过 Swagger UI 也可以清楚知道后端 API 接口的定义而无须后端人员另行提供接口文档。

Swagger UI 默认的访问地址是工程的根 url \ swagger-ui.html。

这里，简单总结一下 Swagger 的不同应用场合：

- 如果是后台开发为前端提供 Restful 接口，则使用 Swagger UI 提供 Restful 的接口文档描述。
- 如果是接口设计者，则可使用 Swagger Editor 直接进行接口定义与设计。
- 如果是接口调用方想快速生成接口调用代码，使用 Swagger Editor 可以方便、快捷地生成 Client 代码。

真题 1 Swagger 如何控制显示或隐藏 Swagger UI？
【出现频率】★★★☆☆　【学习难度】★★★☆☆

答案：Swagger UI 为开发测试提供了很大的便利，但是在生产环境、一些演示或其他特定的环境为了安全起见，需要关闭对 Swagger UI 的访问。Swagger 提供了两种实现这一需求的方式，开发者可以根据实际需要来选择。下面具体介绍：

1）通过给 Swagger 配置类添加@Profile 注解实现，个人推荐用这种方式，因为它更简单。示例代码如下：

```
@Configuration
@EnableSwagger2
@Profile({"dev","test"})
public classSwaggerConfig {......}
```

@Profile 注解中的 {"dev","test"} 对应于工程的 spring.profiles.active 的值，通常分别代表开发环境和测试环境。@Profile 注解中配置的参数所代表的环境才能访问 Swagger UI。

2）通过给 Swagger 配置类添加@ConditionalOnProperty 注解实现，示例代码如下：

```
@Configuration
@EnableSwagger2
@ConditionalOnProperty(prefix = "swagger2",value = {"enable"},havingValue = "true")
public classSwaggerConfig {......}
```

在 application-{spring.profiles.active}.yml（或.properties）中增加属性配置：

```
swagger2:
    enable: true
```

true 代表 Swagger UI 可访问，false 代表 Swagger UI 被禁止访问。

真题 2 在项目中如何整合使用 Swagger UI?

【出现频率】★★★★☆　【学习难度】★★★★☆

答案：这里以 Spring Boot 项目为例，展示如何整合使用 Swagger UI。首先在 pom.xml 中添加下面两个依赖项：

```
<dependency>
    <groupId>io.springfox</groupId>
    <artifactId>springfox-swagger2</artifactId>
    <version>2.9.2</version>
</dependency>
<dependency>
    <groupId>io.springfox</groupId>
    <artifactId>springfox-swagger-ui</artifactId>
    <version>2.9.2</version>
</dependency>
```

然后在工程里创建一个 Swagger 配置类，示例如下：

```
@Configuration
@EnableSwagger2
public class SwaggerConfig {
    @Bean
    public Docket createRestApi() {
        return new Docket(DocumentationType.SWAGGER_2)
            .apiInfo(apiInfo())
            .globalOperationParameters(parameters)
            .select()
//这里是 API 接口的扫描包路径,如不指定,则默认扫描所有路径.apis(RequestHandlerSelectors.
basePackage("com.my.controller"))
            .paths(PathSelectors.any())
            .build();
    }
    private ApiInfo apiInfo() {
        return new ApiInfoBuilder()
            .title("项目 API 接口文档")
            .description("项目 API 接口文档 ")
            .termsOfServiceUrl("http://127.0.0.1:8888/")
            .version("1.0")
            .build();
    }
}
```

如上，简单的整合就完成了。启动服务，访问 Swagger UI，就可查看到所有满足显示条件的 API。

真题 3 在已整合 Swagger 的项目中，具备什么条件的 API 能显示在 Swagger UI?

【出现频率】★★★★☆　【学习难度】★★★★☆

答案：通常情况下，API 接口是 Controller 类，配置的扫描包是 Controller 类所在的包，这时，Swagger UI 显示的 API 是所有有@Controller 注解的 Controller 类的有@RequestMapping、@PostMapping、

@GetMapping、@PutMapping、@DeleteMapping 等注解的所有方法，即使是 private 或者 protected 方法都会显示。

实际情况，有时候也需要将 Service 接口或 Service 实现类发布到 Swagger UI，这时应该如何做呢？笔者推荐的做法是给 Service 接口类加上 @RequestMapping 注解，给接口方法加上 @RequestMapping或@PostMapping 等注解便可。当然，在 Service 实现类上这么做也是一样的。

大家应该注意到了，这里与 Controller 类的要求有点不同的，Controller 类只要类上有@Controller 注解就可以。而非 Controller 类，这个类必须是一个 Spring IoC 容器托管的 Bean，即类上必须有 @Service、@Repository 或 @Component 注解，同时在类上也必须有 @RequestMapping 注解。那么 Service 接口上只能加@RequestMapping 注解为什么可以呢？是因为它的实现类有@Service 注解，是一个托管给 Spring IoC 容器的 service 类。如果该 Service 接口的实现类没有 @Service、@Repository或 @Component 等注解，那么这个类的方法也不可能发布到 Swagger UI。

另外要说的是，类里必须有一个方法有@RequestMapping 或@PostMapping 等注解，否则这个类也不会在 Swagger UI 显示。

真题 4 为什么在整合 **Swagger** 的项目中，不应该在方法上使用@**RequestMapping** 注解，而应该使用@**PostMapping**、@**GetMapping**、@**PutMapping**、@**DeleteMapping** 等注解？

【出现频率】★★★☆☆　【学习难度】★★★☆☆

答案：因为如果在方法上使用@RequestMapping，则从 Swagger UI 上会看到 7 个相同名称的 API，只是请求方式不同，分别为 Get、Post、Delete、Put、Head、Patch、Options。而使用@PostMapping 等注解，则只会显示成一个 API。

真题 5 在 **Swagger UI** 中，项目如果所有单个方法@**ApiResponses** 配置的都是相同的公共响应信息，如何配置可以让所有方法能共用，从而避免逐个方法添加？

【出现频率】★★★☆☆　【学习难度】★★★★☆

答案：做到这一点其实不难，方法是：在 Swagger 配置类中增加全局自定义异常信息，并且添加为各种请求方式（Get、Post、Put、Delete）的全局响应消息。示例如下。

```
@Configuration
@EnableSwagger2
public class SwaggerConfig {
    @Bean
    public Docket createRestApi() {
        //增加全局自定义异常信息,替代单个方法中用@ApiResponses
        ArrayList<ResponseMessage> responseMessageList = new ArrayList<ResponseMessage>() {
            {
                add(new ResponseMessageBuilder().code(200).message("成功").build());
                add(new ResponseMessageBuilder().code(203).message("空指针异常").build());
                ...
            }
        };
        return new Docket(DocumentationType.SWAGGER_2)
```

```
        .useDefaultResponseMessages(false)
        .globalResponseMessage(RequestMethod.GET, responseMessageList)
        .globalResponseMessage(RequestMethod.POST, responseMessageList)
        .globalResponseMessage(RequestMethod.PUT, responseMessageList)
        .globalResponseMessage(RequestMethod.DELETE, responseMessageList)
        .apiInfo(apiInfo())
        .select()
        .apis(RequestHandlerSelectors.basePackage("com.my.om"))
        .paths(PathSelectors.any())
        .build();
    }
}
```

如上配置，所有方法上无须通过@ApiResponses 配置响应信息，启动服务，通过 Swagger UI 访问在线 API 文档，会看到所有 API 都会有配置的公共响应信息了。

真题6 Swagger 提供的常用注解有哪些？

【出现频率】★★★☆☆　【学习难度】★★★☆☆

答案：Swagger 提供的常用注解见表 10-1。

表 10-1　Swagger 常用注解

常 用 注 解	注解的作用
@Api	用在类上，说明该类的作用。可以标记一个类作为 Swagger 文档资源
@ApiOperation	用于方法，说明方法的作用，每一个 URL 资源的定义
@ApiResponses	用于方法，描述方法的响应信息，包含一个或多个@ApiResponse
@ApiResponse	用于方法，从属于@ApiResponses，定制单个的响应信息
@ApiModel	用于参数实体类，对类进行说明
@ApiModelProperty	用于字段，对字段进行说明，还可声明字段是否隐藏，是否必填，设置字段默认值等
@ApiIgnore	用于类、方法或者方法参数，表示这个方法、类或者参数被 Swagger 忽略
@ApiImplicitParams	描述方法参数，包含一个或多个@ApiImplicitParam
@ApiImplicitParam	用于方法，从属于@ApiImplicitParams，描述单独的请求参数
@ApiParam	用于方法参数说明，表示对参数的添加元数据（说明或是否必填等），与@ApiImplicitParam 不同的是，它直接用在方法参数的前面

真题7 如何在 Swagger UI 中隐藏一个对象参数的一个属性？ 如何设置对象参数一个属性必填？ 如何设置默认显示值？

【出现频率】★★★☆☆　【学习难度】★★★☆☆

答案：隐藏对象有一个属性，只需添加@ApiModelProperty 注解，将 hidden 值设置为 true 便可，假定参数对象的 id 属性需要隐藏，则配置示例如下。

```
@ApiModelProperty(value="主键 id",hidden = true)
private String id;
```

设置对象参数一个属性为必填，只需添加@ApiModelProperty 注解，将 required 值设置为 true 便可。假定有属性 appId 为必填值，则配置示例如下：

```
@ApiModelProperty(value="应用 id",required = true,example="my9090id")
private String appId;
```

上面配置的 example 中的值，就是 appId 在 Swagger UI 的默认显示值。

真题 8 当要求对象参数为 **JSON** 串时，如何配置接收参数？

【出现频率】★★★★☆　【学习难度】★★★☆☆

答案：将@ApiOperation 注解的 produces 属性设置为 appliction/json，在 @ApiImplicitParam 注解中将 paramType 值设为 body（这一步也可以不需要），在方法的对象参数前面加上@RequestBody 注解就可以了。简单示例如下：

```
@PostMapping("/add")
@ApiOperation(position = 1, value = "新增", produces = "appliction/json", notes ="")
@ApiImplicitParams(value = {
@ApiImplicitParam(paramType = "body", name = "userDTO", required = true, dataType = "UserD-
TO", value = "User 信息")
})
public Mono<GatewayResult> addUser(@RequestBody UserDTO userDTO) {}
```

真题 9 Swagger 如何修改/v2/api-docs 路径？

【出现频率】★★★☆☆　【学习难度】★★☆☆☆

答案：Swagger UI 是通过获取接口的 JSON 数据渲染页面的，即通过 Swagger 的注解生成接口的描述服务，默认地址为/v2/api-docs，如果需要改变这个请求地址，可以在工程的 properties 中配置参数 springfox.documentation.swagger.v2.path 来指定。

真题 10 Swagger 如何设置所有请求的统一前缀？

【出现频率】★★★☆☆　【学习难度】★★☆☆☆

答案：默认请求都是以 "/" 根路径开始，但经常应用不是部署在根路径，如以/web 部署，则可以在 Swagger 配置类通过以下方式设置请求的统一前缀：

```
@Bean
public Docket createV1RestApi() {
    return new Docket(DocumentationType.SWAGGER_2)
        .apiInfo(apiInfo())
        .select()
        .apis(RequestHandlerSelectors.basePackage("com.controller"))
        .paths(PathSelectors.any())
        .build()
        .pathMapping("/web"); // 在这里可以设置请求的统一前缀
```

真题 11 Swagger 如何为所有的 **API** 在 **Header** 中增加一个 **token** 参数？

【出现频率】★★★☆☆　【学习难度】★★★★☆

答案：简单地说就是 SwaggerConfig 中为 Swagger 在 globalOperationParameters 中增加一个名为

token 的参数，位置在 Header 的参数。示例如下：

```
@Configuration
@EnableSwagger2
public class SwaggerConfig {
    @Bean
    public Docket createRestApi() {
        List<Parameter> parameters = new ArrayList<Parameter>();
        parameters.add(new ParameterBuilder()
            .name("token").description("user login token")
            .modelRef(new ModelRef("string")).parameterType("header")
            .required(false)
            .build());
        return new Docket(DocumentationType.SWAGGER_2)
            .apiInfo(apiInfo())
            .globalOperationParameters(parameters)
            .select()
            .apis(RequestHandlerSelectors.basePackage("com.my.controller"))
            .paths(PathSelectors.any())
            .build();
    }
......
```

10.3 Elasticsearch

Elasticsearch（简称 ES）是一个是开源、Java 语言开发、基于 Lucene 的搜索引擎。是一个分布式、高扩展、高实时的全文搜索与数据分析引擎。ES 是基于 JSON 实现的。

ES 是现在较流行的企业搜索引擎，通过简单的 Restful API 来隐藏 Lucene 的复杂性，让全文搜索变得十分简单，还可以通过各种语言的客户端甚至命令行来与它交互。

ES 的优点如下。

- ES 是分布式的实时文件存储，每个字段都被索引并可被搜索。
- ES 也是分布式的实时分析搜索引擎。
- ES 具有很强的水平伸缩性，可以扩展到上百台服务器，从而处理 PB 级结构化或非结构化数据。
- ES 支持多租户（Multi-tenant）。
- ES 上手简单，提供了许多合理的缺省值，安装即可使用，只需很少的学习就可在生产环境中使用。
- ES 提供有灵活的配置，开发者可以根据不同的使用场景定制 ES 的高级特性。

真题 1 什么是 ELK Stack？

【出现频率】★★★★☆ 【学习难度】★★★★★

答案：说到 ES，就必须先了解一下 ELK Stack（ELK 技术栈）。ELK 是三个软件产品的首字母缩写：Elasticsearch、Logstash 和 Kibana。ELK Stack 除了这三个组件外，还包括 Beats，ELK Stack 包

含各种功能（之前统一称为 X-Pack），从企业级安全性和开发人员友好型 API，到 Machine Learning 和图表分析，非常全面；能够安全可靠地对任何来源、任何格式的数据进行大规模采集，然后实时地对数据进行搜索、分析和可视化。集中式的日志收集与分析系统是 ELK Stack 的经典应用场景。Elasticsearch 是 ELK Stack 的核心技术组件。这些组件的使用都是完全免费的。

Elasticsearch 是实时全文搜索和分析引擎，提供搜集、分析、存储数据三大功能，负责存储数据。

Logstash 负责收集数据，是一个用来搜集、分析、过滤日志的工具。它支持几乎任何类型的日志，包括系统日志、错误日志和自定义应用程序日志。它可以从许多第三方数据存储库中提取数据，这些来源包括 Syslog、MySQL、Redis、消息队列和 JMX 等，它能够以多种方式输出数据，包括电子邮件、WebSockets 和 Elasticsearch。

Beats 集合了多种轻量型单一用途数据采集器，能够从成千上万台机器和系统向 Logstash 或 Elasticsearch 发送数据。目前主要有 7 种轻量型不同用途的采集器，分别介绍如下。

- Filebeat，面向日志文件的采集器。
- Metribeat，面向服务、系统指标数据的采集器。Metricbeat 能够以一种轻量型的方式输送各种系统和服务的统计数据，从 CPU 到内存，从 Redis 到 Nginx，不一而足。
- Packetbeat，面向网络数据的采集器。将网络数据包发送至 Logstash 或 Elasticsearch。
- Winlogbeat，面向 Windows 事件日志的采集器。用于密切监控基于 Windows 的基础设施上发生的事件。
- Auditbeat，面向审计数据的采集器，如收集 Linux 审计框架的数据。
- Heartbeat，面向运行状态监测的采集器。通过对给定 URL 列表的主动探测来监测服务的可用性，然后将此信息和响应时间收集发送。
- Functionbeat，面向云端数据的无须服务器的采集器。便于进行统一监测，随时关注资源利用率，查看应用程序的表现，并确保云端部署总体运行正常。

Beats 的 7 种轻量型数据采集器，基本可以满足采集各种类型数据的需要。如果需要更加强大的处理性能，Beats 还能将数据输送到 Logstash 进行转换和解析。

Kibana 负责展示数据，为 Elasticsearch 提供分析和可视化的 Web 平台。它可以在 Elasticsearch 的索引中查找、交互数据，并生成各种维度的表图。

前面提到了集中式的日志收集与分析系统是 ELK Stack 的经典应用场景。那么这里简单介绍一下什么是集中式的日志分析系统。

集中式的日志分析并不仅仅包括系统产生的错误日志、异常，也包括业务逻辑或者任何文本类的分析。它能快速做问题排查，基于日志进行监控与预警，能够对多个数据源产生的日志进行联动分析，分析解决一些特定问题，也有利于做数据分析。

一个完整的集中式日志系统，需要包含以下几个主要特点。

- 收集：能够采集多种来源的日志数据。
- 传输：能够稳定地把日志数据传输到中央系统。
- 存储：如何存储日志数据。
- 分析：可以支持 UI 分析。

- 警告：能够提供错误报告，监控机制。

ELK Stack 提供了一整套解决方案，已成为目前主流的一种日志分析系统。当然，这只是它的众多应用场景之一。

真题 2 ELK 各组件的默认端口分别是哪些？

【出现频率】★★★☆☆　【学习难度】★★☆☆☆

答案：ES 的 Web 访问端口：9200。

ES 的 TCP 通信端口：9300。

ES 的 Head 插件的端口：9100。

Logstash 的端口：9600。

Kibana 的端口：5601。

以上就是 ELK 各组件的默认端口。

真题 3 ES 与 Solr、 Lucene 有何区别与联系？

【出现频率】★★★☆☆　【学习难度】★★★☆☆

答案：Solr 和 ES 都是用 Java 开发的基于 Lucene 实现的。

Lucene 是高性能、功能齐全的信息检索工具包，只是一个库而不是搜索引擎，使用复杂，想要使用它，必须使用 Java 来作为开发语言并将其直接集成到应用中，所有的扩展、分布式、可靠性等都需要自己实现；同时也是非实时，从建索引到可以搜索中间有一个时间延迟。

上面已有介绍，ES 隐藏了 Lucene 的复杂性，通过简单的 Restful API 就能实现全文搜索，有很强的水平伸缩性，支持多租户、分布式，有比 Solr 好得多的实时性。

Solr 是一个有 HTTP 接口的基于 Lucene 的查询服务器，它是一个成熟的产品，拥有强大而广泛的用户社区。它提供分布式索引、复制、负载平衡查询，以及自动故障转移和恢复。

ES 与 Solr 相比有如下区别。

- ES 自身带有分布式协调管理功能，而 Solr 依赖 ZooKpper 进行分布式管理。
- Solr 支持多种格式的数据，而 ES 只支持 JSON 格式。
- Solr 在传统的搜索应用中表现好于 ES，但是 ES 的实时搜索性能明显要高。
- Solr 官方提供的功能更多，而 ES 本身更注重于核心功能，高级功能多由第三方插件提供。
- ES 的多租户（Multi-tenant）不需要特殊配置，而 Solr 则需要更多的高级设置。

总之，Solr 是传统搜索应用的有力解决方案，但 ES 更适用于新兴的实时搜索应用。

真题 4 ES 有哪些核心概念？

【出现频率】★★★★☆　【学习难度】★★★★☆

答案：下面介绍 ES 的几个核心概念。

- NearReatime（NRT）：近实时，ES 从写入数据到可以被搜索到会有 1s 左右的低延迟，ES 是一个近实时的分布式搜索引擎。
- Cluster：即集群，包含多个节点，每个节点属于哪个集群是通过配置集群名称决定的，默认集群名称是"elasticsearch"。

- Node：即节点，集群中的每个节点都有一个名称，名称默认是随机分配的。默认节点会加入"elasticsearch"集群。
- Document：即文档，ES 中最小的数据单元，通常用 JSON 数据结构表示。一个 Document 就是一条数据。
- Field：即字段，一个 Document 中有多个 Field，每个 Field 就是一个字段。
- Index：即索引，存放有相似结构的文档数据。一个 index 中包含了很多类似或者相同的 Document。
- Type：即类型，每个 Index 下有多个 Type，Type 是 Index 中的逻辑数据分类，每个 Type 下的 Document，都有相同的 Field。
- Shard：即分片，单台机器存储数据量是有限的，ES 可以将一个 Index 下的数据分为多个 Shard，存储在不同的机器上，横向扩展以存储更多的数据，而且可以让搜索、分析等操作分布到多个机器上去执行，提升吞吐量和性能。每个 Shard 都是一个 Lucene Index。
- Replica：即副本，每台机器都可能会不可用，此时 Shard 上的数据就可能会丢失。因此需要为每个 Shard 建立多个副本，保证在 Shard 不可用时能提供备用服务，且保证数据不丢失，多个 Replica 还能提升吞吐量和查询性能。

注意：主分片的个数是在建立索引时确定的，不能修改，默认为 5 个；副本分片可以随时修改，默认是 1 个。因为要保证高可用，所以每个分片的主分片和副本分片不能在一台机器上，所以保证最小高可用配置需要两台机器。

在 ES 中的 Document 相当于关系型数据库的行，Type 相当于表，Index 相当于库。

真题 5 ES 如何保证数据的一致性？

【出现频率】★★★☆☆　【学习难度】★★★☆☆

答案：ES 的数据一致性是基于版本号使用乐观锁机制实现的。

一个 Document 第一次创建时，它的_version 内部版本号就是 1；以后，每次对这个 Document 执行修改或者删除操作，都会对这个_version 版本号自动加 1；哪怕是删除，也会对这条数据的版本号加 1（假删除）。

客户端对 ES 数据做更新时，如果携带了版本号，那所携带的版本号与 ES 中文档的版本号一致才能修改成功，否则抛出异常。如果客户端没有携带版本号，会读取最新版本号才做更新尝试，这个尝试类似于 CAS 操作，可能需要尝试很多次才能成功。乐观锁的好处是不需要互斥锁的参与。

ES 节点更新之后会向副本节点同步更新数据（同步写入），直到所有副本都更新了才返回成功。

真题 6 ES 索引的执行过程是怎样的？

【出现频率】★★☆☆☆　【学习难度】★★★☆☆

答案：ES 搜索被执行成一个两阶段过程，称之为 Query Then Fetch。

在初始查询阶段时，查询会广播到索引中每一个分片（主分片或者副本分片）。每个分片在本地执行搜索并构建一个匹配文档的大小为 from + size 的优先队列。在搜索时是会查询 Filesystem Cache 的，但是有部分数据还在 Memory Buffer，所以搜索是近实时的。

每个分片返回各自优先队列中所有文档的 ID 和排序值给协调节点，它合并这些值到自己的优先队列中来产生一个全局排序后的结果列表。

接下来就是取回阶段，协调节点辨别出哪些文档需要被取回并向相关的分片提交多个 GET 请求。每个分片加载并丰富文档，如果有需要的话，接着返回文档给协调节点。一旦所有的文档都被取回了，协调节点返回结果给客户端。

真题 7 ES 文档是如何执行更新和删除操作的？

【出现频率】★★☆☆☆　**【学习难度】**★★★☆☆

答案：删除和更新也都是写操作，但是 Elasticsearch 中的文档是不可变的，因此不能被删除或者改动以展示其变更。

磁盘上的每个段都有一个相应的.del 文件。当删除请求发送后，文档并没有真的被删除，而是在.del 文件中被标记为删除。该文档依然能匹配查询，但是会在结果中被过滤掉。当段合并时，在.del 文件中被标记为删除的文档将不会被写入新段。

在新的文档被创建时，Elasticsearch 会为该文档指定一个版本号，当执行更新时，旧版本的文档在.del 文件中被标记为删除，新版本的文档被索引到一个新段。旧版本的文档依然能匹配查询，但是会在结果中被过滤掉。

真题 8 ES 对于大数据量（上亿量级）的聚合如何实现？

【出现频率】★★★☆☆　**【学习难度】**★★★☆☆

答案：Elasticsearch 提供的首个近似聚合是 Cardinality 度量。它提供一个字段的基数，即该字段的 distinct 或者 unique 值的数目。它是基于 HLL 算法的。HLL 会先对输入作哈希运算，然后根据哈希运算的结果中的 Bits 做概率估算从而得到基数。其特点是：可配置的精度，用来控制内存的使用（更精确 = 更多内存）；小的数据集精度是非常高的；可以通过配置参数，来设置去重需要的固定内存使用量。无论数千还是数十亿的唯一值，内存使用量只与配置的精确度相关。

真题 9 ES 为什么要使用分词器？使用分词器要注意些什么？

【出现频率】★★★★☆　**【学习难度】**★★★☆☆

答案：Analyzer（分词器）的作用是把一段文本中的词按一定规则进行切分。有助于按开发者期望的规则分词，保证需要的分词存在，避免无用的冗余分词。例如，"发展中国家"，分词的结果可能有"发展""中国""国""家""国家"等，实际上当使用"中国""国""家"这三个词来检索时并不期望检索出"发展中国家"。但期望检索出的"发展中"却不能检索出来。如果有分词器指定规则，分词为"发展""发展中""国家"，这时就会避免前面讲述的不合理的情形，这就是分词器的作用。

分词器对应的是 Analyzer 类，这是一个抽象类，切分词的具体规则是由子类实现的，所以对于不同的语言，要用不同的分词器。在创建索引时会用到分词器，在搜索时也会用到分词器，这两个位置要使用同一个分词器，否则可能会搜索不出希望的结果。

真题 10 ES 自带有哪些分词器？ 为什么使用 IK 中文分词器？ 安装 IK 分词器要注意什么？

【出现频率】★★★☆☆ 【学习难度】★★★☆☆

答案：ES 自带的分词器有 Standard Analyzer、Simple Analyzer、Whitespace Analyzer、Stop Analyzer、Keyword Analyzer、Pattern Analyzer 等。

ES 默认的分词器是 Standard Analyzer，ES 7.3 版本开始，自带的分词器已经很好地支持中文分词了，但是 ES 之前的版本对中文分词不友好，默认对中文分词是一个一个字来解析，这种情况会导致解析过于复杂，效率低下。所以需要专门的中文分词器，IK 中文分词器是目前较流行的中文分词器。

安装 IK 分词器时分词器版本要与 ES 的版本一致。如果是集群，则集群内所有节点都要安装 IK 插件，不能只安装一个节点。

安装十分简单，可从 Github 直接安装或下载后直接安装。

在 Github 找到对应 ES 版本的 IK 插件地址（是个 ZIP 包，真实地址太长，假设为 $IK_URL），然后在 Elasticsearch 安装目录下执行命令即可安装：

```
bin/elasticsearch-plugin install $IK_URL
```

也可以先下载好 ZIP 压缩包，假设目录地址为 $IK_DIR，在 Elasticsearch 安装目录下执行命令即可安装：

```
bin/elasticsearch-plugin install file:// $IK_DIR
```

安装完后，修改 elasticsearch.yml 文件，把 IK 分词器设置为 ES 的默认分词器，只需要修改参数 index.analysis.analyzer.default.type 的值为 "ik" 即可。如果是集群，每个节点都要修改。最后重启 ES 就安装完成了。

真题 11 如何使用 IK 中文分词器？ 如何实现词库热更新？

【出现频率】★★★★☆ 【学习难度】★★★☆☆

答案：IK 分词器有两种分词模式：ik_max_word 和 ik_smart 模式。ik_max_word 会将文本做最细粒度的拆分，ik_smart 会将文本做最粗粒度的拆分。两种分词器使用的最佳实践是：索引时用 ik_max_word 模式，搜索时用 ik_smart 模式，即索引时最大化地将文章内容分词，搜索时更精确地搜索到想要的结果。

IK 分词器有良好的扩展性，支持添加自定义词库和停用词库。词库文件的扩展名是.dic，在配置文件 IKAnalyzer.cfg.xml 进行简单配置就能做到扩展或停止词库，配置示例如下：

```
<properties>
    <comment>IK Analyzer 扩展配置</comment>
    <! --用户可以在这里配置自己的扩展词库 -->
    <entry key="ext_dict">myext.dic</entry>
    <! --用户可以在这里配置自己的扩展停止词词库-->
    <entry key="ext_stopwords"></entry>
    <! --用户可以在这里配置远程扩展词词库 -->
```

```
<! -- <entry key="remote_ext_dict">words_location</entry> -->
<! --用户可以在这里配置远程扩展停止词词库-->
<! -- <entry key="remote_ext_stopwords">words_location</entry> -->
</properties>
```

当然，完成配置后，需要重启 ES 服务才行。更新完成后，以后就可以进行词库的热更新了，只要修改已配置的词库文件，无须重启 ES 服务，大约一分钟左右就可以看到更新效果了。

真题 12　ES 的倒排索引是什么？

【出现频率】★★☆☆☆　【学习难度】★★★☆☆

答案：ES 引擎把文档数据写入到倒排索引（Inverted Index）的数据结构中，倒排索引主要由两个部分组成：单词词典和倒排文件。倒排索引建立的是分词（Term）和文档（Document）之间的映射关系，在倒排索引中，数据是面向词（Term）而不是面向文档的。

通过倒排索引，可以根据单词快速获取包含这个单词的文档列表。根据关键词可以确定关键词所在的文章号，关键词在文章中出现的频次，以及该关键词在文章中出现的位置。

倒排索引的优点还包括在处理复杂的多关键字查询时，可在倒排表中先完成查询的并、交等逻辑运算，得到结果后再对记录进行存取，这样把对文档的查询转换为地址集合的运算，从而提高查找速度。

倒排索引服务于 ES 查询操作，对数据的聚合、排序则需要使用正排索引。正排索引是通过文档去查找单词。

真题 13　如何实现 ES 集群安装部署？

【出现频率】★★★☆☆　【学习难度】★★★★☆

答案：ES 集群安装很简单，以一个节点为例，只需要在 elasticsearch.yml 做几项参数配置，就实现了一个集群节点的安装，其他节点照此配置即可。示例如下：

```
#配置 ES 的集群名称，ES 会自动发现在同一网段下的 ES,如果在同一网段下有多个集群,就可以用这个属性来区分不
同的集群
    cluster.name: bigData-cluster
#节点名称在集群内必须唯一
    node.name: node-1
#指定该节点是否有资格被选举成为 master node
    node.master: true
#指定该节点是否存储索引数据，默认为 true
    node.data: true
#设置绑定的 IP 地址还有其他节点和该节点交互的 IP 地址
    network.host: 192.168.1.10
#network.host: 0.0.0.0
#指定 HTTP 端口,你使用 head、kopf 等相关插件使用的端口
    http.port: 9200
#设置节点间交互的 TCP 端口,默认是 9300
    transport.tcp.port: 9300
#设置集群中 master 节点的初始列表,可以通过这些节点来自动发现新加入集群的节点
discovery.zen.ping.unicast.hosts: ["192.168.1.10:9300","192.168.1.11:9300","192.168.1.12:
9300"]
    #或如下配置,当然"slave1"、"slave2"、"slave3"这些需要配置在各节点的 hosts 中
    #discovery.zen.ping.unicast.hosts: ["slave1", "slave2","slave3"]
```

提示：discovery.zen.ping.unicast.hosts，这里可以不配置所有节点，只要在集群中的一个节点配置就可以了。这对于集群水平扩容新增节点非常方便，可以只配置已有集群的一个节点，就可以加入到集群中来。

真题 14 如何监控 ES 集群状态？ 如何查看 ES 集群的节点状态？

【出现频率】★★★☆☆　【学习难度】★★★☆☆

答案：集群监控主要包括两方面的内容，分别是集群健康情况和集群的运行状态。集群健康状态可以通过以下 API 获取：

```
http://ip:9200/_cluster/health? pretty
```

集群状态信息主要包含整个集群的一些统计信息，如文档数、分片数、资源使用情况等。集群状态信息可以由以下 API 获取：

```
http://ip:9200/_cluster/health? pretty
```

节点监控主要针对各个节点，有很多指标对于保证 ES 集群的稳定运行非常重要。下面对节点监控指标进行介绍。节点指标可以通过以下 API 获取：

```
http://ip:9200/_nodes/stats? pretty
```

ES 的 Head 插件是一个界面化的集群监控与管理工具，可以用来监控管理 ES 集群。另外也可以通过 Kibbna 来管理集群。

真题 15 ES 如何减少集群脑裂问题出现？ 出现时如何修复？

【出现频率】★★★★☆　【学习难度】★★★★☆

答案：集群中不同的节点对于 Master 的选择出现了分歧，出现了多个 Master 竞争，这就是集群脑裂（Brain Split）问题。网络问题、节点负载或其他可能导致 ES 的 Master 实例暂时或长时间失去响应都可能导致 Master 重新选举，Master 重新选举就可能出现脑裂问题。从根本上解决这一问题基本上做不到，可以做一些优化减缓脑裂问题的出现，这里介绍几种方法：

1）进行节点角色分离，增加几个节点，将 Master 节点与 Data 节点分离，新增的节点只充当 Master 节点，只需要修改配置来限制节点的角色：

```
node.master: true
node.data: false
```

将其他的节点修改为 Data 节点，配置与 Master 节点正好相反。这样就可以减轻节点负载，减少重新选举节点的机会，也就减少了脑裂问题的出现机会。

2）将 discovery.zen.ping_timeout（默认值是 3s）参数值加大，默认情况下，一个节点会认为如果 Master 节点在 3s 之内没有应答，那么这个节点已经不存在了，而增加这个值会增加节点等待响应的时间，从一定程度上会减少误判。

3）将 discovery.zen.minimum_master_nodes（默认是 1）参数值设为官方推荐值（$N/2$）+1，N 是具有 Master 资格的节点的数量，$N/2$ 会向下取整。该参数是用于控制选举行为发生的最小集群主节点数量。

当脑裂发生后，修复办法是解决这个问题并重启集群。具体可以如下操做。

1）如果有原始数据，建议重新创建索引，但这可能很复杂。

2）将 ES 集群关闭，单独启动每个节点然后查看节点上的数据是否完整有效，找到数据最完整的那个节点，先启动它并且检查日志，确保它被选为主节点，再启动其他节点，其他节点可先备份 data 目录后再删除 data。

真题 16　ES 是如何实现 Master 选举的？

【出现频率】★★★☆☆　【学习难度】★★★★☆

答案：ZenDiscovery 是 ES 自己实现的一套用于节点发现和选主等功能的模块。当一个节点发现包括自己在内的多数节点认为集群没有 Master 时，就可以发起 Master 选举。

对有资格成为 Master 的节点进行 nodeId 排序，每一次选举都将自己识别的节点进行排序，然后选择第一位的节点，暂且认为它是主节点。

如果某一个节点的投票数达到了 $N/2+1$，并且此节点自己也投给了自己一票，那么就选举这个节点为主节点。否则重新选举。

10.4　Maven

Maven、Gradle 都是优秀的项目管理和构建工具。本节主要讲讲 Maven，Maven 目前拥有更多的用户群体，它有很多的优点。

使用 Maven 可以很方便地对项目进行分模块构建，提高开发测试及上线打包部署时的效率。

Maven 大大简化了项目依赖的管理，使用 Maven 可以将不同系统的依赖进行统一管理，并且可以进行依赖之间的传递和继承。

Maven 本身有中央仓库提供所有公用 jar，也可以自己创建私服，提供私有的 jar 依赖管理，有 Maven 管理的项目中本地仓库统一提供了所有 Maven 项目的依赖，不再像以前的传统项目中都要包含自己依赖的 jar 包，大大减小了工程体积。所有 jar 通过 pom.xml 文件管理，工程依赖升级也十分方便。

使用 Maven 可以很方便地进行多模块项目的开发，一个模块开发好后，发布到仓库，依赖该模块时可以直接从仓库更新而不用自己去编译。

使用 Maven 能很方便地与 Jenkins 整合，进行自动化测试部署与持续集成。

Maven 有各种功能插件，便于功能扩展，如生产站点、自动发布版本等。

真题 1　如何理解 Maven 的规约？

【出现频率】★★★★☆　【学习难度】★★★☆☆

答案：Maven 拥有约定，遵循"约定大于配置，配置大于编码"的原则，只要遵守约定，它就知道源代码在哪里。Maven 是声明式的，需要做的只是创建一个 pom.xml 文件，然后将源代码放到默认的目录，Maven 会处理其他的事情。下面就是 Maven 的规约：

```
/src/main/java:Java 源码
/src/main/resource:Java 配置文件,资源文件
```

```
/src/test/java:Java 测试代码
/src/test/resource:Java 测试配置文件,资源文件
/target:文件编译过程中生成的.class 文件、jar、war 等
```

pom.xml：maven 项目核心配置文件，对构建和依赖的管理

Maven 要负责项目的自动化构建，以编译为例，Maven 要想自动进行编译，它必须知道 Java 的源文件保存在哪里，这样约定之后，不用手动指定位置，Maven 能知道位置，从而完成自动编译，这将大大地提高软件开发工作的效率。

真题 2 Maven 与 Ant 的区别是什么？
【出现频率】★★☆☆☆ 【学习难度】★★★☆☆

答案：Maven 与 Ant 都用于项目构建，但是 Maven 的功能强大得多。Ant 仅仅是软件构建工具，而 Maven 是软件项目管理和构建工具。在基于"约定优于配置"的原则下，提供标准的 Java 项目结构，同时能为应用自动管理依赖。

Ant 操作简单，没有约定，没有项目生命周期，它是命令式的。所有操作都要手动去创建、配置，build.xml 文件也需要手动创建。

Maven 除了具备 Ant 的功能外，还增加了以下主要的功能。

使用 Project Object Model（简 POM），实际就是定义一个 pom.xml 来对软件进行项目管理，内置了更多的隐式规则，使得构建文件更加简单。

Maven 有中央仓库，也可以构建私服仓库，并且内置依赖管理和 Repository 来实现依赖的管理和统一存储。

内置了软件构建的生命周期，如执行 mvn install 命令就可以自动执行编译、测试、打包等构建过程。

拥有约定，就知道原有的代码在哪里，新的代码放到哪里去。

真题 3 Maven 常用命令有哪些？
【出现频率】★★★★☆ 【学习难度】★★★★☆

答案：Maven 常用命令如下：

```
mvn archetype:create  //创建 Maven 项目
mvn clean  //清除项目目录中生成的结果
mvn validate  //验证项目是正确的,所有必要的信息都是可用的
mvn compile  //编译源代码
mvn test  //运行应用程序中的单元测试
mvn package  //项目编译、单元测试、打包功能
mvn verify  //对集成测试的结果进行任何检查,以确保满足质量标准
mvn install  //项目编译、单元测试、打包功能,并将包安装到本地 Repository 中
mvn deploy //项目编译、单元测试、打包功能,将包安装到本地 Repository(存储库)中,并发布项目到远程 Maven
私服仓库
mvn test-compile  //编译测试源代码
mvn site  //生成项目相关信息的网站
mvn eclipse:eclipse  //生成 Eclipse 项目文件
mvn jetty:run //启动 Jetty 服务
mvn tomcat:run //启动 Tomcat 服务
mvn clean package  //清除以前的包后重新打包
mvn clean package -Dmaven.test.skip //清除以前的包后重新打包,跳过测试类
```

用到最多的命令：

```
mvn clean install   //清除以前的包,重新打包并部署到本地 Maven 仓库和远程私服仓库
mvn clean install -Dmaven.test.skip   //清除以前的包,重新打包并部署到本地 Maven 仓库和远程私服仓库,
同时跳过测试类
```

当然，大家也注意到了，Maven 的命令是可以组合使用的。

真题 4 **Maven 如何配置本地仓库？　如何修改中央仓库配置？**

【出现频率】★★★★☆　【学习难度】★★☆☆☆

答案：Maven 默认本地仓库的地址是：$\{$ user.home $\}$ /.m2/repository。如果想自己指定目录，也可以在 Maven 的 settings.xml 中配置，如下所示：

```
<localRepository>d:/repository</localRepository>
```

使用 Maven 默认的中央仓库（http：//repo1.maven.org/maven2/），经常会因为下载速度很慢而烦恼，这时可以选择其他中央仓库，关于 Maven 远程仓库地址的配置方式有两种。

第一种：直接在项目的 pom.xml 文件中进行修改（不推荐）。

第二种：将 Maven 的远程仓库统一配置到 Maven 的 settings.xml 的配置文件中。

一般使用著名的 aliyun 中央仓库，在 settings.xml 的<mirrors/>元素中添加如下配置，就可添加并使用 aliyun 中央仓库的镜像地址，如下所示：

```
<mirror>
    <id>nexus-aliyun</id>
    <mirrorOf>* </mirrorOf>
    <name>Nexusaliyun</name>
    <url>http://maven.aliyun.com/nexus/content/groups/public</url>
</mirror>
```

真题 5 **如何理解 Maven 的坐标？**

【出现频率】★★☆☆☆　【学习难度】★★☆☆☆

答案：Maven 制定了一套规则 —— 使用坐标进行唯一标识。Maven 的坐标元素包括 groupId、artifactId、version、packaging、classfier。

只要提供正确的坐标元素，Maven 就能找到对应的构件，首先去本地仓库查找，没有找别再去远程仓库下载。如果没有配置远程仓库，会默认为中央仓库地址。

上述 5 个坐标元素中 groupId、artifactId、version 是必须定义的；packaging 是可选的（默认为 jar）；而 classfier 是不能直接定义的，需要结合插件使用。

真题 6 **Maven 如何排除依赖冲突？**

【出现频率】★★☆☆☆　【学习难度】★★★☆☆

答案：每个显式声明的类包都会依赖一些其他的隐式类包，这些隐式的类包会被 Maven 间接引入进来，这时可能和其他的类包产生冲突。遇到冲突时，第一步要找到 Maven 加载的是什么版本的 jar 包，通过 mvn dependency：tree 查看依赖树，或者使用 IDEA Maven Helper 插件。然后，通过 Maven 的依赖原则来调整坐标在 POM 文件的声明顺序。通常使用最多的办法是将某个 jar 所隐式依

赖的导致冲突的 jar 配置到该 jar 依赖配置的 <exclusions/> 中，这样 Maven 就不会加载这个 jar 了。示例如下：

```
<exclusions>
    <exclusion>
        <artifactId>unitils-database</artifactId>
        <groupId>org.unitils</groupId>
    </exclusion>
</exclusions>
```

真题 7 如何理解 Maven 的生命周期？

【出现频率】★★★★☆ 【学习难度】★★★★☆

答案：一个完整的项目构建过程通常包括清理、编译、测试、打包、集成测试、验证、部署等步骤，Maven 从中抽取了一套完善的、易扩展的生命周期（Lifecycle）。Maven 的生命周期是抽象的，其中的具体任务都交由插件来完成，Maven 为大多数构建任务编写并绑定了默认的插件。

Maven 有三种内置且相互独立的构建生命周期：default、clean 和 site。每个生命周期包含一些阶段（phase），阶段是有顺序的，后面的阶段依赖于前面的阶段。

default（默认的）生命周期的作用是构建项目。当使用 default 生命周期时，Maven 会优先执行检查项目（validate）；然后会尝试编译源代码（compile）；如没有设成跳过测试阶段（-Dmaven.test.skip），则运行集成测试方案（test）；将编译过的项目源码按要求打包（package）；如有需要，将包处理和发布到一个能够进行集成测试的环境（integration-test）；运行所有检查，验证包是否有效且达到质量标准（verify）；验证包安装到本地存储库（install）；然后将安装包部署到远程存储库（deploy）。当然，default 生命周期还有其他阶段可以选择使用。

clean 生命周期的作用是清理项目，包含三个 phase。

- pre-clean：执行清理前需要完成的工作。
- clean：清理上一次构建生成的文件。
- post-clean：执行清理后需要完成的工作。

site 生命周期：建立和发布项目站点，phase 如下。

- pre-site：生成项目站点之前需要完成的工作。
- site：生成项目站点文档。
- post-site：生成项目站点之后需要完成的工作。
- site-deploy：将项目站点发布到服务器。

前面介绍过，生命周期是相互独立的，一个生命周期的阶段是有顺序的，后面的阶段依赖于前面的阶段。如何理解呢，下面举例说明。

- 执行"mvn clean"命令：调用 clean 生命周期的 clean 阶段，实际执行 pre-clean 和 clean 阶段。
- 执行"mvn compile"命令：调用 default 生命周期的 compile 阶段，实际执行 default 生命周期从 validate 开始到 compile 阶段（包括 complie）的所有阶段。
- 执行"mvn clean package"命令：调用 clean 生命周期的 clean 阶段和 default 的 package 阶段，实际执行 pre-clean 和 clean 阶段，default 生命周期从 validate 开始到 package 阶段（包括 package）的所有阶段。

真题 8 如何理解 POM?

【出现频率】★★★★☆ 【学习难度】★★★★☆

答案：POM（Project Object Model），即项目对象模型，是 Maven 工程的基本工作单元，是一个 XML 文件，包含了项目的基本信息，用于描述项目如何构建、声明项目依赖等。执行任务或目标时，Maven 会在当前目录中查找并读取 pom.xml。获取所需的配置信息，然后执行目标。

POM 中可以指定以下配置：项目依赖、插件、执行目标、项目构建 profile、项目版本、项目开发者列表、相关邮件列表信息。

所有 POM 文件都需要 project 元素和三个必需元素：groupId、artifactId、version，见表 10-2。

表 10-2　POM 基本元素

基 本 元 素	作　　用
project	工程的根标签
modelVersion	模型版本需要设置为 4.0
groupId	这是工程组的标识。它在一个组织或者项目中通常是唯一的
artifactId	这是工程的标识。它通常是工程的名称。groupId 和 artifactId 一起定义了 artifact 在仓库中的位置
version	这是工程的版本号。在 artifact 的仓库中，它用来区分不同的版本

真题 9 Maven 常见的依赖范围有哪些?

【出现频率】★★★☆☆ 【学习难度】★★★☆☆

答案：Maven 常见的依赖范围（Scope）如下。

- compile：编译依赖，默认的依赖方式，在编译（编译项目和编译测试用例）、运行测试用例、运行（项目实际运行）三个阶段都有效，典型的有 spring-core 等 jar。
- test：测试依赖，只在编译测试用例和运行测试用例有效，典型的有 JUnit。
- provided：对于编译和测试有效，不会打包进发布包中，典型的例子为 servlet-api，一般的 Web 工程运行时都使用容器的 servlet-api。
- runtime：只在运行测试用例和实际运行时有效，典型的是 JDBC 驱动 jar 包。
- system：不从 Maven 仓库获取该 jar，而是通过 systemPath 指定该 jar 的路径。
- import：用于一个 dependencyManagement 对另一个 dependencyManagement 的继承。

真题 10 对于一个多模块项目，如何较好地管理项目依赖的版本?

【出现频率】★★★☆☆ 【学习难度】★★★☆☆

答案：个人推荐的做法是：让子模块通过<parent>元素指定父模块，在父模块中声明<dependencyManagement />和<pluginManagement />，<dependencyManagement />和<pluginManagement />声明了所有模块依赖的 jar 及版本信息，这样子模块在定义依赖时只需要声明依赖的 groupId 和 artifactId，就会自动使用父模块的 version，这样就能统一整个项目依赖的 version。

当然，子模块的 POM 中也可以根据实际情况指定自己需要的 version，这时会覆盖父模块的配置。

真题 11 Maven 如何创建多模块父子工程？

【出现频率】★★★☆☆ 【学习难度】★★★☆☆

答案：首先创建父模块，父模块一般承担聚合模块和统一管理依赖的作用，没有实际代码和资源文件。创建 Maven 父模块后，删除其他文件或文件夹，只需要保留 pom.xml 文件，将 pom.xml 的 packaging 修改为 pom。简单示例如下：

```
<groupId>com.study</groupId>
<artifactId>myspringbootdemo</artifactId>
<version>0.0.1-SNAPSHOT</version>
<packaging>pom</packaging>
```

然后，创建 Maven 子模块，将子模块的 pom.xml 文件中的 parent 修改为与父模块的信息匹配。如下：

```
<parent>
    <groupId>com.study</groupId>
    <artifactId>myspringbootdemo</artifactId>
    <version>0.0.1-SNAPSHOT</version>
</parent>
```

再在父工程 pom.xml 文件的<modules>添加子模块作为 module。如下：

```
<modules>
    <module>myspringboot-web</module>
</modules>
```

其他子模块可照此逐个创建。然后可以通过在父模块中声明<dependencyManagement />来建立多模块项目的统一依赖版本管理。

真题 12 Maven 如何做到打包时不带版本号？

【出现频率】★★☆☆☆ 【学习难度】★★☆☆☆

答案：Maven 打包后，jar 或 war 文件名中默认会带有版本号信息。如果想去掉版本号，则在 pom.xml 文件的<build/> 标签中如下配置即可：

```
<build>
  <! -- 产生构件的文件名,默认值是 ${artifactId}-${version} -->
        <finalName>${artifactId}</finalName>
</build>
```

真题 13 在 pom.xml 中如何引用本地 jar 包？ Maven 如何手动添加依赖的 jar 到本地仓库？

【出现频率】★★★★☆ 【学习难度】★★★☆☆

答案：假设在工程的 lib 目录下有一个 my.jar，想要在 pom.xml 添加它的依赖，可以通过<dependency/>元素的<systemPath/>属性来配置。示例如下：

```
<dependency>
  <groupId>com.mycloud</groupId>
```

```
<artifactId>my</artifactId>
<version>1.0</version>
<scope>system</scope>
<systemPath>${project.basedir}/lib/my.jar</systemPath>
</dependency>
```

这样项目就可以成功地使用 my.jar 了。

假定所有项目都会引用一个 my-cloud-api-2.0.jar，为了方便，想把它添加到本地仓库，这时可以通过命令把它安装到本地仓库。命令格式如下：

```
mvn install:install-file -Dfile=jar 包的位置 -DgroupId＝上面的 groupId -DartifactId=上面的 arti-
factId -Dversion=上面的 version -Dpackaging=jar
```

打开命令行，执行命令便可，以 my-cloud-api-2.0.jar 为例，假定文件在 d：\ lib 目录。则具体命令如下：

```
mvn install: install-file -Dfile = d: \lib \my-cloud-api-2. 0. jar -DgroupId = com. mycloud -
DartifactId=my-cloud-api -Dversion=2.0 -Dpackaging=jar
```

执行后，在 Maven 本地仓库中的 com/mycloud/my-cloud-api/2.0 目录下，就可以找到这个 jar。在项目的 pom.xml 中如下引用就可以了：

```
<dependency>
    <groupId>com.mycloud</groupId>
        <artifactId>my-cloud-api</artifactId>
    <version>2.0</version>
</dependency>
```

10.5　ZooKeeper

ZooKeeper 是一个分布式的、开放源码的分布式应用程序协调服务，它是一个为分布式应用提供一致性服务的软件，ZooKeeper 基于专为它设计的 ZAB 协议实现，使 ZooKeeper 成为解决分布式数据一致性问题的利器，同时 ZooKeeper 提供了丰富的节点类型和 Watcher 监听机制，通过这两个特点，可以非常方便地构建一系列分布式系统中都会涉及的核心功能。提供的功能包括：分布式应用配置管理、统一命名服务、状态同步服务、集群管理、Master 选举、分布式锁、分布式队列、负载均衡等。

在 CAP 原理中，ZooKeeper 保证的是 CP，即强调一致性和分区容错性，不保证服务可用性。

真题 1 ZooKeeper 的应用场景有哪些？

【出现频率】★★★★☆　【学习难度】★★★★☆

答案：了解了 ZooKeeper 的核心功能，这里谈谈它的应用场景。

1）注册配置中心：就是实现配置信息的集中式管理和数据的动态更新。这方面经典的应用就是 Dubbo+ZooKeeper 的结合使用。ZooKeeper 作为 Dubbo 服务的注册管理中心，这是基于 ZooKeeper 的数据发布订阅功能实现，ZooKeeper 的数据发布订阅是通过推拉相结合的模式来实现的。

2）负载均衡：ZooKeeper 实现负载均衡就是通过 watcher 机制和临时节点判断哪些节点宕机来

获得可用的节点实现的。ZooKeeper 作为 Dubbo 等 RPC 服务的注册中心的同时，也实现消费者端对生产者端的负载均衡调用。

3）命名服务：命名服务是分布式系统中较为常见的一种场景，分布式系统中，被命名的实体通常可以是集群中的机器、提供的服务地址或远程对象等，通过命名服务，客户端可以根据指定名字来获取资源的实体、服务地址和提供者的信息，最常见的就是 RPC 框架的服务地址列表的命名。Dubbo 就是使用 ZooKeeper 来作为其命名服务，维护全局的服务地址列表。

4）分布式协调/通知：ZooKeeper 中特有的 watcher 注册与异步通知机制，能够很好地实现分布式环境下不同机器，甚至不同系统之间的协调与通知，从而实现对数据变更的实时处理。

5）分布式锁：分布式锁用于控制分布式系统之间同步访问共享资源的一种方式，可以保证不同系统访问一个或一组资源时的一致性，主要分为排它锁和共享锁。排它锁又称为写锁或独占锁，通过在/exclusive_lock 节点下创建临时子节点来实现。共享锁又称为读锁，通过在/shared_lock 下面创建一个临时顺序节点来实现。

6）分布式队列：分布式队列可以简单分为先入先出（FIFO）队列模型和等待队列元素聚集后统一安排处理执行的 Barrier 模型。FIFO 队列通过/queue_fifo 节点实现。Barrier 分布式队列通过/queue_barrier 节点实现。

7）集群管理：ZooKeeper 的两大特性（节点特性和 watcher 机制），可以实现集群机器存活监控系统。

【真题 2】 ZooKeeper 有哪些端口？ 各有什么作用？

【出现频率】★★★☆☆ 【学习难度】★★☆☆☆

答案：单个 ZooKeeper 服务默认有三个端口（可以设置修改）。三个端口分别是：2181、3888、2888。

1）2181：对客户端提供服务。

2）3888：选举 Leader 使用。

3）2888：集群内机器通信使用（Leader 监听此端口）。

需要注意的是，如果是 ZooKeeper 的单机集群，则各实例的端口应该不同。

【真题 3】 ZooKeeper 是基于什么协议实现的？

【出现频率】★★★☆☆ 【学习难度】★★☆☆☆

答案：ZooKeeper 使用的是为它专门设计的 ZAB（ZooKeeper Atomic Broadcast）协议，一种支持崩溃恢复的原子广播协议。它是 ZooKeeper 保证数据一致性的核心算法，ZAB 协议借鉴了 Paxos 算法（一种分布式选举算法），ZAB 协议大致有四个阶段：选举阶段（Leader Election）、发现阶段（Descovery）、同步阶段（Synchronization）广播阶段（Broadcast）。

【真题 4】 ZooKeeper 有哪几种类型的数据节点？

【出现频率】★★☆☆☆ 【学习难度】★★★☆☆

答案：ZooKeeper 有四种类型的数据节点。

1）PERSISTENT-持久节点：除非手动删除，否则节点一直存在于 ZooKeeper 上。

2）EPHEMERAL-临时节点：临时节点的生命周期与客户端会话绑定，一旦客户端会话失效（客户端与 ZooKeeper 连接断开不一定会话失效），那么这个客户端创建的所有临时节点都会被移除。

3）PERSISTENT_SEQUENTIAL-持久顺序节点：基本特性同持久节点，只是增加了顺序属性，节点名后边会追加一个由父节点维护的自增整型数字。

4）EPHEMERAL_SEQUENTIAL-临时顺序节点：基本特性同临时节点，增加了顺序属性，节点名后边会追加一个由父节点维护的自增整型数字。

真题 5　ZooKeeper 如何搭建分布式集群？

【出现频率】★★★★☆　【学习难度】★★★☆☆

答案：ZooKeeper 单机服务安装非常简单，下载后解压缩，直接将 zoo_example.cfg 复制改名为 zoo.cfg 文件，无须改动，直接执行 zkServer.sh start 命令，就可单机启动 ZooKeeper 服务，默认端口为 2181。当然需要对应的 JDK 版本已安装好，当前的版本需要 JDK8 或以上。

安装好各节点后，搭建分布式集群只需如下两步。

1）创建 ServerID 标识。在各节点的 dataDir 目录下配置一个 myid 文件，这个文件只有一个数据，如 1，这个数据代表节点的 ServerID，各节点的 ServerID 必须各不相同。

2）在配置文件中配置集群各节点信息。假设有三个节点，各节点的 IP 分别为：192.168.1.7、192.168.1.8、192.168.1.9。则在 zoo.cfg 的最后面增加集群各节点信息：

```
server.1 = 192.168.1.7:2888:3888
server.2 = 192.168.1.8:2888:3888
server.3 = 192.168.1.9:2888:3888
```

三行数据对应的是三个节点的信息，各节点的配置文件中配置信息是相同的。其格式为：

```
server.[ServerID]=[ip]:[节点通信端口]:[节点选举端口]
```

[ServerID] 代表在各节点 myid 文件中配置的 ServerID 标识，与节点 IP 必须是一致的。

配置好后启动各节点，简单的 ZooKeeper 集群就搭建好了。

真题 6　如何理解 ZooKeeper 的 Watcher 机制？

【出现频率】★★★☆☆　【学习难度】★★★☆☆

答案：ZooKeeper 的 Watcher 机制如下：ZooKeeper 允许客户端向服务端的某个 Znode 注册一个 Watcher 监听，当服务端的一些指定事件触发了这个 Watcher，服务端会向指定客户端发送一个事件通知来实现分布式的通知功能，然后客户端根据 Watcher 通知状态和事件类型做出业务上的改变。

其工作机制包括：客户端注册 Watcher、服务端处理 Watcher、客户端回调 Watcher。

真题 7　ZooKeeper 如何实现配置管理？

【出现频率】★★★★☆　【学习难度】★★★☆☆

答案：程序分布式部署在不同的机器上，将程序的配置信息放在 ZooKeeper 的 Znode 下，当有配置发生改变时，也就是 Znode 发生变化时，可以通过改变 ZooKeeper 中某个目录节点的内容，利用 Watcher 通知给各个客户端，从而更改配置。

真题 8 什么是 ZooKeeper 的命名服务?

【出现频率】★★☆☆☆ 【学习难度】★★☆☆☆

答案:命名服务是指通过指定的名字来获取资源或者服务的地址,利用 ZooKeeper 创建一个全局的路径,这个路径就可以作为一个名字指向集群中的集群,提供服务的地址,或者一个远程的对象等。

真题 9 如何理解 ZooKeeper 的分布式通知和协调?

【出现频率】★★☆☆☆ 【学习难度】★★★☆☆

答案:对于系统调度来说:操作人员发送通知实际是通过控制台改变某个节点的状态,然后 ZooKeeper 将这些变化发送给注册了这个节点的 Watcher 的所有客户端。

对于执行情况汇报:每个工作进程都在某个目录下创建一个临时节点。并携带工作的进度数据,这样汇总的进程可以监控目录子节点的变化,获得工作进度实时的全局情况。

真题 10 ZooKeeper 对节点的 Watch 监听通知是永久的吗?

【出现频率】★★☆☆☆ 【学习难度】★★☆☆☆

答案:不是永久的。一个 Watch 事件是一个一次性的触发器,当被设置了 Watch 的数据发生了改变时,则服务器将这个改变发送给设置了 Watch 的客户端,以便通知它们。之所以设计成一次性的,是出于性能的考虑。

真题 11 如何理解 ZooKeeper 的文件系统?

【出现频率】★★☆☆☆ 【学习难度】★★☆☆☆

答案:ZooKeeper 提供一个多层级的节点命名空间(节点称为 Znode)。与文件系统不同的是,这些节点都可以设置关联的数据,而文件系统中只有文件节点可以存放数据而目录节点不行。ZooKeeper 为了保证高吞吐和低延迟,在内存中维护了这个树状的目录结构,这种特性使得 ZooKeeper 不能用于存放大量的数据,每个节点的存放数据上限为 1M。

10.6 Nginx

Nginx 是一个轻量级、开源、高性能的 HTTP 和反向代理 Web 服务器,同时也提供了 IMAP/POP3/SMTP(电子邮件)代理服务,目前得到了广泛的使用。它的源代码是 C 语言编写的,使用了 BSD-like 协议。Nginx 实现了四层和七层负载均衡。

Nginx 常用的主要功能有 4 个。

1)反向代理:就是代理服务器来接受外部请求,然后转发到内部网络的服务器上。这是用得最多的功能。反向代理隐藏了源服务器的存在和特征,它充当互联网和 Web 服务器之间的中间层,这对于安全方面来说是很好的,下面是简单的反向代理实现:

```
server {
    listen      80;
    server_name localhost;
```

```
        client_max_body_size 1024M;

        location / {
            proxy_pass http://localhost:8080;
            proxy_set_HeaderHost $host: $server_port;
        }
    }
```

2）负载均衡：这也是 Nginx 很常用的功能，负载均衡配置一般都需要同时配置反向代理，通过反向代理跳转到负载均衡。Nginx 内置 3 种负载均衡策略，还有两种常用的第三方策略。内置 3 种负载均衡策略分别是：轮询策略（这是默认的策略）、权重策略、ip_hash 策略，下面是简单示例。

```
upstream test {
    server localhost:8080;
    server localhost:8081;
  }
  server {
    listen        81;
    server_name  localhost;
    client_max_body_size 1024M;

    location / {
        proxy_pass http://test;
        proxy_set_HeaderHost $host: $server_port;
    }
  }
```

上面会采用默认的轮询策略。权重用到关键字 weight：

```
upstream test {
    server localhost:8080 weight=9;
    server localhost:8081 weight=1;
}
```

ip_hash 配置如下：

```
upstream test {
    ip_hash;
    server localhost:8080;
    server localhost:8081;
}
```

解决请求服务的 Session 问题则需要用 ip_hash 策略。这样每个会话请求固定访问同一后端服务器。

3）HTTP 服务器（包含动静分离）。Nginx 本身也是一个静态资源的服务器，下面是简单示例：

```
server {
    listen        80;
    server_name  localhost;
    client_max_body_size 1024M;

    location / {
```

```
        root  e:\wwwroot;        #静态资源目录
        index  index.html;
    }
}
```

4）缓存：Nginx 缓存能大幅提高对静态资源的访问速度，这样可以不用访问静态资源服务器而直接返回响应信息。开启简单的缓存配置，只需要两个指令：proxy_cache_path 和 proxy_cache。proxy_cache_path 配置缓存的存放地址和其他的一些常用配置；proxy_cache 指令是为了启动缓存。简单示例如下：

```
proxy_cache_path /path/to/cache levels=1:2 keys_zone=mycache:10m max_size=10g inactive=60m
use_temp_path=off;
    server {
        location / {
            proxy_cachemycache;   #使用的是 proxy_cache_path 的 keys_zone 属性里配置的名称
            proxy_pass http://my_upstream;
        }
    }
```

Nginx 的功能十分丰富，上面只是简单介绍了最常用的几个功能。

真题 1 Nginx 和 Apache 有什么区别？

【出现频率】★★★☆☆　【学习难度】★★★★☆

答案：Nginx 和 Apache 在功能都是模块化结构设计，都支持通用的语言接口，如 PHP、Perl、Python 等，同时也支持正向、反向代理、虚拟主机、URL 重写等。两者最核心的区别在于 Apache 是同步多进程模型，一个连接对应一个进程，而 Nginx 是异步非阻塞型的，多个连接（万级别）可以对应一个进程。Apache 在处理动态有优势，Nginx 并发性能更好，处理静态请求有优势，CPU 内存占用低，如果 rewrite 频繁，还是推荐使用 Apache。

Apache 的特点如下。

1）稳定性好。

2）处理动态请求时，Apache 性能更高（动态请求会用到伪静态，而 Apache 对 rewrite 支持得更好）。

3）rewrite 模块更完善，各种功能模块很多、很完善。

4）一个进程崩溃时，不会影响其他的用户。

5）Apache 是同步阻塞的，一个连接对应一个进程，并发性能相对较差。

6）当用户请求过多时，开启的进程较多，占用内存大，每秒最多的并发连接请求通常不超过 3000 个。

Nginx 的特点如下。

1）C 语言编写，轻量级，同等情况下相对 Apache 占用更少的内存和资源。

2）Nginx 在开启时，会生成一个 Master 进程，然后，Master 进程会 Fork 多个 worker 子进程（一般跟 CPU 核心数一致），最后每个用户的请求由 worker 的子线程处理。

3）因为 Nginx 是异步非阻塞型的，高并发下能保持低资源低消耗，抗并发、负载能力强，支持高并发连接，每秒最多的并发连接请求理论可以达到 50000 个。

4）处理静态文件表现得更好（简单、占资源少），适合静态和反应代理。

5）Nginx 配置简洁，正则配置让很多事情变得简单，并且用命令（nginx -t）可检测配置是否正确。启动也很容易，支持热启动，能在不中断服务的情况下进行平滑重启和升级。

6）Nginx 也是非常优秀的邮件代理服务器。

7）Nginx 提供有示例配置。

真题2 Nginx 是如何处理一个请求的？

【出现频率】★★★☆☆　【学习难度】★★★☆☆

答案：首先，Nginx 在启动时，会解析配置文件，得到需要监听的端口与 IP 地址，然后在 Nginx 的 Master 进程里面先初始化好这个监控的 Socket，再进行 Listen。然后再 Fork 出多个子进程，子进程会竞争 Accept 新的连接。此时，客户端就可以向 Nginx 发起连接了。

当客户端与 Nginx 进行三次握手，与 Nginx 建立好一个连接后，此时，某一个子进程会 Accept 成功，然后创建 Nginx 对连接的封装，即 ngx_connection_t 结构体。接着，根据事件调用相应的事件处理模块，如 HTTP 模块与客户端进行数据的交换。

最后，Nginx 或客户端来主动关掉连接，到此，一个连接请求就处理完成。

真题3 Nginx 为什么不使用多线程？

【出现频率】★★☆☆☆　【学习难度】★★★☆☆

答案：Nginx 采用多进程单线程来异步非阻塞处理请求（管理员可以配置 Nginx 主进程的工作进程的数量），不会为每个请求分配 CPU 和内存资源，节省了大量资源，同时也减少了大量 CPU 的上下文切换。所以才使得 Nginx 支持更高的并发。

如果使用多线程，则每个线程都需要分配 CPU 和内存，并发量增高，就会迅速消耗掉服务器资源。

真题4 Nginx 是如何实现高并发的？

【出现频率】★★★★☆　【学习难度】★★★★☆

答案：简单地说，Nginx 是采用多进程及异步非阻塞的单线程模式，基于 I/O 多路复用模型（默认使用 epoll 模型）来实现高并发的。

具体来讲，Nginx 采用一个 Master 进程，多个 Woker 进程的模式。Master 进行进程读取及评估配置，负责收集、分发请求。每当一个请求过来时，Master 就拉起一个 Woker 进程负责处理这个请求。同时 Master 进程也负责监控 Woker 的状态，保证高可靠性。

Woker 进程一般设置为与 CPU 核心数一致。Woker 进程使用单线程异步阻塞的 I/O 多路复用模式（Linux 默认使用 epoll 模型）来处理请求，Woker 进程在同一时间可以处理的请求数只受内存限制，可以处理多个请求。

Nginx 的异步非阻塞工作方式把等待时间利用起来了。在需要等待时，这些进程就空闲出来待命，因此表现为少数几个进程就解决了大量的并发问题。

当然，Nginx 还提供了一些优化配置项，有助于高并发请求的处理。如下所述。

● 调整 worker_processes，一般是每个 CPU 运行 1 个工作进程。

- 优化 worker_connections，即单个进程允许的客户端最大连接数。默认是 1024。
- 启用 Gzip 压缩，减少 HTTP 传输对网络带宽的占用，提高网页加载速度。
- 为静态文件启用缓存，这样能直接返回静态资源信息，不用访问资源服务器，同时也减少了带宽占用。
- timeout 配置，可能通过调整相关的 timeout 参数配置（如 keepalive_timeout、send_timeout 等）来优化性能。
- 禁用 access_logs，它记录每个 Nginx 请求，因此消耗了不少 CPU 资源，从而降低了 Nginx 性能。禁用配置如" access_log off;"。

真题5 Nginx 启动命令中带有的-s 参数有何含义？

【出现频率】★★★☆☆ 【学习难度】★☆☆☆☆

答案：-s 代表的是向主进程发送信号，信号的可用值有 4 个：stop、quit、reopen、reload。

```
nginx -s reload  #优雅重启,并重新载入配置文件 nginx.conf
nginx -s stop    #快速停止,也就是立即停止 Nginx 正在处理的请求
nginx -s quit    #正常停止,允许 Nginx 完成当前正在处理的请求,但不接收新请求
nginx -s reopen  #重新打开日志文件
```

真题6 Nginx 常用操作命令有哪些？

【出现频率】★★★☆☆ 【学习难度】★★☆☆☆

答案：Nginx 命令除了上面所讲的四个之外，下面也是一些常用命令。

```
nginx -t  #验证配置文件;无法验证其他文件的情况
nginx -V #查看详细版本信息,包括编译参数
nginx -c conf/conf01.conf #启动时使用另一个配置文件
nginx -h #help 命令可以查看帮助信息
nginx -V  #查看 Nginx 的详细的版本号
nginx -v  #查看 Nginx 的简洁版本号
```

kill -quit master 进程编号 #也是正常停止，同 nginx -s quit。

知道这些常用命令，就可以简单操作 Nginx 了。

真题7 Nginx 的 nginx.conf 配置文件结构及常用配置参数有哪些？

【出现频率】★★★★☆ 【学习难度】★★★☆☆

答案：Nginx 默认的配置文件为 conf/nginx.conf。文件结构主要包括：全局作用域块、event 作用域块、HTTP（所有 Nginx 指令在 nginx.conf 都是小写，这里保持一致）指令作用域块、server 指令作用域块、location 指令作用域块。常用配置参数如下：

```
user: nginx 服务的用户
worker_processes:工作进程数
worker_cpu_affinity:工作进程数为多个时,指定进程使用的 CPU。单进程无须此参数
worker_connections:每个进程的最大连接数
gzip: 是否开启压缩
keepalive_timeout: keepalive 的超时时间,单位是 s
server:系统级配置,可以配置多个 server
```

```
listen:server 服务的本地监听端口
server_name:虚拟主机名或域名
access_log 访问日志目录
error_page 错误页面
location:监听的服务 uri 地址
root:项目根目录
index:默认主页
proxy_pass:代理的服务器地址
upstream:基于 proxy_pass 设定后端服务器, 配置多个 server 时就是负载均衡配置了
rewrite:重定向配置
```

真题 8　如何更改 Nginx 服务的默认用户?

【出现频率】★★★☆☆　【学习难度】★☆☆☆☆

答案:在配置文件的全局作用域块修改 user 属性, 一般使用 root 用户。

真题 9　如何开启高效文件传输模式?

【出现频率】★★☆☆☆　【学习难度】★☆☆☆☆

答案:在配置文件的 HTTP 指令作用域块配置 sendfile 参数属性为 on 就开启了文件的高效传输模式。

真题 10　Nginx 如何配置 worker 进程最大打开文件数?

【出现频率】★★★★☆　【学习难度】★☆☆☆☆

答案:在配置文件的全局作用域块配置 worker_rlimit_nofile 参数即可。值代表所有 worker 进程打开文件数的上限(即每个套接字打开一个文件描述符)。所以最好与 Linux 系统的 ulimit -n 的值保持一致, 不应超过这个值。

真题 11　Nginx 的 expires 功能有何作用?

【出现频率】★★★☆☆　【学习难度】★★☆☆☆

答案:Nginx 缓存的过期时间设置可以提高网站性能, 对于网站的图片, 尤其是新闻网站, 图片一旦发布, 改动的可能是非常小的, 为了减小对服务器请求的压力, 减少对带宽的占用, 提高用户浏览速度, 可以通过设置 Nginx 中的 expires, 让用户访问一次后, 将图片缓存在用户的浏览器中, 且时间比较长的缓存。这种缓存方式只能在用户不对浏览器强制刷新的情况下生效。

expires 配置在 location 指令作用域块或 location 内的 if 里面。如下所示:

```
location ~ image {
    root /root/images/;
    expires 1d;   #缓存过期时间为一天
}
```

真题 12　Nginx 如何限制下载速率?

【出现频率】★★☆☆☆　【学习难度】★★☆☆☆

答案:Nginx 限制下载速率, 只要配置 limit_rate_after、limit_rate 两个参数即可, 参数可配置在 http 指令块、server 指令块或 location 指令块, 配置很简单, 示例如下:

```
# 开始不限速,在下载量达到 100M 后开始限速,限速如下
limit_rate_after 100M;
#限制下载速率为 100kbit/s
limit_rate 100K;
```

真题 **13** 常用的 Nginx 优化及安全策略有哪些?

【出现频率】★★★★☆ 【学习难度】★★★★☆

答案:在前文关于高并发中介绍了一些优化策略,Gzip 和缓存也有单独介绍。这里再补充一些内容。

- 做 Nginx 集群,增强可用性和抗高并发性能。
- 根据操作系统选用合适的 Nginx 事件处理模型。Nginx 的连接处理机制在不同的操作系统上采用不同的 I/O 模型,在 Linux 下,Nginx 使用 epoll 的 I/O 多路复用模型,Windows 下使用 icop 模型。
- 配置 Nginx 的 Worker 进程最大打开文件数(worker_rlimit_nofile 参数),Linux 系统不应超过 umlit -n 的数量。
- 开启高效的文件传输模式。sendfile 参数设置为 on。
- 限制上传文件大小,使用 client_max_body_size 参数设置。
- 根据扩展名限制程序和文件访问。
- 使用 ngx_http_access_module 限制 IP 访问。
- 配置 Nginx 图片及目录防盗链。
- 优雅显 Nginx 错误页面,简单示例如" error_page 403 /403.html;"。
- 使用 limit_conn_zone 参数控制单个 IP 的连续请求。
- 使用 limit_req_zone 参数限制单个 IP 的请求速率。
- 为某些特定的 Web 服务增加用户访问身份验证。

真题 **14** Nginx 如何根据扩展名限制程序和文件访问?

【出现频率】★★★★☆ 【学习难度】★★☆☆☆

答案:出于安全性,Web 项目需要限制对一些特定文件(如模板文件,配置文件等)的直接访问。这些可以通过在 Nginx 中增加特定配置来做到。如下所示:

```
location ~* \.(cfg|template|txt) ${   #cfg|template|txt 就是需要限制访问的文件扩展名
  deny all;
}
```

真题 **15** Nginx 如何禁止访问指定目录下的所有文件和子目录?

【出现频率】★★★★☆ 【学习难度】★★☆☆☆

答案:这也是一种安全性配置策略。如果有需要,可以参考如下配置:

```
location ^~ /mydir {    #/mydir 是需要限制访问的目录
deny all;
}
```

真题 16 Nginx 如何解决图片防盗链问题？

【出现频率】★★★☆☆ 【学习难度】★★★☆☆

答案：在 Nginx 上配置图片防盗链的原理是通过用户客户端 HTTP 请求头部中的 Referer 信息来作为判断依据，如果图片链接嵌套在非指定的网站地址上，就可以视为图片被盗链，可以限制其访问。主要配置参数为 valid_referers。主要配置代码如下：

```
location ~* \.(gif|jpg|png|jpeg|bmp|swf) ${
  expires  30d;
  valid_referers  * .mycloud.com,* .mycloud01.com ;
  if ($invalid_referer) {
    rewrite ^/ http://www.mycloud.com/images/good.jpg;
    #return 403;
  }
}
```

以上代码解释如下。

1）location 中指定的是防盗链的文件类型。

2）valid_referers 指定允许文件链出的域名白名单，支持 * 通配符。

3）if 判断如果用户请求的资源不符合上述配置，那么 rewrite 重定向到用户想指定的 URL 上，也可以配置 403 权限错误。

通过上述配置可以避免网站大部分资源盗链的情况。

真题 17 如何利用 Nginx 限制 HTTP 请求的并发连接数？

【出现频率】★★☆☆☆ 【学习难度】★★★☆☆

答案：ngx_http_limit_conn_module 模块用于限制每个定义的 Key 值的链接数，可以是单主机的，也可以是单 IP 的链接数。不是所有的连接数都会被计数，一个符合计数要求的连接数是整个请求头已经被读取的连接数。可用该模块的两个参数来控制并发连接数。

1）limit_conn_zone 参数，参数位置在 HTTP 指令作用域块，示例代码如下：

```
# 访问 IP 限制, $binary_remote_addr 远程的访问地址,
#表示设置一个 key 为 $binary_remote_addr,名字为 perip,大小为 10M 的缓存空间
limit_conn_zone $binary_remote_addr zone=perip:10m;
#单个 server 限制, $server_name 是 server 名称
limit_conn_zone $server_name zone=perserver:10m;
```

2）limit_conn 参数，设置指定 key 的最大连接数。当超过最大连接数时，服务器会返回 503 （Service Temporarily Unavailable）错误。

```
# 每个 IP 并发连接数为 2,perip 是前面 limit_conn_zone 参数配置的 zone 名称
limit_connperip 2;
# 每个主机的最大并发数为 20
limit_connperserver 20;
```

上面就是 Nginx 限制 HTTP 请求的并发连接数的参数配置。

真题 18 Nginx 如何配置网站目录权限？

【出现频率】★★☆☆☆ 【学习难度】★★★☆☆

答案：Nginx 让目录中的文件以列表的形式展现只需要一条指令，将 autoindex 设置为 on 便可，autoindex 参数配置可以根据实际需要决定放在 location 块中、server 块中或 http 块中。放在 location 中，只对当前 location 的目录起作用；放在 server 指令块则对整个站点都起作用；放到 http 指令块，则对所有站点都生效。示例如下：

```
location /api{
    autoindex on;
}
```

Nginx 禁止访问某个目录用 deny 参数即可，如下配置可以禁止访问某个目录并返回 403 Forbidden：

```
location /dirdeny {
    deny all;
    return 403;
}
```

附　　录

附录 A　程序员常用 Linux 命令或工具

作为一个开发人员，对 Linux 能够进行熟练地操作是必备的技能。这里主要是向大家介绍一些常用的命令的用法。另外笔者的 Linux 系统是 Centos7。不同系统、版本操作时可能有所不同。

（1）文本搜索命令 grep

grep 命令可以指定文件中搜索特定的内容，并将含有这些内容的行标准输出。全称是 Global Regular Expression Print。

格式：grep［options］。

用法举例。

- "grep 'JavaWeb' catalina.out" 会搜索并输出当前目录下 catalina.out 文件所有含有的 'JavaWeb' 标准行。
- "grep -AB 3 'JavaWeb' catalina.out " 会搜索并输出当前目录下 catalina.out 文件所有含有的 'JavaWeb' 标准行及前后各三行。

（2）查看进程命令 ps

常用的查看进程命令为 ps，全称 Processes Statistic。

用法举例。

ps -ef | grep Java，查看所有 Java 进程。

ps aux | grep Java，查看所有 Java 进程，只是显示的具体信息有所不同。

grep 是对所有进程做了一次过滤搜索，搜索名称中含 Java 的进程。

其他如 top 命令也可以用来查看执行中的程序进程。

（3）切换用户命令 su

su 命令，就是 switch user 的意思。可以用这个命令在用户间相互切换。

普通用户切换到 root 用户，"su root" 或 "su - root" 都可以。这时会提示输入密码。如果 su 后面不加任何参数，则默认是切换到 root 用户，只要输入 root 的密码就可以切换到 root 用户。

"su -" 与 su 是有不同的，"su - root" 不但可以切换到 root，还可以应用 root 的环境。

另外在命令前面加 sudo，可以直接用 root 身份执行这个命令。

（4）查看端口命令 lsof

lsof -i，可以查看当前所有已打开的端口的占用情况。

```
[root@BC-57 ~]# lsof -i
COMMAND      PID      USER   FD   TYPE   DEVICE SIZE/OFF NODE NAME
systemd        1      root  31u   IPv6    10108      0t0  TCP *:sunrpc (LISTEN)
systemd        1      root  32u   IPv4    10109      0t0  TCP *:sunrpc (LISTEN)
avahi-dae    694     avahi  12u   IPv4    14553      0t0  UDP *:mdns
avahi-dae    694     avahi  13u   IPv4    14554      0t0  UDP *:50322
chronyd      755    chrony   1u   IPv4    17450      0t0  UDP localhost:323
chronyd      755    chrony   2u   IPv6    17451      0t0  UDP localhost:323
sshd         990      root   3u   IPv4    15977      0t0  TCP *:10022 (LISTEN)
sshd         990      root   4u   IPv6    15979      0t0  TCP *:10022 (LISTEN)
cupsd        992      root  11u   IPv6    19495      0t0  TCP localhost:ipp (LISTEN)
```

查看某一端口的占用情况命令为"lsof -i：端口号"。

当然查看端口进程也可以用其他命令，如"netstat -lntp ｜ grep 8080"命令可以查看使用端口 8080 的进程。

（5）授权命令 chmod

chmod 命令（即 change mode）可以修改文件和文件目录权限（默认情况下只有 root 用户才能使用）。命令格式如下：

```
chmod [-cfvR] [--help] [--version] mode file
```

-R 表示对目录下的所有文件与子目录进行相同的权限变更。

示例如下。

```
chmod -R Jordan:users *    将目前目录下的所有档案与子目录的拥有者皆设为 users 群组的使用者 Jordan
chmod 777 /home/path    设置所有用户对/home/path 目录拥有所有文件权限
chmod 666 /home/path    设置所有用户对/home/path 目录拥有所有读写权限
```

当然，也可以只对指定文件进行授权。

（6）Linux 下的 curl 命令

curl 是 Client Url Library Functions 的缩写。在 Linux 中，curl 是一个利用 URL 规则在命令行下工作的文件传输工具，是功能强大的 HTTP 命令行工具，支持文件的上传和下载。

参数很多这里不一一列举。下面列举一些常见用法：

```
curl  http://www.baidu.com   默认会发送 GET 请求来获取链接内容并输出
curl  -I  http://www.baidu.com   显示 HTTP 头,但不显示文件内容
curl  -i  http://www.baidu.com   显示 HTTP 头和文件内容
curl https://www.baidu.com >mybaidu.Html   把链接页面的内容输出到本地文件
curl -c "Cookie-ha" Http://www.m.com   使用-c 保存 Cookie,-c 后是文件名
curl -H "Referer: www.e.com" -H "User-Agent: Custom-User-Agent" http://www.baidu.com   使用 -H 自定义 Header
curl -H "Cookie:JSessionID=D0112A5063DF939BE24" http://www.e.com   直接在 Header 中传递 Cookie
curl -b "Cookie-ha" http://www.e.com 使用-b 读取 Cookie
curl -d "mm=1&age=56" -X Post http://www.my.com/doPost 使用-d 发送 POST 请求
curl -d "paramstr" -X get http://www.my.com/doget   使用-d 发送 GET 请求
```

（7）查看磁盘空间使用情况命令

df 命令被广泛地用来生成文件系统的使用统计数据，它能显示系统中所有的文件系统的信息，包括总容量、可用的空闲空间、目前的安装点等。

格式：df [options]。

如果查看内存使用情况，可用 free 命令。

（8）结束进程命令

直接结束进程，这是有时会用到的操作。

命令之一是"killall 进程名"，可以直接结束所有名为该进程名的进程。

命令之二是"kill -9 pid"，pid 是进程 ID，这样也可以直接结束该进程。

（9）文本编辑

一般编辑文件常用的工具是 vi 或 vim，vim 兼容 vi 的所有指令，是 vi 的升级版，推荐使用 vim。直接命令：vim filename，可以打开一个文件，相关操作非常多。

vim 主要有三种工作模式，分别是命令模式、插入模式和编辑模式。输入 vim 文件名可以进入命令模式，输入字符 i、a 或者 o 可以进入插入模式，进入插入模式之后，可以进行文件内容的修改，修改完成之后，可以输入"：wq"保存退出。

（10）开启端口命令

为了安全，Linux 服务器默认的端口大多是关闭的，如果要允许外部访问，就要开启对应的端口。这里以 Centos7 为基础，不同的系统或版本可能有所不同。

开启 8300 端口命令：

```
/sbin/iptables -I INPUT -p tcp --dport 8300 -j ACCEPT
```

查看端口开放信息：

```
/sbin/iptables -L -n
```

（11）文件名中文乱码处理

Windows 上传文件到 Linux 上，中文名称在 Linux 系统中显示为乱码。Windows 为 GBK，而 Linux 为 UTF-8，两边编码不一致导致这个问题，需要对文件名进行转码。解决办法之一是安装 convmv 转码组件。命令如下。

安装工具。

```
yum install convmv
```

执行转码命令：

```
convmv -f gbk -t utf-8 -r --notest /home/mydir
```

命令是把/home/mydir 目录下的所有文件名从编码 GBK 转换到 UTF-8。

Linux 下有许多方便的小工具来转换编码。

- 文本内容转换可以使用 iconv。
- 文件名转换可以使用 convmv。
- MP3 标签转换可以使用 python-mutagen。

（12）创建软链接和硬链接命令

ln 命令的功能是为某一个文件在另外一个位置建立一个同步的链接。链接分为软链接和硬链接两种。

软链接：不可以删除源文件，删除源文件导致链接文件找不到，出现文件红色闪烁。

硬链接：可以删除源文件，链接文件可以正常打开，不能对目录文件做硬链接，不能在不同的文件系统之间做硬链接。

使用示例如下：

- 对文件创建软链接：

```
ln -s /home/haha.html /home/work/index.html
```

- 对目录创建软链接：

```
ln -s /home/myroot /home/work/mydata
```

- 对文件创建硬链接：

```
lnhaha.txt /usr/local/sbin/
```

（13）压缩和解压文件

tar 命令是用来解压或压缩文件的，有许多参数，其中，参数-f 是必需的。

-f：使用档案名字，切记这个参数是最后一个参数，后面只能接档案名。

1）压缩示例。

```
tar -cvf jpg.tar * .jpg              //将目录中所有 jpg 文件打包成 jpg.tar
tar -czf jpg.tar.gz * .jpg           //将目录中所有 jpg 文件打包成 jpg.tar 后,并且将其用 gzip
压缩,生成一个 gzip 压缩过的包,命名为 jpg.tar.gz
tar -cjf jpg.tar.bz2 * .jpg          //将目录中所有 jpg 文件打包成 jpg.tar 后,并且将其用 bzip2
压缩,生成一个 bzip2 压缩过的包,命名为 jpg.tar.bz2
tar -cZf jpg.tar.Z * .jpg            //将目录中所有 jpg 文件打包成 jpg.tar 后,并且将其用 com-
press 压缩,生成一个 umcompress 压缩过的包,命名为 jpg.tar.Z
rar a jpg.rar * .jpg                 //rar 格式的压缩,需要先下载 rar for linux
zip jpg.zip * .jpg                   //zip 格式的压缩,需要先下载 zip for linux
```

2）解压示例。

```
tar -xvf file.tar           //解压 tar 包
tar -xzvf file.tar.gz       //解压 tar.gz
tar -xjvf file.tar.bz2      //解压 tar.bz2
tar -xZvf file.tar.Z        //解压 tar.Z
unrar e file.rar            //解压 rar
unzip file.zip              //解压 zip
```

需要注意的是，不同的文件，解压所用的命令不同。

- *.tar 用 tar -xvf 解压
- *.gz 用 gzip -d 或者 gunzip 解压
- *.tar.gz 和 *.tgz 用 tar -xzf 解压
- *.bz2 用 bzip2 -d 或者 bunzip2 解压
- *.tar.bz2 用 tar -xjf 解压
- *.Z 用 uncompress 解压
- *.tar.Z 用 tar -xZf 解压
- *.rar 用 unrar e 解压
- *.zip 用 unzip 解压

（14）删除、移动或复制文件与目录

1）创建目录用 mkdir 命令，"mkdir   haha"就可以在当前目录创建 haha 子目录。

2）删除命令是 rm，使用命令"rm -rf /home/mywork "可以删除/home/下子目录 mywork。

-r 表示向下递归删除

-f 表示直接强行删除，不作任何提示

删除文件可以直接使用"rm -f 文件名"即可，也可以直接使用"rm 文件名"。

3）复制命令是 cp，命令示例如下。

```
cp haha.txt /home/soft //把当前目录的 haha.txt 复制到/home/soft 目录
cp haha.txt /home/soft/my.txt //复制到/home/soft 目录并改名为 my.txt
cp /mydir/*  . //复制一个目录下的所有文件到当前工作目录
cp -a /home/mydir . //复制一个目录到当前工作目录
cp -amydir haha //复制一个目录
```

4）移动或重命名命令 mv，命令示例如下。

```
mv haha.txt /home/soft //把当前目录的 haha.txt 移动到/home/soft 目录
mv /home/haha.txt /home/my.txt //把/home 目录的 haha.txt 改名为 my.txt
mv mydir newdir    //把当前目录下 mydir 文件夹重命名为 newdir
mv /home/haha /home/soft/hahaha   //把/home 目录的 haha 目录移动到/home/soft 目录,并重命名为 hahaha
```

（15）创建用户与用户组

在 Linux 系统中，只有 root 用户才能够创建一个新用户。

useradd 可用来建立用户账号。账号建好之后，再用 passwd 设定账号的密码。所建立的账号，保存在/etc/passwd 文件中。

```
useradd A   //创建用户 A
passwd A   //给用户 A 设置密码
Groupadd B   //创建组 B
useradd -g A B   //创建用户 B,并将其加入组 A
usermod -g A B   //将 B 加入组 A
gpasswd -a user1 users   把 user1 加入 users 组
```

（16）设置与查看环境变量

临时设置环境变量：使用 export 命令声明即可生效，变量在关闭 shell 时失效

永久设置环境变量则要修改/etc/profile 文件。先用 vim 打开文件/etc/profile，在/etc/profile 的最下面添加如下内容：

```
export PATH=" $PATH:/NEW_PATH"
```

修改后执行命令：

```
source /etc/profile
```

添加的环境变量可立即生效。

查看所有环境变量命令：

```
env
```

查看指定的环境变量：

```
echo $PATH
```

（17）查看本机 IP 及 IP 绑定域名或主机名

这里所讲 IP 绑定域名与外网的域名解析无关，是为了本机可以方便通过域名访问对应的 IP 地址的服务。

用 ifconfig 命令可查看 IP 信息。IP 与域名绑定在 /etc/hosts 文件可配置。/etc/hosts 配置如下：

```
127.0.0.1 mycloud.com
192.168.5.3 test.haha.com
```

第一行表示可通过 mycloud.com 访问本机，第二行表示本机可通过 test.haha.com 访问内网 IP 为 192.168.5.3 的服务器。

（18）查看文件或日志输出内容

常用命令有 cat、tail 和 head。head 和 tail 的不同是 head 是查文件的头部，而 tail 是查文件的尾部，一般用得更多的是 tail 命令。cat 是一次显示整个文件，当然 cat 还有创建文件和合并文件的功能。

```
head -60 haha.log   //查看 haha.log 文件的前 60 行
tail -1000 haha.log   //查看 haha.log 是最后 1000 行
```

如果要动态查看文件的最新输出，要加 -f 参数。

```
tail -600f haha.log   //显示 haha.log 的最后 600 行,同时会继续实时输出最新的内容
```

（19）修改密码

passwd 命令用来修改账户的登录密码。

格式：passwd［选项］账户名称

应用实例如下：

```
$> passwd
Changing password for user cao.
Changing password for cao
(current) UNIX password:
New UNIX password:
Retype new UNIX password:
passwd: all authentication tokens updated successfully.
```

从上面可以看到，使用 passwd 命令需要输入旧的密码，然后再输入两次新密码。

（20）简单列举其他常用命令

1）系统命令。

```
#uname -a              //查看内核/操作系统/CPU 信息
# head -n 1 /etc/issue  //查看操作系统版本
# cat /proc/cpuinfo     //查看 CPU 信息
# hostname              //查看计算机名
#lspci -tv             //列出所有 PCI 设备
#lsusb -tv             //列出所有 USB 设备
#lsmod                 //列出加载的内核模块
#env                   //查看环境变量
# date                 //显示或设置系统日期时间
```

```
# exit                    //退出当前的 shell
# which                   //查看指令的绝对路径
# reboot                  //重启系统
# shutdown                //关闭系统
```

（15）查看资源命令。

```
# free -m                 //查看内存使用量和交换区使用量
# df -h                   //查看各分区使用情况
# du -sh <目录名>         //查看指定目录的大小
# grepMemTotal /proc/meminfo   //查看内存总量
# grepMemFree /proc/meminfo    //查看空闲内存量
# uptime                  //查看系统运行时间、用户数、负载
# cat /proc/loadavg       //查看系统负载
# ls                      //显示当前目录所有文件
# ll                      //显示当前目录所有文件的详细信息
# pwd                     //显示当前目录的完整信息
```

（16）看磁盘和分区命令。

```
# mount |column -t        //查看挂接的分区状态
# fdisk -l                //查看所有分区
#swapon -s                //查看所有交换分区
#hdparm -i /dev/hda       //查看磁盘参数(仅适用于 IDE 设备)
#dmesg |grep IDE          //查看启动时 IDE 设备的检测状况
```

（17）网络信息命令。

```
#ifconfig                 //查看所有网络接口的属性
#iptables -L              //查看防火墙设置
# route -n                //查看路由表
#netstat -lntp            //查看所有监听端口
#netstat -antp            //查看所有已经建立的连接
#netstat -s               //查看网络统计信息
```

（18）查看进程命令。

```
# ps -ef        //查看所有进程
# top           //实时显示进程状态
```

（19）用户信息命令。

```
# who                     //显示目前登入系统的用户信息
# whois                   //查找并显示用户信息
# id <用户名>             //查看指定用户信息
# last                    //查看用户登录日志
# cut -d: -f1 /etc/passwd //查看系统所有用户
# cut -d: -f1 /etc/group  //查看系统所有组
#crontab -l               //查看当前用户的计划任务
```

（20）服务命令。

```
#chkconfig --list         //列出所有系统服务
#chkconfig --list |grep on //列出所有启动的系统服务
```

（21）程序命令。

```
# rpm -qa     //查看所有安装的软件包
```